21 世纪本科院校土木建筑类创新型应用人才培养规划教材

中外城市规划与建设史

主　编　李合群
副主编　邱胜利　郭兆儒

北京大学出版社
PEKING UNIVERSITY PRESS

内 容 简 介

　　本书是讲述中国与西方国家城市规划与建设方面的综合性教材，目的是提高学生的专业理论知识与素养。书中内容共分为 16 章，其中中国部分 11 章，时间跨度为从原始社会直至近现代；外国部分共 5 章，从古希腊、古罗马一直到西方现代城市。每章包括时代背景、城市选址、规划理念与方法、城市建设与布局，以及规划与自然环境、社会经济文化等诸因素之间的互动关系，并选择众多个案城市，使学生学到系统、全面的专业知识，进而为现代城市的规划设计提供更好的设计作品。

　　本书内容丰富，图文并茂，综合性强，引用了大量的文献、考古资料及图片资料，可作为城乡规划、建筑学、考古学、文化旅游等相关专业师生的教材，也可供从事相关领域的人员参考。

图书在版编目(CIP)数据

中外城市规划与建设史/李合群主编. —北京:北京大学出版社,2018.1
(21 世纪本科院校土木建筑类创新型应用人才培养规划教材)
ISBN 978 - 7 - 301 - 29042 - 2

Ⅰ.①中…　Ⅱ.①李…　Ⅲ.①城市建设—城市史—世界—高等学校—教材 ②城市规划—城市史—世界—高等学校—教材　Ⅳ.①TU984

中国版本图书馆 CIP 数据核字(2017)第 314451 号

书　　　名	中外城市规划与建设史	
	ZHONGWAI CHENGSHI GUIHUA YU JIANSHE SHI	
著作责任者	李合群　主编	
策 划 编 辑	卢　东　吴　迪	
责 任 编 辑	刘　嚚	
标 准 书 号	ISBN 978 - 7 - 301 - 29042 - 2	
出 版 发 行	北京大学出版社	
地　　　址	北京市海淀区成府路 205 号　100871	
网　　　址	http://www.pup.cn　新浪微博:@北京大学出版社	
电 子 邮 箱	编辑部 pup6@pup.cn　总编室 zpup@pup.cn	
电　　　话	邮购部 010 - 62752015　发行部 010 - 62750672　编辑部 010 - 62750667	
印 刷 者	北京虎彩文化传播有限公司	
经 销 者	新华书店	
	787 毫米×1092 毫米　16 开本　25.75 印张　618 千字	
	2018 年 1 月第 1 版　2024 年 1 月第 6 次印刷	
定　　　价	58.00 元	

未经许可，不得以任何方式复制或抄袭本书之部分或全部内容。
版权所有，侵权必究
举报电话：010 - 62752024　电子邮箱：fd@pup.cn
图书如有印装质量问题，请与出版部联系，电话：010 - 62756370

前　言

随着我国城市建设的迅速发展，人们对城市文化与个性要求的提高，如何把握城市发展的规律，如何借鉴古代城市规划与建设的成功经验，是学术界与规划、建设部门以及全社会共同关注的课题，也促使了高校对这一领域的重视。为此，建筑学与城乡规划等专业普遍开设了中外城市规划与建设史这门课程，以传授培养应用型人才和复合型人才所需要的专业知识，从而为学生将来更好地从事相关专业的工作打下坚实的基础。

为了更好地学习与理解教材内容，本书每章设定有教学目标，并辅以思考题，以加深学生对本书基本概念、相关知识的理解。全书引用大量的图片和实例，以增加内容的直观性与趣味性，并帮助学生快速理解和掌握相关知识。

本书编写的具体分工为：第1～7章由河南大学土木建筑学院李合群编写；第8～11章由河南大学土木建筑学院郭兆儒编写；第12～16章由河南大学历史文化学院邱胜利编写；全书由李合群统稿。河南大学生命科学学院禹凤云也参与了编写工作。

由于作者水平有限，编写时间仓促，书中不足之处在所难免，恳请广大读者批评指正。

编　者

2017 年 10 月

目　　录

第1篇　中国篇

第 2 篇　外国篇

第 1 篇

中国篇

第1章

原始社会的村落与萌芽城市

教学目标

　　本章主要讲述了我国原始社会村落与萌芽城市的规划、营造与布局特点。通过学习本章，应达到以下教学目标：

　　（1）使学生了解以陕西西安半坡、临潼姜寨、安徽蒙城尉迟寺为代表的我国原始社会村落规划与布局特点；

　　（2）使学生了解我国古代萌芽城市产生的基本条件、形制及筑城方法；

　　（3）熟悉郑州西山城址、陕西神木县石峁城址、边线王城址的布局；

　　（4）熟悉相关的文献资料。

教学要求

知识要点	能力要求	相关知识
有关文献史料	（1）读懂文献史料内容 （2）理解文献的建筑价值	（1）穴居的形式与内容 （2）筑城与防洪的关系 （3）城与郭的关系
中国古代原始村落的布局	（1）掌握半坡与姜寨村落的布局特点 （2）了解尉迟寺中红烧土房的营造技术	（1）原始居民的生产与生活 （2）原始居民的埋葬习俗 （3）原始村落的"大房子"功能
中国原始社会萌芽城市的诞生	（1）掌握萌芽城市诞生的条件 （2）了解萌芽城市分布与形制	（1）萌芽城市的分布与河流的关系 （2）萌芽城市的防御功能
中国萌芽城市城墙的营造	（1）掌握城墙营造的各种方法 （2）了解郑州西山与淮阳平粮台城墙营造技术的差异	（1）中国古代夯筑技术 （2）中国古代夯具的演变

 基本概念

　　穴居；原始社会村落；萌芽城市；红烧土房；夯筑；夯具；文献；城与郭

引例

　　我国原始先民走出天然洞穴之后，即开始了营造原始村落的历程，并在这里生息繁衍了数千年之久。这些村落一般坐落在河岸台地上，近河利于取水，在台地上又可免于洪水淹没。村落外围以壕沟，以防御野兽的侵袭，如西安半坡、临潼姜寨等。村民们白天集体劳作，进行渔猎、采集、烧陶等；夜晚栖息在地穴、半地穴或地面建筑里；有时傍晚聚集于中心广场，或舞蹈或议事，过着其乐融融的原始共产主义生活。人们聚集而居，死后埋在公共墓地中，只有夭折的儿童才埋在居民区。

　　大约在传说中的黄帝时代，诞生了中国原始社会萌芽城市。它们主要是由村落发展而来，其显著标志是城墙的出现。筑城需要开挖基础槽，然后填土进行层层夯打，夯具有河卵石和木棍，地面以上的夯土主要来自外围的城壕，城垣底部又往往埋设有陶水管道，以排泄城内积水。相比之下，原始村落时期人们往往将挖壕之土随意丢弃，因而有壕无城。当然，古人筑城，往往因地制宜，就地取材，如在内蒙古发现的史前城址多为以石块错缝垒砌的石墙。

1.1 原始社会的村落

1.1.1 有关我国原始先民居住的文献记载

　　原始先民以采集、渔猎、耕作为生，其居住形式有穴居、巢居及地面建筑等。对此，文献有如下记载。

　　《周易·系辞》："上古穴居而野处，后世圣人易之以宫室，上栋下宇，以待风雨，盖取诸大壮。"

　　《孟子·滕文公下》："当尧之时，水逆行，泛滥于中国，蛇龙居之，民无所定。下者为巢，上者为营窟。"

　　《墨子·辞过》："古之民未知为宫室时，就陵阜而居，穴而处。"

　　《礼记·礼运第九》："昔者先王未有宫室，冬则居营窟，夏则居橧巢。"

　　《庄子·盗跖》："古者禽兽多而人民少，于是民皆巢居以避之，昼拾橡栗，暮栖木上，故命之曰有巢氏之民。"

　　《韩非子·五蠹》："上古之世，人民少而禽兽众，人民不胜禽兽虫蛇，有圣人作，构木为巢，以避群害。"

1.1.2 原始村落的选址原则与功能分区

　　我国古代原始村落一般选择在土地肥沃、自然条件优越的地带。如在地坡上时，则多在向阳面；如靠近河流，则多在第二级台地上，既方便生产与生活，又可免受洪水威胁。这些特别之处，与古埃及尼罗河及巴比伦流域的原始村落有相似之处。

　　原始村落已有简单的分区，如将居住区与墓葬区、制陶区分开，中间隔以壕沟；并且居住区往往也有规划，如出现了中心广场及大房子等。

1.1.3 原始村落举例

1. 西安半坡村落遗址

西安半坡位于浐河东岸二级台地上，背依白鹿塬，是黄河流域一处典型的原始社会母系氏族公社村落遗址，距今 6000 年左右。遗址略呈椭圆形，居住区外围以壕沟，区内建筑有一定的布局，房屋主要为半地穴与地面建筑，形制有方形、长方形与圆形等。居住区中心为一座大型的近方形房屋，推测为氏族公共活动场所。居住区内除了建筑外，还有窖穴、牲畜圈栏和儿童瓮棺葬等。壕沟北面为氏族公共墓地，实行男性、女性分穴而葬，这是族外婚的反映。壕沟东面为陶窑场，目前发现有六座陶窑（图 1.1）。

2. 临潼姜寨村落遗址

姜寨遗址，位于陕西临潼城北临河东岸的第二台地上，属于新石器仰韶文化时期，存在时间约公元前 4600—前 3600 年。遗址面积约 5.5 万平方米，亦分为居住区、陶窑区和墓地 3 部分。居住区西南以临河为天然屏障，东、南、北三面为人工壕沟环绕，轮廓呈椭圆形。居住区内有中心广场，周围分布着 100 多座房子，可分为 5 个建筑群。每个建筑群以一座大房子为主体，还包括若干座中小型房屋，平面多呈方形或圆形，有地穴、半地穴及地面建筑 3 类。屋门均朝向中心广场。居住区之西过临河即为陶窑区。村东越过壕沟即为墓葬区，南北分布着 3 片墓地。从整个村落布局，特别是 5 组建筑群来看，可能居住着由若干氏族组成的一个胞族或一个较小的部落（图 1.2）。

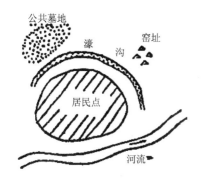

图 1.1 半坡村落布局示意

图 1.2 姜寨村落遗址复原想象

3. 安徽蒙城尉迟寺遗址

尉迟寺遗址位于安徽省蒙城县许町镇毕集村东，是以新石器时代大汶口文化为主的原始社会聚落遗址，距今约 5000 年。遗址东西长约 370 米，南北宽约 250 米，总面积约 10 万平方米。村落中央为 1300 平方米的大型中心广场，呈圆形，用红烧土粒铺设而成，表面光滑，厚 10 厘米，从剖面可明显看出人工铺垫的迹象。广场周围共清理出红烧土房基 10 排，计 41 间，墓葬 217 座，以及灰坑、祭祀坑、兽坑等。其中红烧土房，每间均由墙体（主墙和隔墙）、房门、室内桩、房顶、居住面、灶址等部分组成，经过挖槽、立柱、抹泥、烧烤等营造工序。遗址外围以一宽 20 余米、深 4 米多、南北跨度为 230 米、东西跨度为 200 米的大型壕沟，作为防御设施（图 1.3）。

图 1.3 尉迟寺遗址复原想象

1.2 原始社会的萌芽城市

1.2.1 原始社会萌芽城市产生的基本条件

（1）生产工具的进步，生产力的发展，是城市产生的基础。随着生产水平的提高，使得手工业从农牧业中分离出来，产生了第二次劳动大分工，进而出现了以手工业为主的城市和以农业为主的村落的区分。

（2）私有制的出现和社会成员的阶级分化，是城市产生的直接原因。随着生产力的提高，剩余产品的出现，社会财富日益集中在部落首领手中，进而使其变成了剥削他人的奴隶主。这些首领为了保护自己人身及财产安全，就在其居地四周营造高城深池，于是城市诞生了。这一过程，《礼记·礼运篇》有所记述："今大道既隐，天下为家，各亲其亲，各子其子，货力为己，大人世及以为礼，城廓沟池以为固。"

（3）部落之间频繁的战争是城市产生的外因。恩格斯在论述西方城市产生时说："他们是野蛮人：……以前进行战争，只是为了对侵犯进行报复，或者是为了扩大已经感到不够的领土；现在进行战争，则纯粹是为了掠夺，战争成为经常的职业了"（恩格斯：《家庭、私有制和国家的起源》，北京：人民出版社，1972 年）。我国仰韶时代晚期，随着财富积累日益增多，氏族和部落之间以掠夺财富为目的的战争日趋激烈，为了防御外来者的入侵，以城垣环围的防御设施应运而生。

1.2.2 有关城与筑城的文献记载

《孟子·梁惠王章句下》："凿斯池也，筑斯城也，与民守之，效死而民弗去。"

《墨子·七患》："城者，所以自守也。"

《管子·度地篇》："内之为城，城外为之郭。"

《黄帝内经》："帝既杀蚩尤，因之筑城。"

《吴越春秋》："鲧筑城以卫君，造廓以守民，此城廓之始也。"

《释名》："城，盛也，盛受国都也；郭，廓也，廓落在城外也。"

《说文》："隍，城池也。有水曰池。无水曰隍矣。"

《淮南子·原道训》："昔者夏鲧作三仞之城。诸侯背之，海外有狡心。……黄帝始立城邑以居。"

《史记·五帝本纪》："（舜）一年而所居成聚，二年成邑，三年成都。"

《汉书·食货志上》："神农之教曰：'有石城十仞，汤池百步，带甲百万，而亡粟，弗能守也。'"

1.2.3 原始社会的萌芽城市概况

1. 萌芽城市诞生的时间

根据现有史料与考古资料可知，我国城市萌芽于原始社会向奴隶社会过渡时期，大概相当于从传说中的黄帝时代，经过尧、舜、禹直到夏朝初期，历经数百年之久。

2. 萌芽城市的分布与形制

我国迄今发现的史前城址共约50余处，主要分布在黄河和长江两河流域（图1.4）。其代表性城址有：陕北的石峁遗址；中原地区的河南郑州西山、安阳市后岗、淮阳县平粮台、登封市王城岗、郾城县郝家台、辉县市孟庄；海岱地区的山东章丘市城子崖、寿光市边线王、邹平县丁公、临淄市田旺、滕州市西康留、茌平县的教场铺、大尉、东平铺、尚庄、东阿县王集以及阳谷县的景阳冈、王家庄、皇姑冢；江汉地区的湖南澧县城头山、湖北天门市石家河、荆州市阴湘城、荆门市马家垸、石首市走马岭；巴蜀地区的四川郫县、新津县宝墩、成都市温江区鱼凫、都江堰市芒城；河套地区的内蒙古包头阿善和凉城县老

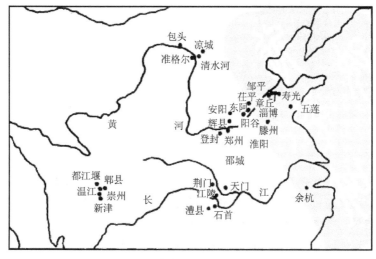

图 1.4　中国史前城址分布示意（部分）

虎山；等等。考古发现的仰韶文化城址，大约出现在相当于中国古史传说中的炎帝、黄帝时代，处在华夏文明曙光初现之时，它所反映的是黄帝筑邑造城的史实。

从发掘出土的城址来看，可分为近圆形、椭圆形、长方形、方形、圆角长方形、圆角方形等。而世界其他文化中亦有圆形者，如美索不达米亚的乌尔、伊朗的弗拉斯巴等，平面均为椭圆形。埃及的厄尔卡勒，伊朗的塔布里斯、图斯伊斯法罕、玛沙德、席拉兹等，平面均为圆形。在埃及古代的象形文字中，城市被表达为一个圆圈，圈内的十字交叉路把城区分割成四份。

3. 城墙建造方法

由于地理与气候的差异，史前城墙的建造方法具有地域性，大致可分为三大类。

（1）基槽型：城墙分为地下基槽与地上墙体两部分。其建造程序是，先在拟建城墙地带挖一深沟作为城墙的基础槽，一般深 2 米，有的超过 5 米。其宽度一般小于城墙底宽或二者相同。然后从基槽底部向上填土逐层夯实，待出地面后，再层层夯打墙体，一般是越往上墙体越向里收缩。郑州西山、辉县孟庄、登封王城岗、章丘城子崖等城城墙即是如此建造（图 1.5）。

（2）平地堆土起夯型：城墙不挖基槽，把拟建地段略加平整，直接在地面之上堆土夯筑，江南及成都平原史前古城多是采用此方法。如湖南澧县城头山古城城墙，是用黏土块依次斜堆后取平，再用大卵石块锤击夯打，夯层较厚，主墙和斜坡同时建成，未发现版筑痕迹。

（3）用石块砌筑城墙型：内蒙古发现的史前城址多属此类型，如包头阿善和凉城县老虎山等。其建造程序是先在墙基处铺垫黄土，并层层夯实，然后以石块错缝垒砌石墙。石墙外侧平齐，内侧不规整（图 1.6）。

图 1.5　孟庄古城城墙解剖　　　　　　图 1.6　内蒙古凉城老虎山石头城墙

4. 城市产生的历史意义

城市诞生以后，人类的聚落形态发生了明显分化，城市逐渐形成了地域性的政治、经济、文化中心，而城市外的广大地区则仍为村落，形成了城乡差别与对立。城市在社会发展中处于主导地位，标志着人类文明的进程，正如恩格斯所说："在新的设防城市的周围屹立着高峻的墙壁并非无故：它们的壕沟深陷为氏族制度的墓穴，而它们的城楼已经耸入文明时代了。"（恩格斯：《家庭、私有制和国家的起源》，北京：人民出版社，1972 年）

1.2.4　萌芽城市举例

1. 郑州西山城址

郑州西山仰韶文化城址，位于河南省郑州市惠济区古荥镇孙庄村，距今5300～4800年，城址呈圆形，最大直径180米，面积约34500平方米。现存城墙长265米，墙宽3～5米，地表以下残高1.75～2.5米；城墙外环以壕沟，宽5～7米，深3～4.5米。城墙内发现大量的房基、窖穴、灰坑、墓葬、瓮棺葬等，城外西部及城内北部亦分布有众多的墓葬。

城墙的建造方法是：先在拟建城墙的区段挖掘出略呈倒梯形的基槽，然后在基槽底部开始分段、分层夯筑城墙。采用"方块版筑法"，即用木质模板围成长方形框，里面分层填土夯实。夯具为三根一组的集束木棍，故夯窝多呈"品"字形。并且，每层模板随着高度的增加而内收，墙体外表形成一层层的台阶，外侧斜向堆抹厚30～100厘米的附加层使之光滑陡峭，以防他人凭阶攀登。在城角处加宽加厚，采用密集排列的木骨固定模板，部分木骨被直接保留在墙体内。

2. 陕西神木县石峁城址

石峁城址位于陕西省神木县高家堡镇洞川沟附近的山梁上，地处黄河支流秃尾河及其支流洞川沟交汇处，时代为龙山文化时期。城址由外城、内城和俗称的"皇城台"三座基本完整并相对独立的石构城址组成。其中内城墙体残长2000米，面积约235万平方米；外城墙体残长2840米，面积约425万平方米。还发掘出了城门、角楼和疑似"马面"的附属设施（图1.7）。

图1.7　石峁城址局部

3. 河南淮阳平粮台城址

平粮台古城遗址位于河南省淮阳县城东南4千米大朱村的西南角，为龙山文化时期的古城，距今约4300年。城址平面呈正方形，每边长185米，面积约5万平方米。西南城角保存最为完整，外角略呈弧形，内角较直。城墙顶部宽8～10米，下部宽约13米，残高3米多。城墙采用版筑法和堆筑法建成，即先用小版夯筑宽0.8～0.85米的土墙，然后在其外侧逐层呈斜坡状堆土，夯实，加高到超过墙的高度后，再堆筑出城墙的上部。夯层厚 0.15～0.2 米。夯印清晰，有单个，也有四个一组的圜底圆夯、椭圆形夯。北城门和南城门已经发掘。北城门缺口宽 2.25 米，位于北城墙正中稍偏西处。南城门位于南城墙正中，门道路土宽 1.7 米，两侧有门卫房的遗存。门道下铺设排水管道，结构是在门道下挖出上宽下窄的沟，口宽和深均为 0.74 米，沟底铺设一条套接的陶水管道，其上再并列铺两条陶水管道。北端稍高，利于向城外排水。管道周围填土并杂以料礓石块，其上再铺厚 0.3 米以上的路面。城内有高台建筑，屋墙用土坯垒砌而成，四周还有灰坑等遗迹（图 1.8）。

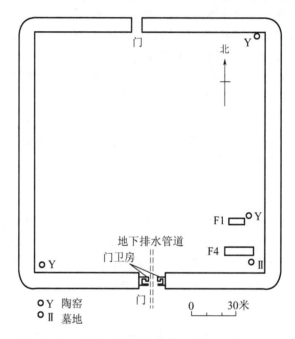

图 1.8　平粮台城址平面

4. 边线王城址

城址位于山东寿光市城南 10 千米的边线王村北一个高埠上，属于龙山文化中期偏晚阶段。城址分为外城与内城相套，大城平面呈圆角方形，每边长约 240 米，城内面积近 5.7 万平方米，四边中部各开一个城门；小城在大城东南部，平面同大城近似，亦呈圆角方形，城墙边长约 100 米，城内面积约 1 万平方米，东、北城墙各开一个城门。小城基址早于大城基址，应属于一个文化的先后两个阶段。两城的筑城方法相同，都是挖槽夯筑式。外城基槽横断面呈倒三角形，两侧坡面均有供施工上下用的台阶，间有不规整的上土台。基槽底部有深 1～1.3 米的渗水沟，并配置若干小型汲水坑，坑内发现有陶钵、陶盆等，可知当时地下水位较高，施工中要不断地向外汲水。内城基槽横剖面呈倒梯形，上口两侧各有一台阶，有的地段，外侧坡面中部还设有较宽的用于上下通道和堆土的二层台。两城夯层明显，夯窝清晰，有椭圆和长条形两种，大的 10 厘米，小的 5～6 厘米。夯具多采用河卵石或木棍制作。

本 章 小 结

1. 我国原始村落已有初步规划，如以壕沟将居民区、墓葬区与陶窑区分开，并且在居民区内出现了大房子与中心广场。

2. 我国城市萌芽于原始社会向奴隶社会过渡时期，是社会生产力发展、私有制的出现以及部落战争等因素的产物。

3. 我国萌芽城市形制可分为近圆形、椭圆形、长方形、方形、圆角长方形、圆角方形等。

4. 我国史前城市城墙建造方法，可分为基槽型、平地堆土起夯型、用石块砌筑型，呈现出一定的地域性。

思 考 题

1. 我国原始村落的功能分区是什么？

2. 安徽蒙城尉迟寺遗址的红绕土房屋是如何建造的？

3. 我国萌芽城市产生的基本条件是什么？

4. 试述我国史前城市的城墙建造方法。

5. 对比郑州西山城址与河南淮阳平粮台城址的筑城方法。

第 **2** 章

夏商西周时期城市规划与建设

教学目标

　　本章主要讲述了夏、商及西周时期的城市规划、建设与布局，以及西周时期的城市规划思想与建筑等级制度等内容。通过学习本章，应达到以下教学目标：

　　(1) 使学生掌握我国夏代迁都情况以及二里头、东下冯遗址布局；

　　(2) 使学生了解商代都城的规划特点；

　　(3) 熟悉偃师商城、郑州商城、安阳洹北商城的大致布局；

　　(4) 理解西周都城规划思想与建筑等级制度；

　　(5) 了解周原的墙体夯筑技术。

教学要求

知识要点	能力要求	相关知识
有关文献史料	(1) 读懂文献史料内容 (2) 理解文献的建筑价值	(1)《考工记·匠人营国》内容 (2) 夏代与河洛地区的关系 (3) 夏、商两代的迁都历程
二里头夏代都城	(1) 掌握二里头城址的整体空间形态 (2) 熟悉二里头1号宫殿的布局	(1) 中国古代棋盘式的城市布局 (2) 夏商周时期的诸侯朝拜制度 (3) 夏代都城排水
商代都城的规划	(1) 掌握商代都城的规划特点 (2) 了解偃师商城的布局	(1) 商代都市功能 (2) 商代都城制度
西周都城规划思想与建筑等级制度	(1) 掌握西周都城规划思想 (2) 熟悉西周建筑等级制度	(1) 中国古代"天下之中"的观念 (2) 西周时期的礼制
西周周原宗庙（宫殿）建筑	(1) 掌握周原宗庙的整体规划布局 (2) 了解周原宗庙的营造技术	(1) 礼仪活动与建筑空间的关系 (2) 中国古代四合院

 基本概念

　　夏朝迁都；商朝迁都；"择中"思想；宗庙（宫殿）；西周建筑等级制度；面朝后市；建筑文献；夹板

引例

至夏代，我国进入奴隶制时期。由于战争、洪水等原因，夏商时期国都曾多次迁徙，但其核心区域一直在中原地带。夏商周时期，城池、宫殿、手工业作坊区、墓葬区等日益完善，并逐渐形成了内城外郭制度。

"择中"思想，具体表现在"择天下之中而立国，择国之中而立宫"的尚中观念。这是"天人合一"思想在国都选址方面的体现，因为古人认为天神位于天之中，而作为天神之子的国王的国都应处在地之中，其所生活的宫殿自然应处在国都之中。此"择中""尚中"思想影响深远。同时，国都布局日益形成模式，即《周礼·考工记》所说"匠人营国，方九里，旁三门。国中九经九纬，经涂九轨，左祖右社，面朝后市，市朝一夫。"将中国古都的棋盘式布局达到极致，并为后来的都城规划所借鉴。

对于西周宗庙或宫殿的认识，可以周原凤雏村发掘出的一处完整的宗庙（宫殿）建筑遗址为代表，它由前院、正殿、过廊、后院、厢房、回廊、门与廊组成，布局完备，是周王进行政治与礼仪活动的场所。这些建筑空间与礼仪活动的关系，可从《仪礼》中的《士冠礼》《士昏礼》《士丧礼》等文献中理解。

建筑等级制度，从文献记载看西周时期业已形成，当时的政治与礼制制度密切相关，主要表现在以大为贵、以多为贵、以高为贵之规定。当然，东周时期，随着周王势力的衰落，地方诸侯国的强大，出现了"僭越"现象，原来的建筑等级制度亦随之破坏。

2.1 夏代城市规划与布局

2.1.1 夏朝概况与迁都

1. 夏朝概况

夏朝（约公元前 21—前 16 世纪），是中国第一个奴隶制王朝。一般认为夏朝是多个部落联盟或具有酋邦形式的国家。夏朝文物中有一定数量的青铜及玉礼器。关于夏朝疆域，据《逸周书·度邑》记载："自洛汭延于伊汭，居易无固，其有夏之居。"西汉司马迁在《史记·孙子吴起列传》中又说："夏桀之居，左河济，右泰华，伊阙在其南，羊肠在其北。"可见，夏人活动的中心区域即位于今河南洛阳一带。考古资料又表明，夏人的活动遗迹西至河南省西部、山西省南部，东至河南、山东和河北三省交界处，南达湖北省北部，北到河北省南部，范围相当广阔。

2. 夏朝迁都

夏朝曾屡次迁都，据古本《古本竹书纪》记载："（禹）居阳城……太康居斟寻……后相即位，居商丘……相居斟灌……帝宁居原，自原迁于老丘……胤甲即位，居西河，天有妖孽，十日并出……桀（居斟寻）……汤遂灭夏，桀逃南巢氏。"《世本》又说："夏禹都阳城，避商君也，又都平阳，或在安邑，或在晋阳。"其中阳城的地望大概在今河南登封一带，斟寻约在今河南巩义西南，原约在今河南济源西北，老丘约在今河南开封东陈留一带，西河约在今河南安阳东南。

2.1.2 夏代城市举例

1. 河南偃师二里头

二里头遗址位于今河南偃师市二里头村及其周围一带，处于伊河、洛河之间，北依邙山，背靠黄河。目前，学术界多认为其是一处夏代都城遗址。遗址东部为宫城，平面略呈长方形，形制规整。宫城东西宽近 300 米，南北长 360~370 米。宫城城墙宽约 2 米，残存高度为 0.1~0.75 米。墙体用纯净夯土筑成。宫殿区四周环以道路，宽 10~20 米。四条大路纵横交错，大体呈"井"字形，构成了二里头遗址中心区域的道路网。

目前，已在宫城内发现了八座宫殿基址（编号分别为 1、2、3、4、5、6、7、8），以 1 号、2 号大型宫殿基址为核心，每组都有明确的中轴线。宫城、大型建筑以及道路都有统一的方向，显然经过了系统规划（图 2.1）。而 1 号宫殿基址总面积达 1 万平方米，正殿处于基址北部正中，四周环以回廊。正殿之南为一宽敞庭院，过庭院即为面阔 8 间的牌坊式大门。2 号宫殿基址，其殿堂亦建在长方形基座上，可复原为面阔三间、四周带回廊的宫殿式建筑。殿堂南面亦为庭院，院内铺设有下水管道。围绕殿堂和庭院有北墙、东墙、东廊、西墙、西廊、南廊及南墙大门。大门中间为门道，两侧为塾。这种由殿堂、庭院、廊庑和大门组成的宫殿建筑格局，已达到了一定的水平，对后世影响很大。

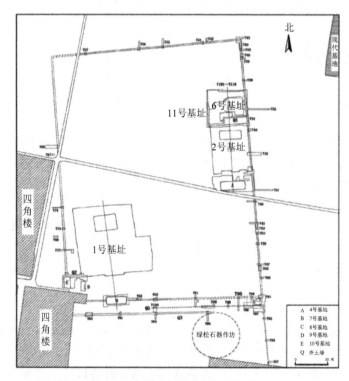

图 2.1　二里头宫殿遗址平面实测

（来源：《河南偃师市二里头遗址宫城及、宫殿区外围道路的勘察与发掘》《考古》，2004 年第 11 期）

2. 山西夏县东下冯遗址

东下冯遗址位于今山西夏县埝掌镇东下冯村青龙河南北两岸的台地上，为夏商时期晋南地区的典型遗址，处于史书所记的"夏墟"之地，年代大约为公元前 19～前 16 世纪，跨越夏商两个朝代。遗址总面积约 25 万平方米，发现有居住遗址、人工壕沟、陶窑、水井、窖穴、墓葬等，并且出土了大量的石器、骨器、陶器和少量铜器。在夏代东下冯类型时期，发现有内外两层壕沟，平面呈回字形，剖面呈上宽下窄的倒梯形，内沟东西相距 130 米，外沟东西相距 150 米，现存沟口至沟底距离约为 3 米（图 2.2）。居宅为窑洞式，开挖在断崖或沟壁的旁边。

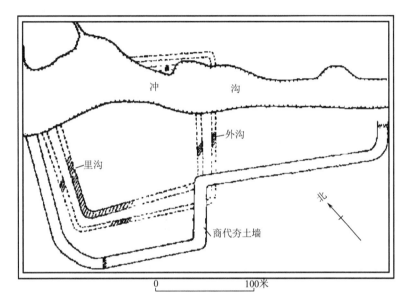

图 2.2 山西夏县东下冯遗址中区的的壕沟与城墙
（来源：《山西夏县东下冯遗址东区中区壕沟和城墙》，《考古》，1980 年第 2 期）

2.2 商代城市规划与布局

2.2.1 商朝概况与迁都

1. 商朝概况

商朝又称殷、殷商，是中国历史上第二个奴隶制王朝，时间跨度约为公元前 1600～前 1046 年，拥有成熟的甲骨文与精美的青铜器。商代疆域，据《战国策·魏策一》记载："殷纣之国，左孟门而右漳、釜，前带河，后被山。"文献与考古资料均表明，商朝范围大致在今河北、河南、山东、山西和陕西省，而其中心区域则在河南省一带。

2. 商朝迁都

商朝建立前后，曾多次迁都。如东汉人张衡在《西京赋》中说："殷人屡迁，前八后五，居相圮耿，不常厥土。"即是说在商汤灭夏之前的商人部落时期，曾迁都八次。其具体地点为：契由商迁到蕃（今山东滕州市）；契子昭明迁到砥石（今河北省隆尧、柏乡、宁晋一带）；昭明再迁到商（今河南商丘一带）；相土一度将商人迁到泰山下；又迁回商；迁于殷；复归于商；汤迁于亳（今河南偃师）。

而在建立商朝后又迁都五次。其迁都地点，据《古本竹书纪年》记载，商王仲丁"自亳迁于嚣"、河亶甲"自嚣迁于相"、祖乙"居庇"、南庚"自庇迁于奄"、盘庚"自奄迁于北蒙，曰殷"。

2.2.2 商代都城规划特点

（1）商代都城，其外围作为防御设施的，或者是城墙，或者以城墙与壕沟相结合，或者以壕沟与河流相结合。

（2）商代都城，都有一定的规划，作为政治中心的宫殿区一般安排在城内东北部，全城以东北部为中心。如郑州商城与武汉盘龙城等。

（3）墓葬区分布在四周外围地带。郑州商城城外四周均有墓葬区，如城东北的白家庄、东南角的杨庄、南面的郑州烟厂、西面的人民公园等。盘龙城外，东、西、北三面均为墓葬区。殷墟墓葬区位于宫殿区西北及洹河北岸等（图2.3）。

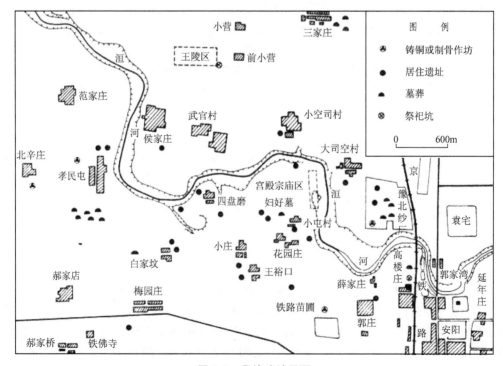

图 2.3　殷墟遗址平面

（4）手工业作坊也分布在外围地带。如郑州商城北墙中段以北 200 米处为冶铜区；西墙北段以西 1300 米处为制陶区。

（5）居民点分布于四周外围的农业、手工业地区。如殷墟宫殿区周围，发现有众多地面与半地穴式建筑，应是贫民或奴隶住所。

2.2.3　商代城市规划与布局举例

1. 偃师商城

偃师商城位于河南偃师县城西部，地处洛河北岸，与二里头遗址东西相对，两者相距约 6 千米，时代约为公元前 1600—前 1400 年。城址内规划有大城、小城、宫城三重城垣（图 2.4）。大城四周城墙均已发现，埋在今地表之下，残高一般为 1.5～3 米，已发现多座城门，城外有护城河。小城位于大城内西南部，其西城墙、南城墙与大城西墙、南墙重合。宫城位于小城中部偏南，体现了王者至尊之观念。城市道路网采用经纬涂制，各干道均与城门相连。城内设计有良好的排水系统，考古发现有一条宽 2 米的木石构造的排水暗沟。在都城规划方面，已具有"对称布局""择中立宫""面朝后市"的雏形；在宫室制度方面，已采用"宫庙分立""前朝后寝""东厨西库"之手法；园林方面，表现在宫殿近旁建设御苑，人工凿池引水造景。

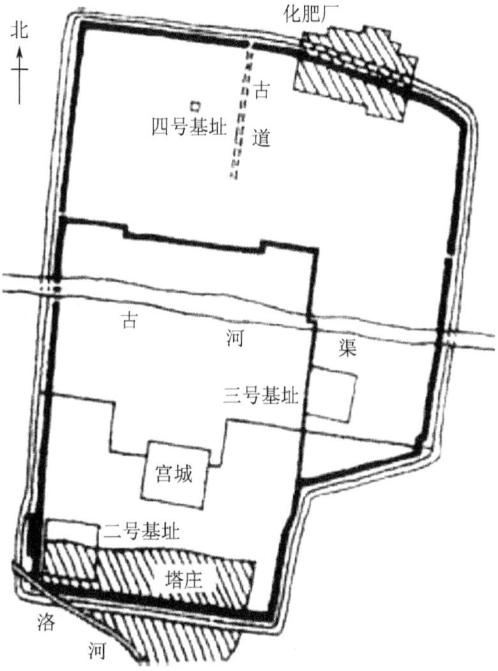

图 2.4　偃师商城遗址平面

（来源：《偃师商城的初步勘探和发掘》，

《考古》，1984 年第 4 期）

2. 郑州商城

郑州商城遗址位于河南郑州市，距今 3500 年左右。郑州商城平面为长方形，城垣周长约 6960 米，其中东城墙与南城墙约 1700 米，西城墙约 1870 米，北城墙约 1690 米。

城墙横剖面呈梯形，由"主城墙"和"护城坡"组成（图 2.5）。城墙采用版筑法，建造之前先挖基槽，墙基宽约 20 米。城墙的夯层清晰，厚薄不等，最厚者 20 厘米，最薄为 3 厘米，一般为 8～10 厘米，夯打结实。1992 年以来，在郑州商城南墙与西墙外又相继发现了三段夯土墙基，其夯土结构与郑州商城的城墙基本相同，推测是郑州商城的外城墙。

城墙内东北部为宫殿区，总面积近 40 万平方米。在此发现多处宫殿基址，其中的一座东西长 65 米，南北宽 13.6 米。在夯土基址上清理出两排柱础槽，北排 27 个，南排残留东边 10 个。柱槽底部一般放置 1～2 块柱础石，有的柱槽内保存有圆木柱痕迹。据推测，其为一座九室重檐带回廊的宫殿。在宫殿区的东北部还发现一处蓄水池，长100米，宽20米。池底用料礓石铺垫，并铺有规整的青石板。池壁亦砌筑料礓石，并用石块加固，可能是宫殿区的用水设施（图2.6）。城外分布有居民区、墓地、铸铜及制陶制骨作坊遗址等。

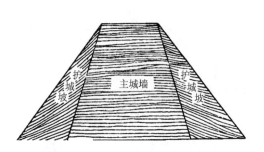

图2.5　郑州商城夯土墙横剖面示意

图2.6　郑州商城发现的蓄水池

3.湖北武汉盘龙城

盘龙城遗址位于武汉长江北岸，两面临盘龙湖，南濒府河，仅遗址西面与陆路相通。城址略呈方形，南北约290米，东西约260米，中轴线方向为北偏东20°。四面城垣中部各有一缺口，可能是城门。城垣的夯筑技术类似郑州商城，是以每层厚8～10厘米夯土筑出主体，内侧又有斜行夯土用来支撑夯筑城垣主体时使用的模板，说明用立柱加夹棍并以绳索固定模板的夯筑技术尚未出现。推测城垣原为中间高耸而内侧有斜坡以便登临，外侧较陡以御敌。城垣外有宽约14、深约4米的城壕，壕内侧往往高出外侧1米以上。

宫殿基址位于城内东北部高地，先筑夯土台基，高约数十厘米至1米。已发现3座前后并列、坐北朝南的大型宫殿基址，保存有较完整的墙基、柱础、柱洞以及阶前的散水。其中的1号、2号基址已经发掘。1号为不分室的通体大厅堂，2号为四周带回廊的四室寝殿，属于重檐四阿顶式建筑。此布局符合文献记载的"前朝后寝"之制。从建筑样式来看，与文献记载的"土阶茅茨""四阿重屋"相吻合。城外散见居民区和酿酒、制陶、冶铜等手工作坊及墓地。

4.焦作府城商代城址

府城遗址位于河南焦作市西南郊10千米处的府城村西北部的台地上。目前已经发现的遗迹有城址、宫殿基址、房基、灰坑等。城址平面呈方形，南北长约300米，东西宽约310米，周长约1200米，西城墙和北城墙保存较好，地面暴露的部分高2～3米，夯层明显。在城址中部发现有4处宫殿基址，其中一号宫殿基址位于城址北部，平面呈长方形，南北长70米，东西宽50米，分为南北两个院落，由南殿、正殿、北殿与东西回廊构成一处封闭性的组群建筑。经考证，焦作府城应属于一处商代早期军事重镇。

5.安阳殷墟

殷墟位于河南安阳市殷都区，遗址主要包括殷墟王陵、宫殿宗庙、洹北商城遗址等，大致可分为宫殿区、王陵区、一般墓葬区、手工业作坊区、平民居住区、奴隶居住区。其中宫殿宗庙建筑，以黄土、木料作为主要建筑材料，多坐落于厚实高大的夯土台基上，房基置柱础，房架多用木柱支撑，墙体为夯土版筑，屋顶覆以茅草，即史书所记载的"土阶茅茨"形式。

6. 洹北商城

洹北商城遗址位于安阳殷墟东北部，略呈方形，南北长 2200 米，东西宽 2150 米，总面积约 4.7 平方千米。方向北偏东 13°。宫殿区位于城址南北中轴线南段，区内已发现有大型夯土基址 30 余处。其中规模最大的 1 号宫殿基址，坐北朝南，位于宫殿区东南部，东西长 173 米、南北宽约 90 米，面积达 1.6 万平方米，整体结构呈"回"字形（图 2.7）。其建筑物由门塾、门塾两旁的长廊、主殿、主殿两旁的廊庑、西配殿等组成。廊庑和门塾位于宫殿南部。门塾居中，两侧是廊庑。两条宽约 4 米的门道穿过门塾，直达宫殿的庭院。庭院南北宽 68 米、东西长 140 余米。庭院北即正殿，残存殿基高于当时地面约 0.6 米，南北宽约 14.4 米、东西总长 90 米以上。目前揭露的只是正殿西部，已清理出房屋 9 间，每间宽约 8 米，进深约 5 米。每间房屋前面对应有台阶，长 3 米左右，底部竖 2 根直径约为 0.2 米的木头，再用 3～4 根横木固定，形成木质踏步。台阶下有祭祀坑。主殿西侧为一条长 30 米、宽约 3 米的东西向双面廊庑。西配殿南北长 85.6 米、东西宽 13.6 米，共设 3 个台阶。

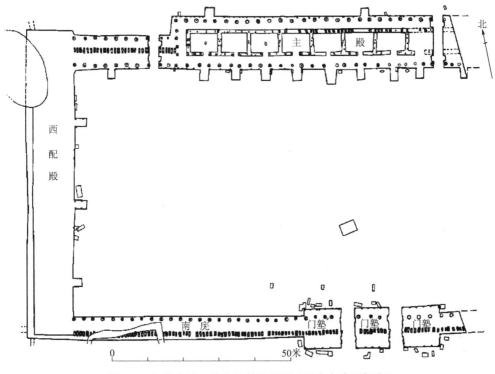

图 2.7　洹北商城一号宫殿基址平面（不含未清理部分）

（来源：《河南安阳市洹北商城宫殿区 1 号基址发掘简报》，《考古》，2003 年第 5 期）

2.3 西周城市规划思想与建筑等级制度

2.3.1 西周概况

西周（公元前 1046—前 771 年）是由周文王之子周武王灭商后所建立，至前 771 年周幽王被申侯和犬戎所杀为止，共经历 11 代 12 王，大约 275 年。定都于镐京和丰京（今陕西西安市西南），成王五年又营建东都成周洛邑（今河南洛阳市）。

西周实行宗法制，它以宗族血缘关系为纽带，与国家制度相结合，以维护贵族世袭统治。周王为周族之王，自称天子，奉祀周人始祖，称为"大宗"，由嫡长子继承王位。其余庶子和庶兄弟分封为诸侯，对于周天子称"小宗"，但在其本国内则是"大宗"。诸侯之位也由嫡长子继承，其余庶子和庶兄弟被分封为卿或大夫，对于诸侯而言是"小宗"，但在本家内则为"大宗"，其职位亦由嫡长子继承。世袭的嫡长子即是宗子，地位最尊。

与宗法制相配套，西周还实行"分封制"，其内容为：一是周王以都城镐京为中心，沿着渭水下游和黄河中游，建立由其直接统治的"王畿"地区。二是王畿以外的区域，分封给各路诸侯。这就保证了中央对诸侯国的绝对控制权，而后者又像群星捧月一样，环绕拱卫着王畿。

2.3.2 西周城市规划思想与建筑等级制度

1. 西周都城规划思想

（1）"择中"思想："择中"，即《吕氏春秋·慎势》所说的"择天下之中而立国"。《荀子·大略》也说："欲近四旁，莫如中央，故王者必居天下之中，礼也。"早在商代甲骨文中即有"中商、大邑商居土中"之说。周公旦在河南洛阳一带寻找到"土中"后，即营造东都洛邑，并说"此天下之中，四方入贡道里均"（《史记·周本纪》）。关于如何选择地中，《周礼·大司徒》说："日至之景尺有五寸，谓之地中。天地之所合也。

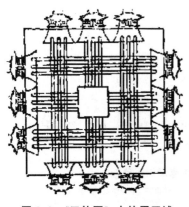

四时之所交也，风雨之所会也，阴阳之所和也。然则百物阜安，乃建王国焉，制其畿方千里，而封树之。""择中"思想还要求皇宫与宗庙处于都城中心，即《吕氏春秋·慎势》所说的"古之王者择天下之中而立国，择国之中而立宫，择宫之中而立庙"。

（2）《周礼·考工记》中王城规划思想：《周礼·考工记》记载："匠人营国，方九里，旁三门。国中九经九纬，经涂九轨，左祖右社，面朝后市，市朝一夫。"这是以宫城为中心，前朝后寝，街道按方格状布局的王城理想规划模式（图 2.8）。

图 2.8 《三礼图》中的周王城

2. 西周时期建筑等级制度

(1) 都与邑之区分:《左传·庄公二十八年》:"凡邑有宗庙先君之主曰都,无曰邑。邑曰筑,都曰城。"

(2) 中央王城与地方诸侯城规模区分:《左传·隐公元年》:"先王之制,大都,不过参国之一,中,五之一,小,九之一。"《考工记·匠人营国》:"门阿之制,以为都城之制;宫隅之制,以为诸侯之城制;环涂以为诸侯经涂,野涂以为都经涂。"这些规定均体现了"以大为贵"的礼制要求。

(3) 中央与地方建筑台基高度区分:《礼记·礼器》:"有以高为贵者。天子之堂九尺,诸侯七尺,大夫五尺,士三尺。"

(4) 中央与地方宗庙多少区分:《礼记·礼器》:"礼有以多为贵者,天子七庙,诸侯五,大夫三,士一。"

(5) 中央与地方宫殿柱子颜色区分:《春秋·穀梁传》:"(庄公二十三年)秋,丹桓宫楹。礼,天子丹,诸侯黝,大夫仓,士黈(tǒu)。"

2.3.3 西周都城规划与营造举例

1. 周人落部首领公刘营造豳

周人落部首领公刘带领周部族迁居到豳(今陕西彬县东北),并选择这处水源充足的肥沃平原,驻扎军队,开垦耕作,并营造豳邑。这一过程,据《诗经·公刘》记载:"笃公刘,既溥既长,既景乃冈,相其阴阳,观其流泉,其军三单。度其隰原,彻田为粮,度其夕阳,豳居允荒。"

2. 周人落部首领古公亶父营造周原

公刘之后第九代周人落部首领古公亶父,又迁都到岐山之阳的周原(今陕西岐山东北)。周原北倚岐山,南临渭河,西侧有汧河,东侧有漆水河。这里水源丰富,气候宜人,土肥地美,适于农耕与狩猎。经占卜大吉后,就决定在此定居。于是周族在古公亶父的领导下,疏沟整地,划分邑落,开发沃野,造房建屋。并营建城郭,设宗庙,立太社。这一过程,《诗经·绵》有详细记载:"乃召司空,乃召司徒,俾立室家。其绳则直,缩版以载,作庙翼翼。捄之陾陾,度之薨薨。筑之登登,削屡冯冯。百堵皆兴,鼛鼓弗胜。迺立皋门,皋门有伉。迺立应门,应门将将。迺立冢土,戎丑攸行。"这段诗文的意思是,建造了"室家"及宗庙;并修建了多堵土墙,即所谓的"百堵皆兴"。对于版筑墙,先要拉直绳索以定范围,然后立上木柱,捆束长板,筑成夹层的板墙,以便填土夯筑成土墙,即所谓的"其绳则直,缩版以载"。筑墙时,先要把土装到篓筐里,倒入夹层的板墙里再夯打,筑成后还要把土墙上隆起部分削平。筑墙工地上,充斥着装土入筐之声、倒土往夹板墙之声、夯筑之声以及削墙之声,即所谓的"捄之陾陾,度之薨薨。筑之登登,削屡冯冯",场面十分壮观。

1976年在周原的凤雏村曾发掘出一处完整的宗庙(宫殿)建筑遗址(图2.9)。这是一处由庭、堂、室、塾、厢房和回廊组成的台式建筑遗址。遗址南北长 45.2 米、东西宽 32.5 米、高约 1.3 米，面积约 1500 平方米，方向北偏西 10°。以门道、前院、正殿、过廊、后院为中轴线，东西配置厢房，从而形成东西对称、前后两进的封闭院落。门前有影壁（即屏），门道居中，进深 6 米、宽 3 米，门道东西两侧为门房（即塾），门房台基长 8 米、宽 6 米。进门后即为庭院，东西长 18.5 米、南北宽 12 米。在庭院东西两侧各有两个台阶通往厢房。北面有三个长宽各 2 米的斜坡台基，通向正殿（前堂）。前堂是主体建筑，台基比周围高出 0.3～0.4 米，东西长 17.2 米、进深 6.1 米，西阔 6 间，进深 3 间。从前堂经过过廊即为后室，过廊长 7.85 米、宽 3 米。过廊两侧各为一处 8 米见方的小院子，并各有一个台阶通往后室。后室东西排列，共五间，东西长 23 米、进深 3.1 米，东西两间的墙各辟有门，通向室外。东西两厢房排列在中轴的两侧，各 8 间，大小相等。

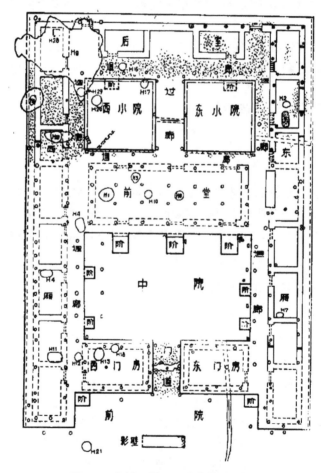

图 2.9　凤雏西周甲组建筑基址平面

（来源：《陕西岐山凤雏村西周建筑基址发掘简报》，《文物》，1979 年第 10 期）

3. 丰镐遗址

丰镐遗址，即周文王所建丰邑和武王所建镐京，位于陕西西安市西南郊沣河两岸，丰在河西，镐在河东，面积超过 10 平方千米，年代约为公元前 11 世纪～前 771 年。已发现夯土建筑基址近 30 处，往往数座建筑连成群体。这些建筑均有夯土基槽，夯土台基，屋顶施瓦，墙面涂白灰，并拥有完善的排水设施。

4. 成周遗址

成周，西周时期的东都，东周时期称作王都，又名洛邑，为周公所建，故址在今河南洛阳一带。《尚书·洛诰》记载周公说："我卜河朔黎水，我乃卜涧水东，瀍水西，惟洛食；我又卜瀍水东，亦惟洛食。"说明成周的大致范围在今洛阳涧水与瀍水之间一带。关于成周的规划与建设，《逸周书·作雒解》记载："立城方千七百二十丈，郛方七十里，南系于雒水，北因于郏山，以为天下之大凑。"文中的"郛"即"郭"，可见成周城为外郭与内城相套之城制。内城为周王所居，郭城主要用于驻扎军队与安置殷商贵族。

5. 北京琉璃河西周燕国城址

琉璃河西周燕国城址，位于今北京西南郊 50 千米处的房山区琉璃河左岸董家林村。城址大致呈东西向的长方形。其中北墙墙基保存较好，长度为 829 米，南部城基已被大石河冲毁，东、西城基各残留北半段约 300 米。其筑城方法是：先挖基础槽，直至生土，然后填土进行夯筑，墙体内外筑有护城坡。在靠近城墙东北角处还发现有一段用卵石砌成的排水道，应为城内通向城外的排水通道。城墙外环绕城壕，上口宽约 15 米，深约 2 米，壕底有 10 厘米左右的淤土层。城内中部偏北为宫殿区，已发现宫殿建筑的夯土台基和陶质绳纹水管等。城内西北部为手工业作坊和平民生活区，在这里发现有居住、窖穴遗址。

本 章 小 结

1. 夏、商、西周的城市，多靠近河流，并以城墙或城壕作为防御设施。城区多规划有宫殿区、作坊区、居民区、墓葬区等。
2. 西周时期已有"择中"及方格状的王城规划思想，并已形成了建筑等级制度。
3. 商周时期合院式的宫殿建筑组合，对后世影响很大。
4. 周原的墙体夯筑技术已经成熟，并直接为后代所继承。

思 考 题

1. 偃师商城的城市布局如何？
2. 郑州商城的城墙结构如何？
3. 西周时期的王城规划思想如何？
4. 西周时期建筑等级制度如何？
5. 试述凤雏西周甲组建筑布局。

第**3**章

春秋战国时期城市规划与建设

教学目标

本章运用文献及考古资料，主要讲述了《管子》中的城市规划思想以及东周时期城市规划、建设与布局，并以典型城市作为个案予以介绍。通过学习本章，应达到以下教学目标：

(1) 让学生了解东周城市发展与建设特点；

(2) 让学生理解《管子》中的城市规划思想；

(3) 让学生了解中原地区、长江流域、西北及华北等区域的城市规划与布局情况，重点是郑韩故城、临淄齐国故城、楚国郢都故城、赵邯郸故城、燕下都；

(4) 熟悉相关的文献资料。

教学要求

知识要点	能力要求	相关知识
有关文献史料	(1) 读懂文献史料内容 (2) 理解文献的建筑价值	(1) 城市防御与内城外郭制 (2) 先秦时期的市制
东周时期城市发展	(1) 掌握城市发展的历史背景 (2) 了解东周时期城市布局的特点	(1) 东周时期的战争对城市的影响 (2) 东周时期的祭祀与宗庙制度 (3) 东周时期的城市商业
《管子》中的城市规划思想	(1) 掌握地理环境与城市选址的关系 (2) 理解《管子》中城市的分区规划	(1) 土地状况与城市发展 (2) 水对城市选址的影响
临淄齐国与楚国郢都的水门	(1) 掌握两处水门的结构 (2) 了解水门与城市排水的关系	(1) 中国古代城市防洪 (2) 石头加工与营造技术

 基本概念

东周；《管子》规划思想；二城制；市制；宗庙；水门；雄城；郑韩故城；齐都临淄

引例

春秋时期，随着铁器的出现，生产力水平的提高，各诸侯国纷纷兴建城市，仅在黄河、长江流域，即营造了 600 座城邑。并且，在"国之大事在祀与戎"的历史背景下，城市的防御功能大为增强，在构筑高墙深池的同时，城内亦大建宗庙行进祭祀。并且，城内官殿区、手工业作坊区、商业区、居民区、墓葬区等划分更加细致，体现了城市生产、生活的有序化。尤其是"市"的普遍出现，并进而形成了大市、早市、晚市等，表明城市的商业功能日益显著。

《管子》中的城市规划思想亦是本章所关注的重点。它的"凡立国都，非于大山之下必于广川之上"都城选址理论，着眼于城市用水与防洪两利，有别于西周时期"天下之中"思想，具有实用性。在城市布局方面，"因天材，就地利，故城郭不必中规矩，道路不必中准绳"，强调因地制宜，突破了《考工记》记述的"匠人营国，方九里，旁三门，国中九经九纬，经涂九轨"的理想模式。并且提出"凡仕者近宫，不仕与耕者近门，工贾近市"，更方便于居民日常劳作与生活。

在筑城技术方面，春秋时期普遍使用了模板夯筑，可以省去郑州商城两侧那样的斜坡，使墙体变得陡峭，更具防御性，水门的出现使得城市排水与防御两利。

3.1 东周概况及其城市发展与建设特点

3.1.1 东周概况

公元前 771 年，西北的少数民族犬戎攻破镐京，杀死周幽王，西周灭亡。后来诸侯拥立周平王迁都洛邑，史称"东周"，以别于西周。东周的前半期，诸侯争相称霸，持续了二百余年，称为"春秋时代"；东周后半期，周天子地位渐失，亦持续了二百多年，称为"战国时代"。战国时期，经过列国间不断的兼并，最后形成了齐、楚、燕、韩、赵、魏、秦七雄并立的局面。《文选补遗》曰："万乘之国七，千乘之国五，敌侔争权，盖为战国"。

东周时期的建筑技术已达到很高水平。著名的鲁班，即鲁国人公输般，是土木工匠中的杰出代表，木匠尊其为祖师。目前考古发掘所见东周时期的建筑，多为宫殿遗址，出土的建筑构件以瓦当最为常见，还有青铜斗拱、青铜饰件和青铜屋模型等。东周瓦当的图案有动植物及其变形图案、云纹等。河北平山三汲乡出土的兆域图铜版，展示了中山国陵园的平面布局。

3.1.2 东周城市发展与布局特点

1. 城市数量激增，分布地域扩大

春秋战国时期，各诸侯国纷纷兴建城市，仅《左传》记载的筑城活动即达 68 次，除了 5 次重修之外，共筑城 63 座。又据今人对春秋时期 35 个国家的统计，当时共筑城邑 600 座，范围遍及黄河、长江两大流域。其中晋国 91 座，楚国 88 座，鲁国 69 座，郑国 61 座，王畿 50 座，齐国 46 座，宋国 25 座，卫国 30 座，莒国 16 座，秦国 14 座，吴国 10 座等。如果再加上其他未统计的国家，其时城邑当在千座以上（张鸿雁：《春秋战国城市经济发展史论》，辽宁大学出版社 1988 年版，第 121 页）。战国时期城市更是进一步发展，据《战国策·赵策》："古者四海之内分为万国，城虽大，无过三百丈者；人虽众，无过三千家者……今千丈之城，万家之邑相望也。"

2. 城市规模扩大，人口众多

战国时期七大诸侯国国都人口均在万户以上，用地规模一般达到 10 平方千米以上。例如齐都临淄人口达 7 万户，用地面积达 18 平方千米，成为当时的大都市。又如魏国大梁城，据《史记·穰侯列传》记载："臣闻魏氏悉其百县胜甲以上成大梁，臣以为不下三十万。以三十万之众守梁七仞之城，臣以为汤、武复生，不易攻也。"而战国邯郸城，据西汉文学家刘劭在《赵都赋》中所说："尔乃都城万雉，百里周回，九衢交错，三门旁开，层楼疏阁，连栋结阶。峙华爵以表甍，若翔凤之将飞，正殿俨其造天，朱榱赫以舒光。盘虬螭之蜿蜒，承雄虹之飞梁。结云阁于南宇，立丛台于少阳。"

3. 城市的防御功能凸显

《墨子·七患》说："城郭不备全，不可以自守……城者，所以自守也。"《墨子·杂守》亦说："凡不守者有五：城大人少，一不守也；城小人众，二不守也；人众食寡，三不守也；市去城远，四不守也；畜积在外，富人在虚（墟），五不守也。"《尉缭子·武议》曰："夫出不足战，入不足守者，治之以市。市者所以给战守也。万乘无千乘之助，必有百乘之市。"

《孙膑兵法》中还提出了易守难攻的"雄城"概念，说明当时城市选址时已考虑到军事防御之需要。如书中说："城在渒泽之中，无亢山名谷，而有付丘于其四方者，雄城也，不可攻也。军食流水，生水也，不可攻也。城前名谷，背亢山，雄城也，不可攻也。城中高外下者，雄城也，不可攻也。城中有付丘者，雄城也，不可攻也。"

4. 工商业繁荣，城市经济职能增强，市民生活丰富多彩

春秋战国时期，工商业普遍发达。如《战国策》说齐国临淄"甚富而实""临淄之途，车毂击，人肩摩，连衽成帷，举袂成幕，挥汗成雨，家敦而富，志高气扬"（图 3.1）。对于楚都纪南城，汉人桓谭在《新论》中说："楚之郢都，车挂毂，民摩肩，市路相交，号为朝衣新而暮衣敝。"当时城市居民中，即分布有农工商贾。如《荀子·儒效》说："人积耨耕而为农夫，积斫削而为工匠，积反货而为商贾，积礼义而为君子，工匠之子莫不继事，而都国之民安习其服。"

在战国秦都雍城曾发现了一处封闭的"市"，四周为夯土墙，西墙长 166.5 米，南墙长 230.4 米，东墙长 156.6 米，北墙长 180 米，周开四门，与城区道路网相通，市门建成四坡式屋顶。

当时的大都会，可能还出现有一城多市制，如齐国都城临淄曾出土了"大市""中市""右市"等陶印文，《左传》昭公三年还说齐有"国之诸市"。燕国陶印文中也有"左市""中市"等文字。"市"作为商品交易场所，又有大市、早市、晚市之分。如《周礼·司市》记载："大市，日昃而市，百族为主；朝市，朝时而市，商贾为主；夕市，夕时而市，贩夫贩妇为主。"

5. 祭祀宗庙建筑地位突出

《左传·成公十三年》云："国之大事，在祀与戎。"《礼记·曲礼》亦曰："君子将营

图 3.1　齐都临淄微缩景观想象复原

（来源：齐国历史博物馆）

宫室，家庙为先"，说明了宗庙在东周都城中的地位之高。在《礼记·祭法》中还进一步记载，"王立七庙、一坛、一墠""诸侯立五庙、一坛、一墠""大夫立三庙、二坛""适士二庙、一坛""官师一庙"。近年来，在诸侯国都中普遍发现有宗庙之类的礼制建筑。

3.2 《管子》中的城市规划思想

3.2.1 《管子》简介

《管子》是齐相管仲（约前 723—前 645 年）的继承者、学生，收编、记录其生前思想、言论的总集，于战国初年齐都临淄稷下学宫，由管仲学派编撰成书。原书 564 篇，除去重复的 478 篇，实为 86 篇。汉人刘向编定 86 篇，后亡佚 10 篇，故今本《管子》仅余 76 篇。《管子》内容比较庞杂，涉及政治、经济、法律、军事、哲学、伦理道德等诸多方面，其中还包含城市规划之内容。

3.2.2 《管子》中的城市规划思想

1. 选址思想

《管子·度地》："天子中而处，此谓因天之固，归地之利。"

《管子·度地》："圣人之处国者，必于不倾之地，而择地形之肥饶者。乡山左右，经水若泽……乃以其天材、地之所生，利养其人，以育六畜。天下之人，皆归其德而惠其义。"

《管子·乘马》："凡立国都，非于大山之下必于广川之上。"

《管子·八观》："夫山泽广大，则草木易多也；壤地肥饶，则桑麻易植也；荐草多衍，则六畜易繁也。"

2. 规划体制

《国语·齐语》："制国以为二十一乡，工商之乡六，士乡十五。"

3. 城市规模

《管子·八观》："夫国城大而田野浅者，其野不足以养其民；城域大而人民寡者，其民不足以守其城；宫营大而室屋寡者，其室不足以实其宫；室屋众而人徒寡者，其人不足以处其室……彼野悉辟而民无积者，国地小而食地浅也；田半垦而民有余食而粟米多者，国地大而食地博也。"

4. 总体规划

《管子·乘马》："因天材，就地利，故城郭不必中规矩，道路不必中准绳。"

《管子·度地》："内之为城，城外为之郭，郭外为之土阆。地高则沟之，下则堤之。命之曰金城。"

《管子·八观》："大城不可以不完，郭周不可以外通，里域不可以横通，闾闸不可以毋阖，宫垣关闭不可以不修。"

5. 城内分区规划

《管子·小匡》："士农工商四民者，国之石民也，不可使杂处，杂处则其言咙，其事乱。是故圣王之处士必于闲燕，处农必就田野，处工必就官府，处商必就市井。"

《管子·大匡》："凡仕者近宫，不仕与耕者近门，工贾近市。"

6. 城市分布密度

《管子·乘马》："上地方八十里，万室之国一，千室之都四；中地方百里，万室之国一，千室之都四；下地方百二十里，万室之国一，千室之都四。以上地方八十里与下地方百二十里，通于中地方百里。"

7. 城内编户组织

《管子·小匡》："五家为轨，五人为伍，轨长率之；十轨为里，故五十人为小戎，里有司率之；四里为连，故二百人为卒，连长率之；十连为乡，故二千人为旅，乡良人率之。五乡为一师，故万人一军。"

8. 与水之关系

《管子·度地》："乡山，左右经水若泽。内为落渠之写，因大川而注焉。"

《管子·乘马》："高毋近旱而水用足，下毋近水而沟防省。"

《管子·度地》："夫水之性，以高走下则疾，至（氵剽）石；而下向高，即留而不行。故高其下，领瓴之，尺有十分之三，里满四十九者，水可走也。乃迁其道而远之，以势行之。水之性，行至曲必留退，则后推前，地下则平行，地高即控，杜曲则（扌寿）毁。杜曲激则跃，跃则倚，倚则环，环则中，中则涵，涵则塞，塞则移，移则控，控则水妄行。"

3.3 东周时期诸侯城市举例

3.3.1 中原地区的东周城市

1. 郑韩故城

郑韩故城，位于今河南新郑双洎河（古洧水）与黄水河（古溱水）交汇处，为春秋战国时期郑、韩两国都城（图 3.2）。城址呈不规则形，东西长约 5000 米、南北宽约 4500 米。大部分城墙保存完好，最高处达 18 米，一般在 10 米左右；城中部筑有隔墙，将故城分为东部外郭城与西部宫城两部分。其中外郭城平面为不规则的长方形，北墙长 1800 米、东墙长 5100 米、南墙长 2900 米，西墙即隔墙，只在东墙发现有一座城门。外郭城内主要为手工业作坊区，已发现有冶铜、铸铁、制骨等作坊遗址，并发掘有郑国的大型社稷遗址和宗庙遗址。宫城平面呈长方形，南北长 4300 米、东西宽 2400 米。宫城内分布有大面积的宫殿基址。其中宫城西北有一处高出地面约 8 米的夯土建筑台基，俗称"梳妆台"，南北长约 135 米、东西宽约 80 米，周围有宽 7.5 米的围墙。宫城以东发现有一处战国晚期建筑基址，南北长 45 米、东西宽 28 米，并发现数排夯筑的"礓墩"，每排 6～8 个。

图 3.2 郑韩故城遗址分布
（来源：郑州市志）

2. 临淄齐国故城

临淄齐国故城位于山东淄博市临淄区齐都镇的西北，东临淄河，西依系水，南有牛山和稷山，东、北两面为平原。故城由大小两城组成。大城为郭城，年代较早，可能为献公所迁的临淄。大城平面呈长方形，南北最长处4.5千米、东西最宽处近3.5千米、周长24千米多。小城为宫城，在大城的西南方，南北长2.5千米、东西宽约1.5千米、周长7千米多，东北部嵌入大城。这种平面布局，可能形成于春秋时期。大城东墙和小城西墙临河修筑，曲折多弯，城墙外有河流和城壕围绕。

现已探明大城城门6座：东、西门各1座，南、北门各两座，门宽10米左右。东、西两面还应有门，但未发现。城内探出7条主干道路，大多与城门连接，有的贯穿全城，路宽6～20米。这些纵横的道路，把大城分割为许多区域。大城东北部有春秋姜齐的"公墓"，东南部为战国墓地。小城有5座城门：东、西、北门各1座，南门两座。东、北门均通向大城，门道外口两侧城墙皆向外凸出。曾探出3条主干道路，分别与南门、西门和北门连接，路宽8～17米。沿城墙内侧，还有宽6米左右的"环途"。

图3.3　齐都临淄大城西北排水口

齐国故城有科学的排水系统，大城西城的排水南与小城东北角城壕相接，流至北城，分为两支：一支在北墙注入北护城河；另一支拐向西北经过西墙注入系水。东城的排水系统与此类似。在城墙处均有自然石垒砌的排水道口，已发掘出的西墙排水道口，东西长16.7米、宽7～8米、高约3米，有3层流水孔，每层5孔，各层流水孔互相错位（图3.3）。水孔一般高50厘米、宽约40厘米，排水孔两侧呈喇叭口状。小城西门外有泉，古称申池。这一带是齐国的苑囿，现存有高台基址"歇马台"，可能即是《左传》中提到的"遄台"遗迹。

3. 曲阜鲁国故城

周代和西汉的鲁国都城，位于山东曲阜城，分为外城和内城两部分（图3.4）。外城平面呈不规则的圆角长方形，东西最长处3.7千米、南北最宽处2.7千米，四周有宽约30米的城壕。现存城垣自西周晚期延至西汉，经过多次增筑、修补。东、西、北三面各三门，南面两门，门宽7～15米。城内已探出东西和南北干道各5条，皆与城门相通。西周前期的遗址多在外城内西、北部，晚期遗址扩大到城东北，东周遗存遍布全城。城内西部还有6处周代墓地。

内城居外城的中部偏北，平面近方形，东西宽约550米、南北长约500米，东、西、北三面残存有地下城垣，宽约10米。城内分布有密集的大型建筑基址，为春秋至西汉的鲁王宫城。宫城南有全城最宽的道路通向南墙东门，道路北段两侧各有3处大致对称的建

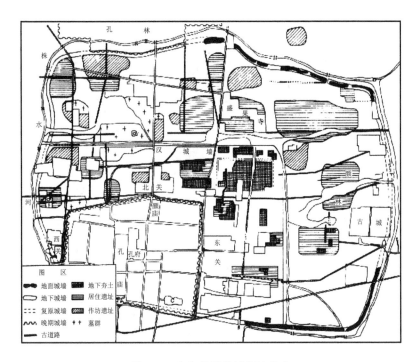

图 3.4 曲阜鲁国故城遗迹分布

筑基址,门外两侧有东周"两观"基址,其南 1.5 千米处又有夯筑台基,可能是郊坛的"舞雩台"。宫城、南墙东门、舞雩台成直线排列,说明鲁城有一条中轴线,这和《周礼·考工记·匠人》所记的国都规划相类,而与其他东周都城不同,可能反映了西周都城的规划思想。

鲁国曲阜城西北部还发现有西周制陶、冶铜作坊和居住遗址,东北部为西周后期居住遗址。西部有东周制陶作坊遗址,北部和西部偏东有大片东周炼铁遗址,西北部有东周制骨遗址。自西南、西北至东北、东南,皆发现有东周遗址。

4. 薛国故城

西周至春秋时期薛国都城遗址。位于山东滕州市官桥镇南,津浦铁路穿过城址东北角。城址可分为外城和内城两部分(图 3.5)。外城平面呈不规则形,面积约 6.8 平方千米,四周城墙曲折多弯,总长约 10615 米。大部城墙在地面上有残迹,残高 4~7 米,城墙底宽 20~30 米。夯层一般厚 19~22 厘米,夯窝直径 6~7 厘米。已探出城门 5 座,东面 1 座,南面 2 座,西面 1 座,北面 1 座。城内东半部发现有东周、汉代的冶铁、制陶和居住遗址,以及两周时期的墓地。西半部基本上没有文化遗存,西南部地势低洼,似为沼泽。外城年代较晚,大约形成于战国时期。

内城位于外城的东南隅,平面呈不规则的长方形,东墙与南墙与外城东南角的城墙重叠,西墙和北墙向外凸出,埋没地下。四周城墙总长 2750 米、墙宽约 10 米、城壕宽 15~20 米,南、西、北三面各探出 1 座城门,门道宽约 10 米。内城东部为西周早期墓地,西部西墙内侧分布有东周墓地。

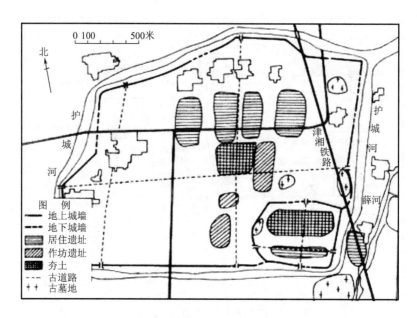

图 3.5　薛国故城遗迹分布

3.3.2　长江流域的东周城市

1. 阖闾城址

（1）"象天法地"的规划思想：据《吴越春秋》记载，伍子胥"相土，尝水，象天法地，造筑大城，周回四十七里。陆门八，以象天八风；水门八，以法地八聪。筑小城，周十里。陵门三，不开东面者，欲以绝越明也。立阊门者，以象天门，通阊阖风也；立蛇门者，以象地户也。"《吴地记·阖闾城》也说，阖闾城"陆门八，以象天之八风，水门八，以法地之八卦。"

（2）城市布局：阖闾城为吴王阖闾所建的吴国都城，时代为春秋中期。城址主要位于今江苏常州市武进区雪堰镇阖闾城村，小部分在无锡市滨湖区胡埭镇湖山村。城址呈长方形，东西长约 1300 米、南北宽约 800 米。城中段有残存城墙相隔，形成东城、西城和大城之区分。西城和大城较大，位于常州武进境内；东城较小，在无锡境内。城墙残高 3～4 米，墙基厚约 20 米，均系夯土筑成。

2. 淹城遗址

淹城，始建于春秋晚期，遗址位于江苏省常州市武进区湖塘镇淹城行政村。城址从里向外，由子城、子城河，内城、内城河，外城、外城河三城三河相套组成（图 3.6）。其中子城，呈方形，周长 500 米，城墙现高约 5 米，宽约 10 米，城墙用湿土和干土相间堆筑而成，未经夯打；内城呈方形，周长 1500 米，城墙

图 3.6　淹城遗址鸟瞰

现高 12~15 米，宽约 20 米；外城，呈不规则椭圆形，周长 2500 米，城墙残高约 9~13 米，宽 25~50 米。每道城墙均有一座城门，子城城门朝正南，内城城门朝西南，外城城门朝西北。城市交通多为水路。

3. 楚国郢都城址

楚国纪南故城为春秋战国时期楚国的都城，当时称为"郢都"，又因城在纪山之南，故又称"纪南城"。城址东西长 4.5 千米、南北宽 3.5 千米、周长 16 千米，现存城垣一般高出平地 3.9~8 米，底部宽 30~40 米，上部宽 10~20 米，均为夯土筑成。城垣有内外坡，外坡较内坡陡峭，利于防御。城垣外坡 20~40 米有护城河，河宽 40~80 米。主体墙基是先挖基槽，然后再在基槽内填土夯筑，夯层明显。内外护坡无基槽，只在平地上垫土构筑而成。

通过考古发掘得知，纪南城有 10 座城门，其中水门 3 座（图 3.7），陆行门 7 座，均为三个门道。其中水门的主体建筑由四排 40 根木柱直立而成，每排 10 根，形成三道门。城内规划有宫殿区、贵族区、平民区与手工业作坊区。其中宫殿区位于城内中部偏南，发现有密集的夯土台基，还有木立柱、陶质筒瓦板瓦等。宫殿区北面的龙桥河两侧，曾发现有窑址、水井以及墙基、散水、下水管道等遗迹，并有大片瓦砾堆积，应是当时烧制陶瓦、陶用品和市民居住的区域。冶炼作坊区分布在城内西南部，区内发现有 2 座铸炉。

图 3.7　楚郢都南墙水门遗址
（来源：《考古学报》，1982 年第 3 期）

此外，全城共发现水井 500 口以上，以宫城以北的龙桥河两侧最多，有土井、陶圈井、竹圈井和木圈井，上部多带井圈，井壁中部用木架承托。有的井底遗留有一个大陶瓮，当为冷藏窖。

3.3.3　西北及华北地区的东周城市

1. 秦雍城遗址

雍城为春秋时期秦国都城，位于陕西凤翔城南，南靠雍水。整个城址呈不规则的方形，东西宽约 3300 米、南北长约 3200 米。城内可分为宫殿宗庙区、手工业作坊区、商业区等。其中宫殿宗庙区，分布在城内偏西南的中部一带。在今马家庄的 3 号建筑遗址，共有 5 进院落，可分为外朝、内朝与寝宫。此宫殿遗址以东约 500 米处，另有马家庄 1 号宗庙建筑遗址，排列为"品"字形：北部居中为祖庙，东部居中为昭庙，西部居中为穆庙。

城内西北部为作坊区，南北长 220 米、东西宽 150 米，总面积 3.3 万平方米。发现有陶窑、深层纯净土采集坑、泥条存储袋状坑、给作坊输水的地下陶水管道、水井和用于其他拌合材料存放的长方形竖穴坑等。并出土有方砖、槽形板瓦、弧形板瓦、筒瓦、瓦当、贴面墙砖、陶鸽、陶俑，以及制作和烧制时所需的各类工具，如打泥石夯、陶锤、水容器和支垫等。

城址西南为秦公陵区，占地 21 平方千米。发现有大型墓葬和车马坑共 43 座，按其布局可分为 13 座陵园，证明秦人在春秋前期已初步形成了一套陵园规划与设计。中字形墓为最高等级，其余贵族墓则为甲字形、刀把形。

2. 赵邯郸故城

赵邯郸故城（图 3.8）为战国时期赵国国都，位于河北邯郸市区及其西南郊。城址可分赵王城和大北城两部分。其中赵王城是宫城，呈品字形，由东、西、北三座小城组成。西城平面呈方形，周长 5680 米，四面城墙残高 3～8 米，墙基一般宽约 30 米。西城内多为宫殿建筑，分布有大小夯土台 5 座，1 号夯土台最大，南北长 296 米、东西宽 267 米、残高 17 米。夯土台以北为 2 号和 3 号夯土台基，再加上城外 9 号夯土台基，形成南北向的城市中轴线。北墙西门东南附近有 4 号夯土台基。

图 3.8　邯郸故城遗址示意

东城平面不如西城规整，北墙与西城北墙衔接，平面略呈缺角长方形，周长约 4736 米，东西最宽处约 926 米、南北最长处约 1442 米。东城的布局以 6 号（北将台）和 7 号（南将台）两座夯土台基构成南北中轴线。7 号夯土台基的北部和南部，分布有地下夯土建筑基址，夯土台基西南为 8 号夯土台基及其西部的地下夯土建筑基址。北城平面呈不规则状，周长约 5800 米，东西最宽处约 1326 米、南北最长处约 1557 米。

郭城即大北城，位于宫城东北部，面积比赵王城大，平面呈不规则的长方形，东西宽约 3200 米、南北长约 4800 米、周长 15400 余米，为当时的商业、手工业作坊及居民区，城址已湮没。

经过解剖发现，赵王城城垣均系夯土筑成。夯土墙体一般分为基座、主体墙和内侧台阶面，西城东南角一带的墙体内侧还另建有附加墙。基座建于基槽内，或者直接建于开挖平整水平的红色土面之上。基座的断面大致呈倒梯形，底宽 16.9 米、顶宽 17.3 米、高 0.7 米。主体墙建于基座之上，现存高 5～7 米，底宽 15.1 米，即主体墙较基座台面要窄，向内收缩约 2 米。墙体内侧的形制结构非常特殊，呈多级台阶状内收至顶。自基座台往上 2 米处向内收缩 0.95 米，形成第一层阶面；又向上 2 米，再次向内收缩 0.8 米，形成第二层阶面。再向上即为现存夯土墙顶部。

并且，内侧普遍修建有防雨排水设施，一是城垣内侧台阶面上铺设板瓦与筒瓦覆盖面，简称"铺瓦"；二是用陶制排水槽修建坡道状水槽道，简称"排水槽道"，每隔一段即铺设 1 条（图 3.9）。单体的排水槽形似簸箕状，横断面凹形，平面近似正梯形，顶窄底宽，箕面近底沿处装设 2 个凸起的顶扣，以便排水槽两两衔接防止滑落。排水槽的安装方式是：在城垣内侧自墙体顶部向下开设斜坡状沟槽坑，然后放置排水槽并一一衔接铺设好，最后形成坡状排水槽道。铺瓦与排水槽道相结合，共同构成城垣内侧完整的防雨排水设施。

图 3.9　邯郸城内赵王城城垣
内侧的排水槽道

3. 晋国都城新田

新田为春秋时期晋国都城，位于今山西侯马市西北，汾河、浍河交汇处。已发现有大小古都遗址 8 座。其中牛村、神台与平望三城呈"品"字形（图 3.10）。牛村古城南北长 1340～1740 米、东西宽 1100～1400 米。北城墙不甚规则，为东南西北斜向，西北角成曲尺形，城墙宽 4～8 米。东城墙外部被战国时期遗址打破。沿南城墙根内发现有车道，与之东西向平行，宽 3～3.5 米。城墙外 8 米处有护城河。城内北部中央有大型夯土台基，现高 6.5 米，南缓北陡，周围堆积有筒瓦与板瓦残片。土台基址为每边长 52.5 米的正方形，顶部覆盖厚约 1 米的含瓦片堆积土，下面全是夯土，厚约 5 米。牛村古城东南为手

图 3.10　晋都新田遗址分布示意
（来源：《新中国的考古发现和研究》）

工作坊区，发现有冶铜、制陶、制骨作坊遗址。

台神古城址在牛村古城址西，为长方形，长宽均在 1000 米以上。其南城墙与牛村古城址南城墙基本成一直线。平望古城位于台神、牛村二城址北部，亦略呈长方形。

新田遗址还发现八处祭祀遗址。大致分布于三个地区，西南张祭祀遗址位于牛村古城西南约 6 千米处，牛村古城南祭祀遗址北距牛村古城南墙约 250 米，其余六处遗址皆位于牛村古城以东。在浍水南岸的上马、汾水附近的柳泉、平望等地为墓葬区，发现有东周时期墓葬群。

4. 燕下都

燕下都位于河北易县东南，介于北易水和中易水之间，为战国时期燕国都城。它由东西两城所组成（图 3.11）。东城平面近方形，东墙长 3980 米，北墙长 4594 米，南墙与西墙不甚完整，墙基宽度达 40 米。城内东北部为宫殿区，现保存有多处夯土台基，如武阳台、望景台、张公台、老姆台等，均坐落在一条中轴线上。其中武阳台最高大，南北长约110 米、东西长约 140 米、残高 11 米。区内还发现有兽首陶水管、筒瓦、板瓦等建筑构件。东城西部为手工业作坊区，分布有冶铁、烧陶、铸钱、兵器、骨器等作坊。居民区则分散于东城的东北、东部、中部和西南部。墓葬区则分布于东城西北角，可分为"虚粮冢"和"九女台"两大部分。

图 3.11 燕下都遗迹分布示意

西城年代晚于东城，平面呈刀形。墙基宽度与东城同，部分城垣残高达 6.8 米。城垣用夹板分段夯筑而成，每层高 8~12 厘米，最厚达 17~23 厘米，夯窝密集，用穿棍、穿绳和夹板夯筑的痕迹明显。西垣中部有城门一座。西城内文化遗存甚少，可能是用作军事防御的外郭城。

本 章 小 结

> 1. 本章首先介绍了东周时期城市发展与建设特点，诸如城市数量激增，分布地域扩大；城市规模扩大，人口众多；城市的防御功能凸显；工商业繁荣，城市经济职能增强，市民生活丰富多彩；祭祀宗庙建筑地位突出。
>
> 2. 讲述了《管子》书中的城市规划思想，诸如在选址思想、总体规划、城市规模、规划体制、总体规划等方面，都有所论述。
>
> 3. 按中原、长江流域、西北及华北三大区域，选择具体城址，介绍了东周时期的城市规划、建筑及布局情况。这些城市多为二城制，城内规划有宫殿（宗庙）、手工作坊、居住等区域。

思 考 题

1. 《管子》中的城市规划思想是怎样的？
2. 试述东周城市发展与布局特点。
3. 秦雍城遗址的布局是怎样的？
4. 简述邯郸故城城垣建造及排水设施情况。
5. 临淄故城与纪南城的水门结构有何不同？

第 **4** 章

秦汉时期城市规划与建设

教学目标

本章主要讲述了秦、汉时期的城市选址、规划、建设与布局情况，并以都城及地方郡县作为个案予以介绍。通过学习本章，应达到以下教学目标：

(1) 使学生掌握秦咸阳城规划中的"象天设都"思想；

(2) 使学生掌握汉长安城规划中的"形胜""象天设都"以及礼制思想；

(3) 熟悉秦咸阳城及汉长安城的建设与布局情况；

(4) 了解东汉洛阳城的布局；

(5) 读懂汉代上谷郡宁城壁画所反映的城市布局。

教学要求

知识要点	能力要求	相关知识
秦代咸阳城	(1) 掌握其规划思想 (2) 了解城市布局	(1) 天上星象 (2) 秦灭六国
汉代长安城	(1) 掌握其规划思想与布局 (2) 熟悉营造过程	(1) 定都长安城的优势 (2) 汉代城门营造技术 (3) 汉代坊市制
东汉洛阳城	(1) 掌握南北二宫制 (2) 了解礼制建筑	(1) 洛阳的地理环境 (2) 明堂的形制与功能
汉上谷郡宁城	(1) 掌握图中的宁城布局 (2) 熟悉汉代县城布局	(1) 汉代制图技术 (2) 汉代官吏车马出行制度

 基本概念

咸阳城；长安城；象天设都；形胜；礼制建筑；一门三道；南斗；北斗；明堂

引例

秦汉时期，我国城市进一步发展，都城有明确的规划思想与理念，城市布局进一步完备。地方郡县城市亦有发展，城市形制与布局呈现出一定的地域性。

"象天设都"思想对秦咸阳与汉长安城影响巨大。具体表现为都城的布局模拟天上的北斗、紫微官、南斗、银河等星象，以表明天人合一，法天而治，以神化皇帝的统治。

关于秦代阿房宫，近年来随着考古工作的开展，对其是否被焚烧提出了质疑。据《史记·项羽本纪》记载，项羽入关后，杀秦王子婴，烧秦宫室，大火三月不灭。而考古上并未发现任何焚烧的痕迹以及建筑物，只有高大的台基。又有人根据《史记》记载，公元前 210 年，阿房宫"室堂未就"，始皇即驾崩，于是停工，将建造阿房宫的 70 万劳力调去修筑秦陵。等到这年四月，"复作阿房宫"，七月陈胜、吴广就起义了。前后这么短的时间，显然建不成阿房宫。

秦汉都城城门普遍为三个门洞，以对应城内的三股街道。其中中间的一股道，为皇帝所专用，别人不能行走或横过。关于街道划分三股的原因，据《礼记·王制》记载："道路，男子由右，妇人由左，车从中央。"《吕氏春秋·乐成》也说，孔子为官鲁国，令"男子行乎涂右，女子行乎涂左。"

4.1 秦代概况及国都

4.1.1 秦朝概况

公元前 221 年，秦灭六国而统一天下，建立了强大的中央集权。在地方上彻底废除了封国建藩旧制，进一步确立了郡县制，划分天下为 36 郡。旧的列国国都，多改为郡城。郡下设县，郡、县长官均由皇帝任免。县下设乡、里，另置"亭"管理基层民政。同时，在全国又实行改革，如"车同轨，书同文"，并统一货币与度量衡。

秦朝推行郡县制，特置"内史"以统关中之地，充作秦王朝的京畿地区。《关中记》记载："秦西以陇关为限，东以函谷为界，二关之间，是谓关中之地。东西方千余里，南北近山者相去一二百里，远者三四百里。"

4.1.2 秦都咸阳

1. 建造历史

秦国因秦孝公任用商鞅实行变法，于公元前 350 年由栎阳迁都咸阳，直至公元前 207 年秦覆灭，咸阳为秦都 40 余年。秦始皇统一中国过程中，开始扩大咸阳城的范围，大量营建新宫殿。据《史记·秦始皇本纪》记载："秦每破诸侯，写放其宫室，作之咸阳北阪上，南临渭，自雍门以东，至泾、渭，殿屋复道周阁相属。"并且，"徙天下富豪于咸阳十二万户"。秦始皇三十五年（前 212 年）开始营建新的朝宫，准备作为朝廷的中心。"营作朝宫渭南上林苑中，先作前殿阿房"，即阿房宫。接着"乃令咸阳之旁二百里内宫观二百七十，复道、甬道相连"（《史记·秦始皇本纪》）。阿房宫是南向的，又建阁道，"自殿下直抵南山，表南山之颠以为阙。"又"立石东海上朐界中，以为秦东门"（《史记·秦始皇本纪》）。从地球经纬度来看，东门阙正好直对秦都咸阳的东门，说明秦始皇扩建的咸阳城，还是坐西向东，以东门为整个城的正门。秦二世元年（前 209 年），"尽征其材士五万人，为屯卫咸阳"。

2. 规划理念与分区

秦咸阳城曾按照"象天设都"思想进行规划,据《三辅黄图》记载:"始皇穷极奢侈,筑咸阳宫,因北陵营殿,端门四达,以则紫宫,象帝居。引渭水贯都,以象天汉;横桥南渡,以法牵牛",以咸阳城的布局来比拟天宫(图4.1)。

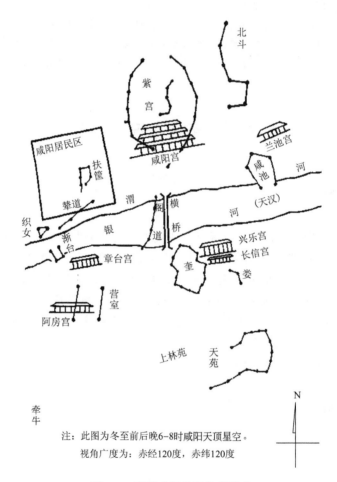

注:此图为冬至前后晚6-8时咸阳天顶星空。
　　视角广度为:赤经120度,赤纬120度

图 4.1　秦都咸阳象天设都示意

咸阳城以渭水为界,划分为南、北两部分。其中北部包括宫室、市、里、手工作坊、官署、府库等。并且,在宫殿区又设司马门,设有司马,驻扎军队。宫殿区附近,曾发现有铸铁、冶铜作坊及陶窑遗址。渭北还有集中的市区,如《史记·李期列传》记载:"公子十二人死于咸阳市""腰斩咸阳市"。

渭南是秦的苑囿所在,宫殿主要有兴乐宫、信宫以及未竣工的阿房宫。兴乐宫在阿房宫之东,今本《三辅黄图》记载:"兴乐宫,秦始皇造,汉修饰之,周回二十余里,汉太后常居之。"《史记》曾引《三辅旧事》云:"秦于渭南有兴乐宫,渭北有咸阳宫,秦昭王欲通二宫之间,造横桥长三百八十步。"秦始皇二十七年,又作信宫于渭南,"已而,更命信宫为极庙,象天极。自极庙道骊山,作甘泉前殿,筑甬道,自咸阳属之。"

4.2 汉代概况及国都

4.2.1 汉朝概况

公元前 202 年刘邦灭秦，建立西汉王朝。西汉建立后，曾大力发展城市建设，如在公元前 201 年，汉高祖刘邦曾下令"天下县邑城"（《汉书·高帝纪下》），即命令全国县城修筑城垣，以作为坚固的统治据点。并且，随着汉武帝时国际商路的开辟以及国力的强大，还出现了许多商业都会。在宣帝时期，除了长安、洛阳之外，分布在关中、三河、巴蜀、齐鲁、燕赵和南阳六个最发达地区的其他城市也名噪一时，如"燕之涿、蓟，赵之邯郸，魏之温、轵，韩之荥阳，齐之临淄，楚之宛丘，郑之阳翟，三川之二周，富冠海内，皆为天下名都。"（《盐铁论》）（图 4.2）。又在河西走廊以西设立了酒泉、武威、张掖、敦煌四郡，在南粤置九郡。但是西汉时期关中地区仍是最富庶的，所谓"关中之地，于天下三分之一，而人众不过什三，然量其富，什居其六"（司马迁：《史记·货殖列传》）。

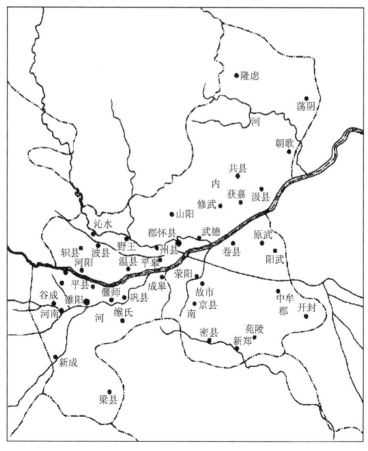

图 4.2　汉代河内郡及河南城市分布概貌

（来源：《中国历史地图集》）

东汉时期，因多年战乱，中原、西北、东北等地的城市遭到破坏，光武帝曾下诏合并郡县。并且，因国都东迁洛阳，又促进了长江流域城市的发展，如新出现的城市有荆州的汉宁、沅南，扬州的永宁、临汝、建昌，益州的汉昌、哀牢，博南交州的封溪、望海等。

汉代城市一般都有城墙，城内区域以街道划分为官署区、里居与市。如《汉书·平帝纪》记载，平帝元始二年（公元2年），"罢安定呼池苑，以为安民县，起官寺市里，募徙贫民。"又《汉书·高帝纪上》应劭曰："太上皇思欲归丰，高祖乃更筑城寺市里如丰县，号曰新丰，徙丰民以充实之。"作为居民区的里，建有里门，并有监门看守。如《汉书》卷24《食货志》曰："春将出民，里胥平旦坐于右塾，邻长坐于左塾，毕出然后归，夕亦如之。"

4.2.2　西汉国都长安

1. 西汉选择定都长安而非洛阳之原因

汉高帝五年（前202年），刘邦称帝，欲定都洛阳，曾置酒洛阳宫殿，与群臣讨论此事。娄敬很看好长安，他说："夫秦地被山带河，四塞以为固，卒然有急，百万之众可具也。因秦之故，资甚美膏腴之地，此所谓天府者也。陛下入关而都之，山东虽乱，秦之故地可全而有也。"（《史记·刘敬列传》）留侯张良又曰："雒阳虽有此固，其中小，不过数百里，田地薄，四面受敌，此非用武之国也。夫关中左殽函，右陇蜀，沃野千里，南有巴蜀之饶，北有胡苑之利，阻三面而守，独以一面东制诸侯。诸侯安定，河渭漕挽天下，西给京师；诸侯有变，顺流而下，足以委输。此所谓金城千里，天府之国也，刘敬说是也。"（《史记·留侯世家》）看来，长安地处关中，为四塞之国，利于国防，且当地土地肥沃，经济基础好，这些均非洛阳可比。

2. 西汉长安城的规划思想

（1）长安城选址中的"形胜"思想："形胜"即山川地形优越，便于军事防御，这是西汉建都关中的基本原因。西汉定都长安后，田肯祝贺刘邦说："秦，形胜之国，带河山之险……地势便利，其以下兵于诸侯，譬犹居高屋之上建瓴水也。"（《史记·高祖本纪》）《史记索隐》引韦昭云："形胜"即"地形防固、故能胜人也"。西汉之所以建都关中，除了考虑到此地沃野千里，物产丰富和交通便利等优越条件外，主要是看中了"秦地被山带河，以为固四塞之国也""可与守近，利以攻远"的军事地理条件。

（2）"象天设都"思想：西汉长安城规划为"览秦制，跨周法"（张衡《西京赋》），即汉承秦制。其形制为不规则的斗形，故称"斗城"，有北斗与南斗之说。如《三辅黄图》卷一云："（长安）城南为南斗形，北为北斗形，至今人呼汉京城为斗城是也。"并且，未央宫是按照天上的紫微垣来设计的。如张衡《西京赋》云："正紫宫于未央，表蛱阙于闾阖。"班固《西都赋》也说："其宫室也，体象乎天地，经纬乎阴阳，据坤灵之正位，仿太紫之圆方。"

（3）礼制规划思想：汉长安规划为"览秦制，跨周法"，这里的"周法"主要是指《周礼·考工记》中的营国制度。又据张衡《西京赋》记载："其城廓之制，则旁开三门，参涂夷庭，方轨十二，街衢相经是也"，以及商业区分布在宫殿区以北，这些均符合《考工记·匠人》中的王城"旁三门""面朝后市"之规制。

3. 长安城的建设

西汉都城长安是逐步建成的。汉高祖时，先把秦的离宫兴乐宫改建为长乐宫使用，接着又在长乐宫以西建造未央宫（图4.3），未央宫以北建造北宫，又在长乐、未央两宫之间建武库，在长乐宫以北建明光宫，在未央宫以北建桂宫等。至汉武帝时，因为"未央宫营造日广，以城中为小，乃于宫西跨城池作飞阁，通建章宫，构辇道以上下"（《三辅黄图》）。

长乐宫与未央宫周长均为20余里，并立有东阙与北阙，证明以东门与北门作为正门。如《史记·高祖本纪》记载："八年萧丞相（萧何）营作未央宫，立东阙、北阙、前殿、武库、太仓，高祖还，见宫阙壮，甚怒。谓萧何曰：'天下匈匈苦战数岁，成败未可知，是何治宫室过度也？'萧何曰：'天下匈匈方未定，故可因就宫室。且天子以四海为家，非壮丽无以重威，且无令后世有以加也。'高祖乃说。"至于为何建东阙与北阙，颜师古注曰："未央宫虽南向，

图 4.3　汉长安城未央宫遗址

而上书奏事谒见之徒，皆诣北阙，公车司马亦在北焉，是则以北阙为正门，而又有东门、东阙。至于西南两面无门阙矣。盖萧何初立未央宫，以厌胜之术，理宜然乎。"

汉惠帝时又陆续修建了长安城墙。据《汉书·惠帝纪》记载："（元年）春正月，城长安。……三年春，发长安六百里内男女十四万六千人城长安，三十日罢……六月，发诸侯王、列侯徒隶二万人城长安。……（五年）春正月，复发长安六百里内男女十四万五千人城长安，三十日罢。……九月，长安城成。赐民爵，户一级。"又据《三辅黄图》记载："（惠帝）三年春，发长安六百里内男女十四万六千人，三十日罢。城高三丈五尺，下阔一丈五尺，六月发徒隶二万人常役。至五年，复发十四万五千人，三十日乃罢。九月城成，高三丈五尺，下阔一丈五尺，上阔九尺，雉高三坂，周回六十五里。"汉长安城平面呈近方形，北墙因河流限制，西北角从东北向西南曲折倾斜。南墙与西墙因宫殿建筑关系，中段有些曲折。现存东墙长5940米、南墙长6250米、西墙长4550米、北墙长5950米。

西汉末年，长安城遭到破坏，据《汉书·王莽传下》记载："赤眉遂烧长安宫室市里，害更始。民饥饿相食，死者数十万，长安为虚，城中无人行。宗庙园陵皆发掘，惟霸陵、杜陵完。"

4. 西汉长城的区域划分

（1）总体布局：据《三辅黄图》引《汉旧仪》记载："长安城中，经纬各长三十二里十八步，地九百七十三顷，八街九陌，三宫九府。三庙十二门，九市，十六桥。"（图4.4）

（2）城门与街道：关于城门，班固《西都赋》记载："披三条之广路，立十二之通门"。《三辅黄图》引张衡《西京赋》又曰："'城廓之制，则旁开三门，参涂夷庭，方轨十

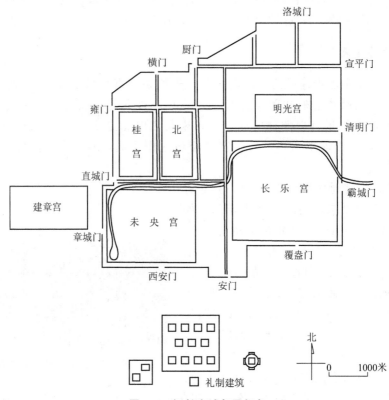

图 4.4　汉长安城复原想象

二，街衢相经'是也。"汉长安的 12 座城门名称，东为宣平门、清明门、霸城门，南为覆盘门、安门、西安门，西为章城门、直城门、雍门，北为横门、厨门、洛城门，其城门位置均已探明。其中直城门已被发掘，宽约 32 米、进深 20 米，共有 3 个门道，相邻两个门道之间筑有 4 米左右宽的夯土隔墙（图 4.5）。每个门道宽约 8 米，其东西两侧夯土壁外埋置一排花岗岩石块作础石，在平整的础石面上东西向放置方木作为地栿，方木地栿上立排叉柱。中间门道内方木及排叉柱尚存已碳化的一部分。中门道和北门道西部有一排约 70 厘米方形的门限石，安置于城门之处。南门道中部地面以下 3 米还有一条东西向的砖筑排水涵洞。涵洞宽约 2 米余，两壁用条砖砌成，上部用楔形子母砖券顶；北门道下也发现一条地下排水涵洞，城门下面为石板砌筑，城门外为砖筑，两壁用条砖砌，上部用楔形子母砖券顶。两条涵洞皆为城中向城外排水之用，涵洞在城墙内地下仍有数十米延伸。

　　城内街道划分为三股，中间为"驰道"，皇帝专用，外人不得行走或横绝。如《汉书·成帝本纪》记载："帝为太子，初居桂宫。上尝急召，太子出龙楼门，不敢绝驰道。西至直城门，得绝，乃度，还入作室门。"

　　（3）宫殿、官署区：汉长安城大部分为宫殿所占，仅长乐、未央二宫即约占全城的 1/2，其他尚有桂宫、北宫、明光宫等。各宫均有宫墙、宫门，并有架空道相通。每座宫即为一宫城，面积巨大，如"兴乐宫，本秦始皇造，汉修饰之，周二十余里，有殿十四，汉太后常居之。"又据《长安志》记载："未央宫周匝二十二里九十五步，街道周四十七里，台殿四十三所，其三十二所在外，十一所在后宫，池十三，山六，池一山二亦在后宫，门闼凡九十五。"

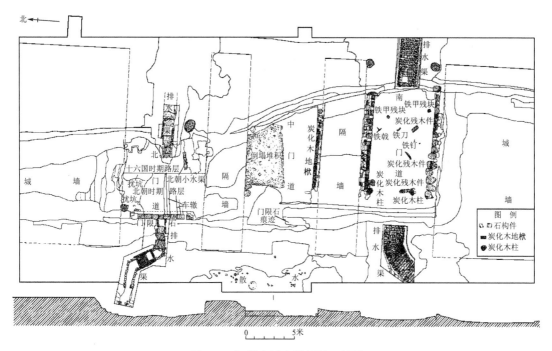

图 4.5　汉长安城直城门平、剖面

（来源：《考古》，2009 年第 5 期）

长安城内南部及中部除了宫殿之外，还设有宗庙及中央官署、三辅官署及仓库等。如《长安志》引《三辅黄图》说："太上皇庙在长安城中香室（街）酒池之北，高庙在长安城中西安门内东，太常街南。"长安城北部亦设有中央官署和三辅官署的附属机构。而当时达官贵人的府邸，以建在未央宫北阙附近的最为豪华。如张衡《西京赋》记载："北阙甲第，当道直启，程巧致功，期不阤陊，木衣绨锦，土被朱紫。"

（4）礼制建筑区：礼制建筑除了北郊礼地，其余均在城之南。如圜丘，《三辅黄图》云："汉圜丘在昆明故渠南"，其范围"高二丈，周四百二十步"。辟雍，《水经注》说在长安县南"鼎路门东南七里"。北魏长安县的鼎路门即汉长安城的安门。经发掘确认，辟雍遗址位于汉长安城东门南出大道 1.5 千米的东侧。社稷坛，汉先立官社，直到汉末元始年间始建官稷。考古勘探查明，官社遗址位于王莽九庙围墙外西南部，而王莽九庙在西安门和安门的南出平行线之间。官稷遗址在官社的西南，有双重围墙，外围墙每边各长 600米，平面呈"回"字形。明堂，《关中记》云："明堂在长安城门外杜门之西"，杜门即覆盎门。灵台，《历代帝王宅京记》云："灵台在长安西北八里，汉始曰清台，本为侯者观阴阳天文之变，更名曰灵台。"

（5）居民区：长安城外北面及东北面分布着居民区。《三辅黄图》说："长安闾里一百六十，室居栉比，门巷修直。"其中有名可查的有宣明、建阳、昌阴、尚冠、修城、黄棘、南平、大昌、陵里、戚里、函里、北焕等里坊。

（6）手工作坊区：汉长安城的手工业分为官营与私营两种。分布在城郭内外，如城内有东、西织室及长安厨的作坊，前者在未央宫中，后者在厨城门内。另据考古资料，城西北近北垣处有铸钱作坊，城之西北角有制陶作坊。

（7）市场区：长安城还分布有市，据《三辅黄图》记载："《庙记》云：长安市有九，各方二百六十六步。六市在道西，三市在道东。凡四里为一市。致九州之人在突门。夹横桥大道，市楼皆重屋。又曰：旗亭楼在杜门大道南。"张衡《西京赋》又说："廊开九市，通阛带阓，旗亭五重，俯察百隧，周制大胥，今也惟尉。"这里的"通阛带阓"，即市区围墙相互通连。"廊开九市"，即开辟九个市。"旗亭五重"，是说市区长官所居的旗亭为五层楼。"俯察百隧"，是说从旗亭能俯瞰下面成百条的小街道。班固的《西都赋》又说："内则街衢洞达，闾阎且千，九市开场，货别隧分，人不得顾，车不得旋，阗城溢郭，傍流百廛，红尘四合，烟云相连。"

4.2.3 东汉国都洛阳

1. 洛阳城的建设

刘秀建立东汉后，即定都洛阳，因为关中一带遭到严重破坏，已失去了定都之条件。正如《后汉书》卷五十六《杨彪传》所说："昔关中遭王莽变乱，宫室焚荡，民庶涂炭，百不一在，光武受命，更都洛邑。"定都之后，即开展营建工作，据《后汉书·光武帝纪》记载，建武二年正月（26年），"起高庙，建社稷于洛阳，立郊兆于城南"，后又在中元二年（57年），"初起明堂、灵台、辟雍及北郊兆域"。

秦朝及西汉时，洛阳已有南宫与北宫，汉高祖即帝位于汜水之阳以后，曾"置酒雒阳南宫"（《史记·高祖本纪》）。东汉光武帝在建武十四年（38年）春正月，"起南宫前殿"（《后汉书·光武帝纪》）。后在汉明帝永平三年（60年），"起北宫及诸官府"，八年冬十月，"北宫成"（《后汉书·明帝本纪》）。

2. 洛阳城的布局

（1）城墙与城门：东汉洛阳城，位于河南洛阳市东约15千米处，"城东西六里十步，南北九里一百步"（《通鉴地理通释》），故有"九六城"之称（图4.6）。城门共12座，东为上东门、中东门、望京门，南为开阳门、平城门、津门，西为广阳门、雍门、上西门，北为夏门、谷门等。城门及街道与西汉长安城一样分为三股道，如《太平御览》卷195引陆机《洛阳记》曰："宫门及城中大道皆分作三，中央御道，两边筑土墙高四尺余，……惟公卿尚书章服从中道，凡行人皆行左右。"

（2）宫殿区：城内宫殿主要在北宫与南宫，据班固《东都赋》记载："增周旧，修洛邑。扇扇巍巍，显显翼翼。光汉京于诸夏，总八方而为之极。是以皇城之内，宫室光明，阙庭神丽。奢不可逾，俭不能侈。外则因原野以作苑，顺流泉而为沼。发萍草以潜鱼，丰圃草以毓兽。制同乎梁邹，谊合乎灵圃。"北宫的宫殿，据史料记载主要有德阳、崇德、宣明、含德、章德等。其中以德阳殿为主殿，如《后汉书·礼仪志》注蔡质《汉仪》曰："德阳殿周旋容万人。陛高二丈，皆文石作坛。激沼水于殿下。画屋朱梁，玉阶金柱。天子正旦节，会朝百僚于此。"南宫的宫殿主要有却非、前殿、乐成、灵台、嘉德、和欢、玉堂、宣室、云台等。"南宫至北宫，中央作大屋，复道，三道行，天子从中道，从官夹左右，十步一卫。"（《后汉书·光武帝纪》引蔡质《汉典职仪》）

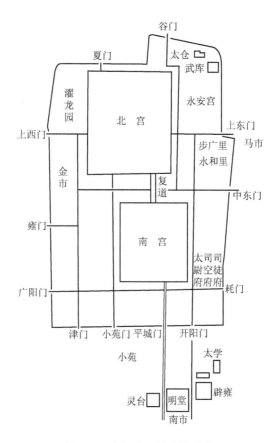

图 4.6　东汉洛阳城平面分布

（3）中央官府区：三公官府设在南城墙开阳门内，《古今注》曰："永平十五年更作太尉、司徒、司空府开阳城门内"。储备粮食和兵器的太仓和武库位于城内东北角，北宫之东北。

（4）礼制建筑区：明堂、辟雍、灵台位于南城外。明堂形制，据《白虎通德论》："上圆法天，下方法地，八窗象八风，四阆法四时，九室法九州，十二坐法十二月，三十六户法三十六雨，七十二牖法七十二风。"明堂东为辟雍，西有灵台。《文选》曰："造舟清池，唯水泱泱。左制辟雍，右立灵台。因进距衰，表贤简能。冯相观祲，祈褫禳灾。"李尤《辟雍赋》也说："辟雍岩岩，规矩圆方。阶序牖闼，双观四张。流水汤汤，造舟为梁。神圣班德，由斯以匡。"辟雍遗址位于洛阳城南郊开阳门大道东侧，其平面呈方形，边长170米，外有围墙，内有方形大院，中心为边长45米的方形夯土台基。关于灵台，《后汉书》云："乃经灵台，灵台既崇。帝勤时登，爰考休征。三光宣精，五行序布。习习祥风，祁祁甘雨。百谷蓁蓁，庶卉蕃芜。屡惟丰年，于皇乐胥。"现存遗址长宽各约220米，中心为边长约50米的夯土台基，残高约8米。

（5）市场区：东汉洛阳城的市，见诸文献的有大市（金市）、马市和南市。"大市名金市，在城；南市在城之南；马市在大城东。"（《元河南志》卷二引华廷俊《洛阳记》）

4.3 秦汉时期的地方城市

4.3.1 郡县城举例

1. 秦汉江州城

秦于周郝王元年（公元前 314 年）置巴郡，并于同年筑江州城（重庆城的古称）。而汉时的江州，由于地处长江、嘉陵江交汇之处，是巴郡对外交通和贸易的枢纽。这里地理条件优越，正如晋人常璩《华阳国志》中所说："于是蜀沃野千里，号为陆海。旱则引水浸润，雨则杜塞水门。故记曰：水旱从人，不知饥馑，时无荒年，天下谓之'天府'也。"

关于最初的秦江州城址，自古至今，历来有两种观点：一为"南城说"，认为城址在两江半岛，中心位于今渝中区小什字到朝天门之间的台地上；一为"北府说"，认为城址在今江北区的江北城，中心位于嘉陵江注入长江之处的江北嘴一带。最早记录汉代江州城的是《华阳国志·巴志》："汉世，郡治江州巴水北，有甘橘宫，今北府城是也。后乃还南城。"

秦汉时期的江州城为隔江而治、城郭分置的城市格局：官舍居于"北府"，为政治中心；市井中心位于"南城"，便于长途商贸水运，为城市的经济中心（图 4.7）。"南城""北府"虽隔一江，但巴地居民善舟楫，以舟船将南北二城联系在一起。宋人张咏在《创议记》中说："张仪筑蜀郡城，方广七里，从周制也，分筑南北二少城，以处商贾。少城之迹今湮。"并且，"少城有九门，南面三门，最东曰阳城门，次西门曰宣明门。蜀时张仪楼即宣明门楼也。重阁复道，跨阳城门。"江州的商业发达，如《文选》记载："画方轨之

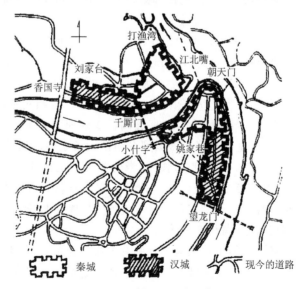

图 4.7 秦汉江州城示意

（来源：徐煜辉《秦汉时期江州重庆城市形态研究》，《重庆建筑大学学报》，2000 年第 1 期）

广涂。营新宫于爽垲，拟承明而起庐。汉武帝元鼎二年，立成都十八门。……亚以少城，接乎其西。市廛所会，万商之渊。列隧百重，罗肆巨千。贿货山积，纤丽星繁。少城，小城也，在大城西，市在其中也。"又扬雄《扬子云集》曰："尔乃其都门二九，四百余闾，两江珥其市。"

2. 汉西海郡城

汉西海郡城位于青海省海晏县城西约半华里（1 华里约等于 0.5 千米）处，青海湖北侧。西汉平帝时始建，王莽败后废弃。东汉时曾复为郡，缮治故城。城址平面略呈方形，西北角稍有曲折，东西长约 650 米，南北宽 600 米。城墙四面有门址。城墙现存厚度为13～14 米、最高 4 米，夯土修筑，夯层厚 8～10 厘米。城内西南部地势较高而平坦，东北部低于西南部 3 米左右，为一处大型广场。北部有一小院，小院北墙与城墙重合，小院南北宽 105 米，东西长 314 米。

3. 汉河南县城

汉代河南郡所属的河南县城位于今河南洛阳市西郊涧河东岸小屯村。它是在周王城故址上修建的，位于周王城中部。城址平面呈近方形，只有西城墙北段有曲折，用夯土筑成，现已埋于地下。经勘探得知，城墙东西长约 1460 米、南北宽约 1400 米、墙基宽 6 米以上，残存高度 0.4～2.4 米。

在城内中部，发现西汉房址两座，皆为半地穴式建筑，即先挖深约 2 米的方坑，再在坑内四周筑夯土墙。房内堆积瓦当、筒瓦、板瓦和残陶器等。在残陶器上曾发现有"河南""河市"及"河亭"戳印。房址附近发现"河南太守章""雒阳丞印"封泥。表明这两座建筑可能是官廨所在地。南城墙外曾发现一段陶水管道，呈正南北走向，南高北低。管道的铺设方法是先在地面上挖一宽 0.8～1.2 米、深 1.5 米左右的沟槽，沟壁稍斜不规整，底平，然后平铺陶水管，陶水管均为对接，无子母口。管道之间用窨井相连，设窨井处，管道以上的沟壁稍宽，管道以下挖一圆坑放置窨井（图 4.8）。

东汉居住区发现于城内中部偏东。有砖砌房基 4 座，房基附近发现有石子路、水井、水道、粮仓以及石磨、杵臼等。井壁砌砖，使用辘轳汲水。粮仓有砖砌的圆、方仓，皆为半地穴式。此外，还出土有铁农具、铁手工具、纺轮、车器等。推测这是一处以农民、手工业者为主体的居住区。

图 4.8　汉河南县城出土的陶管道
（来源：《华夏考古》，2005 年第 1 期）

4. 汉代定襄郡安陶县县城

汉代定襄郡安陶县县城位于内蒙古呼和浩特市郊二十家子西滩村东。城址分为子城、外城两重城，呈"回"字形。其中外城作正方形，每边长460~475米，城墙为夯土筑成。子城亦为正方形，位于外城西南隅，其西、南二垣利用部分外城之西、南二垣。每边长300~320米，亦为夯筑（图4.9）。

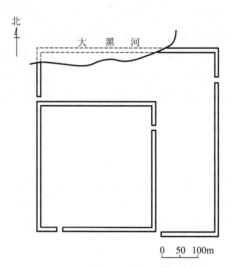

图 4.9　汉代安陶县城遗址图

（来源：《文物》，1961年第9期）

子城内发现有官署遗址、炼铁场、陶窑及民居等遗迹。城内还出土有汉代砖瓦、陶器、铁铠甲、"定襄丞印""安陶丞印"等遗物。

5. 汉代北平郡石城县城

汉代北平郡石城县城位于辽宁凌源县城西南4千米处，城址东、西、南三面环山，北面临河，由大、小二城组成，小城位于大城东北角外。大城中部偏北应是官署区，西北为作坊区，市场与居民区应在城址北部。房屋结构基本上为夯筑土墙，木柱，木制屋顶，上覆板瓦。大城内还发现一条用河卵石铺成的小路，宽约2米。路面中间稍高，呈弧形。

6. 汉上谷郡宁城

汉上谷郡宁城位于今河北万全县境内。东汉初年曾于此设置护乌桓校尉，以管理内附的乌桓部众。1971年在内蒙古和林格尔汉墓中出土一幅壁画，宽159厘米，高129厘米。壁画描绘了宁城布局，包括城垣、城门、街巷、衙署、市场等（图4.10）。该图采用了平面与鸟瞰相结合的表现技巧，具有立体形象的效果。从图上看，县城分为护乌桓校尉幕府、宁城、南门外三部分。在大城的西南隅，利用西、南两面城墙筑有一子城，护乌桓校尉幕府即设于子城之内，成为全城政治中心。并且，幕府建筑占据了整个宁城县城绝大部分，这可能有所夸张。在宁城东门内的东南隅，筑有四方形的墙垣，并标明"宁市中"，这是汉与乌桓、鲜卑"岁时互市"的反映。南门外空场上画有武士守卫等。

图 4.10　汉代上谷郡宁城壁画

7. 汉代张掖郡居延都尉府甲渠候官治所

汉代张掖郡居延都尉府甲渠候官治所位于内蒙古额济纳旗南 24 千米处,纳林、伊肯河之间的戈壁滩上,为汉代居延都尉西部防线甲渠塞之长甲渠候驻所,始建于西汉武帝太初三年（前 102 年）,废弃于东汉末年。甲渠候官治所由鄣、坞两个部分构成。其中鄣为一个平面 23.3 米见方的小堡,鄣墙厚 4～4.5 米,用土坯垒砌而成,残高 4.6 米,结构为三层土坯夹一层芨芨草筑成,草层间距 45 厘米。鄣内堆积近顶,两侧有台阶马道可登城头。鄣南为坞,坞的平面略近方形（47.5 米×45.5 米）,坞墙厚 1.8～2 米,夯筑而成。坞门外有类似瓮城的曲壁。坞 3 米以内的地带埋有 4 排尖木桩,高出地面 0.33 米,这种防御设施即文献中所说的"虎落"。鄣坞内建有房屋,出土有弓箭、铜镞、铁甲片、铁农具、工具、生活用品等。

8. 国内城

国内城,为高句丽迁都后于公元 3 世纪所建,位于吉林省集安市,地处鸭绿江中游右岸的通沟平原上。城址略呈方形,方向为 155 度,东墙长 514 米、西墙长 699 米、南墙长 749 米、北墙长 799 米,周长 2741 米。内外两壁皆以长方形石或方形石条垒砌,下部砌成阶梯形,逐层内收。每隔一定距离构筑马面,四角设有角楼,以提高防御能力。由于年代久远,几经维修,部分城墙已失去本来面貌。现存城垣宽 7～10 米,最高处 3～4 米,原有城门 6 处,南北各一处,东西各两处。

9. 丸都山城

丸都山城修建于公元 3 年高句丽迁都国内城时,初名尉那岩城,曾两度作为王都。5 世纪高句丽迁都平壤后,日渐荒废。城址呈不规则的长方形,周长 6395 米（图 4.11）。目前,山城东墙、北墙西段、西墙北段保存较好,高处可达 4～5 米,由 20 余层修琢工整的

图 4.11 丸都山遗址

长方形和方形石条构筑，结构严谨。石材一般长 40～90 厘米 、宽 20～50 厘米、厚 10～30 厘米。自下而上，逐层内收，上部筑有 1 米左右的女墙，女墙内壁下部有一排筑洞，相距 2 米左右。全城有门址 6 处，南侧谷口处有一处瓮门，东北面城墙上各发现两处门址，南墙西部发现有一处城门址。宫殿遗址在东侧山坡下，南北长 96.5 米、东西宽 80 米，进深作三层阶地，分布有瓦砾和成排的础石。瞭望台亦称点将台，在南门以北 200 米的高岗上，用石块垒筑，高 11.75 米，登台可望见通沟平原及国内城。瞭望台北 15 米，发现一处戍卒居住址。东南有一蓄水池，亦称"饮马湾""莲花池"，北部尚有石砌池壁。

本 章 小 结

1. 本章分秦、汉两大部分，介绍了这一时期都城与地方郡县城的规划、建设与布局情况。在规划方面，"象天设都"思想对秦汉都城影响较大。

2. 在秦汉时期郡县城方面，按照郡、县、边疆城市的顺序予以介绍，如江州城、西海郡城、河南县城、定陶县城、石城县城、宁城、甲渠候官治所、国内城、丸都山城，具有一定的代表性。

思 考 题

1. 秦咸阳、汉长安的规划思想是怎样的？
2. 试述西汉长安城布局。
3. 试述东汉洛阳城布局。
4. 试述秦汉江州城布局。
5. 试从内蒙古和林格尔汉墓壁画看汉代上谷郡宁城布局。

第**5**章

魏晋南北朝时期城市规划与建设

教学目标

本章主要讲述魏晋南北朝时期城市发展背景与规划、营造与布局情况，包括曹魏邺城、魏晋洛阳城、北魏平城、建康城，还有东晋万统城、前凉姑藏城、伏俟城等边疆城市。通过学习本章，应达到以下教学目标：

(1) 使学生熟悉佛教与战乱对魏晋时期城市建设与布局的影响；

(2) 使学生掌握曹魏邺城的布局；

(3) 使学生了解北魏洛阳城的布局；

(4) 使学生了解南朝建康城的营造与布局；

(5) 使学生了解门阀制度。

教学要求

知识要点	能力要求	相关知识
佛教对城市的影响	(1) 熟悉魏晋时期寺院的布局 (2) 了解魏晋时期"舍宅为寺"现象	(1) 寺院与佛教活动 (2) 佛塔与城市立体空间
战乱对城市的影响	(1) 掌握魏晋时期都城的防御功能 (2) 熟悉邺城三台与洛阳金墉城的功能	(1) 攻城与防御 (2) 天然屏障与城市防御
魏晋邺城	(1) 掌握邺城布局 (2) 了解邺城中轴线对后世规划的影响	(1) 魏晋时期的中原战争 (2) 里坊制的发展
魏晋洛阳城	(1) 掌握洛阳城的布局 (2) 熟悉城门的双阙形制与结构	(1) 佛教的传播 (2) 北魏孝文帝迁都洛阳
南朝建康城	(1) 掌握建康的营造与布局演变 (2) 熟悉山川对城市布局的影响	(1) 南朝佛教 (2) 南朝朝代的更替

 基本概念

曹魏邺城；魏晋洛阳城；北魏平城；南朝建康城；城与阙；佛教；寺院

引例

东汉王朝灭亡后，历史进入了魏晋南北朝时期，历经近400年的分裂与动荡。中原地区受战争破坏尤甚，"白骨露于野，千里无鸡鸣"是其形象写照。城市的发展亦受到影响，并且其防御功能得以强化，如洛阳金墉城与邺城三台（冰井台、铜雀台、金虎台），皆位于城市西北隅，为城市制高点，具有军事瞭望台之作用。唐代诗人杜牧《赤壁》中的"东风不与周郎便，铜雀春深锁二乔"两句诗，说的即是邺城铜雀台。

佛教自东汉末年进入中国，魏晋南北朝时期达到第一次高潮。因为这一时期，国家四分五裂，战乱频繁，民不聊生，佛教正好给人以精神寄托。崇佛的表现在于城市内大建寺院、佛塔，以及靠山开凿石窟，如山西大同云冈石窟、洛阳龙门石窟及敦煌莫高窟等。唐代诗人杜牧《江南春》中的"南朝四百八十寺，多少楼台烟雨中"的诗句正是描写了这种情况。

当然，出于对城内强化治安的需要，城市的分区进一步明确，如邺城将皇宫、中央官府、官员住宅统一安排在城市北部，与南部的里坊以一条宽阔的街道隔开。

魏晋南北朝时期，中原地区战乱频繁，江南地区则相对安宁，加之北方士人大量南迁，又进一步促进了江南的开发。在此条件下，建康城走向繁荣，以秦淮河两岸最有名，唐代诗人刘禹锡"旧时王谢堂前燕，飞入寻常百姓家"的诗句，正说明了东晋宰相王导与谢安的住宅位于秦淮河岸边。

5.1 魏晋南北朝概况

5.1.1 三国两晋社会经济背景及其对城市发展的影响

公元222年，曹丕代汉称帝，东汉王朝宣布灭亡，历史进入了三国时期，直至南北朝。这一阶段，战争频繁，民不聊生，社会经济及城市建设受到了严重影响。就城市而言，早在东汉末年军阀混战中，洛阳与长安即成废墟。如诗文中描述的"洛阳何寂寞，宫室尽烧焚"（《文选》卷20《送应氏诗》），以及"旧京空虚，数百里中无烟火"（《三国志·吴书》），即反映了当时洛阳的悲惨局面。长安亦如此，因董卓部将间的混战，致"长安城空四十余日，强者四散，赢者相食，二三年间，关中无复人迹"（《后汉书·董卓列传》）。219年，曹仁破宛城（今河南南阳市），"名都空而不居，百里绝而无民者，不可胜数"（《后汉书·仲长统列传》）。

三国之中，魏居中原，建都洛阳；汉据四川，建都益州（成都）；吴则据长江下游地区，建都建业（南京）。曹操称魏公，都于邺城，实行屯田制，使北方经济得到明显恢复。吴国建业，因其"舟车便利，无艰阻之虞；田野沃饶，有转输之藉……进可以战，退足以守"（顾祖禹《读史方舆纪要》），而成为江南的政治、经济中心。在城市行政管理体制方面，州正式成为一级行政区，并形成了州、郡、县三级制。

266年，司马炎废魏帝曹奂，自立为帝，改国号为晋，史称西晋，仍定都洛阳。其间经过"八王之乱"，北方地区遭到更大的破坏。317年，司马睿在建康称帝，史称东晋。

5.1.2　南北朝时期社会经济背景及其对城市发展的影响

南北朝是由混乱走向统一的过程。这一时期，由于中原战乱，北方士人纷纷南迁，出现了中华民族的大迁徙、大融合。494 年北魏孝文帝迁都洛阳，实行汉化政策，颁布均田令，洛阳城也得以发展。据北魏人杨炫之《洛阳伽蓝记》记载："自晋、宋以来，号洛阳为荒土。此中谓长江以北，尽是夷狄。昨至洛阳，始知衣冠士族，并在中原。礼仪富盛，人物殷阜，目所不识，口不能传。"

南朝期间，江南地区社会经济发展较快，人口大量增加，城市也有所增加，除了都城建康外，还出现了杭州、广陵（扬州）、明州（宁波）、洪州（南昌）等大城市。

5.1.3　魏晋南北朝时期的佛教及其影响

佛教在东汉末年传入中国，南北朝时期尤为盛行，城内出现了大量的佛教建筑。据《释迦方志》《魏书·释老志》和《洛阳伽蓝记》记载，北魏太和初年全国有寺院 6478 所，延昌年间为 13727 所，北魏末年达 30000 所。就洛阳而言，"自迁都以来，年逾二纪，寺夺民居，三分且一"（《魏书·释老志》），最盛时达 1367 所。南朝都城建康，"都下佛寺，五百余所，穷极宏丽，僧尼十余万，资产丰沃"（《南史·郭祖深传》）。

除了城内的佛寺及佛塔之外，还大力开凿石窟，著名的有大同云冈石窟、洛阳龙门石窟、敦煌莫高窟、太原天龙山石窟等。

5.2　魏晋北朝时期的城市

5.2.1　曹魏邺城

1. 曹魏邺城北城

邺城位于今河北临漳县，为曹魏、前燕、东魏、北齐时期的都城。邺城北城 "东西七里，南北五里，饰表以砖，百步一楼"（《水经注》）（图 5.1）。城市中间有一条通向东城墙迎春门与西城墙金明门的主干道将城区分为南北两部分。北部正中为宫城，分为东西两组。西组居北部全城正中，前面为宫廷广场，正殿永昌殿为大朝之所，"凡诸宫殿、门台、隔雉，皆加观榭。层甍反宇，飞檐拂云，图以丹青，色以轻素。当其全盛之时，去邺六七十里，远望苕亭，魏若仙居"（《水经注》）。东组前面是官署，后为常朝用的听政殿，此外还有尚书省、御史台阁、郎中令府、内医署等中央官府。宫城之东为贵族居住区，左思《魏都赋》曰："亦有戚里，填宫之东"。宫城之西为铜雀园，是一处皇家园林。邺城的水源是引漳河之水入铜雀园，进入宫城，分流入坊里区，最后由建春门附近流出城外。西城外尚有玄武苑，北城外有芳林园，东面有灵芝园等皇家园林。

并且，"（邺）城之西北有三台，皆因为之基，巍然崇举，其高若山，建安十五年魏武所起"(《水经注》卷十"浊漳水注")。三台中的北台为冰井台,中曰铜雀台,南曰金虎台,是为军事瞭望台。《邺中记》又曰:"三台皆砖砌,相去各六十步,上作阁道如浮桥……施则三台相通,废则中央悬绝也。"三台今只有南二台尚残存。南面金虎台,台基底部东西约70余米,南北约120米,呈长方形,高约8~9米。此台基北约80米处为铜雀台,残存部分最宽处50米、长约80米、高仅3米。

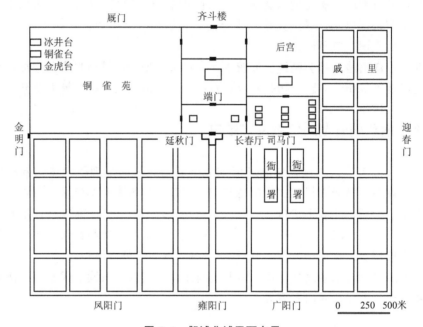

图 5.1 邺城北城平面布局

邺城南区多为里坊区与市区。《魏都赋》所谓"其间阎则长寿、吉阳、永平、思忠"。有三条南北干道:中轴线干道由南墙雍阳门,向北通向宫门及宫殿建筑群,以北城正中的齐斗楼为终点;西面一条干道,由南墙凤阳门通往铜雀苑大门;东面一条干道,由南墙广阳门通往司马门,街道两侧分布有相国府、御史大夫府、奉常寺、大农寺等中央官府。

另外,在南城墙下面还发掘出一座青砖券顶城门,称为"伏兵门"(图5.2)。城门地面由北向南斜坡通道,北高南低。经实测,城门宽3米多,高近4米,通道长40米,出口门道设有门槛、石枢、石排水暗沟,城门外连接着一条东西战壕。

图 5.2 邺城北城南墙地下城门

邺北城,在中国古都规划史上占有重要的一页。它由原来宫室的"面朝后市",演变为紧靠北城垣居中,这种布局为后代所继承。

2. 北齐邺城南城

邺城的主要宫殿在西晋末年毁坏,后赵石虎在此建都时,"发近郡男女十六万,车十万乘，运土筑华林园及长墟于邺北，广长五里"，又"从幽州大道滹沱河造浮桥，植行榆五十里，置行宫"，直抵邺城（《太平御览》卷九百五十六《木部五》）。接着又"起内外大小殿九，台观四十余所。其于曹魏宫室改易多少矣。"（《（嘉靖）彰德府志》卷八）。北齐时，在曹魏邺城南又筑邺南城。《邺中记》曰："邺南城东西六里，南北八里六十步，高欢以北城窄狭，故令仆射高隆更筑此城。"又据《嘉靖彰德府志》卷八记载："邺都南城，其制度盖取诸洛阳，与北邺然。自高欢善之，高洋饰之……故规模密于曹魏，奢侈甚于石赵。"又据《北齐书》卷十八《高隆之传》记载："增筑南城，周回二十五里，以漳水近于帝城，起长堤以防泛溢之患。又凿渠引漳水周流城郭。造治碾硙，并有利于时。"

南城规模比北城稍大些，南北城加起来，使得整个邺城南北长于东西。并且，"南城自兴和（539—542年）迁都之后，四民辐辏，里闾阛溢，盖有四百余坊，然皆莫见其名，不获其分布所在。其有可见者有东市、西市、东魏太庙、大司马府、御史台、尚书省卿寺、司州牧廨、清都郡、京畿府……"（《（嘉靖）彰德府志》卷八）。

全城有 13 座城门，南墙 3 门，从西向东分别为厚载门、朱明门、启夏门；东墙 4 门，从南向北分别为仁寿门、中阳门、止车门、昭德门；西墙 4 门，从南向北分别为上秋门、西华门、端门、纳交门；北墙 2 门，从西向东分别凤阳门、广阳门（图 5.3）。关于南墙正南门朱明门，据《邺中记》记载："门上起楼，势屈曲，随城上下。东西二十四门，朱柱白壁。碧屟朱户，仰宇飞檐，五色晃耀，独雄于诸门，以为南端之表也。"此门已被发掘，遗址由门墩、三个门道及向南伸出的东西两墙与东西双阙组成。门墩连接向西南、东南斜伸的城墙。城门门墩部分在原 9.5 米宽的南城墙北边加宽 10.8 米，加宽部分夯土的东西长 84 米，整个城门墩进深 20.3 米。中央门道宽 5.4 米、两旁门道宽 4.8 米，门道之间有隔墙，隔墙宽度均为 6 米。由门墩向南延伸出东西两道短墙，两墙内侧相距 56.5 米。墙南端各有一个略呈方形的阙。伸向东南、西南的斜城墙均长 9.2 米（图 5.4）。

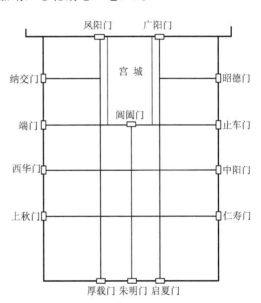

图 5.3 邺城南城平面布局示意

宫殿位于北部中央，其南面正门阊阖门与南墙正南门（即朱明门）之间的干道形成全城的中轴线，从而形成完全对称的新格局，这直接影响到隋唐长安城与元明清北京城。宫城南半部也有由诸殿组成中轴线，即太极殿、昭阳殿，昭阳殿东有宣光殿，西有凉风殿。北部为后宫，大殿众多，再往北即为御花园。

关于邺南城废弃的年代，据史料记载，北周武帝建德六年（577年）正月，攻破邺城，并下诏曰："伪齐叛涣，窃有漳滨，世纵淫风，事穷雕饰。或穿池运石，为山学海；或层台累构，概日凌云。以暴乱之心，极奢侈之事，有一于此，未或弗亡。朕非食薄衣，以弘风教，追念生民之费，尚想力役之劳。方当易兹弊俗，率归节俭。其东山、南园及三

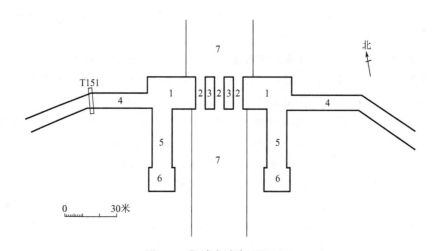

图5.4 邺城南城朱明门平面

1—门墩；2—门道；3—隔墙；4—城墙；5—短墙；6—阙台；7—大道

（来源：《考古》，1996年第1期）

台可并毁撤。瓦木诸物，凡入用者，尽赐下民。山园之田，各还本主。"（《周书》卷六《帝记》）随之将邺城毁坏。后来至"周大象二年（580年）隋文辅政，相州刺史尉迟迥举兵不顺，杨坚令韦孝宽讨迥，平之。乃焚烧邺城，徙其居人，南迁四十五里。以安阳城为相州理所"（《周书·韦孝宽传》）。

5.2.2 北朝时期的北魏都城

1. 北魏平城

北魏平城是在汉朝平城县基础上扩建而成，位于今山西大同城北、大同火车站以西到陈庄一带，北依方山，外靠长城。北魏太祖道武帝拓跋珪于398年由盛乐（今内蒙古和林格尔）"始都平城，犹逐水草，无城郭"。同年七月"始兴宫室，建宗庙，立社稷"（《魏书·太祖纪》）。并且，"太祖（道武帝）欲广宫室，规度平城，四方数十里，将模邺、洛、长安之制。运材数百万根。以（莫）题机巧，征令监之"（魏书·莫含传），即模仿邺城、洛阳与长安。当时划定的平城京邑范围是"东至代郡，西及善无，南极阴馆，北尽参合。……其外四方四维八部帅以监之"（《魏书·食货志》）。天兴二年（399年），拓跋珪营造鹿苑，引入浑水，流入宫城。天赐三年（406年），"引沟穿池，广苑囿，规立外城，方二十里，分置市里，经涂洞达，三十日罢"《魏书·太祖纪》。《魏书·天象志》亦曰："发八部人自五百里内，缮修都城。"而北魏太武帝时，又修筑平城宫城，据《南齐书·魏虏传》："佛狸（太武帝之字）破梁州、黄龙，徙其居民，大筑郭邑，截平城西为宫城，四角起楼，女墙，门不施屋，城又无堑。"

至孝文帝时，任用建筑师李冲营造了"北京（平城）明堂、圆丘、太庙及洛都初基，安处郊兆，新起堂寝，皆资于冲"（《魏书·李冲传》）。关于明堂形制，《水经注》曰："明堂上圆下方，四周十二堂九室，而不为重隅也。……加灵台于其上，下则引水为辟雍。水侧结石为塘，事准古制。"孝文帝在营造太庙及太极殿之前，曾派建筑师蒋少游到洛阳，"量准魏晋基址"（《魏书·蒋少游传》）。又派少游作为李彪的副使出使江南，"密令观京师（南齐都城建康）宫殿楷式"（《南齐书·魏虏传》），以为营造平城宫殿的蓝本。

关于平城的皇家建筑，据《魏书》《南齐书》《水经注》等书记载，城内城外主要的宫观苑囿有宫 16 处、殿 21 处、堂 8 处。宫有：河南宫、东宫、西宫、南宫、北宫、丰宫、万寿宫、承华宫、永乐宫、崇光宫（后改名宁光宫）、墓南宫、繁畤宫、豺山宫、洋南宫、静轮宫、宁先宫。殿有：天文殿、天华殿、中天殿、紫极殿、西朝阳殿、永安殿、太华殿、七宅永安行殿、永乐游观殿（北苑内）、坤德六合殿、乾象六合殿、安昌殿（内寝，后毁）、乾象四合殿（外寝）、灵泉殿、思义殿、鉴玄殿、经武殿、太极殿（毁太华、安昌诸殿而作）、安乐殿、太和殿、云母殿。堂有：云母堂（一说云母殿）、九华堂、金华堂、皇信堂（中寝）、宣文堂、东堂、西堂、明堂（包括辟雍）。

平城大致可为南北两部分，北部为宫城，位于今操场城至站东一带；南部为郭城，据《南齐书》记载，"绕宫城南，悉筑为坊"。泰常七年（422 年）又"筑平城外郭，周回三十二里"。近年来，在宫城区发现一座大型夯土台基，台基平面呈长方形，坐北朝南（图 5.5）。台基东西长 44.4 米，南北宽 31.8 米。台东缘正中有向外凸出的土坯砖砌台阶残迹，宽度约为 4.2 米。夯土台周边发现部分黄土墙皮、护台砖墙、台前外围地面等遗迹。遗址中出土有大量北魏筒瓦、板瓦、脊饰、各式瓦当等建筑材料。

图 5.5 平城宫殿遗址

（来源：《考古学报》，2005 年第 4 期）

另外，平城明堂遗址亦被发掘，其外部为一周环形水渠。水渠外圈直径 289～294 米，内圈直径 255～259 米，宽 18～23 米。水渠内侧岸边的四面分别有一个厚 2 米多的凸字形夯土台，突出的部位伸向渠内。夯土台长 29 米、宽 16.2 米。环形水渠以内的陆地中央，地表以下有一个正方形的夯土台，厚 2 米多，边长 42 米。中间夯土台的方向为 4 度，其余四个夯土台的东、西两边与中间夯土台的方向一致（图 5.6）。

2. 北魏洛阳城

（1）建造过程：东汉末年洛阳被毁后，魏帝曹丕（220—226 年）建都时，即在原有基础上加以修复，并有所扩建。魏明帝（227—239 年）在东汉南宫崇德殿基础上建造太极殿，在北宫以北增建芳林园，在城西北角建造金塘城。据《水经注·谷水》记载："谷水又东，迳金墉城北。魏明帝于洛阳城西北角筑之，谓之金墉城。起层楼于东北隅，晋宫阁名曰'金墉'，有崇天堂即此地。"

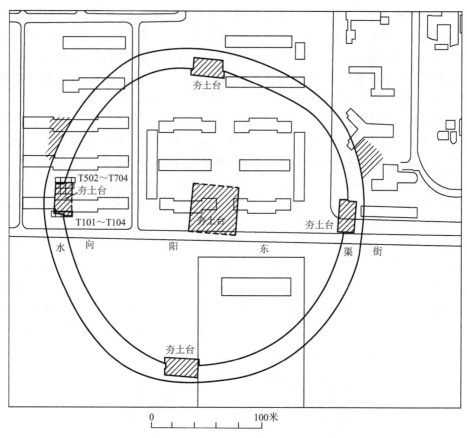

图 5.6　平城明堂遗址平面

（来源：《考古》，2001 年第 3 期）

至北魏孝文帝（471—499 年）从平城迁都洛阳后，即对旧都城做了调整。废除了南宫，在原来北宫基础上建成一宫，位于城中北部，略偏西。并新建了外城，达到"京师东西二十里，南北十五里，户十万九千余"（《洛阳伽蓝记》）。北魏宣武帝元恪景明二年（501 年），"九月丁酉，发畿内夫五万人，筑京师三百二十三坊，四旬而罢"（《魏书·世宗纪》）。《北史·魏太武五王》又记载："于京四面筑坊三百二十，各周一千二百步。"

北魏末年，因永熙之乱，洛阳"城郭崩毁，宫室倾覆，寺观灰烬，庙塔丘墟，墙被蒿艾，巷罗荆棘"（《洛阳伽蓝记》）。

（2）城市布局：宫城呈长方形，南北长约 1398 米、东西宽约 600 米，面积约 1 平方千米，占全城面积的 1/10（图 5.7）。从东城墙建春门至西墙阊阖门，有一条横贯全城的东西大街，穿过宫墙东、西门，将皇宫分为南北两半。南半为朝会之所，北半为寝宫所在。南半中北部偏西处为正殿太极殿，日常朝会之所。经实测，殿基为长方形，东西宽约 100 米、南北长约 60 米，基址高出地面 4 米。太极殿正对之宫门为阊阖门。发掘显示，阊阖门为一门三道的殿堂式建筑，面阔七间、进深四间，修建在有完整柱网的夯土基座上，门址上有巨大的城门楼建筑。双阙的基址在城门基址南侧的宫城南墙缺口的两端，规模巨大，左右对称分布，平面皆呈曲尺形，为一母二子的子母阙式。城门南侧的东西双阙之间为宽阔的广场，东西宽 41.5 米、南北长约 37 米（图 5.8）。

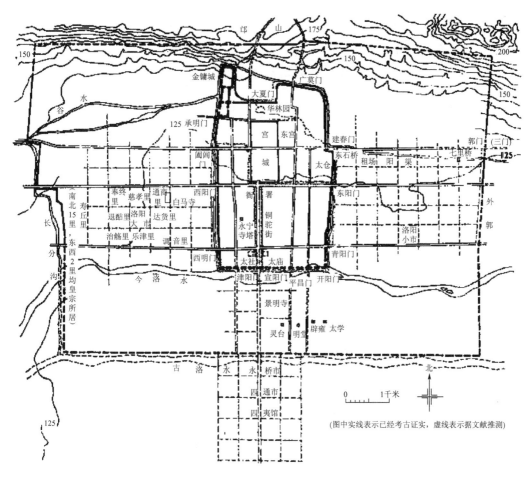

图 5.7　汉魏洛阳城遗址平面分布

从阊阖门向南，直到南墙的宣阳门，有一条南北中轴线大街，宽 41～42 米，因东汉时在街两侧安置一对铜驼，而名铜驼街。据《洛阳伽蓝记》记载，沿铜驼街两侧布置了一系列的中央官府。如街道东侧的左卫府、司徒府、国子学、宗正寺、太庙、护军府及衣冠里；街道西侧的右卫府、太尉府、将作曹、九级府、太社、凌阴里。此外，在"宣阳门外四里至洛水上作浮桥，所谓永桥也……永桥以南，圜丘以北，伊洛之间，夹御道（铜驼大街）东有四夷馆……道西有四夷里"（《洛阳伽蓝记》卷三）。

除了皇宫及官府，北魏洛阳城分布着众多的里坊及寺院，"方三百步为一里，里开四门；门置里正二人，吏四人，门士八人，合有二百二十里。寺有一千三百六十七所"（《洛阳伽蓝记》卷五）。许多官吏住宅也处在里坊内，从《洛阳伽蓝记》可知，宦官刘腾住于西阳门内大街北侧的延年里，将军元义住宅在铜驼街西侧永宁寺以西的永康里，苞信县令段晖住宅在东阳门内昭仪寺南的宜寿里，尚书右仆射郭祚等六人住在清阳门内修梵寺北的永和里。皇室宗亲所居则相对集中，如"自退酤（里）以西，张方沟以东，南临洛水，北达芒山，其间东西二里，南北十五里，并名为寿丘里，皇宗所居也"（《洛阳伽蓝记》卷四）。

洛阳城内还划分三市，与里坊相临。西郭名大市，在白马寺西侧，周回八里。大市周

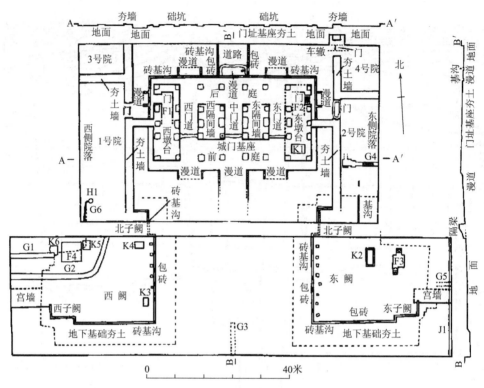

图 5.8　北魏洛阳城宫城阊阖门平、剖面

（来源：《考古》，2003 年第 7 期）

围十里，"多诸工商货殖之民"。大市周围，佛寺、里坊密集。北部有奉终里、慈孝里、金肆里、阜财里、开善寺等；东有通商里、达货里、法云寺等；南有调音里、乐律里、皇女台等。通商、达货二里，"里内之人，尽皆工巧，屠贩为生，资财巨万。"西有延酤里、治觞里等，"里内之人多酝酒为业。河东人刘白堕善能酿酒。季夏六月，时暑赫晞，以瓮贮酒，暴于日中，经一旬其酒不动。饮之香美，醉而经月不醒。"（《洛阳伽蓝记》卷四）。小市在东郊，范围小。南有四通市，位于旧城宣阳门外，"商胡贩客日奔塞下……天下难得之货，咸悉在焉"（《洛阳伽蓝记》）。

5.2.3　东晋统万城

统万城遗址位于陕西与内蒙古交界的毛乌素沙漠南缘，无定河上游红柳河北岸台地。十六国时期胡夏国主赫连勃勃（381—425 年），北游到达契吴（今统万城一带），为这里的美景所折服，叹曰："美哉斯阜，临广泽而带清流。吾行地多矣，未有若斯之美！"（《太平御览·三十国春秋》）。于是"以叱干阿利领将作大匠，发岭北夷夏十万人，于朔方水北、黑水之南营起都城。勃勃自言：'朕方统一天下，君临万邦，可以统万为名。'阿利性尤巧，然残忍刻暴，乃蒸土筑城，锥入一寸，即杀作者而并筑之。勃勃以为忠，故委以营缮之任"（《晋书》卷一百三十《载记》第三十）。《续世说》卷九又记载："夏世祖性豪侈。筑统万城，高十仞，基厚三十步，上广十步，宫墙高五仞，其坚可以厉刀斧。台榭壮大，皆雕镂图书，被以绮绣穷极文采。"真兴元年（418年）宫殿落成。后来北魏改统万城为统万镇，太和十一年（487年）以此为夏州治所。

统万城竣工后，还刻《晋书》以颂德，铭文中记载城中"尊七庙之制，崇左社之规，建右稷之礼，御太一以缮明堂"，其宫殿"高构千寻，崇基万仞，玄栋镂棍，若腾虹之扬眉；飞檐舒号，似翔鹏之矫翼"。

统万城分为外郭城、东城和西城三部分（图5.9）。西城保存最好，墙基厚约16米，东城保存略差，墙基厚约10米。东、西城四隅都有高于城垣的长方形或方形隅台。城垣、隅台、马面和台基均由白色土夯筑而成，夯层厚15～20厘米，城门道、隅台拐角夯层略薄，为12～14厘米，东、西城隔墙夯层厚20～40厘米。外郭城平面呈曲尺形，周长13865.4米，其中南垣长4853.5米、西垣长2000米、东垣长891米，面积7.7平方千

图5.9 统万城遗址

米。西北部凸出，城垣走向与东西城城垣大体一致。瓮城目前已探明三处，分别为西城西瓮城、南瓮城、北瓮城。

5.2.4 前凉姑臧城

姑臧城位于今甘肃武威，原为西汉武帝所置河西四郡之一的武威郡郡治。魏晋时期，西域及河西四郡归凉州刺史管辖，以姑臧为治所。这里水源充足，水草丰美，至前凉时即以此为都城，并予以扩建。据《晋书》卷八十六记载："于是大城姑臧，其城本匈奴所筑也，南北七里，东西三里，地有龙形，故名卧龙城。初，汉末博士敦煌侯瑾谓其门人曰：'后城西泉水当竭，有双阙起其上，与东门相望，中有霸者出焉。'至魏嘉平中，郡官果起学馆，筑双阙于泉上，与东门正相望矣。至是，张氏遂霸河西。"

可见，张轨所增筑的这座姑臧城，周长达20里，规模仅次于魏晋邺城。张轨之后，张茂"复大城姑臧，修灵钧台"，强化其防御功能。张骏"又于姑臧城南筑城，起谦光殿，画以五色，饰以金玉穷尽珍巧。殿之四面，各起一殿，东曰宜阳光殿，以春三月居之，章服器物皆依方色。南曰朱阳赤殿，夏三月居之。西曰政刑白殿，秋三月居之。北曰玄武黑殿，冬三月居之。其旁皆有直省内官寺署，一同方色。"此后，前秦、后凉、北凉相继以此为都。北凉统治者沮渠逊还"缮宫殿，起城门诸观"（《晋书》卷一百二十九《沮渠逊传》）。"《水经注·禹贡山水泽地记》记载，"凉州有龙形，故名卧龙城""及张氏之世居也，又增筑四城，箱各千步""并旧城为五，街衢相通，二十二门"。

十六国时期，黄河流域战乱，姑臧城取代洛阳、长安成为中外贸易的中心。西域各国商人至姑臧经商者更多，《魏书》卷一百零二《西域传·粟特》即说："其国商人先多诣凉土贩货，及克姑臧，悉见虏。"439年，北魏攻陷姑臧，"收其城内户口二十余万，仓库珍宝不可称计。"（《魏书·帝纪四》）

关于姑臧城的布局，有五城之说。如《水经注·禹贡山水泽地记》记载："（姑臧城）本匈奴所筑也。及张氏之世居也，又增筑四城，箱各千步。东城殖园果，命曰讲武场，北城殖园果，命曰玄武圃，皆有宫殿，中城内作四时宫，随节游幸，并旧城为五。"而城门

名称，在《晋书》等史籍中出现有 12 门，如宫城和中城的端门、青角门、广夏门、洪范门、凉风门、青阳门等。《读史方舆纪要》："宫门南曰端门，东曰青角门。中城之门，曰广夏门，北曰洪范门，南曰凉风门，东曰青阳门"。这里说的宫门，当为宫城门，也即南城门。

5.2.5 伏俟城

540 年，吐谷浑国王夸吕即位称汗，定都伏俟城，遗址位于青海海南州共和县石乃亥乡菜济河南的铁卜加村。从现存城址看，呈方形，城墙东西长 220 米、南北宽 200 米。墙基厚 17 米，南墙开一门，宽 10 米、高 12 米。城内自城门起向北有一轴线，中轴两旁有隆起的长 50 米、宽 35 米的 3 个互为连接的房基遗址，最西还有一小方院（亦说乃小方城），可能是吐谷浑王之住所或王宫，东西长 70 米、南北宽 68 米，东边有门，南北及东墙略高于现在的地面，西墙与城的西城墙重合。小方院与南城墙之间有一夯土台，长 15 米、宽 9 米，台上有房屋遗迹，城内有通衢，与城墙的方向一致，东西向与南北向交织成棋盘式的布局。城内发现大量碎瓦片和陶片等遗物（图 5.10）。

图 5.10 伏俟城遗址

5.3 南朝时期的城市

5.3.1 建康城

建康地处长江下游中段，属于起伏不平的丘陵地区，有"钟阜龙蟠，石头虎踞"之美誉。城东北耸立着称作"龙蟠"的钟山，它是江苏南部茅山山脉的余支——宁镇山脉的最高峰。宁镇山脉绵亘于南京与镇江之间，是建康城东部的天然屏障。城南有著名的秦淮河。相传秦始皇时有望气者言："五百年后，金陵有天子气"，于是"凿方山，断长垄为渎，入于江，故曰秦淮"（周应合《景定建康志》卷十八）。

南京最早的城垣建于公元前 472 年。越王勾践灭吴之后，派范蠡在今中华门外长干桥一带筑城，周"二里八十步"，俗称越城或范蠡城，今已无存。前 333 年，楚威王灭越，在今清凉山筑城，并埋金以压王气，名金陵邑。212 年，孙权在楚金陵邑原址兴建一座石头城，周长"七里一百步"，作为水军的江防要塞。229 年在武昌称帝后，孙权将都城由武昌迁到南京，在石头城东建了一座新城——建业，一直到 280 年吴亡为止。西晋末年，改名建康。317 年，晋室南迁，司马睿在建康称帝，史称东晋，仍都孙吴旧城。其后，南朝宋、齐、梁、陈相继建都于此，到 589 年隋灭陈，前后约 360 年。

孙吴所建的建业城，位于今南京市区中部玄武湖之南，规模"周围二十里一十九步，东晋、南朝因之"，并且"都城在淮水北五里，据覆舟山，西城石头以为重，后带玄武湖以为固，前栅秦淮以为阻。"（陈文述《秣陵集》）。城平面呈方形，从都城南垣中门宣阳门开始，向南直到淮水，长 5 里，形成一条中轴线，称为苑路，即御街。苑路两旁，"廨署栉比，府寺相属"，孙吴初都建业时建的太初宫，即位于城的西部（朱偰《金陵古迹图考》）。太初宫形制狭小，周围 300 丈（一说 500 丈），共开 8 门，南垣 5 门：正中曰公车门，东侧升贤门、左掖门，西侧明扬门、右掖门。东、西、北门分别称为苍龙门、白虎门、玄武门。御街南端，近淮水为大航门。孙皓时期又在太初宫东侧营建了昭明宫，周 500 丈，并开了一条城北渠，引入宫内，使清流绕堂，日夜不绝。"大开苑囿，起土山作楼观，加饰珠玉，制以奇石，……穷极伎巧，功费万倍"（《建康实录》卷四）。

除了太初宫、昭明宫之外，孙吴的宫苑建筑还有南宫、西池和苑城。《文选》曾描述建业城，"朱阙双立，驰道如砥。树以青槐，亘以绿水，玄荫耽耽，清流亹亹"。可见建业城的绿化与环境之美。

孙吴都城，初为竹篱，后来才是土墙篱门。至齐高帝建元二年（480 年），始立六门都墙。

东晋南渡，定都建康。晋成帝咸和二年（330 年），"作新宫，始缮苑城"，新宫名建康宫。东晋咸康五年（339 年）宫城用砖垒砌。由大臣谢安负责，历经半年，"秋七月，新宫成，内外殿宇大小三千五百间"（《建康实录》）。虽然东晋建康宫仍为东吴旧制，但在改建中却仿照曹魏邺城及魏晋洛阳城，即以中轴线为基准，左右对称之规划。后来，梁天监十二年（513 年）二月，再新建太极殿并东西二堂。殿达 13 间，东西堂各 7 间，全部用绵石砌成。萧梁之时，"宫阙巍峨，梵刹连云，二百四十尺之瓦官阁，同泰寺之九层浮屠，'盘承云表露，铃摇天上风'"。陈后主至德二年（584 年），在光昭殿前起临春、结绮、望仙等三阁，"阁高数丈，并数十间，牖牗户壁栏槛，皆以沉檀香木为之，又饰以金玉珠翠，外施珠帘，内有宝帐，其服玩之属，瑰宝珍丽，皆近古所未有。每微风一至，香闻数里，朝日初照，光映后廷。其下积石为山，引水为池，植以奇树，杂以花果。"（《建康实录》卷二十）。

东晋建康城宫城周长 8 里，"覆舟山、鸡笼山皆在六朝宫后"《肇域志》）。康熙《江宁府志》卷五引《东南利便书》曰："吴太初宫，晋建康宫及历朝宫阙，皆北接覆舟山麓，牛首在其前，即王导所谓天阙也。"据今人考证，认为建康宫在今进香河以东，绣珍河以西，乾河沿以北的鸡笼山前一带。

宫城以北是苑囿区。东晋时，在鸡笼山一带修筑了华林园，覆舟山有北郊坛和药园。刘宋在玄武湖立方丈、蓬莱、瀛洲三神山，又在华林园内作景阳山，并引玄武湖水入华林园天渊池，通向建康宫。梁以前，华林园内已有景阳山、武壮山、天渊池、花蕚池、景阳楼、琴堂、灵曜殿、芳香堂、日观台、兴华殿、风光殿等建筑。梁武帝时，"又造重阁，上名重云殿，下名兴光殿，及朝日、夕月之楼"（《建康实录》卷十二）。

经过多年的发展，建康城城区不断扩大，至"梁都之时，城中二十八万余户，西至石头城，东至倪塘，南至石子岗，北过庄山，东西南北各四十里"《太平寰宇记》引《金陵记》）。以每户4～5人计算，28万户，则人口超百万，应是一座庞大的都会（图5.11）。

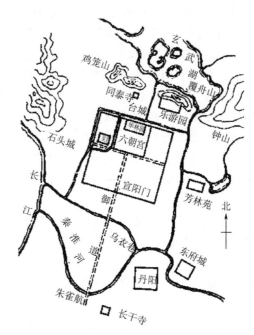

图 5.11　建康城布局示意

建康城的商业发达，早在孙吴时建业城即有两市：大市与东市。左思《吴都赋》说，市内店肆林立，百货齐全，不但有本地的产品，而且还集中了来自交州、广州和南洋诸国的犀、象、玳瑁等货。至东晋南朝时，有"大市百余、小市十余"（《隋书·食货志》），大部分在冶城以东的秦淮河两岸，今日南京的旧城区。《隋书·地理志》说："丹阳，旧京所在，人物本盛，小人率多商贩，君子资于官禄，市廛列肆，埒于二京。"

建康还是当时南方佛教的中心，"都下佛寺，五百余所，穷极宏丽，僧尼十余万，资产丰沃。"（《南史·郭祖深传》）唐代诗人也有"南朝四百八十寺，多少楼台烟雨中"之诗句。

建康城城垣外，除了宣阳门至朱雀航的御街两侧布满衙署和居民、商业区外，周围还有数个附城，类似于今天的卫星城。如东府城、丹阳郡城、西州城、石头城、白石垒、宣武城等拱卫京师。在其四周，还有一系列的县城，如琅琊、秣陵、临沂、江乘、怀德、同夏、胡熟等，以为都城的倚角。

关于建康的城门，历来说法不一。一种说法是南齐以前的建康城门为六，南面三门，正中为宣阳门，史载宣阳门三道，上起重楼悬挑，两边置龙虎相对。宣阳门东侧为开阳门，西侧为陵阳门。东面为清明、建春二门，西面为西明门。从西明门到建春门为一条东西横街，将都城分为南北两部分，南窄北宽，北面是宫城，南面是朝廷各台省所在。宫城即建康城，亦称台城。

本 章 小 结

1. 魏晋南北朝时期，城市是在战乱时期规划与建设的，城市的防御功能突出。并且，这个时期佛教对城市影响很大，表现在寺院林立、佛塔高耸，改变了城市格局，增加了城市高度。

2. 城市防御进一步加强，如邺城的三台、洛阳城的金墉城以及统万城的瓮城、马面等，也是这一时期的城市特点。

思 考 题

1. 洛阳城从东汉至北魏城市格局的演变是怎样的？
2. 曹魏邺城布局及影响是怎样的？
3. 邺南城朱明门的形制与结构是怎样的？
4. 分析佛都对魏晋南北朝城市格局有何影响。
5. 试述建康城的营造。

第**6**章

隋唐时期城市规划与建设

教学目标

　　本章主要讲述了隋唐时期都城长安与洛阳的城市规划、建设与布局，以及地方州县城市等内容。通过学习本章，应达到以下教学目标：

　　（1）使学生掌握隋唐长安城的规划思想；

　　（2）使学生掌握隋唐长安城的空间布局与坊市情况；

　　（3）熟悉隋唐洛阳城的营造与布局；

　　（4）了解隋唐大运河沿岸城市概况；

　　（5）了解边疆及少数民族地区的城市概况。

教学要求

知识要点	能力要求	相关知识
定都长安原因	（1）熟悉避开汉长安城的原因 （2）了解隋唐长安城的地理优势	（1）关中自然地理环境 （2）关中历史地理变迁
隋唐长安城的规划思想	（1）掌握《周易》中的"六爻"理论 （2）熟悉城市布局比附季节思想	（1）《周易》相关内容 （2）规划师宇文恺
隋唐长安坊市制	（1）掌握隋唐长安城坊市分布 （2）了解隋唐长安城坊市制度	（1）中国古代里坊制 （2）中国古代市制
唐代洛阳城布局	（1）掌握唐代洛阳城布局内容 （2）理解洛阳的"市"与洛河之关系	（1）隋唐大运河漕运 （2）武则天与洛阳
唐代汴河沿岸城市	（1）熟悉扬州、汴州城市布局与商业 （2）了解沿汴河城市分布情况	（1）城市空间布局与河流关系 （2）唐代漕运与城市发展
隋唐边疆地区的城市	（1）了解唐代高昌、交河、锁阳城、北庭城、渤海国上京龙泉府的布局情况 （2）了解边疆城市的防御设施	（1）唐代边疆政策 （2）马面与瓮城结构

 基本概念

　　隋唐长安城；咸卤；龙首原；六爻；里坊；大运河；边疆城市；马面；瓮城

引例

　　隋唐时期，在魏晋南北朝分裂、动荡之后，王朝统一，长达 326 年之久。相对和平的环境，在促进经济繁荣的同时，也带来了城市的发展，如国都长安、东都洛阳等。

　　唐长安城由外郭城、皇城与宫城组成。其中皇城与宫城相连，实即内城。自曹魏洛阳只建一宫，宫前主街两侧建官署的布局形成后，都城已比两汉整齐壮观，但是宫殿、官署、坊市共在一城仍难免干扰。隋代规划大兴城时，把宫城、皇城集中于内城，坊市全部建在外郭城中，是一大创举。官署集中于皇城，外郭城专建坊市，都可以有规则地排列，形成棋盘状街道网。唐长安城在当时也影响了邻近国家和地区的都城建设。如渤海国上京龙泉府即是效仿了长安的规划。日本国的平城京、平安京等城市，不仅形制和布局模仿长安，就连一些宫殿、城门、街道的名字也是借用了长安城的相应名称。

　　当然，隋唐长安城里坊制度严格，达到了顶峰状态。坊指的是居民住宅区。西汉时，宫殿区以外的一般居民住区称"里"，至唐代则称"坊"，坊四周有坊墙、坊门，坊门有"坊正"，掌坊门钥匙，昼启夜闭。坊内由巷、曲组成。

　　而商业活动，则是在封闭的"市"里进行。并且规定："凡市，以日午击鼓三百声而众以会，日入前七刻击钲三百声而众以散。"（《唐六典·大府寺·两京诸市署》）。另外，还规定：出入坊、市，必须通过坊门或市门，"越官府廨垣及坊市垣篱者，杖七十；侵坏者亦如之。"（《唐律疏义》）这种将市场与市民相隔离的方法，虽保障了市场秩序和良好的社会治安，但也限制了商业的发展。

　　就地方城市而言，随着京杭大运河的开发，带来了沿河城市的兴盛，如扬州、汴州、苏州等。这些沿河城市商业繁荣，出现了夜市，如扬州"夜桥灯火连星汉，水郭帆樯近斗牛"（李绅《宿扬州》），汴州也是"水门向晚茶商闹，桥市通宵酒客行"（王建《寄汴州令狐相公》诗）。当然，一些边疆地方的城市，可能更注重其防御功能，故重点建造了瓮城、马面等。

6.1 隋唐都城长安城

6.1.1　隋代建都选址原因

　　公元 581 年，隋代建立，从而结束了魏晋南北朝长达 400 年的分裂与动荡，国家走向统一，为隋唐时期社会发展、经济繁荣奠定了基础。隋代仍定都关中，但是避开了汉长安城旧址，选择在其东南一带的龙首原营造新都。其重新选址的原因主要是以下几方面。

　　(1) 汉长城历经破坏，难以修复，且"风水"不好。据《隋书》记载："此城从汉以来，凋残日久，屡为战场，旧经丧乱，今之宫室事近权宜，又非谋筮从龟，瞻星揆日，不足建皇王之邑。"

　　(2) 汉长安城水质不好。正如隋代通直散骑常侍庾季才所说："且汉营此城，经今将八百岁，水皆咸卤，不甚宜人。愿陛下协天人之心，为迁徙之计"（《隋书·庾季才传》）。

　　(3) 龙首原一带，川原秀丽，地势开阔，居高临下，正所谓"龙首山川原秀丽，卉物滋阜，卜食相土，宜建都邑，定鼎之基永固，无穷之业在斯"《隋书·高祖上》（图 6.1）。

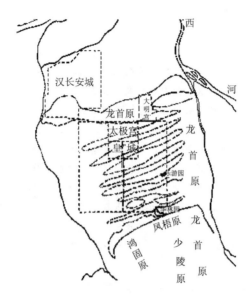

图 6.1　汉唐长安城址变迁

6.1.2　隋唐长安城规划思想

（1）《周易》中的"六爻"理论影响。据《陕西通志》卷九十九记载："宇文恺营隋都曰朱雀街南北尽郭有六条高坡，象乾卦六爻，故于九二置宫殿以当王居，九三立百司以应君子之数，九五贵位，不欲常人居之，置玄都观及兴善寺以镇其地。"这就是说，宇文恺把《周易》的乾卦卦象与理论运用到都城的设计之中，从龙首原的南缘梁洼相间的天然地形中找出六条东西向横亘的高坡，以象征乾卦的"六爻"，并以此布置各类建筑，显示出特殊的功能分区。

（2）象天设都思想：隋唐长安城宫城居城中偏北部，宫城南为皇城，外为外郭城。这种布局体现了以宫城象征北极星，以为天中；以皇城百官衙署象征环绕北辰的紫薇垣；外郭城象征向北拱卫的群星等天象，即唐人所谓"建邦设都，必稽玄象"（《旧唐书·天文志下》）之说。

（3）比附季节思想：宋敏求《长安志》卷七记载："皇城之东尽东郭，东西三坊。皇城之西尽西郭，东西三坊。南北皆一十三坊，象一年有闰。……皇城之南，东西四坊，以象四时，南北九坊，取则《周礼》王城九逵之制。"即长安城南北安置十三排坊，是比附一年十二月再加一闰月；皇城正南的四列坊，比附一年四季。

（4）将皇宫、官署与居民区隔离开来：《长安志图》卷上"唐皇城"条原注说："自两汉以后都城并有人家在宫阙之间，隋文帝以为不便于事，于是皇城之内，惟列府寺，不使杂居，公私有辨，风俗齐整，实隋之文新意也。"《长安志图》中亦说："隋氏设都，虽不能尽循先王之法，然畦分碁布，闾巷皆中绳墨，坊有墉，墉有门，遁亡奸伪无所容足。而朝廷宫寺，民居市区不复相参，亦一代之精制也。"

6.1.3　隋唐长安城布局

1. 外郭城墙与城门

唐长安由外郭城、皇城、宫城、坊市等组成。其中外郭城修筑于唐高宗永徽五年（654 年），据《旧唐书》卷四·高宗上记载："（永徽五年）冬十一月癸酉，筑京师罗郭，和雇京兆百姓四万一千人，板筑三十日而罢。九门各施观。"经实测，外郭城呈长方形，东西宽 9721 米、南北长 8651 米、周长 36.7 千米，面积约 84 平方千米。郭城城门共 13座。东、南、西三面各 3 座城门，北面 4 座。南面正门为明德门，五个门道，正中一道为皇帝通行专用。平面呈长方形，城门墩东西长 55.5 米，南北宽 17.5 米（图 6.2）。其他城门均为 3 个门道。关于城门出入，"凡宫殿门及城门，皆左入，右出"（《唐六典》卷二十五·左右金吾卫）。

图 6.2　唐长安城明德门遗址（由西北向东南摄）
（来源：《唐代长安城明德门遗址发掘简报》，《考古》，1974 年第 2 期）

2. 街道

唐长安城有南北街道 11 条，东西街道 14 条。其中贯穿东、南、西三面城门的有 6 条大街，以南北中轴线朱雀大街最宽，据实测达 150～155 米，两侧水沟宽 3 米。唐长安街道植树多为槐、杨、柳、榆诸种，尤以青槐为主，唐人常直呼长安街道为"青槐街""绿槐道"，如白居易赠张籍诗曰："迢迢青槐街，相去八九坊"。皎然《长安少年行》诗亦云："纷纷半醉绿槐道。"又据《唐会要·街巷》记载："（贞元十四年）官街树缺，所司植榆以补之，京兆尹吴凑曰：'榆非九衢之玩，亟命易之以槐'。"

同时，为了保证交通顺畅，街道上禁止挖坑取土。如开元十九年（731 年）下诏："京洛两都，是惟帝宅，街衢坊市……有公私修造，不得于街巷穿坑取土"（《唐会要》卷八十六《街巷》）。

3. 宫城与皇城

隋唐长安城宫城位于全城中部偏北，南北长约 1492 米、东西宽约 2820 米，主要宫殿坐北朝南，有"南面为王"之寓意。宫城正殿为太极宫，东西宽 1967 米、南北长 1492 米。

东侧为太子东宫；西侧为宫女居住的掖庭宫；宫南端有内侍省，掌管宫内事务；宫北端有太仓，储藏粮食。太极宫内正殿为太极殿，殿前东西两廊，东廊有门下省，西廊有中书省，协助皇帝处理日常事务。太极殿之后为两仪殿。

宫城南墙有五座城门，中为承天门，正对太极殿，向南通过皇城朱雀门，直达外郭城明德门，为全城的中轴线。承天门前面为宽三百步的东西横街，即所谓的"外朝"，为元旦、冬至、大赦、迎接朝贡等举行仪式之场所。太极殿为每月朔望-举行朝仪之地，称为"中朝"；两仪殿为皇帝处理日常政务之所，称为"内朝"。宫城北墙有三座城门，玄武门、兴安门为太极宫的北门，至德门为东宫的北门。玄武门屯驻有皇帝的禁卫军。宫城北墙后还有西内苑。

紧靠宫城南面横街之南，即皇城。南北长约 1840 米，东西与宫城同宽。城内分布有文武官府、宗庙、社稷坛等，还有为宫廷服务的官营手工业，如将作监、军器监、少府监等。

4. 大明宫

唐太宗贞观八年（634 年），在太极宫东北禁苑内龙首原上建造永安宫，次年改为大明宫。宫呈长方形，北部呈梯形（图 6.3）。西墙长 2256 米，北墙长 1135 米，东墙北部作梯形内收，南墙即利用外郭城北墙。宫南墙开辟五座城门，中为丹凤门，门内正北 610 米处为含元殿。"（含元）殿即龙首山之东趾也。阶上高于平地四十余尺，南去丹凤门四百余步，东西广五百步，今元正、冬至于此听朝也。"（《唐六典》卷七"郎中员外郎"条原注）。此为"外朝"所在。据实测，含元殿台基东西宽 75.9 米、南北长

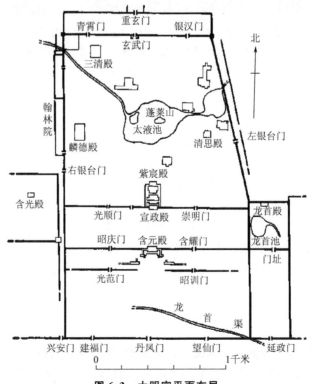

图 6.3　大明宫平面布局

42.3 米、高出地面 15.6 米。殿东南和西南，分别建有用廊道连通的翔鸾阁和栖凤阁。两阁具有双阙性质，李华《含元殿赋》说："左翔鸾而右栖凤，翘两阙而为翼。"含元殿殿基高大，殿前广场宽阔，以至于"元会（元旦朝会）来朝者，仰瞻玉座，如在霄汉"（康骈《剧谈录》）。

含元殿之北有宣政殿，是日常举行朝仪之所，即"中朝"。殿前东廊有门下省，西廊有中书省。宣政殿以北有紫宸殿，即"内朝"所在，群臣进入紫宸殿朝见，称为"入阁"。唐高宗于龙朔三年（663 年）迁大明宫听政后，大明宫即取代太极宫之地位。

大明宫北部有太液池，池中有蓬莱山，唐宪宗时曾在周围营造游廊四百间，这里属于皇家园林区。

太液池之西为麟德殿，是皇帝举行宫廷宴会、观看乐舞表演、会见来使的主要场所。遗址西距宫城西墙 90 米，为夯土台基，南北长 130.41 米、东西宽 77.55 米，分上下两层，共高 5.7 米，台基四面砌砖壁，其下铺设散水砖。台基上三殿址前后相连。前殿面阔约 58 米，十一开间，进深四间，正中减六柱。其北接中殿，面阔同前殿，进深五间，以墙隔为中、左、右三室。后殿面阔同中殿，进深三间。后殿之后另附面阔九间、进深三间的建筑。中殿左右有东、西亭方形台基各一处。

5. 兴庆宫

兴庆宫，位于唐代长安城东门春明门内，属于长安外郭城的兴庆坊（隆庆坊），原系唐玄宗登基前的藩邸。开元二年（714 年）改作兴庆宫，占一坊之地。开元二十年（732 年），又在外郭城东垣增筑一道夹城，以沟通兴庆宫、大明宫与曲江池。兴庆宫历经扩建，宫城占地东西 1080 米、南北 1250 米，总占地达 2016 亩。

兴庆宫呈长方形，布局一反宫城布局之惯例，将朝廷与御苑的位置颠倒过来，由一道东西墙分隔成北部的宫殿区与南部的园林区。兴庆宫四周共设 6 座城门，正门兴庆门在西垣偏北处，西垣偏南为金明门；东垣金花门与兴庆门相对，东南隅为初阳门；北垣居中为跃龙门；南垣居中为通阳门。朝会正殿兴庆殿建筑群位于兴庆门内以北，殿前有大同门，门内左右为钟、鼓楼、大同殿，殿后为交泰殿。北门跃龙门内中轴线上，正殿为南薰殿，宫城东北部有新射殿、金花落等建筑。南部的园林区以龙池为中心，池东西长 915 米、南北宽 214 米，池东北岸有沉香亭和百花园，南岸有五龙坛、龙堂，西南有花萼相辉楼、勤政务本楼等。

6. 里坊

隋唐长安城内，南北向大街 11 条，东西向大街 14 条，这些大街所划分区域除了皇城、宫城、东西二市之外，还将全城划分为 108 坊（或 109 坊）（图 6.4、图 6.5）。全城由里坊组成规整的棋盘布局，正如唐代诗人白居易所说"百千家似围棋局，十二街如种菜畦"。每坊四周筑有围墙，大坊一般开四门，内设十字街，小坊则开东西二门，设一横街，街宽在 15 米左右。坊设有坊门，昼开夜闭。按规定，除非三品以上的官吏以及"坊内三绝"者，均不得向街开门，必须由坊门出入。按唐律，越坊市垣篱和越官府廨垣要受"杖七十"的处罚（《唐律疏议》卷八"卫禁"）。

城内里坊，朱雀门以东（即左街）属于万年县管辖，以西（即右街）属长安县。从

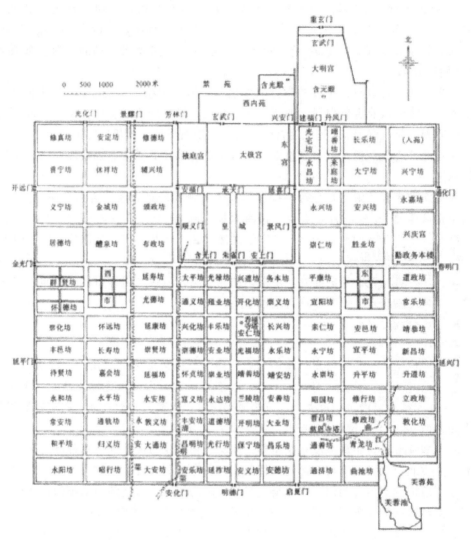

图 6.4　隋唐长安城平面布局

历年出土的唐人墓志铭来看，官僚所居的坊，属于万年县的有皇城以东的永兴坊、崇仁坊，大明宫以南的翊善坊、永昌坊以及兴庆宫西侧的胜业坊为多；属于长安县的，以皇城西面的辅兴坊、颁政坊、金城坊为多。宦官所住，以万年县的永兴坊、永昌坊、来庭坊、大宁坊和长安县的修德坊等为多，均靠近皇宫周围。这些均体现了"士者近宫"的规划原则。而长安城南部诸坊则居民较少，"自兴善寺以南四坊，东西尽郭，虽时有居者，烟火不接，耕垦种植，阡陌相连"（《长安志》卷七）。

并且，修复坊墙，要由官府雇人。如唐德宗"贞元四年二月敕，京城内庄宅使界诸街坊墙，有破坏，宜令取两税钱和雇工匠修筑，不得科敛民户"（《唐会要》卷八十六）。

7. 东西二市

唐长安城东西二市是在隋代都会市与利人市的基础上发展而来的（图 6.6）。宋人宋敏求在《长安志》中说："东市，隋曰都会市，南北居二坊之地，东西南北各六百步，四面

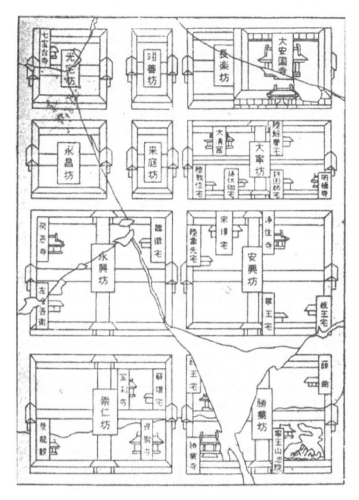

图 6.5 宋人吕大防《长安图》中的里坊

各开二门，定四面街各广百步……街市内货财二百二十行。西市，隋曰利人市，南北尽两坊之地。"又据徐松《唐两京城坊考》："（东市）市内货财二百二十行（当是'一百二十行'之误），四面立邸，四方奇珍皆所积集。"关于西市，《长安志》卷十"西市"条云："南北尽两坊之地，市内有西市局"。原注："隶太府寺。市内店肆如东市之制"。西市内有大衣行、鞦辔行、秤行、绢行、麸行、药行（杨宽《中国古代都城制度史》，第 248～249 页）。

西市比东市繁荣。如《长安志》"东市"条说："万年县户口减于长安，又公卿以下居止多在朱雀街东，第宅所占踰，由是商贾所凑，多归西市。"又在"西市"条中说："长安县所领四万余户，比万年为多，浮寄流寓不可胜计。"又如沈既济《任氏传》记载："郑子游，入西市衣肆，瞥然见之（指任氏），曩女奴从，郑子遽呼之，任氏侧身周旋于稠人中以避焉。"

长安城东西二市遗址已被探出。两市面积相近，西市南北长 1031 米、东西宽 927 米；东市南北长约 1000 米、东西宽 924 米。两市周围筑墙，沿墙有街，中间有"井"字街道，通向四面的八门，并将全市划分为九个长方形区域。

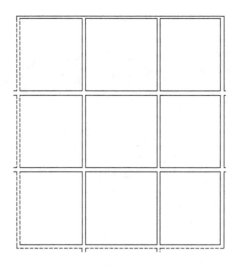

图 6.6　唐长安西市遗址平面

(来源：《唐代长安城考古纪略》，《考古》，1963 年第 11 期)

8．芙蓉苑与曲江池

唐长安城东南部，建有皇家园林芙蓉苑，苑与大明宫、庆兴宫之间建有夹城，以便皇帝前来游玩而外人不知。据《太平御览》卷一百九十七《居处部·园圃》记载："芙蓉园，本隋氏之离宫，居地三十顷，周回十七里，……宇文恺营建京城，以罗城东南地高不便，故缺此偶（隅）头一坊余地，穿入芙蓉池以虚之。"北宋张礼在《游城南记》中亦说："芙蓉园在曲江之西南，隋离宫也。与杏园皆秦宜春下苑之地。园内有池，谓之芙蓉池，唐之南苑也。"

曲江池，位于芙蓉苑之北，为都人游玩佳地，进士开宴亦在此。据唐末五代王定保《唐摭言》卷三记载："进士开宴常寄其间，大中、咸通以来……曲江之宴，行市罗列，长安几于半空。"唐代大诗人杜甫在其《哀江头》一诗也说："少陵野老吞声哭，春日潜行曲江曲。江头宫殿锁千门，细柳新蒲为谁绿。忆昔霓旌下南苑，苑中万物生颜色。"

6.2 隋唐东都洛阳

6.2.1　隋唐洛阳城的建造

隋唐洛阳城位于汉魏洛阳城以西约 10 千米处，北依邙山，南眺龙门，南北二城区横跨洛水。604 年隋炀帝来到洛阳，登上邙山之巅，南望伊阙，观察地形，认为这里是绝好的建都和军事要地。《太平御览》卷一百五十六中记述这件事时说："初，隋炀帝登北邙山观伊阙，顾曰：'此龙门耶，自古何为不建都于此？'仆射苏威对曰：'自古非不知，以俟陛下。'帝大悦，然其地北据山麓，南望天阙，水木滋发，川原形胜，自古都邑莫有比也。"

事后，他即下诏说："洛邑自古之都，王畿之内，天地之所合，阴阳之所和，控以三河，固以四塞，水陆通，贡赋等，故汉祖曰：'吾行天下多矣，唯见洛阳。'"（《隋书》卷三·炀帝上）于是，营建洛阳作为东都。并在隋炀帝大业二年（606年）"十二月，置回洛仓于洛阳北七里，仓城周回十里，穿三百窖"（《资治通鉴》卷180《隋纪四》）。

东都洛阳"南直伊阙之口，北倚邙山之塞，东出瀍水之东，西出涧水之西，洛水贯都，有河汉之象焉"（《唐六典》卷七），是一处形胜之地，洛水贯都，模拟秦咸阳城的渭水贯都，皆有象天设都之寓意。

洛阳宫守御完备，以至于秦王李世民强攻十多天亦未攻下。据《资治通鉴》卷一百八十八《唐纪》记载："秦王世民围洛阳宫城，城中守御甚严，大炮飞石，重五十斤，掷二百步，八弓弩箭如车辐，镞如巨斧，射五百步。世民四面攻之，昼夜不息，旬余不克。"待攻克之后，李世民"观隋宫殿，叹曰：'逞侈心，穷人欲，无亡得乎？命撤端门楼，焚乾阳殿，毁则天门及阙。'"（《资治通鉴》卷一百八十九）但是，在其做皇帝后的贞观四年（630年）六月乙卯，"发卒修洛阳宫，以备巡幸。"五年九月，"又将修洛阳宫……竟命将作大匠窦琎修洛阳宫。琎凿池筑山，雕饰华靡，上怒遽命毁之，免琎官"（《资治通鉴》卷一百九十三）。高宗显庆二年（657年），"手诏改洛阳宫为东都"，唐代正式恢复东都。其后，东都又经屡次修建。武则天定洛阳为神都，其在位二十余年，只有两年在长安，其余均在洛阳。为了提高洛阳城的地位，武则天在天授二年（691年）七月，"徙关外、雍同泰等七州户数十万，以实洛阳"（《唐会要》卷八十四）。

并且，武则天还在洛阳皇宫内修筑了明堂。据《资治通鉴·唐纪二十》记载："及太后（武则天）称制，独与北门学士议其制，不问诸儒。诸儒以为明堂当在国阳丙巳之地，三里之外，七里之内，太后以为去宫太远。二月庚午，毁乾元殿，于其地作明堂。以僧怀义为之使，凡役数万人。"这所明堂于垂拱四年（688年）十二月筑成，"高二百九十四尺，方三百尺，凡三层，下层法四时，各随方色；中层法十二辰，上为圆盖，九龙捧之，上施铁凤，高一丈，饰以黄金。中有巨木十围，上下通贯，栭栌撑楂藉以为本，下施铁渠，为辟雍之象，号曰万象神宫。"在延载元年（694）八月，"武三思帅四夷酋长请铸铜铁为天枢，立于端门之外，铭记功德，黜唐颂周。以姚踌为督作使，诸胡聚钱百万亿，买铜铁不能足，赋民间农器以足之。"（《资治通鉴·唐纪》二十一）

近年来，明堂基址已被清理，平面呈八边形，现仅存底部夯土基础。其中心为巨形大柱坑，坑口直径9.8米；向下深0.15～0.2米，口径缩小；内径6.16米，距夯土面4.06米。坑底为四块大青石构成巨型柱础。柱石中心有一方形柱槽，边长0.78米、深0.4米（图6.7）。

图6.7 唐洛阳明堂柱石坑

唐朝末年，洛阳城受到严重破坏，"宫室焚烧，十不存一，百曹荒废，曾无尺椽，中间畿内不满千户，井邑榛棘，豺狼所嗥，既乏军储，又鲜人力"（《旧唐书·郭子仪传》）。

6.2.2 隋唐洛阳城布局

1. 外郭城墙与城门

隋唐洛阳城由宫城、皇城、诸小夹城、含嘉仓城和外郭城几部分组成。其中外郭城，东墙长7312米、南墙长7290米、北墙长6138米、西墙长6776米。南墙有长夏门、定鼎门、厚载门，东墙有上东门、建春门、永通门，北墙有龙光门、徽安门、安喜门，西墙无门。由于城市布局不对称，城门之间也不对应。其中定鼎门为南墙正门，与宫城正门应天门连接成为全城的主干大街，称为天街，"阔一百步，道傍植樱桃、石榴两行。至端门自建国门（定鼎门）南北九里，四望成行，人由其下，中为御道，通泉流渠，映带其间"（《说郛》卷一百十上）。

定鼎门已被发掘，遗址由门道、门址墩台、朵楼、马道、水涵道、郭城南垣等组成。墩台呈长方形，东西长44.5米、南北宽21.04米，中间有三个门道（图6.8）。

图6.8　隋唐洛阳定鼎门遗址

2. 皇宫

隋唐洛阳宫城、皇城偏居全城的西北隅，而不是居于城的北部正中；并且皇城是从东、西、南三面拱卫宫城，而不是二城用直线相隔（图6.9）。宫城内北部筑有陶光园、曜仪城、圆璧城、东城等诸小夹城，城墙高矗且坚固，地势高亢，比唐长安的宫城、皇城有更严密的防卫设施。宫城东侧有含嘉仓，经实测，仓东西长约600米、南北长约700米，总面积约42万平方米。在仓城内密集且有秩序地排列着四百多座东西成行缸式地下粮窖。

唐高宗时期，又修造了上阳宫，在"宫城之西南隅，南临洛水，西拒谷水，东即宫城，北连禁苑，宫内正门正殿皆东向"（《旧唐书·地理志》）。这是一处风景优美的皇家园林，据唐代诗人王建《上阳宫》描述："上阳花木不曾秋，洛水穿宫处处流。画阁红楼宫女笑，玉箫金管路人愁。幔城入洞橙花发，玉辇登山桂叶稠。曾读列仙王母传，九天未胜此中游。"

3. 里坊

洛河将隋唐洛阳城分为南北两部分，其中"洛南有九十六坊，洛北有三十坊，大街小陌，纵横相对"（《说郛》卷一百十上）。里坊四周围有坊墙，墙上辟有坊门，坊门为重楼。

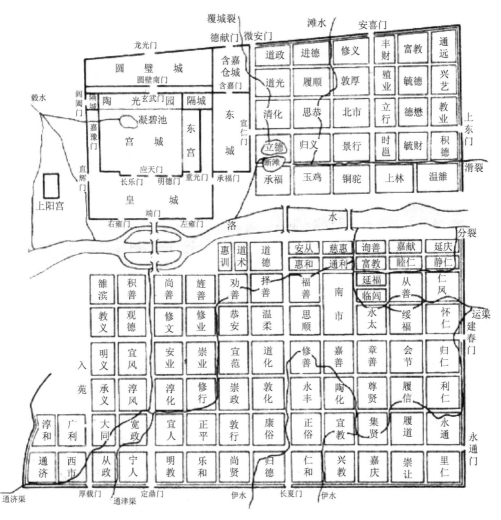

图 6.9 隋唐洛阳平面

据《说郛》卷一百十上记载："（洛河）大堤南有民坊，各周四里，开四门临大街。门并为重楼，饰以丹粉。"

文献中，描述有部分坊内状况。如唐代诗人白居易《池上篇》记载："都城风土水木之胜在东南偏，东南之胜在履道里，里之胜在西北隅。西闬北垣第一第即白氏叟乐天退老之地。地方十七亩，屋室三之一，水五之一，竹九之一，而岛树桥道间之。"还有通利坊，据《太平广记》卷一百一十八《韦丹》记载，韦丹受胡芦先生之邀往访元长史事，说二人"相与策杖至通利坊，静曲幽巷，见一小门，胡芦先生即扣之。食顷，而有应门者开门延入，数十步，复入一板门，又十余步，乃见大门，制度宏丽，拟于公侯之家。"

根据近年考古勘探得知，洛阳坊墙厚度约为 4 米，均为夯土版筑。《文苑英华》卷五百四十四《筑墙判》文："洛阳县甲界内坊墙因雨颓倒，比令修筑。坊人诉称：皆合当面自筑。不伏率坊内众人共修。"卢僎判云："坊人以东里北郭，则邑居各异；黔娄猗顿，乃家产不侔。奚事薄言，伫遵恒式；既资众力，须顺人心。垣高不可及肩，板筑何妨当面？"可见，坊墙仅高可及肩，且坍塌后，坊人要"当面自筑"，而非全体坊人参与。

4. 市

隋唐洛阳城的商业繁荣得益于漕运，如武则天大足元年（701 年），在立德坊南营建新潭，从此"天下舟船所集，常万余艘，填满河路，商旅贸易，车马填塞。"那时，"半天下之财赋，悉由此路而进，"洛河上则是"漕船往来，千里不绝"。

城内有三市，称为北市、西市与南市。其中北市位于洛河北岸，隋代名通远坊，"市东合漕渠，市周六里，其内郡国舟船舳舻万计，市南临洛水，跨水有临寰桥"（《说郛》卷一百十上）。南市在洛河之南，隋代称为丰都市，"周八里，通门十二，其内一百二十行，三千余肆，甍宇齐平，四望如一，榆柳交阴，通衢相注，市四壁有四百余店，重楼延阁，互相临映，招致商旅，珍奇山积"（《说郛》卷一百十上）。《两京新记》又曰："东京丰都市，东西南北居二坊之地，四面各开三门，邸凡三百一十二区。"

6.3 隋唐时期地方城市

6.3.1 隋唐时期地方城市概况

隋文帝开皇三年（583 年），开始推行行政体制改革，改北朝以来的州、郡、县三级制为州、县两级制，以州领县。此后，又在这种体制下，增置一系列新的"州"，将一些辖区较大的州一分为二。并在此基础上，恢复和增置了一些新的县城政区，由此形成一系列新的县城。

唐太宗李世民即位后，鉴于当时州县过多、民少吏多的状况，改革其弊，调整地方行政体制，分全国为十道，道下设州，州领县。由原来的州县两级，改为道、州、县三级。贞观十年（636 年）改革府兵制，在十道内设置都督府，作为一种军事组织，为后来建立节度使大都督府奠定了基础。此后，又进一步减少州的数量，废置一些隋末设置的州。

史料表明，至迟唐代，地方州镇外围筑有城垣或篱笆，城内有坊、市。如《唐律疏议》卷八记载："诸越州、镇、戍城及武库垣，徒一年；县城，杖九十；皆谓有门禁者。［疏］议曰：诸州及镇、戍之所，各自有城。若越城及武库垣者，各合徒一年。越县城，杖九十。纵无城垣，篱栅亦是。注云：'皆谓有门禁者。'其州、镇、戍在城内安置，若不越城，直越州、镇垣者，止同下文'越官府廨垣'之罪。越官府廨垣及坊市垣篱者，杖七十。侵坏者，亦如之。从沟渎内出入者，与越罪同。越而未过，减一等。余条未过，准此。"

6.3.2 隋唐大运河沿岸城市

1. 概况

隋唐大运河以京师长安为起点，东经洛阳，南抵余杭（今杭州），北达涿郡（唐代称幽州城，位于今北京城区），全长 2700 千米，横跨黄河、淮河、长江、钱塘江、海河五大水系，"北通涿郡之渔商，南运江都之转输，其为利也博哉！"（《皮子文薮·汴河铭》）。漕运的发达，带来了沿河城市的繁荣，如京师长安、东都洛阳、江都（扬州）、杭州、汴州、涿郡等（图 6.10）。

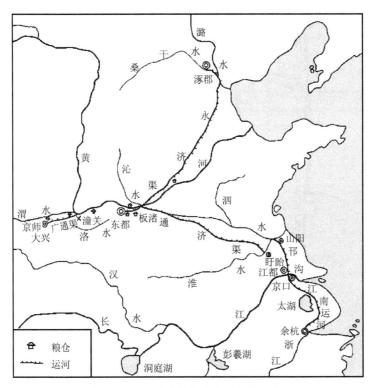

图 6.10　隋唐大运河走向及沿河城市

2. 扬州城

隋唐时期的扬州，处于长江、大运河及海运的交汇处，交通位置优越，在唐代已享有"扬一益二"之称。正如北宋学者沈括在《扬州重修平山堂记》所说："自淮南之西，大江之东，南至五岭蜀汉，十一路百州之迁徙贸易之人，往还皆出其下，舟车南北日夜灌输京师者，居天下十之七。"沈括在《补笔谈》中又云："扬州在唐时最为富盛，旧城南北十五里一百一十步，东西七里三十步。"日本僧人圆仁所撰《入唐求法巡礼行记》中记载："扬府，南北十一里，东西七里，周四十里。"唐代诗人杜牧还有"街垂千步柳，霞映两重城"之诗句。这里所谓的"两重城"，一是位于蜀冈以上的"子城"，或称"牙城"（衙城）；一是位于蜀冈以下的"大城"，或称"罗城"（外城）。

城内分布有里坊，据出土墓志可知，有道化坊、集贤里、孝孺坊、德政里、瑞芝里、临湾坊等。城内桥梁亦多，最著名者当为二十四桥之说。如杜牧即有"二十四桥明月夜，玉人何处教吹箫"之诗句。关于桥名，沈括在《补笔谈》中记载："可纪者有二十四桥。最西浊河茶园桥……自驿桥北河流东出，有参佐桥，次东水门，东出有山光桥"（图 6.11）。

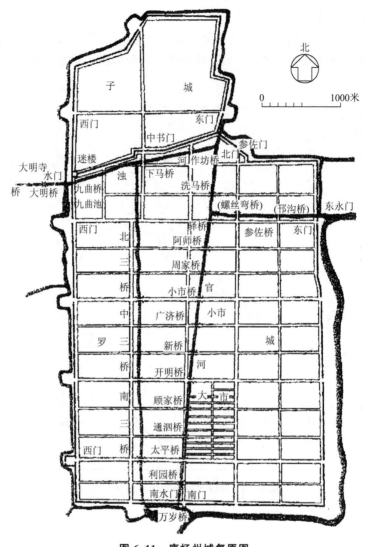

图 6.11　唐扬州城复原图
(来源：董鉴泓《中国城市建设史》)

3. 汴州城

隋唐汴州城，即今开封城。早在隋代因其紧临汴水（大运河的一段），"扼吴楚之津梁，据咽喉之要地"而繁荣，并且出现了临街开门之现象。据《隋书·令狐熙传》记载，隋文帝在开皇十五年（595 年）东封泰山返回时经过这里，"恶其殷盛，多有奸侠。于是，以熙为汴州刺史，下车禁游食，抑工商。民有向街开门者，杜之。"

唐代，大运河成为国家的生命线，临河的汴州城更加发展，并于唐德宗建中元年（780 年）外扩城池，达到"周长二十里一百五十五步"。并将汴水括进城内，为此还修了东西水门，文学家韩愈还写了《汴州东西水门记》，称其作用为"以固风气，以闲寇偷"。

4. 幽州城

唐代幽州城（隋代涿郡），为南北略长、东西略窄的长方形。据史料记载，幽州城门 8

座，每面 2 座。据宋人路振《乘轺录》记载幽州城中有 26 个坊，但从唐、辽墓志和房山石经题记等实物资料中已得知，有卢龙、肃慎、花严、辽西、铜马、蓟北、燕都、军都、招圣、归仁、时和、归化、永平、北罗、显忠等 27 坊（里）。

城北为"市"，据《新唐书·五行志》记载："大顺二年（891）六月乙酉，幽州市楼灾，延及数百步"，可见其商业规模。"市"内设有各类店铺，见于云居寺唐代石经题记中的即有三十多种行业，计有米行、白米行、大米行、粳米行、屠行、肉行、油行、五熟行、果子行、椒笋行、炭行、生铁行、磨行、布行、绢行、小绢行、彩帛行、绵行、幞头行、新货行、杂货行、靴行等。

6.3.3　沿海城市

1. 唐代广州城

据日本真人元开的《唐大和上东征传》记载，广州"州城三重"。又据《资治通鉴补》卷二百四十一《唐纪》记载："凡大城谓之罗城，小城谓之子城，又有第三重城以卫节度使拓宅，谓之牙城。"可知唐广州城是由岭南节度使牙城和子城、罗城构成。城内有坊与市，以及外来商客所居的蕃坊。

2. 唐代泉州城

唐代泉州城位于今泉州市区，为方形，周长约 1500 米，设有四门。城内有东西、南北十字街，以钟楼前的十字路口为中心，衙署设在钟楼以北地区，即唐"六曹新都堂署"。谯楼故址（北鼓楼）为唐代州治所在。工商业区位于十字路口钟楼以南坊内，称东坊、西坊。由于城北地势较高，衙署设在城北，市场在南，呈"前市后朝"之格局。

6.3.4　山西唐代城市

1. 晋阳城

晋阳位于今太原西南的晋水之阳。唐代晋阳城跨汾河而建，由西、东、中三城组成。河西为都城，"周四十二里，东西十二里，南北八里二百三十二步"。汾河东岸有东城，贞观十一年李绩建。东城与都城之间有中城，武后时筑。都城西北的晋阳宫，既是行宫，也是北方重要的军事物资仓库，广储军粮、兵器和甲胄。晋阳城城坚粮多，形势险要。在城市供水方面，由于东城一带地多盐碱，井水无法食用，贞观十三年（639年）并州长史李勣"乃于汾河之上引决晋渠，历县经廛，又西流入汾水"（《元和郡县志》卷十六）。这项称之为"晋渠"的引水工程要架设渡槽，跨越汾河，水工技术已经达到相当高的水平。晋渠除供水外，东城居民"取晋渠用剩余水，柳斗擎灌"（道光《太原县志》卷之二），用来浇灌农田园林。唐德宗建中四年（783年），并州长史马燧"以晋阳王业所起，度都城东面平易受敌……乃引晋水架汾而注城之东，潴以为池，寇至计省守陴者万人。又决汾水环城，多为池沼，树柳以固堤"（《旧唐书》卷一百三十四《马燧传》）。马燧引晋水入城除了为供水外，主要为了军事目的。唐代晋阳城从军事防御角度看，西、东二城跨河相连，大大提高了城市的整体防御能力（图 6.12）。

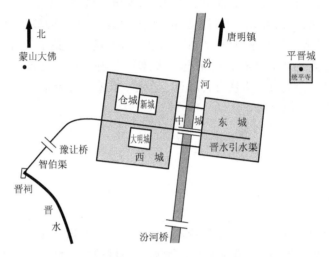

图 6.12　唐代晋阳城布局示意

唐代晋阳三城共有 24 座城门，但能确指的只有西城东北门名大夏门，东南门名延夏门，东门名东阳门，北门名玄德门，西门名西明门；此外西门有一水门，为晋水入城之通道。

唐代晋阳城与当时许多城市一样，城内采用坊市布局。城内各个地域之间界限分明、条块分割，高墙将坊与坊、坊与市之间彼此隔开。以街鼓为号，坊门、城门的开启关闭均有一定时限和规定。城中设有固定的市场，据《资治通鉴》记载，僖宗乾符五年（878 年）"昭义兵大掠晋阳，坊市民自共击之，杀千余人"。

2. 新绛城

新绛位于山西侯马城西，为唐代绛州州治所，处于当时由太原向西南至稷山再渡过黄河通往关中地区的要道上，绛州城外设有金台驿。新绛的城垣建设，"自隋开皇三年，由王壁徒此，始建"（《新绛县志》）。又据宋代绛州通判孙冲《绛守居园池纪序》记载，"西北正与姑射山相对，最居北城上，西连废门台楼，东北可周览人家，依崖垒列屋高下。"城内主要建筑州衙在城市北部的山上，地势雄伟，可以俯瞰及控制全城。绛州大堂，据史载唐太宗时出征高丽，命左将军张士贵在此设帐募军，故亦称"帅正堂"。此后，这里成为历代州署衙门的办事机构。州古衙的北面，有一处名为"绛守居园池"的绛州街府花园。由于北半部为山丘，城南有临汾河，城市平面形状不规则，充分结合了地形。

唐代铸币业十分兴盛，新绛成为"铸钱重城"。"置九十九炉铸钱，绛州三十炉"（《通志》卷六十二），朝廷于此地设有钱监。乾元二年（759 年）九月，时逢安史之乱，各地铸币炉不能正常生产，当时全国货币主要靠绛州铸造，朝廷命在绛州铸造"乾元重宝"大钱（唐《通典·食货志·钱币》）。

6.3.5　唐代边疆及少数民族地区的城市

1. 唐代高昌城

高昌古称西昌，在今新疆天山南麓吐鲁番东约 25 千米处，胜金口流出的木头沟水经过二堡流入城中。汉代元帝初元元年（前 48 年）在此设校尉，进行屯垦，自晋及魏常设太守统之。晋咸和二年（323 年），前凉王张骏在此设高昌郡，北凉时期曾定为国都。唐代并入高昌，为唐西州治所。

高昌城分为外城、内城及北面的宫城三部分组成。外城大略呈正方形，长宽各约 1500 米，四面有呈弧线的城垣，西北角内凹，东墙北半部向外凸出，城垣基址厚达 12 米左右，至今残存部分高达 11.5 米。城墙外筑马面，夯土筑成，其北端一门还设有曲折的瓮城。城市的西南角有寺院和"坊"的遗址。内城在外城中间，城正中偏北有一不规则的圆形小堡垒，城西北有高台，台上有一高达 15 米的建筑物。这个建筑物越过内城城墙与宫城中轴线上的大殿相对。宫城在全城的北部，呈正方形。宫城的北墙即为外城的北城垣，宫城南墙为内城的北城垣，宫城内遍筑宫殿。从宫城布局来看，其宫城在北、内城在南的格局，与唐长安宫城与皇城的位置相似。外城也为市民居住区（图 6.13）。

图 6.13　唐高昌故城现状

2. 唐代交河城

唐交河城位于吐鲁番城西 10 千米，位于两条河床之间的狭长地带。两河间的岸地南北长约 1650 米，最宽处达 300 米。城址建在由北向南 1000 米的范围内，岸高 10 米。城市除西南郊有一些断续的城墙外，四周没有城墙遗址。出入城市有两条道路，一在南端，一在东面。

由北往南，越过全城最大一座佛寺后，便是城内主要大道，宽约 10 米，长约 350 米，两侧是高厚的土墙。大街两旁的住宅被街巷划分成一个个的"坊"，坊外围着坊墙，与唐长安的坊里类似。各坊中靠着坊墙对着街巷交叉口的地方都建有一所房屋，大概是作为巡警瞭望的"街铺"。

3. 唐代锁阳城

锁阳城位于祁连山北麓甘肃省的戈壁荒漠中,为唐瓜州治所,相当繁荣。唐高宗武德五年(622年)设督府于此,管辖肃州、瓜州、沙州,为丝绸之路上的重地。

城市平面大致呈正方形,南北长470米、东西宽430米,城墙基础厚5~6米,城墙残迹高9米,顶宽3~4米。城墙四周有马面及四个瓮城。分内、外两城,外城居东,内城居西呈并列状。内外隔墙东侧有五个马面,城西北角有一瞭望楼,高约9米(图6.14)。

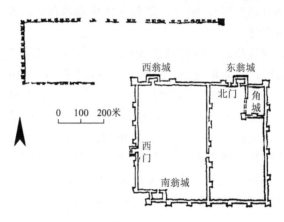

图 6.14　锁阳城城垣遗迹示意
(来源:庄林德、张京祥,《中国城市发展与建设史》)

4. 唐代北庭城

北庭城位于今新疆吉木萨尔县北约12千米处,南依天山,北望沙漠,扼守东西交通要冲,与天山南麓的高昌、交河相遥望。北庭城现存形制基本形成于隋唐至宋元时期。隋唐时期是北庭都护府所在地,宋代则是高昌回鹘的陪都。

北庭城分宫城、内城、外城三重,除宫城外,内外两城均呈不规则的南北向长方形。内城位于外城中部略偏东北,宫城位于内城东部偏北。外城周长4596米,内城周长3003米。内外两城的四隅均有角楼,城墙外面筑有密集的马面与敌台,城外有城壕,外城北还有一座羊马城。

遗址现存南北长1500米,城墙残高约7米,宽约5米,是在汉代金满城的基础上扩建而成的。坐落在北庭故城以西约70.5米的西大寺,东西宽43.8米,正殿残高14米多。

5. 渤海国上京龙泉府

渤海国是靺鞨人建立的地方政权。都城初驻旧国(今吉林敦化),742年迁至中京显德府(今吉林和龙),755年迁至上京龙泉府(今黑龙江宁安),785年再迁东京龙原府(今吉林珲春),794年复迁上京龙泉府。926年为辽国所灭,传国十五世,历时229年。

上京龙泉府分外城、内城和宫城三重,东西宽4400米,南北长3400米,四面共开10个城门,南北各三,东西各二,中央大街将城市分为左、右两部分。这条大街称朱雀大街,宽达88米,还有四条大街纵横交错,各宽50米。这五条大街之间是划分里坊的街巷。

内城位于外城北面中间，周围约 4500 米，呈长方形。宫城在内城北部中央，周围超过 2500 米，亦呈长方形，城东是禁苑，现有池塘、假山和亭榭遗址。宫城城垣用玄武岩筑成，尚存高 3 米多。宫城正门五凤楼，台基高 6 米，上有巨大的圆形础石。宫殿为五重殿阁，布置在一条中轴线上，现均遗留有巨大的础石，排列整齐。第一殿前有宽 200 米的广场，第二殿规模最大。这些宫殿都有主殿、侧殿，各殿之间有游廊相通。

本 章 小 结

1. 本章介绍了唐代都城长安、洛阳以及地方性城市，重点描述了长安与洛阳城的规划、建设与布局情况。

2. 唐代城市的一个重要特征是封闭的坊市制；但地方城市如扬州、汴州等，商业繁荣。

思 考 题

1. 试述隋唐长安城规划思想。
2. 隋唐长安城的规划与布局是怎样的？
3. 隋唐洛阳城的建设与布局是怎样的？
4. 试述唐代高昌城的布局。
5. 试述唐代边疆城市的防御功能。

第 **7** 章

宋代城市规划与建设

教学目标

　　本章讲述了北宋都城东京开封与南宋都城临安的规划、营造与布局，以及地方城市如平江府、广州、泉州、明州，还有辽、金、西夏王朝的都城建设与布局情况。通过学习本章，应达到以下教学目标：

　　(1) 使学生掌握北宋东京开封城的规划、营造与布局；

　　(2) 使学生了解北宋东京开封城市扩展与"侵街"现象；

　　(3) 使学生掌握南宋临安城的营造与布局；

　　(4) 使学生熟悉平江府城的布局。

教学要求

知识要点	能力要求	相关知识
北宋东京开封城的营造与布局	(1) 掌握五代时期开封城的营造 (2) 掌握北宋时期开封城的营造与布局	(1) 五代时期周世宗扩展外城 (2) 开封"无山川可恃"的地理环境 (3) 北宋"守内虚外"国策
"侵街"现象	(1) 掌握北宋开封城"侵街"的内容 (2) 理解"侵街"与街市制的形成	(1) 北宋东京开封城的商业发展 (2) 北宋东京开封城里坊制的崩溃
南宋都城临安城的营造与布局	(1) 掌握杭州城的地理环境 (2) 理解临安城"坐南朝北"的布局	(1) 南宋临安城的漕运 (2) 西湖、钱塘江与杭州城的关系
平江府城的布局	(1) 掌握平江府城"前街后河"的布局特色 (2) 了解平江府城的里坊与街道形式	(1) 苏州城的历史变迁 (2) 苏州水系

基本概念

　　北宋东京开封城；南宋都城临安；平江府；"侵街"现象；坐南朝北；前街后河；泉州；辽上京；辽中京；金上京；金中都；兴庆府

引例

北宋是在五代短暂分裂之后的统一王朝，它进行了一系列加强中央集权的改革。北宋王朝北方有契丹人所建立的辽，西边有党项人建立的西夏，边疆地区时有不宁。加之都城开封地处平原，无山川可恃。出于国家安全考虑，北宋初年即提出了"守内虚外"之国策，核心是加强对都城开封的守卫，主要包括驻扎重兵与加固城墙防御两方面。于是，北宋东京外城出现了马面、瓮城、敌楼等防城上才有的防御设施。在城市内部，突出的特点是"侵街"现象的出现、里坊制的崩溃以及街市的形成，从而使开封城一改唐长安城的封闭性而成为开放的城市。人们不再受坊制的局限，拓宽了活动的时间与空间；市场更是临街而开，并出现了夜市与早市。

北宋被金人灭亡后，宋室南迁，并于1138年定都杭州，改称临安。临安原为地方政权吴越国的都城，由于其经济基础好，被选定为南宋都城，此后便扩建原有吴越官殿，增建礼制坛庙，疏浚河湖，增辟道路，改善交通，发展商业、手工业，使之成为全国的政治、经济、文化中心。直至公元1276年南宋灭亡，前后共计138年。

临安南倚凤凰山，西临西湖，北部、东部为平原，城市呈南北狭长的不规则长方形。官殿独占南部凤凰山，整座城市街区在北，形成了"南官北市"的格局；而自官殿北门向北延伸的御街贯穿全城，成为全城繁华区域。御街南段为衙署区；中段为中心综合商业区，同时还有若干行业市街及文娱活动集中的"瓦子"；官营商业区则在御街南段东侧。遍布全城的商业、手工业在城中占有较大比重。居住区在城市中部，许多达官贵戚的府邸就设在御街旁商业街市的背后，官营手工业区及仓库区在城市北部。以国子监、太学、武学组成的文化区在靠近西湖西北角的钱塘门内。临安不仅将城市与优美的风景区相结合，而且还有许多园林点缀其间。

而地方城市则表现了鲜明的地域性，如平江府城的布局特点是"前街后河"形式，广州、泉州则具有海港城市的开放性。而辽上京、辽中京、金上京等，这些少数民族所建立的都城，则呈现出了浓厚的民族性，如辽都城的毡庐、毡帐，兴庆府的土屋等；同时城市布局又或多或少地受到北宋东京城的影响。

7.1 五代时期开封城的规划

7.1.1 五代时期城市发展背景

公元907年，唐代灭亡，此后我国又经历了50余年的分裂时期。中原一代先后出现了后梁、后唐、后晋、后汉、后周五个朝代，而其他地区又出现了十个地方割据政权，史称"五代十国"（图7.1）。

五代时期，中原地区战乱不断，经济、文化均遭到破坏。但是南方九国基本上未受战乱影响，社会经济有所发展，并且形成了七个以大中城市为中心的经济区域。如吴和南唐两个小国以扬州、金陵为中心的江淮地区；吴越国以杭州为中心的两浙经济区；前蜀与后蜀以成都为中心的

图 7.1 五代十国

蜀地经济区；南汉国以广州为中心的岭南经济区；闽国以福州为中心的福建经济区；楚国以长沙为中心的湖南经济区；南平国以江陵为中心的荆南经济区。

五代时期，里坊制度逐渐破坏。社会经济的发展，尤其是商品交换的兴盛，导致了坊市制逐渐退出历史舞台。后梁时还能大体上保留唐代封闭式的"坊市制"，当时洛阳的坊、市门，有诏令才能夜晚开门。后唐时期，都城洛阳的坊市制已经开始破坏，只要有需要即可临街开店营业，其他记载也常以市肆、街市泛指商业街道。有时虽提及坊、市，但与原来有围墙、市门定时启闭的市已不相同。与此同时，厢坊制开始萌芽，并为宋代所继承与发展。

7.1.2　后周开封城的规划与外扩

1. 修筑罗城

五代时期的梁、晋、汉、周四个朝代皆建都开封。城市经济有所发展，人口随之增加，"而都城因旧，制度未恢，诸卫军营，或多窄狭，百司公署，无处兴修。加以坊市之中邸店有限，工商外至，络绎无穷"。于是，后周显德二年（955年）四月下诏："宜令所司于京城四面别筑罗城，先立标识，候将来冬末春初，农务闲时，即量差近甸人夫，渐次修筑"（《五代会要》卷二十六《城廓》）。新修的罗城"周长四十八里二百三十三步"，奠定了北宋东京开封外城的基础。

2. 城内街道规划

由于城内街道狭窄，正如宋人司马光所说："先是，大梁城中，民侵街衢为舍，通大车者盖寡，上命悉直而广之，广者至三十步"（《资治通鉴》卷二百九十二，显德二年十一月）。其后，在显德三年（956年），周世宗再次下诏："其京城内街道阔五十步者，许两边人户各于五步内取便种树掘井，修盖凉棚。其三十步以下至二十五步者，各与三步，其次有差"（《册府元龟》卷十四《帝王部·都邑》）。与隋唐长安城相比，这是一种新的街道制度，说明这时不但街道两旁允许住户当街开门，门前还可以占有街道 1/10 的面积用来种树、掘井、修建凉棚。并且，为了节约土地，城内还取消了"不得起楼阁"的禁令。如"（后）周显德中，许京城民居起楼阁。大将军周景威先于宋门内临汴水建楼十三间。世宗嘉之，以手诏奖谕。景威虽奉诏，实所以规利也。今所谓十三间楼子者是也"（王辟之《渑水燕谈录》卷九）。

7.2　宋代都城规划、建设与布局

7.2.1　北宋东京开封城的规划与建设

1. 外城、内城与皇城的修筑

开封，地处平原，无山川屏障可恃，"所谓八面受敌，乃自古一战场耳"（《续资治通鉴长编》卷一百四十三，庆历三年九月丁丑）。为此，作为人工防御屏障的东京外城即成为宋廷刻意营造的重点。北宋一代，对东京外城曾屡次增修，北宋末年更是达到"旦暮修整"的程度（图 7.2）。

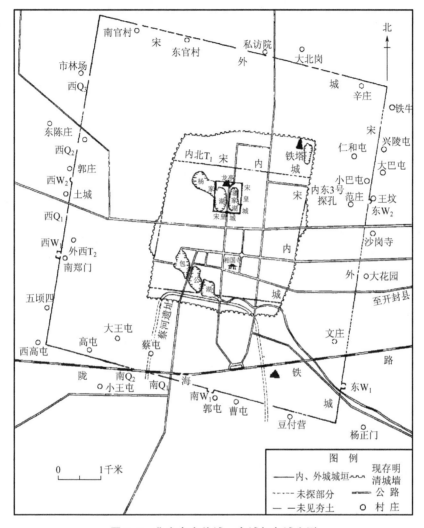

图 7.2　北宋东京外城、内城与皇城实测

早在宋太祖开宝元年（968 年）正月，即"发近甸丁夫增修京城，马步军副都头王延义护其役"（《长编》卷九，开宝元年正月甲午）。对其规模最大的修复是在神宗时期。如"宋朝神宗熙宁中，始四面筑为敌楼，作瓮城及浚治壕堑也"（《事物纪原》卷六转引宋敏求《东京记》）。瓮城与敌楼，原属于边城上的防御设施。这次修城历经 3 年，并且，还首次运用了飞土梯、运土车等机械运输工具。此次修复后的宋外城，达到"周五十里一百六十五步，横度之基五丈九尺，高度之四丈，而埤堄七尺，坚若挺埴，直若引绳"（《宋会要辑稿·方域》一之二二）。工程竣工后，应开封府请求，在外城内侧留出十步空地，"以墙为卫，外容车马往来"（《长编》卷二百九十五，元丰元年十二月戊午），等于规划了内环城路。神宗元丰七年（1084 年），宋廷又"买木修置京城四御门及诸瓮城门，封筑团敌马面"（《长编》卷三百四十六），从而完善了防御设施。

内城，又称里城、旧城，原为唐宣武军节度使李勉所筑，"周长二十里一百五十五步"。五代、北宋时期又曾加以修葺，形状为不规则的长方形，南北稍长，东西略短。

皇城，又称宫城、大内，原为唐代宣武军节度使的衙署，后梁改为建昌宫，后晋又改为大宁宫，后周延用。北宋建隆三年（962年）下诏扩建，真宗大中祥符五年（1012年）正月，又下诏"以砖垒皇城"（《长编》卷七十七），成为东京开封三道城中唯一的砖城。皇城"周长五里"（一说"周长九里十三步"）。

2. 城市的扩展

一方面由于城内土地被大量挤占，又因为随着商品经济的发展，城外形成了繁华的草市，于是，"有出居王畿，挂户县籍，兴产树业，出赋供役者矣"（杨侃《皇畿赋》），突破了城郭界限。真宗时期，已是"都城之外，居民颇多"（《宋会要·兵》三之一）。人口的增加，加之便利的交通，又促进了城外商业的繁荣。至真宗后期，更呈现出"十二市之环城，嚣然朝夕"（杨侃《皇畿赋》）的繁荣局面。商业的繁荣，又进一步吸引了城内居民的外迁，所谓"京城门外草市""多是城里居民逐利去来"（《长编》卷二百五十一，熙宁七年三月庚申）。这样，附郭草市及城外厢坊的出现，缓解了城内的拥挤局面，在不筑新城的前提下，拓宽了城市空间。

新城外更分布有众多的皇家及私家园林，所谓"大抵都城左近，皆是园圃，百里之内，并无闲地"（《东京梦华录》卷六）。每年灯节过后，"都人争先出城探春"。尤其是清明节，"四野如市，往往就芳树之下，或园圃之间，罗列杯盘，互相劝酬，都城之歌儿舞女，遍满园亭，抵暮而归"（《东京梦华录》卷七《清明节》），呈现出一派热闹的游春场面。

3. "侵街"现象

北宋伊始，开封城即已出现"侵街"现象。如早在宋太祖时期，据《宋史·魏丕传》记载，曾任作坊使的魏丕，"丕撤本坊旧屋，为舍衢中，收僦直及鬻死马骨，岁得钱七千余缗，工匠有丧者均给之"。开宝九年（976年）五月，宋太祖"宴从臣于会节园，还经通利坊，以道狭，撤侵街民舍益之"（《长编》卷十七，开宝九年四月乙巳）。太宗太平兴国五年（980年）七月，"八作使段仁海部修天驷监，筑垣墙侵景阳门街，上怒令毁之，仁海决杖，责授崇仪副使"（《长编》卷二十一，太平兴国五年秋七月己巳）。

面对"侵街"浪潮，真宗时期，宋廷曾动真格予以制止。如咸平五年（1002年）二月，"京城衢巷狭隘，诏右侍禁阁门祗侯谢德权广之。德权既受诏，则先撤贵要邸舍，群议纷然。有诏止之，德权面请曰：'今沮事者，皆权豪辈，各屋室僦资耳，非有它也，臣死不敢奉诏'。上不得已，从之。德权因条上衢巷广袤及禁鼓昏晓，皆复长安旧制，乃诏开封府街司，约远近，置籍立表，令民自今无复侵占"（《长编》卷五十一，咸平五年二月戊辰）。

当然，现实是复杂的，表木的竖立并非意味着"侵街"现象的终结，这场斗争还在继续。据《长编》卷七十九记载，大中祥符五年（1012年）十二月诏："前诏开封府，毁撤京城民舍之侵街者，方属严冬，宜俟春月"。仁宗天圣二年（1024年）六月，"京城民舍侵占街衢者，令开封府榜示，限一岁，依元立表木毁拆"（《长编》卷一百二，天圣二年六月巳末）。此后在仁宗景祐元年（1034 年）十一月甲辰又下诏："京旧城内侵街民舍在表柱外者，皆毁撤之。遣入内押班岑守素，与开封府一员专其事，权知开封府王博文之请也"（《长编》卷一百一十五，景祐元年十一月甲辰）。《宋史·王博文传》也说："都城豪右邸舍侵通衢，（王）博文制表木按籍，命左右判官分撤之，月余毕。"神宗元丰年间，"京师并河居人，盗凿汴堤以自广，或请令培筑复故，又按民庐侵官道者使撤之"（《宋史》），居然出现了"侵河"现象。

也许，认识到"侵街"潮流势不可挡，于是在宋徽宗崇宁年间，宋廷开始征收"侵街房廊钱"（马端临《文献通考》），等于承认了其合法性。结果，商业店铺纷纷沿街而建，形成了街市，这在张择端《清明上河图》中有形象的描绘。

4. 街市、楼阁的出现

北宋打破了唐长安封闭的市制，商业店铺沿街而立，形成了街市景观。对此，北宋末年人孟元老在《东京梦华录》中有详尽记载，如朱雀门外街巷、东角楼街巷、潘楼东街巷、州桥东街巷、相国寺东街巷等。其中以"南河北市"（《宋会要辑稿·食货》三七之九）的街市最为繁盛。这里的"南河"，主要是指沿汴河一带的街市，计有果子行、肉行、米行、面行、菜行、蟹行、炭行等 160 多行。所谓的"北市"，其范围大致从皇城东至马市街一带。这里西靠皇城，主要是皇室消费场所。正如孟元老所说："东华门外市井最盛，盖禁中买卖在此。凡饮食时新花果、鱼虾鳖蟹、鹑兔脯腊、金玉珍玩衣着，无非天下之奇。"（《东京梦华录》卷一）潘楼一带，更是富商云集之地，"屋宇雄壮，门面广阔，望之森然。每一交易，动即千万，骇人闻见"（《东京梦华录》卷二《东角楼街巷》）。皇城东华门外的白矾楼酒店，自宋真宗以来，即是东京最大的一家正店，每年用官曲五万斤，"乃京师酒肆之甲，饮徒常千余人"（周密：《齐东野语》卷十一）。还有马行街，作为皇城东面的南北大道，商业活动更是繁盛。正如宋人蔡绦所说："马行（街）南北几十里，夹道药肆，盖多国医，咸巨富"（蔡绦：《铁围山丛谈》卷五）。这里，仅见诸史料的药铺就有：大骨传药铺，属于金紫医官药铺的杜金钩家、曹家独胜元、山水李家口齿咽喉药、石鱼儿班防御、银孩儿柏郎中家医儿、大鞋任家产科，"其余香药铺席，官员宅舍，不欲遍记"（《东京梦华录》卷三《马行街北医铺》）。此外，还有"处处拥门，各有茶坊酒店，勾肆饮食"，其中作为正店的就有和乐楼、欣乐楼等。

同时，东京城中，尤其是街市中，楼阁普遍出现。如宋仁宗景祐三年八月三日诏曰："天下士庶之家，凡屋宇非邸店楼阁临街市之处，毋得为四铺作、及斗八"（《宋会要辑稿·舆服·臣庶服》）。此诏令表明当时临街市处普遍存在邸店楼阁。就酒店而言，史籍中酒店亦多以楼相称，如孟元老所说："街市酒店，彩楼相对，绣旆相招，掩翳天日"（《东京梦华录》卷二《酒楼》）。更有甚者，将酒楼建在皇城脚下。如皇城东华门外有座白矾楼，"三层相高，五楼相向"。只是"内西楼后来禁人登眺，以第一层下视禁中"（《东京梦华录》卷二《酒楼》）。而唐长安城"登高临视若视宫中，徒一年"（《唐律疏议》卷七《卫禁上》）。这里只是禁登而已。显贵之家也大建高楼，如"李文和居永宁坊，有园亭之胜，筑高楼临道边，呼为看楼李家"（王明清《挥麈前录》）。对此，宋人张择端的《清明上河图》中有形象的描绘（图 7.3）。

图 7.3 《清明上河图》中的酒楼

7.2.2 北宋东京开封城的布局

1. 厢坊布局

早在宋初至道元年（995 年），太宗即命参知政事张洎"改撰京城内外坊名八十余"。据《宋会要·方域·杂录》记载，这次改撰坊名后，共有 8 厢 121 坊。太宗至道元年（995 年）改撰坊名八十多个，"由是分定布列，始有雍、洛之制"（《宋会要·兵》三之三）。其中包括旧城左军第一厢（辖二十坊），旧城左军第二厢（辖十六坊），旧城右军第一厢（辖八坊），旧城右军第二厢（辖二坊）（图 7.4）；新城城东厢（辖九坊），新城城西厢（辖二十六坊），新城城北厢（辖二十坊）。

并且，随着城外人口的聚集，带来了管理体制的变革。最初，城外分属开封、祥符两赤县管辖，真宗大中祥符元年（1008 年）十二月，将城外居民划为八厢，天禧五年（1021 年）增为九厢。据《宋会要·兵》三之一记载："上以都门之外，居民颇多，旧例惟赤县尉主其事，至是特置厢吏，命京府统之。"厢吏取代赤县行使管辖权，表明了城外一带由乡村到城市的转变。

2. 礼制空间

1）南郊圜丘坛

东京圜丘坛建于太祖乾德元年（963 年），位于外城南薰门外，径五丈，高九尺，四层（《宋史》卷九十九《礼志》）。政和三年（1113 年）改为三层，层数及尺寸皆用阳数。第一层底径"用九九之数，广八十一丈"，第二层"用六九之数，广五十四丈"，第三层"用三九之数，广二十七丈"，每层高二十七尺（《宋史》卷九十九《礼志》）。坛外筑有三重围墙，称为三墙，间距为三十六步，"成层与墙皆三，参天地之数也"。

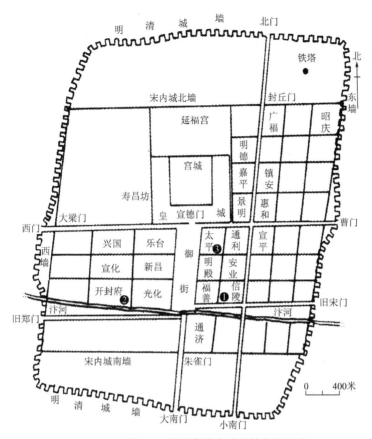

图 7.4 北宋东京内城里坊布局示意

（来源：李合群《北宋东京内城里坊布局初探》，《中原文物》，2005 年第 3 期）

2）北郊方坛

古人祭地用方坛以象征大地，又称作"方丘"。宋东京方坛，位于外城北墙封丘门外西部，始建于北宋初年，徽宗政和三年（1113 年）重建（《宋史·礼志三》）。坛分为两层，"一成（层）广三十六丈，再成广二十四丈，每成崇十有八尺，积三十六尺，其广与崇皆得六六之数，以坤用六故也。为四陛，陛为级一百四十有四"（《宋史·礼志三》）。坛周有两道短墙，四面稍令低下，以符合泽中方丘之意（图 7.5）。

3）东西景灵宫

东西景灵宫，位于宣德门前御街东西两侧。东景灵宫始建于大中祥符五年（1112 年）十二月，九年宫成，总 726 区。此宫本为"圣祖（赵玄朗）降临，以宫奉之"（《宋史》卷一百○九），后增入宋诸帝神御殿，带有古原庙性质。仁宗治平三年（1066年）三月，作仁宗神御殿于西景灵宫。后又按昭穆

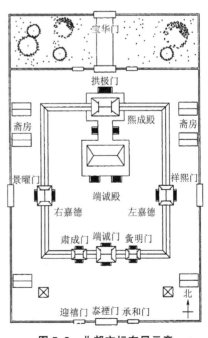

图 7.5 北郊方坛布局示意

之次，"熙宁建英宗之殿曰英德，而宣祖、艺祖、太宗之殿曰庆基，曰开先，曰永隆"（《玉海》卷一百）。经过多年增修，至政和三年（1113年），东西两宫共有前殿九、后殿八、山殿十六，以及阁、楼、斋殿、道院、廊庑等2320区（王应麟《玉海》卷一百）。

4）社坛

社坛，位于皇城前御街之右侧御史台之西。社坛与稷坛并列，前者在东，后者在西。社坛以五色土筑成正方形，"广五丈，高五尺"，正中立有社石，埋入土中，形式如钟。四周筑以围墙，每面涂以不同颜色。墙垣除南面外，每面各有一屋三门，每门左右共立24戟。

宋东京的太庙与社坛的位置，符合《考工记》所规定的"左祖右社"。

3. 皇家园林

1）艮岳

艮岳又名万岁山，为城内最大的一处皇家园林。艮岳是为增加皇嗣而建。政和七年（1117年）道士刘混向徽宗说，皇城外东北隅地势低下，皇嗣因此不广，如能填高，当会多子。于是宋廷在内城景龙门内，上清宝箓宫以东大兴土木，模拟杭州的凤凰山，将江浙一带的奇花异石移置其中。历经六年，至宣和四年（1122年）建成，取名艮岳。周围十余里，最高峰九十步，正门曰华阳，"亦五戟，制同宸禁也"（蔡绦《铁围山丛谈》卷六）。艮岳，集天下自然造化之精华，"天台、雁荡、凤凰、庐阜（山）之奇伟，二川、三峡、云梦之旷荡，四方之远且异，徒各擅其一美，未若此山并包罗列，又兼其绝胜"（《挥麈·后录》卷二）。这座园林内，除了奇石、异花、珍禽外，还点缀有众多的建筑，仅亭子就有：介亭、极目亭、圜山亭、跨云亭、半山亭、麓云亭、萧林亭、清赋亭、散绮亭、清斯亭、炼丹亭、漉波亭、小隐亭、飞岑亭、草圣亭、书隐亭、高阳亭、忘归亭等（王明清《挥麈·后录》卷二）（图7.6）。

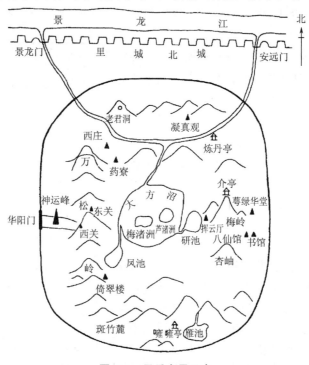

图7.6 艮岳布局示意

2）玉津园

玉津园始建于后周显德年间，在南薰门外，夹道为两园，水源来自蔡河，内建有水心殿。该园为北宋皇帝驾幸观刈麦、观稻、宴射之场所，"凡契丹朝贡使至，皆就园赐宴射"。据《玉海》卷一百九十八记载："乾德五年（967年）八月，有象自岭南来，至都城外，获之。其后，吴、越、广、南、交州继献驯象四十五头，于南薰门外玉津园东北，置养象所，作驯象旗。"真宗大中祥符五年（1112年）四月丁未，"诏以诸国所贡狮子、驯象、奇兽列于外苑，谕群臣就苑中游宴"（《玉海》卷一百五十四）。因此，玉津园除了养象之外，还养有各种珍禽异兽，实为一处供皇室、大臣观赏的动物园。

3）宜春苑

宜春苑又名东御园，位于宋东京外城东墙新曹门与新宋门之间。这里本是秦悼王（赵廷美）园，悼王后废为庶人，故又称庶人园。而在新宋门与汴河之间，北宋初年尚有一处迎春苑，它至少在后周时期已存在。宋太祖曾多次"幸迎春苑宴射"。真宗太平兴国七年（982年），因迎春苑濒临汴河而北迁往宜春苑，将其地建为富国仓，以储存汴河漕运之粮。

4）瑞圣园

瑞圣园位于宋东京外城北墙景阳门外路东，初名北园，太平兴国二年（977年）诏改为含芳，大中祥符三年（1010年）因奉安泰山所降天书而更为瑞圣。该园以三班及内侍监领，军校兵隶及主典凡212人，"岁时节物进供入内，孟秋驾幸省敛谷实，锡从臣宴饮，赏赉园官啬夫有差。凡皇城（北）诸园池入官者皆属焉"（《宋会要·方域》三之一三）。北宋君臣多次习射、观稼、观刈谷于此，内筑有水心殿，为赐宴之所。

5）金明池与琼林苑

金明池始凿于五代后周显德四年（957年），为了征伐地处水乡的南唐，遂在外城西开凿一处人工湖，"内习水战"。据《东京梦华录》记载："（金明）池在顺天门外街北，周围约九里三十步，池西直径七里许，入池门内南岸，西去百余步，有西北临水殿，车驾临幸观争标赐宴于此，往日旋以彩幄，政和间用土木工造成矣。又西去数百步乃仙桥，南北约数百步，桥面三虹，朱漆阑楯，下排雁柱，中央隆起，谓之骆驼虹，若飞虹之状。桥尽处，五殿正在池之中心，四岸石甃，向背大殿，中坐各设御幄，朱漆明金龙床，河间云水戏龙屏风，不禁游人。"金明池的布局，张择端的《金明池争标图》中又有形象的描绘（图7.7）。

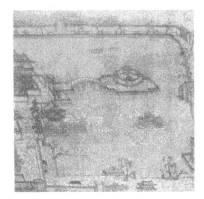

图7.7 张择端《清明上河图》

琼林苑，又称西苑，位于东京西墙顺天门外道南，与道北的金明池相对"凡皇城西园池入官者皆隶焉"（《玉海》卷一百七十一）。琼林苑内，"其花皆素馨、末莉、山丹、瑞香、含笑、麝香等闽、广、二浙所进南花。有月池、梅亭、牡丹之类，诸亭不可悉数。"尤其是苑内的宝津楼，"上有楼观，广百丈许"《东京梦华录》卷七，为皇帝登临观骑射百戏之处。此外，尚有宴殿，为宋廷宴进士之所，称为"琼林宴"，类似唐代长安曲江池的"闻喜宴"。

7.2.3 南宋都城临安的规划、建设

1. 南宋都城临安外城建造

杭州处于江南，受战乱破坏少，早在五代时期即已繁荣。如欧阳修在《有美堂记》中所说："钱塘自五代时，不被干戈，其人民幸福富庶安乐。十余万家，环以湖山，左右映带，而闽海商贾，风帆浪泊，出入于烟涛杳霭之间，可谓盛矣！"北宋时期，杭州为两浙路路治所在地。苏东坡一生曾两次到杭州出任地方官，疏浚西湖。

南宋时期，定都杭州，称作临安，城市更有发展。在建炎年间（1127—1130年），"城之内外所向墟落，不复井邑。继大驾巡幸，驻跸吴会，以临浙江之潮，于是士民稍稍来归，商旅复业，通衢舍屋，渐就伦序。"（曹勋《松隐集》卷三十一《仙林寺志》）。至南宋末年，城中已无空隙之地，"民居屋宇高森，接栋连檐，寸尺无空；巷陌壅塞，街道狭小，不堪其行"（《梦粱录》卷十《防隅巡警》）。

南宋临安城墙是在五代吴越国杭州城的基础上扩建而成的。作为京城防御首道屏障的外城，宋廷对其修筑格外重视。据绍兴二年（1132年）正月二十七日临安知府宋辉言："车驾驻跸本府，城壁理宜严固。昨缘雨雪，推倒过州城三百七十九丈。工力稍大，本府阙人修筑。据壕寨官申元发到人兵二百九人，欲乞候修内司打并了当，退下湖、秀等五州役兵，尽数拨差，并工修筑。"为此，宋高宗赵构立即诏令修内司与临安府，共同调集附近浙西湖、秀等五郡役卒数千人来临安突击维修毁坏的城墙。

到绍兴十二年（1142），这些版筑起来的泥墙，经不起长年累月的日晒雨淋，有些开始倒塌或剥落。是年冬十月壬戌，有官员向高宗上奏说："钱塘驻跸之地，而城壁摧剥，傥不加饰，何以肃远近之瞻？况临安府昨被旨置回易库，收其赢以备此举几年矣。今宜取而用之"（《中兴小纪》卷三十）。于是，高宗诏临安府措置，修复临安府城毁坏的城墙，并要求每隔5~6年对城墙进行局部加固。次年五月九日，临安知府卢知原又上奏说："本府周围城壁久不修治，颓损至多。今日钱湖门南冲天观等并系相近禁卫去处，未敢擅便前去相视"（《宋会要·方域》二之二四、二五）。

绍兴二十八年（1158年）六月三日，高宗出于皇城的安全考虑，诏令有关官员曰："皇城东南一带未有外城，可令临安府计度工料，候农隙日修筑，具合用钱数，申尚书省，于御前支降。今来所展地步不多，除官屋外，如有民间屋宇，令张俣措置优恤。"（《宋会要·方域》二之二零）根据高宗的旨意，临安府增筑了旧城东南的外城，使府城东南部得到了较大的拓展。这次外城的城墙拓展，主要做了以下三件事：一是将东南城墙向外伸展八丈，使其达到十三丈，其中两丈用作城墙基址，中间五丈用来修筑一条从候潮门外直抵南郊台的御用大道，供皇帝郊祭时所用。另外，城墙两壁各三丈之地允许民居，但"所展民屋六丈基址内，有可以就使居住之家，更不拆移；所有合拆移之家，如自己屋地，今已踏逐。侧近修江司红亭子等处空闲官地四十余丈，许令人户就便拨还。内和赁房廊舍，候将来盖造，却依元间数拨赁。其新城内外下碍道路屋宇，依旧存留。窃虑小人妄说，于标竿外拆移。人家扇惑，居民合行约束。所有拆移搬家钱，除官司房廊，止支赁钱。户外百姓自己屋地，每间支钱一十贯文，赁户每间支五贯文，业主五贯文"（《宋会要·方域》二之二一）。

2. 外城城门

南宋临安外城的城门设置，具有独特的风格。据《梦粱录》卷七《杭州》所载，有旱城门十三座、水门五座。其中十三座旱城门的分布为：西城有钱湖、清波、丰豫、钱塘，东城有便门、候潮、保安、新门、崇新、东青、艮山，北城有余杭，南城有嘉会。五座水门的设置是：城东保安水门，城东南北水门、南水门，城北天宗水门和余杭水门（图7.8）。"其诸门内，便门、东青、艮山皆瓮城。水门皆平屋。其余旱门，皆造楼阁。诸城壁各高三丈余，横阔丈余，禁约严切，人不敢登，犯者准条治罪"（《梦粱录》卷七）。

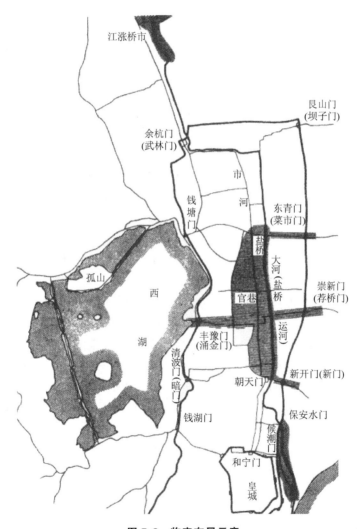

图 7.8 临安布局示意
（来源：斯波义信《宋代江南经济史研究》）

3. 皇城建造与布局

绍兴元年（1131 年）十一月，宋高宗派内侍杨公弼和权知临安府徐康国共同筹划营建行宫的事宜。由于当时政权刚刚恢复，又限于人力和财力，所以高宗要求宫室制度力求节省，去华饰，遵祖制，"止令草创，仅蔽风雨足矣。橡楹未暇丹臒，亦无害。或用土朱"亦可，希望他们在营造宫殿时"务要精省，不得华饰"（《宋会要·方域》二之一○）。绍兴八年（1138年）三月，高宗正式定都临安以后，宫殿、官署才逐步增加。据《舆地纪胜》卷一《建炎杂记》记载："（绍兴）十一年和议成，乃作太社太稷、皇后庙、都亭驿、太学；十三年，筑圜丘、景灵宫、高禖坛、秘书省；十五年，作内中神御殿；十六年，广太庙，建武学；十七年，作玉津园、太一宫、万寿观；十八年，筑九宫贵神坛；十九年，建太庙斋殿；二十年，作玉牒所；二十二年，作左藏库、南省仓；二十五年，建执政府；二十六年，筑两相第、太医局；二十七年，建尚书六部。大凡定都二十年，而郊庙、宫省始备焉。"至南宋末年，就凤凰山周围九里之内，布满了金碧辉煌的宫殿，"一时制画规模，悉与东京相埒"（张奕光《〈南宋杂事诗〉序》。

南宋临安皇城以吴越国国治——子城增筑，城墙周围九里。据明代学者徐一夔《宋行宫考》所述，其范围大致是："南自胜果入路，北则入城环至德侔天地牌坊，东沿河（约今中河），西至山冈（即凤凰山）。自平陆至山冈，随其上下以为宫殿。"具体来说，皇城的范围：北城墙在万松岭路南山上，今杭州市中药材仓库西墙外西侧，东城墙在馒头山东麓，南城墙在今宋城路北侧，西城墙以凤凰山为屏障。

皇城四周有四座宫门，其中南门称丽正门，是大内的正门。据文献记载，此门于绍兴二年（1132年）九月建成，初名为行宫之门。绍兴十八年（1148年）改名为丽正门，取"重离丽正"之意。门设三个门道，"皆金钉朱户，画栋雕甍，覆以铜瓦，镂镳龙凤飞骧之状，巍峨壮丽，光耀溢目"（《梦粱录》卷八《大内》）。丽正门外建左右阙亭、东西待班阁、登闻鼓院和检院，两边设置两行红漆杈子，排列森然，禁止行人超越，"门禁甚严，守把钤束，人无敢辄人仰视"。只有在举行国家大典时，才允许文武百官从丽正门出入。

大内后门为和宁门，即皇城北门，夹在大城南边的孝仁坊和登平坊之中。其建筑形式和丽正门一样，也是三个门道。禁卫亦非常森严，"把守卫士严谨，如人出入，守门人高唱头帽号，门外列百寮待班阁子，左右排红杈子，左设阁门，右立待漏院、客省四方馆"（《梦粱录》卷八《大内》）。文武官员进出皇宫，通常由此出入。和宁门外红杈子，早市买卖，市井最盛。宫廷中"诸阁分等位，宫娥早晚令黄院子收买食品下饭于此。凡饮食珍味，时新下饭，奇细蔬菜，品件不缺。遇有宣唤收买，即时供进"（《梦粱录》卷八《大内》）。

东华门在和宁门东南，为皇城的东门，从登平坊（即高士坊）入。与前面两门一样，这里的禁卫亦很严，"沿内城向南，皆殿司中军将卒立寨卫护，名之中军圣下寨。寨门外左右俱置护龙水池"（《梦粱录》卷八《大内》）。门外左设待班阁，右设待漏院，并直通御街。门外商业极为繁荣，凡南北宝货、花果时新、海鲜野味、奇花异卉，应有尽有，尤其是早市买卖非常热闹。士人赴殿参加由皇帝主持的殿试，从东华门进入，经检查无夹带私文，方准入内。而公主下嫁，皇帝先择日召驸马至东华门，引见便殿。西门为便门。

南宋皇城的宫殿布局，基本上承袭了《周礼》的"前朝后寝"的传统格式，具体来说，可以分为外朝正殿、内朝后殿、苑中殿堂、德寿宫、东宫、学士院六个部分（图7.9）。

其中外朝正殿为大庆殿，其大小和建筑格局，据《建炎以来朝野杂记》乙集卷三记

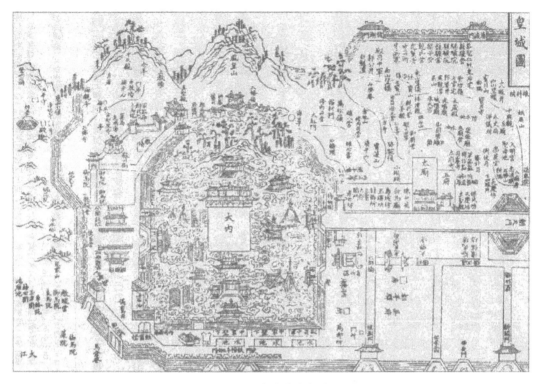

图 7.9 南宋临安皇城

（来源：《咸淳临安志》）

载："每殿为屋五间十二架，修六丈，广八丈四尺。殿南檐屋三间，修一丈五尺，广亦如之。两朵殿各二间，东西廊各二十间，南廊九间。其中为殿门三间六架，修二丈，广四丈六尺。殿后拥舍七间。"大殿当中有一平台，台上设皇帝御座，时称宝座。大殿东西两侧的朵殿是皇帝入大殿举行仪式前休息之地，而朵殿旁的廊庑则是供皇帝的侍从休息与停放车舆之用。

7.2.4 南宋都城临安城市布局

1. 布局特点

南宋临安城市布局特点可概括为"坐南朝北"和"因地制宜"两方面。这种特殊布局是由其地理环境决定的。由于杭州城西邻西湖，东南临近钱塘江，北接大运河，南部多山，形成了南高北低的地势。而出于"居高临下"传统布局要求，五代吴越国的子城和南宋临安的皇城均选址在城市南部的丘陵地带，即凤凰山麓，这样就出现了"坐南朝北"的特殊布局。皇城宫殿在全城的最南端，官府、街坊全在北面，趋朝者皆须由后而入，杭州人叫"倒骑龙"。

并且，城市总体布局是充分利用水乡城市的特点和优势，即以府城为中心，以江河为主干，结合郊区其他大小河道形成一个环城的水上交通网。

101

2. 城市功能划分

按照城市功能，临安可分为宫廷、行政、商业、手工业、居住、文教、仓储、码头、城防和风景名胜十区（徐吉军《南宋都城临安》第二章《都城的规划与营造》）。

（1）宫廷区：可以分为宫禁区、宗庙区、郊坛区。宫禁区包括临安皇城及德寿宫，即史书上所称的"南内"和"北内"。其中，皇城区的总体布局基本上是遵循传统的前朝后寝制度来规划的。朝区是整个皇城的重心，置于最重要的方位上。其他宫殿则按各自的功能，根据传统礼仪制度，并结合地形，因地制宜地配置在主殿的周围，形成一个有机的整体。

宗庙区包括位于御街南段的太庙，以及城内西北隅的景灵宫和太乙宫为主的国家祭祀中心。郊坛区包括郊坛、太社太稷坛、九宫贵神坛、籍田先农坛等。

（2）行政区：可以分为中央行政区和地方行政区。中央行政区位于宫城外面、御街南端。这里集中分布着尚书省、中书省、门下省、枢密院、六部、太常寺、宗正寺、大理寺、司农寺、太府寺等中央机构。其中，主要官署集中在宫城之北丘陵的东南面。和宁门以北是三省六部和枢密院、谏院，再往北为"九寺五监"中的司农寺、太府寺、宗正寺、将作监、军器监等。此外，南宋"六院四辖"的都进奏院、粮料院和审计司等也散落在这里。吴山北端与市街相连接的部分是御史台、都酒务和太司局。

地方行政区位于西城内沿清波门至丰豫门近城垣地带，以临安府和两浙运司衙治所为中心。钱塘、仁和两县的县衙均偏向城北，便于统治者对城市北郊的有效管理。

（3）居住区：可以划分为皇亲国戚及诸王居住区、高级官员居住区、外商居住区、平民区等。其中皇亲国戚及诸王居住区主要分布在繁华的御街东西两侧。如《梦粱录》卷十《后戚府》记载："昭慈圣献孟太后宅，在后市街。显仁韦太后宅，在荐桥东。宪节邢皇后宅，在荐桥南。宪圣慈烈吴太后宅，在州桥东。成穆郭皇后宅，在佑圣观后。成恭夏皇后宅，在丰乐桥北。成肃谢皇后宅，在丰禾坊南。慈懿孝皇后宅，在后市街。恭淑韩皇后宅，在军将桥。恭圣仁烈杨太后宅，在漾沙坑。寿和圣福谢太后宅，在龙翔宫侧。全皇后宅，在丰禾坊南。"

至于官员居住区，从南宋《皇城图》及当时的文献记载来看，也有等级之分：高级官员的居住区与上述的皇亲国戚居住区一样，占据着都城优越之地，如景灵宫前面、与小西河相隔的地方是刘光世的刘郧王府，其东南方向是岳飞邸宅，与它并排的前洋街上有韩世忠的韩王府。往南的洪春桥畔为杨沂中的杨和王府。再一直往南，占有吴山北麓一等地带的是张俊的张循王府。朝天门北面是权相秦桧的府宅。而普通官员及文人士大夫的住宅区则要差一点。如范成大、周必大曾居住在睦亲坊周围的枣木巷、石灰桥。距此不远的蒲桥、前洋街等地，是杨万里、李心传及程颐后裔程迥等人的住宅（图7.10）。

商贾多居住在凤凰山上。如《梦粱录》卷十八《恤贫济老》载："杭城富室多是外郡寄寓之人，盖此郡凤凰山谓之客山，其山高木秀背荫及寄寓者。其寄寓人多为江商海贾，穿桅巨舶安行于烟涛渺莽之中，四方百货不趾而集，自此成家立业者众矣。"

至于普通市民，则大多集中在地势低湿、饮用水和交通不方便的区域。如东青门至崇新门和盐桥运河等之间的东北角，除了自然条件差以外，掌管消防的坊隅仅是一个中隅（兵员102人及望楼），只一处坊巷之名（街区名称）。宫城北面为贫民区。

（4）商业区：可分为中心综合商业区、官府商业区和各种专业商业区。中心综合商业区位于御街中端两侧，即自朝天门至众安桥。《说郛》卷六十八上记载："自大内和宁门外，新路南北，早间珠玉、珍异及花果、时新、海鲜、野味、奇器，天下所无者悉集于此；以至朝天门、清河坊、中瓦前、灞头、官巷口、棚心、众安桥，食物店铺，人烟浩穰。"《梦粱录》卷十三《团行》又记载："大抵杭是行都之处，万物所聚，诸行百市，自和宁门权子外至观桥下，无一家不买卖者。"官府商业区位于御街北面和东北面，通江桥东西地带。此区介于南北两内（即皇城与德寿宫）之间，集中分布着榷货务、都茶场、杂卖场、杂买务、会子库等机构，从而形成了经济中心。

（5）手工业区：分为官营手工业区和民营手工业区。官营手工业区，根据中央官府机构所辖及其种类分布如下：军工区，集中分布在招贤坊南、武林坊

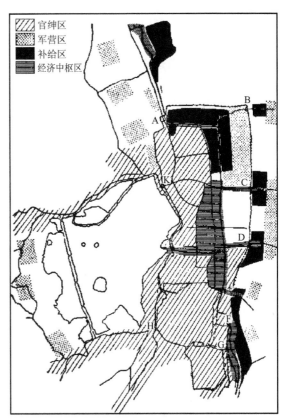

图 7.10　临安城内外的城市功能
（来源：斯波义信《宋代江南经济史研究》）

北；少府监所属的手工作坊区，集中在北桥、义井巷；将作监所属的手工作坊区，集中在康裕坊、咸淳仓南；为皇宫服务的陶瓷业，就近建于凤凰山麓；印刷区，位于纪家桥、通江桥、保民坊；造船、冶炼、制炭等手工作坊区，均在城东的东青门外。至于官府的酿酒、制醋等作坊区，因考虑其特殊性，即便于销售，杂置在居民区内。又如三省枢密院激赏库、行赡军激赏酒库，即并列建在靠近西湖的清波门和丰豫门之间与住宅、官署的混杂区，其主要目的一是以临安府和两浙转运司治所为中心的官员及其周围居民为销售重点，二是就近获得酿酒用的优质水源。

民营手工业区，如丝织区主要集中在三桥、市西坊一带，印刷区集中在睦亲坊、棚桥一带。

（6）文教区：文教区位于城内北半部。这一区域以国子监、礼部贡院为中心，聚集了太学、武学、宗学、算学、书学、画学、医学等众多的教育和文化机构。

（7）仓储区：分为官府仓储区和民间仓储区。前者广泛分布在城北的东部，大体上在茅山河东面的成淳仓及盐桥运河东岸的平籴仓，可各自形成一小区。后者分布在城北白洋池。《梦粱录》卷十九《塌房》记载："且城郭内北关水门里，有水路周回数里，自梅家桥至白洋湖、方家桥直到法物库市舶前，有慈元殿及富豪内侍诸司等人家于水次起造塌房数十所，为屋数千间，专以假赁与市郭间铺席宅舍及客旅寄藏物货，并动具等物。四面皆水，不惟可避风烛，亦可免偷盗，极为利便。"

（8）码头区：分为江河区和澉浦港区。江河区由龙山、浙江、北关、湖州四个大码头组成，分别在钱塘江边和城北外边的运河上。澉浦港区为临安的海运码头，在澉浦镇，"惟招接海南诸货，贩运浙西诸邦，网罗海中诸物"（常棠《海盐澉水志》卷一《地理门·风俗》）。

（9）城防区：据《梦粱录》卷十《厢禁军》记载："临安居辇毂之下，盖倚以为重，武备一日不可阙。"环城均有军寨，其中尤以东城外沿江一带为重点，驻重军防守，此处可视为城防区。"东南第三将，寨在东青门内。京畿第三将，营在东青门里。"

（10）风景名胜区：都城临安的风景区分布在城西的西湖。其布局，根据周密《武林旧事》卷五《湖山胜概》记载，主要分为南山路、西湖三堤路、孤山路、北山路、葛岭路、西溪路、三天竺路七部分。

7.3 宋代地方城市

7.3.1 平江府

1. 平江府历史沿革与地理环境

平江，即南宋苏州城，源自春秋时期吴国都城。相传为吴王阖闾时伍子胥所筑，当时的城门，如阊阖门、盘门、胥门等，名称一直保存至今。自吴国始，秦、汉、晋、唐以来，苏州都是东南沿海人口众多、规模较大的城市。

平江位于长江下游，太湖三角洲的中心，气候温和，雨量充沛，农产品极为丰富。隋大业六年（610年）开通了由京口（镇江）到余杭的大运河，使其更成为该地区的航运中心，商业手工业更为发达，所以一直是江南政治、经济、文化中心城市。

2. 平江府城市布局

今存有一块《平江图》碑，即南宋绍定二年（1229年）碑刻，碑高2.76米，宽1.415米。这是一幅宋代平江府平面图，详细地描绘了城墙、城厢、平江府衙、平江军、吴县等衙署、纵横交错的河流、街道以及各种建筑等（图7.11）。

根据这幅石刻图及其他文献记载得知，宋代平江府平面为南北稍长、东西略短的长方形，城墙略有曲折。东西宽3千米多，南北长4千米多，共开五座城门。城墙外有宽阔的护城河，城门旁建有水门。

城市道路呈方格状，并多呈井字或丁字相交。大街之间为小巷道，多为东西方向。城内河道亦多呈南北、东西向的直线，其中东西有三条、南北有四条大的河道，即所谓的"三横四直"。许多小河与街道平行，常常是前街后河。

平江府治称为子城，在城市中央略偏东南。内分为六区，有府院、厅司、兵营、住宅、库房和后面的大花园。这一组建筑群由院落、厅堂、廊庑等组成，主要建筑布置在一条明显的中轴线上。子城外围以城墙。在城市中心筑有衙城，具有当时作为地区政治、军事中心的府州城的特点。

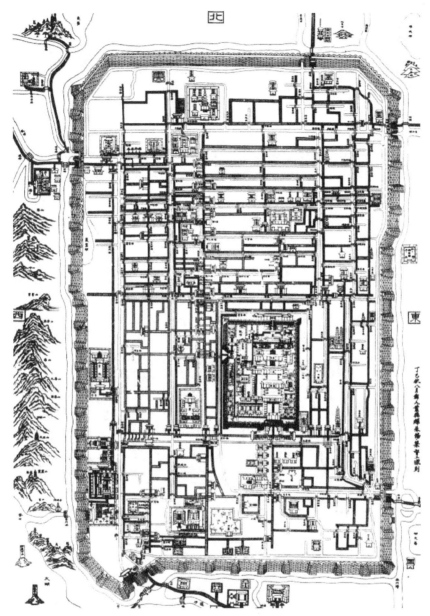

图 7.11 宋代平江府碑刻

城市中还划分为许多坊,《平江图》中绘有牌坊 65 座,多在巷口,两柱一楼,上标坊名。沿街设店,跨街建坊,是街巷制与里坊制在市容上的根本差别。

平江府中集中居住着大地主、官僚及商人,大型宅院也很多。在宋代前即出现了较大的私家园林,如沧浪亭等。衙城南有"南园",文献中即有"酾流为沼,积土为山,岛屿峰峦,出于巧思"之记载。

商业方面在城市一定地段设有市及行。在《平江图》上可以找到许多商行名称,如米行、果子行、荐行,还有用以贸易交流的集市,如米市、鱼市、花市、皮市等。这些反映了当时商业的发达,一条大街或一个坊常是同一行业聚居之地。

宋代佛、道并崇，这类建筑也很多。在《平江图》中记载的就有多处寺观。较大的寺庙还建有高塔，如城北的报恩寺塔（今北寺塔），定慧寺罗汉院（今双塔）、虎丘寺塔等。

7.3.1 宋代港口城市

1. 广州

宋代广州城由东城、中城、西城三座城组成，东西相连。其大致范围东至今德政路附近，西至今惠福西路，南至文明路、大南路和大德路，北面在今豪贤路、越华路和百灵路一带（图 7.12）。

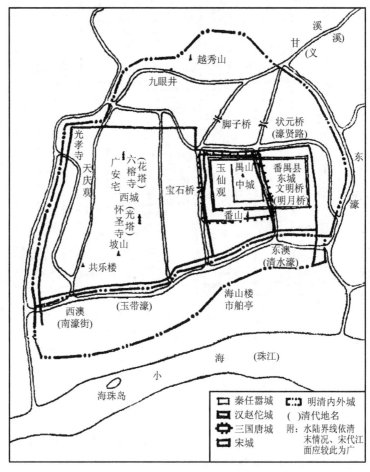

图 7.12 广州历代城址

修筑子城（中城），最重要的一次为 1045 年。据《宋史·魏瓘传》记载"（魏瓘）知广州。筑州城环五里，疏东江门，凿东、西澳为水闸，以时启闭焉。"这座子城后因修东、西两城又被称为"中城"。子城已知有 3 座城门：南门为镇安门，又名镇南门；南门东边，有步云门，后改冲霄门；东门名行春门，位于今长塘街北口，即清明月桥（宋致喜桥处）。

子城已分出官衙区、商业区和沿河商业区三大区。城北官衙区以今财政厅为中心，这里是历代广州官衙所在，如越王宫到南海郡或广州府。南部城内商业区，以双门底为中心，到西湖路附近。第三段为沿珠江边地，即大市（沿江边商业区），今惠福路一带，包括河边码头区。子城建筑多用版筑、瓦顶。《广东通志》卷五十九称："其率人版筑，教人陶瓦，室皆涂塈。昼游则华风可观，家撤茅茨，夜作而灾火不发，栋宇之利也"。但街道仍很狭窄，如王积中记载："以府门隘痹，偏处东隅，官寺民居交隘，必侧舆转辔，乃克有适。"

宋东城是据古越城遗址兴建的，营建于神宗熙宁年间。据《宋会要稿·方域》八一九记载："熙宁元年四月二三日龙图阁直学士吕居简言：'前知广州，伏见本州昨经依贼。'后来朝廷累令修筑外城，以无土难兴修。本州子城东有旧古城一所见存，与今来城基址连接，欲乞通作一城。诏令广南东路经略安抚司疾速计度功料，如法修筑。……十二月十三日广南路东转运使王靖言：'修展广州东子城，修毕。'"《宋史·张田传》又记载："知广州，广旧无外郭，民悉野处，田始筑东城，环七里，赋功五十万，两旬而成。"

宋东城比中城小，东城北接子城北城墙，南界和府学前文明路相接，东界以番禺县学为界，西接子城。东城有三门，城外为濠。东城西面没有城和门，有桥跨濠与子城东门——行春门相通。北城濠即濠弦街（今豪贤路），南城濠即玉带濠。东濠在番禺学宫东，约今芳草街西。东门桥大致在番禺学宫前的惠爱街处。子城东门（行春门）外东濠，古称"东澳"，宋名清水濠。

宋西城修建于熙宁四年（1071）。据《南海百咏》记载："西城则程师孟经始于熙宁四年。"《宋史·程师孟传》又说："徙广州，州城为依寇所毁，他日有警，民骇窜，方伯相踵至，皆言土疏恶不可筑。师孟在广六年，作西城。"西城有城门七座，即航海门、朝宗门、善利门、阜财门、金肃门、和丰门、就日门。

2. 泉州

泉州作为海港城市，港口范围大，北有泉州湾，东南有深沪湾，南有围头湾，西南有安海湾，从晋江口直至泉州城南一带均建有港口码头。

泉州由子城、衙城、罗城三部分构成（图7.13）。子城营造最早，传为天祐三年（906年）节度使王审知时筑，位于城市中央，平面呈方形，"周围三里一百六十步"，四面各开一门。子城北偏西有衙城，传为南唐时节度使留从效时所筑，以后即为泉州政权机构所在地，其位置在今泉州人民体育场一带。

子城、衙城外为罗城，相传亦为留从效时所筑。周长10千米，共开7门。由于受地形、晋江河流等影响，城市平面极不规则。城市主要街道以子城为中

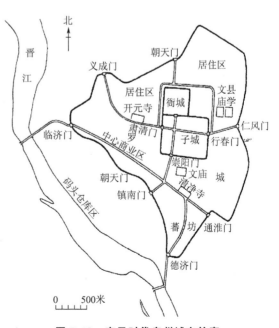

图7.13 宋元时代泉州城市轮廓

心，正对四个城门，形成十字形街，并一直延伸到罗城的四个城门。其中从子城南门通向罗城南门（镇南门）的大街为全城中轴线。另外，从罗城西南的临漳门到东南的通淮门也筑有一条干道，并与南北中轴干道相交，从而形成"两横一纵"的干道骨架；其他街道则为不规则的方格网状。

码头、商市以及外国人居留地主要分布在城市东南部及南部，这是因为晋江从城西北经城南斜向流入东南部泉州湾，城市主要依托晋江和海运发展所致。唐末以来不断有外国商人及传教士来泉州，有的定居下来，他们多集中在城东南一带，称为"蕃坊"。

7.4 辽、金、西夏城市

7.4.1 辽代城市

1. 概况

辽是契丹族建立的政权。916 年耶律阿保机称帝，建立契丹国。947 年改国号为辽，至 1125 年被金国灭亡，立国达 209 年。契丹原是逐水草而居的游牧民族，居无定所。据《辽史·百官志》记载："辽之先世，未有城郭、沟池、宫室之固，毡车为营，硬寨为宫。"后来受汉文化的影响，建造了城市。辽朝疆域广阔，"幅员万里"。行政区划大体仿唐制，实行道、州（府）、县三级区划制度。并且实行五京制，即首都上京及中京、东京、西京、南京。

2. 辽上京

辽上京临潢府，位于今内蒙古巴林左旗南，为辽的创业之地。此地"负山抱海，天险足以为固，地沃宜耕植，水草便畜牧"（《辽史·地理志》）。耶律阿保机称帝后即在此修城池，建宫殿，称皇都。其后辽太宗又加以修筑完善，上京城市基本定型。辽上京可分为大内、皇城、汉城及外郭城（图 7.14）。

（1）大内：即宫城，近方形，边长 540 米，位于皇城中央略偏东北的高岗上。共有三门，"内南门曰承天，有楼阁，东门曰东华，西门曰西华。此通内出入之所"（《辽史·地理志》）。大内中间有一道横隔墙，将宫城划分为南北两部分，即南北两大枢密院，"契丹北枢密院，以其牙帐居大内之北，故名北院；南枢密院，以其牙帐居大内之南，故名南院"（《辽史·百官志》）。并且，"北面治宫帐、部族、属国之政，南面治汉人州县、租赋、军马之事"。北院是宫城的核心，开皇、安德、五銮三大殿即分布于此。南院

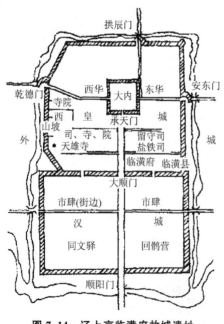

图 7.14 辽上京临潢府故城遗址

建筑，"承天门内有昭德、宣政两殿与毡庐皆东向"。南北两院的宫殿皆位于偏西部，而东部则为毡庐之地。

（2）皇城：皇城略呈方形，东墙长 1467 米、北墙长 1485.3 米；西、南墙各有小折段；周长 6398.6 米。这是国家官署区，其规划布局以宫城为中心，中轴对称。皇城有四门，"东曰安东，南曰大顺，西曰乾德，北曰拱辰"（《辽史·地理志》）。

皇城南部主要是官衙区。此为正街东部的建筑群，是由北向南排列的两司一府一县的十多个组群体，据《辽史·地理志》记载："正南街东，留守司衙，次盐铁司，次南门，龙寺街。南曰临潢府，其侧临潢县。"

（3）汉城：平面为长方形，周长 5800 米，此为以汉人为主体的居住区。其南北中轴线与皇城、宫城中轴线相通，并将汉城划分为东、西两部分。据《辽史·地理志》记载："南城谓之汉城，南当横街，各有楼对峙，下列井肆。东门之北潞县，又东南兴仁县，南门之东回鹘营……西南同文驿，诸国信使居之。驿西南临潢驿，以待夏国使。"

（4）外城，即《辽史》所记之郭郭，"幅员二十七里"。

3. 辽中京

辽中京，位于今内蒙古昭乌达盟宁城县大明城。中京以上京为依托，更向南靠近，处于草原的南部边缘，接近较为发达的农业地区。宋辽"澶渊之盟"后，开始营建中京。据《辽史·地理志》记载："统和二十七年，城之，实以汉户，号曰中京，府曰大定。"

依据考古与文献资料可知，中京为三重城相套，皇城居外城正中偏北；宫城居皇城北部正中，位于全城规划主轴终端；全城以主轴为对称，突出宫城与皇城（图 7.15）。

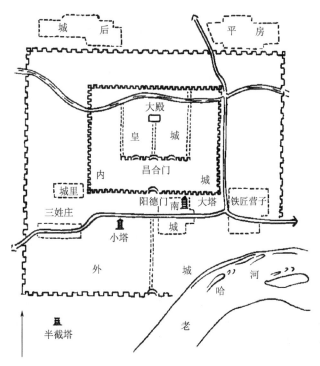

图 7.15 辽中京平面示意

（1）宫城：呈正方形，边长 1000 米，位于皇城之北。《乘轺录》记载："自阳德门入，一里至内门，内闾阖门，凡三门，街道东西并无居民，但有短墙以障空地耳。闾阖门楼有五凤，状如京师，大约制度卑陋。东西掖门去闾阖门各三百步。"

（2）皇城：呈长方形，城垣东西长 2000 米、南北宽 1500 米。城南门为阳德门，上有楼橹，北与闾阖门正对，形成一条南北中轴线。

（3）外城："幅员三十里"，呈长方形，东西长 4200 米、南北宽 3500 米。据《乘轺录》记载："外城高丈余，……南门曰朱夏门，三里至第二重城。"《王沂公行程录》又记载："南门曰朱夏，门内夹道步廊，多坊门，又有市楼四，曰天方、大衢、通圜、望阙。……城内西南隅冈上有寺。……城南有园圃，宴射之所。"

7.4.2 金代城市

1. 概况

金国为女真族所建，原住于今黑龙江和松花江流域及长白山麓，社会发展水平较低。1115 年，女真完颜部首领阿骨达建立金国，都上京会宁府，位于今黑龙江省哈尔滨阿城区南的阿什河西岸的冲积平原上。除国都外，金国袭用辽制，在全国设立了东、北、西、南四京作为陪都，亦称为五京制。如东京辽阳府、北京大定府、西京大同府、南京开封府。地方行政区划则承袭宋制，划分为路、府、州、县。

2. 金上京

（1）营建过程：太祖阿骨打称帝时，只设毡帐（称皇帝寨），晚年始筑宫殿。金太宗天会二年（1124 年）始建南城内的皇城，初名为会宁州。金太宗建为都城，升为会宁府。天眷元年（1138 年）八月，金熙宗以京师为上京，府曰会宁，开始有上京之称。皇统六年（1146 年）春，仿照北宋东京开封城进行了扩建，奠定了南北二城的雏形。贞元元年（1153 年）海陵王迁都于燕京，正隆二年（1157 年）削上京之号，并毁宫殿庙宇。金世宗大定十三年（1173 年）七月，又恢复了上京称号，成为金朝的陪都。大定二十一年金世宗复建上京城。

（2）布局：金上京为南北二城结构。其中北城近方形，南北长 1828 米、东西宽 1553 米。城墙夯土版筑，残垣宽 7～10 米、高 2～5 米，筑有马面，外有护城河遗迹。

南城呈长方形，东西长 2148 米、南北宽 1523 米，有城市 6 座，并筑有瓮城、马面、角楼、护城河等防御设施。西北部为宫城，西南部为午门前的广场，直通南垣左瓮门。

3. 金中都

金中都位于今北京西城区一带，是在辽南京城的基础上改造及扩建而来。改造前，曾派画工至北宋都城开封，测绘了其城池及建筑图样，作为金中都规划的蓝本。扩建后的金中都，由大城、宫城二重相套。大城只保留了辽南京的北墙，东、西、南三面进行了扩展。

金中都的扩建，工程十分浩大，曾动用辽汉人夫工匠 80 万，士兵 40 万人。除了扩城之外，还在城外东北部建造了一处离宫，名大宁宫。中都东北部原是一片湖沼，建城时将其凿成人工湖，湖内堆筑成岛，名琼华岛，即今北海公园中的白塔山。

外扩后的金中都周长据实测达 18.69 千米。平面呈方形，城墙由夯筑而成，四面各开三门（图 7.16）。大城中部略偏西为宫城，周长 9 千米余，平面呈南北长、东西窄的长方形，四面各开一门。宫城南面的中轴线长 2 千米，两旁布置官府寺庙。宫城前有千步廊及石桥。宫城北面，大城以北，则是全城最大的市场，"海陆百货，聚于其中"。

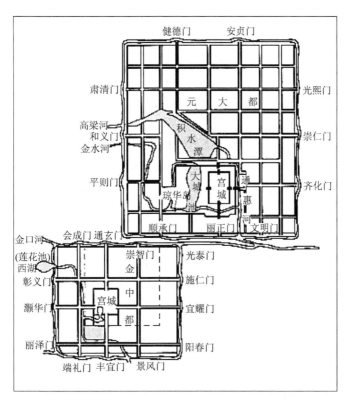

图 7.16　金中都与元大都平面示意

7.4.3　西夏城市

1. 西夏概况

西夏是由羌族的一支——党项族所建立的国家。党项族原住在今四川省西部边境内外。由于受到吐蕃的侵逼，在 8—9 世纪逐渐向今甘肃东部、宁夏以及陕西一带迁移。至唐末，已占据河套以南的夏、银、绥、宥、静五州之地。1038 年，李元昊正式称帝建国，国号大夏，因地处西部，故史称西夏。

2. 兴庆府

西夏都城为兴庆府，位于今宁夏银川市（图 7.17）。1020 年始建，当时名兴州。1032 年李元昊继任夏王后，又扩建了宫城，营造殿宇，并升为兴庆府。

兴庆府平面呈长方形，周长 9000 米，"东西倍于南北"，四面各开一门，城垣外有护

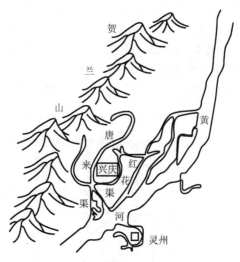

图 7.17   西夏兴庆府位置及地形

城河。城内道路为方格状，纵横 9 条，街坊 20 余处。西夏王朝规定，"民居皆土屋，有官爵者始得覆之以瓦"（曾巩《隆平集》）。因此兴庆府城内一般民居多为简陋的土屋或覆土、覆毛毡片的木板屋，形成了西北边塞城市的特色。

城内正中偏北为宫城。宫城内宫殿建筑宽敞宏大，此外还有中央机构的官署及官办手工业作坊。李元昊还仿唐长安兴庆宫的建筑风格，在兴庆城西北部营造有避暑宫，周围数里，亭榭台池俱全。此外，又在城外大规模兴建离宫、寺院、帝王陵墓等。

本 章 小 结

1. 本章介绍了宋代都城开封、临安，以及地方性城市及少数民族城市，重点描述了开封城与临安城的规划、建设与布局情况。

2. 宋代城市的一个重要特征是开放的街市制代替了唐代封闭的坊市制。

思 考 题

1. 宋代开封城的布局是怎样的？

2. 试述北宋开封的"侵街"现象。

3. 地形对南宋都城临安的城市布局有何影响？

4. 试述宋代广州城的营造。

5. 试述辽上京的城市布局。

第 **8** 章

元代城市规划与建设

本章主要讲述我国元时期的城市规划概况、主要特征与成就。通过学习本章，应达到以下目标：

（1）了解元时期的社会文化背景，熟悉相关文献资料；

（2）掌握元时期城市规划结构的特征与主要成就；

（3）掌握诸如元上都、元大都都城的规划结构与特点。

教学要求

知识要点	能力要求	相关知识
元时期的社会概况	（1）读懂文献史料内容 （2）理解文献的建筑价值	（1）元代的政治概况 （2）元代政治概况对城市规划与建筑设计的影响 （3）建筑与政治的关系
元大都的规划与布局	（1）掌握元大都的结构布局特点 （2）掌握元大都的宫殿、官署、坛庙、街巷与坊市的布局特点 （3）掌握元大都的水系工程布局特色	（1）都城选址的依据、方法以及具体实施步骤 （2）都城规划中里坊制与街巷制的历史沿革 （3）都城水系工程的作用与价值
元时期的其他城市	（1）掌握元上都、应昌路城、集宁路城，以及元全宁路城的规划与布局特点 （2）了解元时期地方商业市镇的分布与形制特色	（1）宋时期城市规划布局由里坊制演变为街巷制的文化背景 （2）元时期新型"街巷"商业网络的全面确立对城市规划的决定作用
元时期城市规划的主要特征与成就	（1）掌握漕运对区域城市分布的影响 （2）了解城市"街市"经济对城市规划的影响 （3）了解因中央集权的加强，对城市规划更加符合皇权礼制与儒家礼制的作用	（1）街市经济的特点 （2）皇权礼制的发展与演变 （3）儒家礼制的发展与演变 （4）皇权礼制与儒家礼制在中国都城规划史中所起的作用与其地位

基本概念

元大都；元上都；漕运；海港城市；街巷制；市坊制；礼制；儒家；宫殿；官署；坛庙；街巷

引例

元统一后，无论从政治、经济、文化上，都进一步加强国内各民族的大融合。各民族和睦相处，相互学习与交流，形成一个多民族的大帝国。在完成北宋晚年改革市坊规划体制及制度的基础上，进一步提高了全面发展营国制度传统水平，城市规划与建设不断取得了更高、更新的发展。

元上都是元代第一个有计划建设的都城，是忽必烈命汉人刘秉忠于元宪宗（蒙哥汗）六年（公元1256年）设计的，时称开平府。元世祖迁大都后，每年四、五月到八、九月来此居住，此后元代皇帝相沿成为定制，因而上都具有避暑的离宫性质。元上都是一个特殊的都城结构，分为外城、内城、官城三部分。

元上都遗址在今内蒙古自治区多伦以北40千米，至今遗址保存得比较完好。元统治者在宋人革新成就的基础上，加上自己的风俗及生活习惯，又做了调整与补充，使宋人初步形成的基本规划新格局渐臻完善，规划建制框架得以充实，为明清两代都城及地方城市规划制度奠定了基础。

元统治者的调整与补充，着重在于解决宋人革新活动中"新街市"制度与全面发展营国制度传统精华要求之间的矛盾，使"新街市"与传统营国制之间有机结合，相辅相成。元大都在这些方面作了可喜的探索，对后世的城市规划起到很好的示范作用，对提高当时各类城市规划水平，并在革新的前提下进一步促进传统营国制度发展，进行了积极的实践。它的规划成就，可以说是元代城市建设复兴与高潮的标志。

8.1 元时期的社会概况与城市规划概况

8.1.1 元时期的社会概况

元统一后，汉族大量迁往边疆，边区各民族也向内地迁徙，各民族和睦相处，相互学习与交流，促进民族大融合，形成一个多民族的大帝国。

忽必烈即位后，采纳汉族士大夫许衡、刘秉忠等的建议，采取"汉化"治理国家。出台一系列的政治措施，缓和社会的矛盾，促进社会的稳定与发展，如迁都燕京加强对全国的控制；建立国家机构，健全地方行政建制；改革军事制度，集中军权；整顿户籍，加强差役统一管理；加强思想统治，积极提倡理学；利用宗教，辅助统治；一定程度上恢复科举制度；等等。

但终元一代，社会阶级矛盾十分突出。元统治者将全国人民分作蒙古、色目、汉人、南人四等，企图利用民族矛盾以分治。元代土地兼并之风较宋代更为强烈，官府、权贵、富豪、寺院拥有大量的土地及劳动力。忽必烈去世后，皇室内部为夺取皇位常有争斗，政治腐败，百姓生计艰难，不断发生武装抗元的斗争，直至爆发红巾军起义，推翻元王朝。

8.1.2 元时期的城市规划概况

元王朝建立后，随着国家的统一，工农业生产的恢复和发展，资本主义经济因素的滋长，工商业经济的繁荣，城市专业分工也更加深化，新兴市镇数量众多。所有这些都丰富了区域规划的内涵，提高了城市分工协作规划水平，革新了城市规划的前提。

在区域规划及其他类型城市规划方面，也都向纵深有所发展。

元时期，城市建设取得了很大的成就。除建设规模宏阔的京师都城之外，还在草原、内地及沿海兴建了大批城市。

由于元人重视海外贸易，因此海港城市的发展特别迅速。

8.2 元大都的设计规划与布局

元至元四年（1267年），元世祖忽必烈在金中都城东北建置新城，自上都迁都于此。至元九年，改名大都。史称："京城右拥太行，左挹沧海，枕居庸，奠朔方，城方六十里"（《历代帝王宅京记》卷十九），地理形式与风水格局颇佳。

8.2.1 元大都结构布局与方位确定

元大都为三重环套形制。宫城在城中央偏南处，外为皇城（又称"萧墙"或"拦马墙"），再环以外郭城。大都初建时只有宫墙，萧墙是后来为了加强保卫工作于元世祖（1215—1294年）晚年建成的。至元二十八年（1291年）二月，"建宫城南面周庐，以居宿卫之士"（《元史》卷十六），就是元代陶宗仪《辍耕录》中所说"附宫城南面有宿卫直庐"。元成宗元贞二年十月，"枢密院臣言：'昔大朝会时，皇城外皆无墙垣，故用军环绕以备围宿；今墙垣已成，南北西三畔皆可置军，独御酒库西地窄不能容……'从之"（《钦定日下旧闻考》卷三十）；所说"皇城外皆无墙垣"，是说宫城外原无萧墙；所说"今墙垣已成"，是说这时萧墙已全部完成。

外城呈南北较长的长方形。据考古勘测查明，外城南北长约7600米，东西宽约6700米，周长约为28600米，面积约为50余平方千米，与史料记载基本相符。北面城墙和东西两面城墙北段，还保存有遗迹，即今北京北郊所谓"土城"，如图8.1所示。外城共有城门十一座，北面两座，东、西、南三面各三座。城外有城壕，四角有巨大的角楼。北城墙，东为安贞门，西为健德门；东城墙，北为光熙门，中为崇仁门，南为齐化门；西城墙，北为肃清门，中为和义门，南为平则门；南城墙，东为文明门，西为顺承门，中为丽正门。城墙全用夯土筑成，基宽约24米。城门外筑有瓮城，造有吊桥，瓮城为元代末年加建。

皇城，又称萧墙或拦马墙，如图8.2所示。在大都城南部的西半地区，呈一东西较长、南北较窄的长方形，皇城的设计是以水体为中心。"……萧墙，周回可二十里，俗呼红门阑马墙。"（《钦定日下旧闻考》卷三十）萧墙设有十五处红门，驻屯有蒙古军守卫。之所以称为红门阑马墙，"该是墙垣筑得比宫城要矮得多的缘故"。萧墙正南门称灵星门，

图 8.1　元大都土城墙及护城河遗址

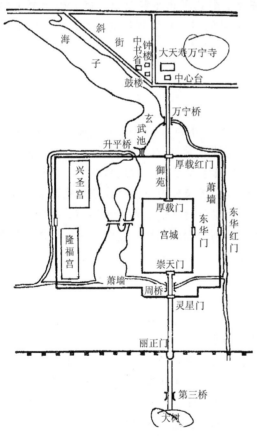

图 8.2　元大都中轴线示意
（来源：杨宽《中国古代都城制度史》）

灵星门外，外城丽正门内有长达 700 步的千步廊，正东门称东华红门，正北门称厚载红门，其余是按方向编号的，如东二红门等。萧墙内，中部为太液池，东部为宫城（又叫"东内"）；西部为兴圣、隆福二宫（又称"西内"），具有离宫性质。萧墙内并无中央重要官署，只有为宫廷服务的官署和机构，所以，当时萧墙以内统称"大内"。萧墙的范围已查明。萧墙东墙在今南北河沿的西侧，西墙在今西皇城根，北墙在今地安门南，南墙在今东、西华门大街以南。墙基宽约 3 米。

"宫城周围九里三十步，东西四百八十步，南北六百十五步"（陶宗仪《辍耕录》卷二十一"宫阙制度"）。据实测宫城南北长约 1000 米，东西宽约 740 米，与文献记载大体相符。宫城共六门，正南为崇天门，阔十一间，五个门道，高八十五尺。崇天门左为星拱门，右为云从门，各阔三间，一门，高五十尺。东西两面为东华门与西华门，各阔七间，三门，高八十尺。北为厚载门，阔五间，一门，高八十尺。四角有角楼。宫城南面萧墙以内有宿卫直庐，是防守驻军之处。宫城以北、萧墙以内是御苑。据《钦定日下旧闻考》卷三十记载："……禁中之苑囿也，内有水碾，引水自玄武池，灌溉种花木。自有熟地八顷，内有小殿五所。"宫城的范围也已查明。宫城南门崇天门约在今故宫太和殿的位置；北门厚载门在今景山公园少年宫前；东西两垣约在今故宫的东西两垣附近。

从外城的丽正门，经千步廊街，进萧墙正南的灵星门，经周桥，入宫城的正门——崇天门，穿过宫城，出宫城北门厚载门，萧墙北门厚载红门，经万宁桥（即海子桥）而直到中心台。正是大都的中轴线。

元大都的设计规划是"井井有序"的。"元大都城是在事先进行了十分详细的地形测量，然后根据中国传统的规制，结合自然地形的特点，拟定了一个全城的总体规划，并在未进行地面建筑之前，先在地下埋设了全城的下水道，然后才在地面上根据分区布局的原则建设起来的。"（庄林德，张京祥《中国城市发展与建设史》）。虞集《道园学右录》卷二十三，大都城隍庙碑中载："至元四年，岁在丁卯，以正月丁未之吉，始城大都，立朝廷、宗庙、社稷、官府、库庾，以居兆民，辨方正位，井井有序，以为子孙万世帝王之业。"所以说，在整个元大都的设计中，方位与中轴线的定位应该是第一步，也是最重要的一步。在中轴线的确定的过程中，中轴线的北方终点就是中心台位置，因此说中心台位置的选定在整个元大都的设计规划中起着决定性的作用。《析津志》说："中心台，在中心阁西十五步，其台方幅一亩，以墙缭绕，正南有石碑，刻曰中心之台，实都中东、南、西、北四方之中也。在原庙前。"这里说的原庙，就是后来元成宗所建的大天寿万宁寺。在都城的设计建设中，建立中心台作为全城中心点的标记，是元大都首创的。中轴线的确定，为宫城、皇城的正南门与外城的正南门确定了具体的位置。宫城的中心也位于全城的中轴线之上，从而突出大都以宫城为中心的格局。全城的重要建筑物都按照中轴线来安排，有的安排在中轴线的两侧，有的就安排在中轴线上。

8.2.2 元大都的宫殿、官署及坛庙布局

大都城的规划上有明显的分区规划的特点。大体上可分为宫廷区、宗庙区、社稷区、官署区、文教区、宗教活动区、手工业区、商业区、居住区和仓库区。宫廷区居全城中央偏南，中央官署区靠近宫城，宗庙区与社稷区虽在宫城左右，但距宫城较远，布置在外城门内侧。文教区及地方行政区配置在城之东北，重要的寺院分布在城之西南。手工业区、商业区及库区主要分布于漕运终点城北积水潭附近一带，其他仓库则分处皇城外与外城内的主要商业地带。

宫廷区系由宫城、兴圣宫及隆福宫三部分组成。宫城系帝居，兴圣宫为太后所居，隆福宫为太子所居。其三部分各自为宫，统置于皇城（萧墙）内，围绕太液池。帝居的宫城是宫廷区的主体，规模最大，平面是矩形，四周环以宏伟的宫垣。宫城正南门崇天门内即大明殿，为正朝所在，其后即宫寝，显系以"前朝后寝"之制布局的。崇天门直对皇城正南门灵星门及外郭正南门丽正门。宫城的中轴线过此三门，过正朝大明殿及主体寝殿，直北出厚载门，穿御苑而达北之"中心台"。太液池中之万寿山（即琼华岛），金时即营建殿宇，元人又加修饰，如同宫廷区中的小型离宫。

元大都的中央官署是分散设置的，大多在外城内的东部与中部靠近宫城的位置。北中书省设在凤池坊以东，就是城中部的钟楼以西地方。外城丽正门内东城下有中书省（内中书省）。中书省之东有侍仪司署。侍仪司署之后有南仓，即元之太仓（《钦定日下旧闻考》

卷六十四）。北中书省西南还设有尚书省。枢密院在萧墙东门东华红门以外朝阳桥（即枢密院桥）以东，保大坊之南。《析津志》说："枢密院，在东华门过御河之东，保大坊之大御西，莅军政。"御史台在外城东南文明门内澄清坊以东，乐善楼以北。翰林国史院多次迁移，至顺年间在北中书省旧署。六部公廨的地点大概应在城东隅，具体地点不详。太史院在城东南角的东城墙下，明时坊之西。《析津志》说："明时坊在太史院东。"太史院中建有灵台，即司天台，台上设有天文仪表。大都路总管府和巡警二院在城中部的中心阁、倒钞库以东地区。《析津志》说："齐政楼，都城之丽谯也。东，中心阁，大街东去即都府治所。"国子监在城东北的居贤坊之西。《析津志》上说："居贤坊，国学东，监官多居之。"

元代沿用传统礼制，在元世祖中统年间，丽正门东南七里建祭台（《元史·祭祀志》）。太庙建于外城东面齐化门内的北边。《元一统志》说："元太庙在都城齐化门之北。"社稷台在外城"和义门内少南"，占地 40 亩（26000 多平方米），分为社坛和稷坛。元代沿用宋、辽、金的礼俗，除太庙以外，建有供奉祖先遗像的原庙，其规模之大、耗费之多，远远超出宋、辽、金之上。元代皇帝和皇后的重要原庙有大宣文弘教寺、大圣寿万安寺、大护国仁王寺、大天寿万宁寺、大崇恩福元寺、大承华普庆寺、大天源延圣寺、大永福寺、大承天护圣寺、延寿寺、也里可温十字寺。此外，世祖至元年间曾安置太祖、太宗、睿宗御容于翰林院，每年春、秋致祭，萧墙以南的中轴线的两侧对称地建有神台。元代重视宗教寺院的建设的程度较前代有增无减。

元大都宫殿、官署及坛庙的总体布局，系据营国制度"前朝后市"及"左祖右社"之制而定，但也反映了蒙古人"逐水而居"的特点。将宫城置于城南中央太液池之左（东侧），作为都城"大内"又处于大都城的中心位置，从而凸显礼制观念下，以最尊的方位来显示帝居之尊严。皇城外近宫城处设置最重要的中央官署，以示君主集权政体的特色。于宫城之左（东侧）的齐化门内建太庙，宫城之右（西侧）建社稷坛，也是契合古制。

8.2.3 元大都的街巷与坊的布局

元大都街巷的安排是统一规划设计的。大都城的街道很整齐，由于中心点、外郭城四至及 11 个城门的位置已经确定，这些对于整个城市街道乃至坊巷的布局，起了决定性作用。每个城门之间都有一条笔直的干道连通，两座城门之间，也大多加辟一条干道，连同顺城街在内，全城共有南北向干道和东西向干道各九条，以南北向干道占主导地位。这些干道纵横交错，形同棋盘。冯承钧译《马可波罗行纪》第二卷第八十三章，曾对大都的街道做出这样的描述："街道甚直，此端可见彼端，盖其布置，使此门可由街道远望彼门也。……全城中划地为方形，划线整齐，建筑房舍。……方地周围皆是美丽道路，……全城地面规划有如棋盘，其美善之极，未可言宣。"但由于城市南部中央有皇城，城的北墙只有两门，再加上积水潭在中部占了较大一块地方，因此，城内道路出现不少丁字街，沿积水潭东还出现了一条斜街。

元大都的街道与唐长安、宋东京比起来并不宽，干道宽度约为 25 米，街巷（胡同）宽度只有 6~7 米。街巷多以东西向的横街为主，且横街之间的距离较近，这样便于布置四合院式房屋，使住户有较好的采光条件，进出街巷也较方便，同样又能很好地阻挡严寒北风的侵袭。制定街巷划分的依据就是马可波罗在其游记中所说的"方地"，方地约"八亩"占地，在纵横交错的街道之间，排列有平行的东西向的胡同。平行胡同之间的距离约为五十步，除去胡同所占六步，胡同之间的净距为四十四步，约合 68 米。这样东西向胡同的南北两侧就是"八亩"一份"方地"的具体位置，这样就使每户住宅都可以建筑坐北朝南而向阳的主要厅堂和卧室，便于日照取暖和通风采光。平行的东西向胡同，就是居民的"坊"的通道，当时"坊"的坊门都是东西向的。

大都城内（皇城外）的居住区，被道路划分成 50 坊，后来增加到 60 多坊，现地点可考的坊有 39 坊，如图 8.3 所示，分别为五云坊、南薰坊、澄清坊、明时坊、思诚坊、皇华坊、明照坊、保大坊、仁寿坊、寅宾坊、穆清坊、居仁坊、蓬莱坊、昭回坊、靖恭坊、金台坊、居贤坊、灵椿坊、丹桂坊、泰亨坊、万宝坊、时雍坊、金城坊、阜财坊、咸宜坊、安富坊、鸣玉坊、福田坊、西成坊、由义坊、太平坊、和宁坊、发祥坊、永锡坊、日中坊、里仁坊、凤池坊、析津坊、招贤坊。另有善俗坊、甘棠坊、迁善坊、可封坊在健德门附近，怀远坊、清远坊、平在坊、训礼坊、丰储坊、乾宁坊具体地点不详。

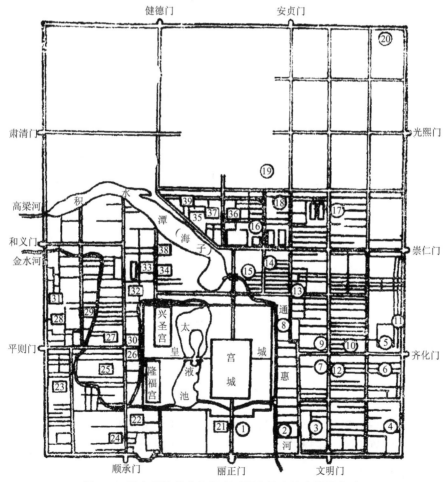

图 8.3 元大都坊巷分布示意（图中数字均为坊所在地）
（来源：杨宽《中国古代都城制度史》）

坊各有门，悬挂坊额，额上署有坊名，这种坊门实为"坊表"。坊不建坊墙，而是以街道作为界限，是开敞的布局。虽然坊作为一种封闭的居住单位被取替，但坊作为划分居住区域的方式一直被沿用下来。元大都依然有坊的建制，但此时的"坊"与宋以前的"坊"已有本质的区别。

住宅沿坊巷取南北向建置，而坊界街道两侧，则广为建置各行业的基层铺店，以供街内坊巷住户日常生活之需，巷道内不再设商店，以保持安静，且有利安全。这些创新既具有改革后新型坊巷制的特色，又吸取了营国制度传统里制不为市干扰及形制规划的特点。

8.2.4 元大都的街市与行市分布

元统一后，打破了地区行政交通的障碍，南北商业往来更加频繁，特别是海外贸易发达，故江南及东南沿海地带，商业发展更为可观，北方商业亦日趋活跃。

元大都城市商业网规划颇为严密，它是采取"点""面"结合方式来布局的。所谓"点"，即散布各街道之各行业大小铺店如图 8.4 所示，以及茶楼、酒馆等，它们形成商业网布局上一系列的基层网点，也是商业网行业纵向组织的基点。冯承钧译《马可波罗行纪》第二卷第八十三章，曾对大都的街市做出这样的描述："……各大街两旁，皆有种种商店屋舍……"。"面"指综合性商业区、专业性行业街市及仓库区。

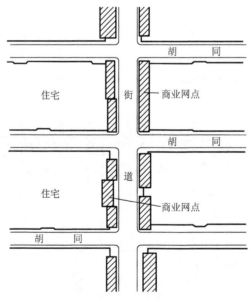

图 8.4 元大都街道商业铺店分布

（来源：贺业钜《中国古代城市规划史》）

大都城的综合商业区计有三处，它们分别是城北的斜街市、城东的枢密院区（东市）、城西的羊角市。其中，斜街市为主体综合商业区，如图 8.5 所示，规模最大；羊角市次之。三个综合性的商业区，在规划布局上以斜街市为大都商业网络的结构中心，以枢密院和羊角市两个综合商业区为两翼。元大都也和北宋汴京、南宋临安一样，在四周城门口内外设有行市，如丽正门、文明门、顺承门、平则门、齐化门均为当时较繁荣的市，草市则门门都有。因为城门口内外正是交通要道，外来客商会集的地方。这三个大的商业综合片区为基准，各种行业街市为主干，结合散布于各街的基层商业网点，组合而为一个遍布全城的庞大商业网络体系。

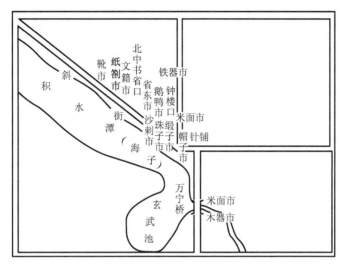

图 8.5 元大都斜街市综合商业区

（来源：杨宽《中国古代都城制度史》）

行业街市的分布，则视具体情况而定。羊市、马市、牛市、骆驼市等则依附于综合商业区；猪市、鱼市、菜市等因货源关系则布置在城外；煤市、靴市、脂粉市等则独立成区。行业街市有批发与零售两种形式。至于商业网中的仓库区，推测综合商业区应有仓库，另外各交通要道，特别是航运码头区也应有仓库建筑的存在。

元时期随着商业的发展，商业行会组织也有所完善。唐贾公彦释《周礼·地官·肆长》，谓"此肆长谓一肆之长，使之检校一肆之事，若今行头者也"。这说明两层意思，一是"行"即"肆"，商业"行会"实源于古市制之"肆"；二是唐代已有行会组织，会首即称"行头"或称"行首"。唐时为集中市制，各行均聚集在一个市区内营业，同业之间的联系与管理相当方便。至元一代，旧的集中市制已彻底瓦解，各行业商店散布全城，各行基层店铺混杂散处各街巷，同行之间的联系较难，政府对行业的管理远不及集中市制便利。行会在物价评估、协商聚议方面的重要性日趋明显，对行会的要求也越来越高，商业行会组织不仅有严格的行规，还有"行服""行语"。

这种商业行会组织体制，在封建社会城市规划中已有明显的反映，具体表现在为便于商业行会组织及城市官吏的管理，在城市规划中出现了"行业街市"。在元大都建设中，以市坊有机结合的规划体制，彻底取代了旧的市坊区分规划体制，遍布全城的商业网替代旧的集中市制。

8.2.5 元大都的水系工程

大都城城址的选择不仅与它所处优越的地理位置和雄伟险要的地形密切相关，另一个重要因素是在金中都城东北方有一处风景优美的湖泊，不仅解决了城市给水、排水问题，还为新城的水运提供了有利条件。元大都的规划设计与建设也是首先以湖泊——积水潭为中心，展开宫殿建筑的。如大都城的宫城，虽然是建立在全城的中轴线上，却又偏在大城的南部，这在我国历代封建都城的设计中是别具一格的，其主要原因就是为了要充分利用当地的湖泊与河流，这也说明了对城市水源的重视，如图8.3所示。

大都的水系有两套，其一为高梁河水系，其二为金水河水系。积水潭是高梁河上较大的湖泊，大都建设就是利用它作为都城中水上交通中心。首先，把积水潭的水引向东南，与城东南金代所开的闸河接通，由闸河到达通州，由通州经南北大运河，从长江下游漕粮和日用品物质，这条水系是大都的重要的生命线。为了能将大船开到漕运的终点——积水潭一带，所以城内萧墙外的河道宽度达27.5米（《元大都的勘查和发掘》，《考古》1972年第1期）。

积水潭原以高梁河为水源，但流量不足。都水监郭守敬于至元二十八年（1291年）提出开凿通惠河的规划，通惠河从城西北30千米外的神山（今凤凰山）下，引泉流经由和义门北水关进入城中，注入积水潭，从积水潭向东南流出城外进入闸河直到通州入白河。由于通惠河的开凿成功，新水源的取得，积水潭便成为大都城中水上交通中心。交通中心的周围因漕运与商运极其便捷，遂成为大都城商业最为发达的地段。

金水河的开凿，是为了宫苑用水的需要，又叫御沟水，它是和宫苑同时建设完成的。从西郊玉泉山下引水，从和义门南约120多米处的南水关入城，曲折南下到萧墙西南角，向东分两支：一支向北沿萧墙西墙外，绕过萧墙东北角而沿萧墙北墙外东行至北墙的中段，折而南行进入萧墙内，注入太液池的北端（今北海），这样不仅增加了太液池的水源，而且成为萧墙西墙与北墙西半段的护城濠；南面的一支正东前行，进入萧墙内西南角，经隆福宫前，注入太液池（今中海）的西南角，然后又从太液池的东南角东出，横经宫城前面，穿过宫城南门崇天门前的周桥下，一直向东出萧墙东南角，与东萧墙外沿墙南下的护城河（从积水潭引水经萧墙外南下的通惠河一段）交汇。

五行于西方属金，因称金水河。大都金水河的开凿与北宋汴京的金水河有着异曲同工之妙，二者河名相同，开凿引水的方法也相同。在进入城内时都曾"俱有跨河跳槽"（《元史·河渠志》）。另外，海子（积水潭）的水曾引到宫城以北的御苑，作为灌溉与设置景观用水。

8.3 元时期的其他城市

8.3.1 元上都

元上都是忽必烈命汉人刘秉忠于元宪宗（蒙哥汗）六年（1256年）设计的，时称开平府。元宪宗于九年去世，次年（1260年）忽必烈即大汗位于开平府，改元中统，即元世祖。中统四年改开平府为上都，亦称上京、滦京。元世祖迁大都后，每年四、五月到八、九月常来此居住，此后元代皇帝相沿成为定制，因而上都具有避暑的离宫性质。

元上都是一个特殊的都城结构，分为外城、内城、宫城三部分。内城是元上都的主体，它占据全城大部分面积，城墙建筑比外城坚固得多；外城仅附加于内城的西北两面，而且外城的北部是御园所在，仍是内城的附属部分，如图8.6所示。

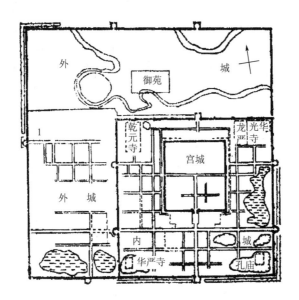

图 8.6　元上都城

（来源：董鉴泓《中国城市建设史》）

外城的城墙全用黄土版筑而成，西北两面各长 2200 米，东南两面长仅 800 米，和内城东南两面各长 1400 米的城墙相接，从而形成四面相等的正方形。城墙残高约 5 米，下宽约 10 米，上宽约 2 米。南墙和西墙各开一门，门前筑有马蹄形瓮城。北面开有两门，门前有方形瓮城，上有城门楼，现部分城门楼留有柱础。城墙外有护城濠宽约 25 米。外城从北部 1/3 处，筑有一条东西向的隔墙，宽约 2 米，直达内城北墙中间的北门瓮城，将外城分成不能南北相通的两部分。外城北半部为御苑，外城南半部有街道和居民遗址。内有南北向与东西向大街，分别通往外城的南门与内城墙的西门。外城的南门内有两个大水池，用途不详。

内城处于全城的东南隅，正方形，每边 1400 米。南北两墙各开一门，门前有方形瓮城，东西两墙各开二门，门前有马蹄形瓮城。城墙用黄土版筑，外包古石块砌一层，厚约 70 厘米。墙下宽约 12 米，上墙残宽 2.5 米，残高 6 米。墙外筑有马面，相距约 150 米，四角有高大角楼，今存台基。内城以内、宫城以外的区域分布有纵横对称的街道，从宫城南门到内城南门，有南北向的街宽 25 米，是内城的中轴线。内城有许多官署和寺院，大的寺院设在城的四角。东南角有孔子庙，西南角有华严寺，西北角有乾元寺，东北角有大龙光华严寺。上都的寺院中多供奉已故皇帝的遗像。

宫城在内城的北部中间，近长方形，东西宽约 570 米，南北长约 620 米。城墙用黄土版筑，外包砖砌一层。外包砖层里面为碎砖层，厚达 1.4 米，碎砖层内为黄土版筑层。现残墙下宽约 10 米，高约 5 米，上宽约 2.5 米。宫城的四角建有角楼。宫城仅有三门，南为御天门，东、西分别为东华门、西华门，北面无门。宫城南门外有双重城门。距宫城外 24 米，围有宽约 1.5 米的石砌夹城，现存墙基。宫城的防卫极其森严，沿夹城外围有环城的街道。宫城内靠北墙正中有矩形宫殿基址，东西宽 150 米，南北长 45.5 米，基址南面两侧各有向前凸出的方形部分，当是宫殿建筑群中的主体建筑，如图 8.7 所示。在这座宫殿的南部散布着多组有围墙的建筑，布置形制无一定的规律，概为宫女们的住所。遗址中有一处较大基址，为宫殿衙署遗址，作为管理宫城的官员所用。有些院落内无瓦片遗迹，可能系毡帐集中的地区。宫城的建设以及内部院落的使用是直接接受汉民族都城的传统，但内部院落建筑的分散布局，有着明显的蒙古族居住的传统习俗，把统治者围在中心，也符合蒙古的军帐制度。利用院落围合只是进一步分隔空间与加强防卫而已。这种布局方式与元上都作为避暑离宫的性质是相吻合的。

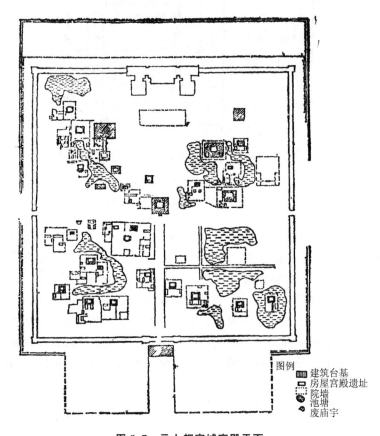

图例
建筑台基
房屋宫殿遗址
院墙
池塘
废庙宇

图 8.7 元上都宫城宫殿平面
（来源：《元上都调查报告》，《文物》，1977 年第 5 期）

上都城是元初北方政治、经济中心，在布局上对它附近的应昌路、集宁路等城都有影响。

8.3.2 集宁路城

集宁路城在内蒙古自治区察哈尔右翼前旗巴彦塔拉乡土城子村，是元集宁路总管府所在地，如图 8.8 所示。

城址正方形，分里、内、外三城。外城东西宽 1000 米，南北长 1100 米，东北部分与内城合用一墙。南墙开两门；西墙开一门；东墙开一门，也属内城东墙门；北墙开一门，也属内城北墙门。内城东西宽 630 米，南北长 730 米，四面各开一门。里城长、宽各为 60 米，南墙中心有门。外城与内城共用城墙的东门外有瓮城，东西宽 75 米，南北长 65 米。

集宁路城位于上都与大都之间，为元代腹地的重要行政中心，是当时著名的北方手工业重镇。外城城内道路通各城门，外城南半部分为工商业集中区，东西三条横街两旁，房屋密布排列，可能是居住的房址。

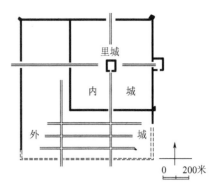

图 8.8 元集宁路城

里城中心为文庙址，是一整组的三合院。文庙在元代城市中占很重要的位置。史载，甲辰年（1244 年）王磐被招至开平与忽必烈一起举行释奠礼，这次秋丁释奠礼的仪式虽有所简略，但对忽必烈继位后加强对文庙祭祀的推行起到重要作用，后来春秋释奠礼又被作为一个制度被元政府规定下来。对文庙的祭礼，重要的官员都要参加，"……丁祀，有司奉行固不敢不至（文庙）"（张铉《至正金陵新志》卷九）。内城为当时总管府衙门办公与居住的地点。

8.3.3 应昌路城

应昌路城是元代一般地区性政治中心的城市代表，如图 8.9 所示。城址位于内蒙古昭乌达盟克什克腾旗境内，北距锡林浩特市 90 千米，西南距元上都故城约 150 千米。

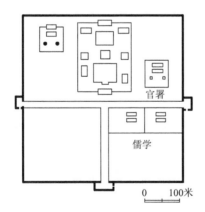

图 8.9 元应昌路城

城平面为近方形，南北长约 650 米，东西宽约 600 米。东、南、西三面各有一门，外有瓮城。城内东西门之间横街的北侧有大型建筑群的夯土台基，四周有院墙围绕，长约300 米，宽约 200 米，为主要殿堂，应为鲁王府，是全城最高统治者所居之处。该基址西、东两侧各有一相同形制的小型院落，概为官署。横街的南侧有文庙建筑，南北街道两侧为市肆建筑。城内西南部多为居民，坊巷布局。

据文献载，应昌路城初建于至元七年（1271 年），初名应昌府；至元十五年后改为应昌路城。明朝占领大都后，顺帝北奔，曾驻应昌府，公元 1370 年死于应昌，以后应昌城废。

125

8.3.4　元全宁路城

元代全宁路城遗址位于赤峰市翁牛特旗乌丹镇内，为元代早期塞北名城，当地俗称西门外古城。古城长宽各约 1000 米，略呈方形。四面城墙正中均筑有高大的城门，现今保存较好的北门宽 20 米，门两侧各有一圆形敌楼，直径约 20 米，高 7 米。城墙外侧均有护城河。

8.3.5　元代地方商业市镇

元代的市镇较之宋、金时代有比较显著的发展变化，城镇人口数量有较大增长。

一批历史悠久的城市，如北方的涿州、太原、奉元（今陕西省西安市）、开封，西南地区的成都，长江中游的江陵、九江等地，其工商业在原有基础上仍有所发展。在北方地区，除先后建成和林、上都和大都三个政治中心外，还新兴起谦州、称海、德宁等大批城镇。尤以南北大运河与海运的全线打通而兴盛起来的一批城市具有悠远影响，如真州（今江苏省仪征市）、扬州、济州、临清、直沽口（海津镇）、刘家港、泉州、广州、庆元港、澉浦港、上海、潮州等。

县以及县以下的镇、市墟、村集这类初级市场普遍比宋代有所发展，它们大都分散在镇、市或要道之处。在长江三角洲市镇发展史上，元代也是一个不可或缺的环节。马可·波罗从苏州南行，进入杭嘉湖平原，用"商业繁盛"、居民"皆良商贾与良工匠""恃工商为活"之类的字句，表述沿途所见城镇的观感，这种情形，与经行中国境内其他地区的感受是截然不同的。行业则以瓷器、丝织业与棉织业为代表。

8.4　元时期城市规划的主要特征与成就

元大都继承总结和发展了中国古代都城规划的优秀传统，也为后期明清北京城的规划与建设提供了坚实的基础。这些优秀的传统与成就至今犹存，现略述如下。

8.4.1　漕运对区域城市分布的影响重大

元开通山东运河后，原沿大运河都会亦发生变化。徐淮以南虽多依旧，以北之原都会渐趋衰落，其中汴京、大名尤为明显。同时又兴起了一批新都会，如济宁、东昌、德州、直沽（天津）等。元大都是北方最大都会，杭州为南方最大都会。其余各地都会均有发展，如楚州、扬州、真州、潭州、武昌、太原、安西（西安）、海港城市之广州、泉州、明州（庆元）、温州及松江等。市镇亦有较大发展，特别是沿大运河、长江及其主要支流的两岸地带，因商品繁荣，增加了不少新市镇。因漕运的兴旺在江、河、海附近兴起许多地方商业都会，就成为元时期城市区域布局的一个特色。

8.4.2 全面确立新型"街巷"商业网络，取代旧的封闭的"市"坊制度

北宋一朝，初步形成的新型城市街巷商业网及坊巷制，继续在元代城市的规划与建设中得以发展。因商业网点深及坊巷，打破了旧的市坊区分规划体制，代之以新的市坊有机结合的规划体制。在城市商业布局和城市居住区的划分中，这套体制在元时期无论规划新城与旧城改造都得以充分应用，既便利居民生活，更有利于城市商业的发展，使城市面貌焕然一新。

8.4.3 增添城市新的功能分区，以适应城市"街市"经济发展要求

在元时期，不管是作为政治中心的元大都或是地方城市，商业元素所起的作用都相当突出，以经济职能为主的地方都会更不必说。经济因素必然导致城市总体规划格局向新的方向发展变化，成为元时期城市规划结构布局的又一大特征，如"行业街市区""中心综合商业区""邸舍区""码头仓库区"等新的城市功能区的出现。

8.4.4 加强中央集权，城市规划更加符合皇权礼制与儒家礼制的要求

在以政治职能为主导的元大都的规划中，传统营国制度的精华得以进一步升华，使之更符合封建中央集权政治体制与封建皇权礼制的要求。《周礼·考工记》之营国制度，如"国中九经九纬""面朝后市""左祖右社"等在大都城中都有充分的体现。不仅如此，大都城的规划还把道家思想融入城市建设中，如全城只开十一个城门，并非都是旁三门，北墙正中不开门，只开左右两门，这是严格按照道家的风水观，避免破了龙脉正脊之气；主要的中央官署也是参照道家推崇的风水理论的"星位"来配置的。在很多地方城市与市镇的规划结构布局中，封建礼制的特征与因素同样十分鲜明。营国制度的传统影响非但没有因为城市商品经济元素的广泛深入而有所削弱，反而更进一步加强了。

元代继承发展了唐宋以来中国古代城市规划的优秀传统手法——三套方城、宫城居中，中轴对称的布局，三套方城整齐规则地相套，凸显"至高无上"的皇权地位。但元大都把宏伟宫殿建筑群的布置与风景优美的自然水源结合起来，把北京的气候特点与街巷的划分紧密结合起来，这些也是非常好的创新。

由此可见，通过协调传统与革新来进一步发扬营国制度的传统精华，当是元代城市规划的又一特征了。

8.4.5 手工业专业城镇的出现

元时期，在经济区域宏观规划指引下，各城镇因地理、资源等的优势不同，为了整个区域经济更加繁荣，城镇之间的分工协作是必然的选择与趋势。为适应这一要求，城镇规划的宗旨必然突出它的专业分工职能。在宋时期城镇专业分工的基础上，元时期出现了以

丝纺业、畜牧业、制瓷业等一大批手工业制作中心城镇，以及以转运贸易为主的地方商业城市。这些专业化城镇的勃兴，不但增添了新的城镇的类型，同时也开拓了专业城镇规划的路径，这当是具有划时代意义的创新。

以上几个方面，是我们所体察到的元时期城市规划成就，虽不够全面与具体，但也从中可以看出元代城市规划的发展方向和所达到的发展水平。

本 章 小 结

元大都的设计规划是由汉人刘秉忠主持完成的，因此元大都的规划与汉地城市在规划思想与规划特点上具有一脉相承性。本章主要剖析了元大都的三套方城环套的形制，中轴线与其朝向的特点，宫殿、官署及坛庙的布局，街巷与坊的特点，街市与行市的分布，大都水系工程的处理等。

另外，本章还阐述了元上都的规划特点以及地方性行政中心城市——集宁路城、应昌路城、全宁路城的规划特色，并在此基础上，总结了元时期城市规划的主要特征及成就。

思 考 题

1. 简述元大都的宫殿、官署及坛庙的布局特点。
2. 简述元大都街市与行市的分布与大都水系工程的关系。
3. 简述元大都规划布局中坊制的特点以及与街市的关系。
4. 元时期城市规划的主要特征是什么？并举例说明。
5. 元时期城市规划的主要成就是什么？其对后世城市规划的影响如何？
6. 简述元大都城市规划中水系工程的处理方法，以及这些水系工程对城市各功能区的布局的影响。

第 **9** 章

明清时期城市规划与建设

教学目标

本章重在阐述明清时期城市发展的状况，通过学习本章，应达到以下教学目标：

（1）了解这一时期的社会文化背景，熟悉相关文献资料；

（2）掌握明清时期南京与北京的城市规划结构特征与主要成就；

（3）掌握明清时期地区中心城市规划结构特征与主要成就；

（4）掌握明清时期边防要塞城市规划特点；

（5）了解明清时期工商业城市的规划结构的主要成就。

教学要求

知识要点	能力要求	相关知识
有关文献史料	（1）读懂文献史料内容 （2）理解文献的建筑价值	（1）明清时期的社会发展概况 （2）明清时期的城市发展概况 （3）明清时期商业的发展
明时期南京城的规划结构	（1）掌握明代南京应天府城的布局结构 （2）了解仿南京之制的中都临濠	（1）六朝南京城市的结构发展演变 （2）中都临濠的规划布局特点
明清时期北京城的建设与调整	（1）掌握明代北京城的规划结构特点 （2）掌握清代北京城的规划结构的调整 （3）了解清代北京城居住地段的变迁 （4）了解清代北京城离宫与园林的修建	（1）明代迁都北京的历史背景 （2）明代北京城与元大都的位置关系 （3）清代南方私家园林与北方皇家园林的发展及其因借关系
明清时期地区中心城市的发展	（1）掌握成都、兰州城的规划与建设 （2）了解其他地区中心城市的规划与特色	（1）明清时期北方与南方社会的全面开发状况 （2）地区中心城市形成的社会背景
明时期的边防要塞	（1）掌握明时期边防要塞的布局情况 （2）掌握明时期边防要塞的规划结构与特点	（1）了解明时期边防要塞形成的社会背景与历史背景 （2）了解明时期边防要塞的作用
明清时期工商业城市与市镇	（1）掌握明清时期工商业城市的分布状况 （2）掌握明清时期工商业城市的结构与地方市镇的发展	（1）了解明清时期工商业发展的基本情况 （2）掌握明清时期地方专业市镇的发展，如景德镇、佛山镇、朱仙镇等

基本概念

明北京城；九边重镇；卫所堡寨；关城；票号；规划结构；经纬涂制；工商业城市

明清时期，城市在人口规模上与西方城市相比要大得多，据统计，当时人口规模超过 100 万人的有 3 个，分别是北京、南京和苏州，另外还有 10 个左右的区域性中心城市的人口规模为 50 万～100 万之间。

城市的经济职能大大增强，在各级行政中心城市经济职能增强的同时，还出现了大量专门的工商业城市，如棉纺业发达的松江等地。许多小集镇迅速成为人口众多、工商业繁荣的巨镇，新兴市镇的发展，使得区域城镇系统不断完善。据统计，宋元时期镇的数量仅为 26 座，明代中期达到 130 座，清代仅松江、湖州、嘉兴三府即达到 132 座。许多市镇居于重要交通地理位置，承担的经济功能超过了县域范围，成为跨行政区划的的中心市场或生产基地。故这些镇的规模逐渐扩张，人口日益增多，以景德镇、佛山镇、朱仙镇、汉口镇四大镇最为典型。

明清时期城市分布的地域也较前代有明显的扩展。由于社会较长时期的统一与稳定，边疆地区得到很好的开发，昆明、贵阳、大理、临安、遵义等都是这一时期当地相当规模的城市。另外，明代与清前期海外贸易频繁，沿海、沿江地区也出现的相当规模的工商业城市，如广州、泉州、宁波、扬州等。

在城市建设上，随着商品经济的发展由自发建设形成布局的影响较前代更大、更多，城市居住与商业区域在形状、道路系统以及城市相关设施上均不规则或没有规律，往往在城门外形成新的"关厢"地区后加筑城垣加以包围。如明代北京外郭城的形成。

明代修城技术上有了长足的进步，城墙普遍加砖砌。明中叶后，沿长城及北方边防地区修建了许多边防重镇与防御城堡、卫所城市。至清代，由于民族的矛盾的加深，在某些封建统治中心城市内部设有专门的"满城"，以供驻扎旗营，"满城"有单独的城墙，防御功能很强。

明清时期，城市中兴建了许多私家园林，以苏州、杭州、扬州最为著名。城市园林艺术在创造空间、人工造景等方面均达到极高的艺术水平。在园林艺术成就上达到巅峰的是皇家园林，如圆明园、承德避暑山庄等。

9.1 明清时期的社会概况与城市概况

9.1.1 明清时期的社会概况

明清时期社会长期统一稳定，政府采取继宋以来"重内虚外"的政策以及实施工农业发展的具体措施（如明初的军、民、匠户籍分籍制，明中期实行的"一条鞭"法、"匠班银"制和清代的"地丁银"制等）。随着农业、手工业生产的商品化，商业也繁荣起来，出现了地方性商业中心城市，如盛产瓷器的江西景德镇，盐业发达的两淮地区等。这也导致异地商帮及会馆，还有以运作金融资本的票号、典当的出现，以至于晋商票号城市平遥、太谷、祁县成为全国的金融中心，城市变革达到了封建社会的顶峰。

9.1.2　明清时期的城市概况

据统计，宋元时期镇的数量仅为 26 座，明代中期达到 130 座，清代仅松江、湖州、嘉兴三府即达到 132 座（樊树志《明清江南市镇研究》）。

在明清时期的中国城市中，人口规模超过 100 万的有 3 个，分别是北京、南京和苏州，另外还有 10 个左右的区域性中心城市的人口规模为 50 万～100 万人。与之相比较，西方城市的人口规模要小得多。一直到 14、15 世纪，阿尔卑斯山脉以北的整个西欧地区，只有巴黎、科隆和伦敦三座人口超过 5 万人的城市。西欧城市中占大多数的是人口为 2000～5000 人，甚至只有几百人的小城市。（张冠增：《中世纪西欧城市的商业垄断》，《历史研究》1993 年第 1 期。）

城市的经济职能大大增强，在各级行政中心城市经济职能增强的同时，还出现了大量专门的工商业城市。如湖南省岳州，"十分其民，而工贾居其四"（《清经世文编之四卷二十九·户政》）。又如苏州城"半城皆居机户"。

明清时期城市分布的地域也较前代有明显的扩展。由于社会较长时期的统一与稳定，边疆地区得到很好的开发，如云南、贵州与新疆等地。但各地区的经济发展极不平衡，导致城市发展的区域不平衡。长江中下游为经济最发达的核心区域，城市的数量多、分布密、规模大，工商业繁荣。在明代全国 1/5 的主要工商业城市分布于这个区域。清道光年间 10 万人口以上的城市，该地区占 50% 左右，如苏州、杭州、南京、上海、宁波、扬州、镇江、芜湖、无锡、绍兴、湖州等。其中苏州人口已达全国第二，仅次于北京。而不发达的西北地区、云贵地区及边疆地区，至清代也没有一座人口数量大于 10 万人的城市，许多首府城市人口也不足 5 万人，城市的数量少、分布稀疏、规模小，又多为军事政治统治的中心，商业与经济的功能均较弱。

在城市建设上，许多城市因城垣内用地不够，往往在城门外形成新的"关厢"地区，这些"关厢"地区，开始并没有城垣，随着居住与商业市肆的聚集，统治者为了便于防护与管理，才将已形成的新区加筑城垣包围。如明代北京外郭城的形成，就是因前门（明正阳门）外大栅栏一带形成闹市后才筑城墙形成的。

明代修城技术上有了长足的进展。由于火药的普遍使用，攻城技术的明显提升，明代城墙普遍加砖砌。明中叶后，沿长城及北方边防地区修建了许多边防重镇与防御城堡、卫所城市。至清代，由于民族的矛盾的加深，在某些封建统治中心城市中都设有专门的"满城"，以供驻扎旗营，"满城"有单独的城墙，防御功能很强。

此外，明清时期，城市中兴建了许多私家园林，如苏州、杭州、扬州最为著名。城市园林艺术在创造空间、人工造景等方面均达到极高的艺术水平。在园林艺术成就上达到巅峰的是皇家园林，如圆明园、承德避暑山庄等。

另外，随着对外贸易的扩展与清后期西方列强对中国的入侵，也兴建了一些西方建筑风格的教堂、商馆与居住建筑等。

9.2 明时期南京城的规划结构

9.2.1 明代南京城概貌

南京长期是江南的一个建都地点。三国时吴国都城在此称为建业，东晋与南朝的宋、齐、梁、陈在此建都称为建康，隋设蒋州于此，五代时南唐建都于此称金陵，北宋改称江宁府，南宋改称建康府，元设建康路，后改称集庆路，明朝时期人口规模曾一度达到 120 万人。

朱元璋于元至正十六年（公元 1356 年）攻克集庆路，改名应天府，准备在此建都。以后的 20 年里，命刘基主持完成圜丘、社稷、宫殿的建设以及兴建整个应天府城，终于洪武十年（公元 1377 年）完成。这次建设意义重大，它建的城垣和所圈定的范围奠定了今天南京古城的格局和风貌。洪武十一年（公元 1378 年）正月"改南京为京师"，正式以南京为国都。明迁都北京后，南京作留都，宫殿一直保留。清灭明后，改为江南省，应天府改称江宁府，宫殿多有毁损，并废皇宫为八旗兵驻防城。江宁府一直作为两江总督驻地，是一个地区的政治、经济、文化中心。

明南京城由大城（应天府城）、皇城、宫城和外郭城四重城组成。大城即应天府城就是现在的南京城，如图 9.1 所示，城周围六十六里（约 33 千米），平面为不规则形。东北靠近钟山，北面紧靠玄武湖，西北角沿至江边，东南包括秦淮河。该城主要是据山丘、湖泊、河流的地理形势，从防御需要修建而成的，是南京历史上规模最大，建筑最坚固的城，也是南京历史上集各代城池之大成的一座名城，我国历史上第一座用砖砌的都城，也是被公认为世界第一大砖城。城墙平均高度为 14～21 米，宽度城基 14 米左右，顶部为 4～9 米。城墙外层用特制的城砖砌成，每块砖平均长 40 厘米，宽 20 厘米，厚 10 厘米，

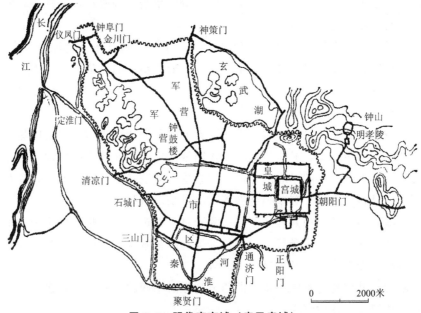

图 9.1 明代南京城（应天府城）

（来源：《中国建筑史》）

且都印有监造府县及造砖工匠的姓名。当时城砖是作为一项政治任务，下派到长江中下游一百几十个府县的。为了增加城墙的牢固，以花岗岩为墙基，在城墙的砖缝里用石灰、桐油和糯米汁合成的夹浆灌注，所以 600 年来经久不坏。

城周共设 13 座城门，尤其以南部的通济、聚宝（贤）、三山三门最为坚固，各有城墙四道，三道瓮城，成"目"字形。每道城门都有内外两道门，外面一道是从城头上放下来的"千斤闸"，里面一道是木质再加铁皮包成的两扇大门。在聚宝门最外一层瓮城内侧，还设有"藏兵洞"的特殊设施，分上下两层，共有 23 个藏兵洞，每洞可藏纳兵士百人以上，共可藏兵达 3000 人以上。此外，在各城门之间的城垣上均修筑有垛口（雉堞），共计13616 个，并有窝棚 200 个等设施。

在宫城、皇城、大城建好以后，朱元璋发现皇宫距离钟山太近，而且还有一些制高点都留在城外，很不利于防守，于是朱元璋于洪武二十三年（公元 1390 年）在应天府的外围又起建外郭城，如图 9.2 所示，周围约一百二十里（约 60 千米）。外郭城更是从防御需要出发，利用天然的山坡形势，用土筑成，共十八门。现在外郭城的遗迹已不存在，但人们仍沿用这些城门名作地名。

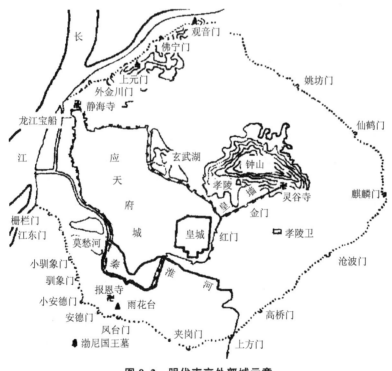

图 9.2 明代南京外郭城示意

9.2.2 明代南京城的规划布局

南京地处山丘交汇之处，地形复杂，同时南京是在旧城基础上改扩建而成的，所以在皇宫位置选择、整个城市形态上和以往唐长安、洛阳、元大都等都城不同，它不甚规整，更多的是从实际出发，充分考虑旧城的利用和对自然地形的顺应，形成南京独特的城市布局和城市形态。

南京的皇宫殿区居城的东南部，市区居城的南部与中部，东北部为军营区，分布有军队的营房和仓库，是军事区；其中市区分布有应天府署、江宁县署、上元县署、府学、贡院、武学、街市（行市在四周城门外多有分布）以及各大开国功臣的王府宅院等；在三大区之间即都城的中心高岗位置上建造了报时和报警的钟鼓楼；在北部鸡笼山南侧多分布学校和寺庙，属于文化区，当时最高学府国子监就分布在今东南大学一带，最多时学生达9000人；另在南京冶城遗址建了朝天宫，为臣下练习朝贺礼仪的地方；在鸡笼山上建有观测天文、气象的观象台；城中南部秦淮河一带为市场；在秦淮河入江口处还建有造船厂，名"龙江宝船厂"，我国著名航海家郑和七下西洋所乘用的大船都是这里建造的；在南部聚宝山附近还有烧造高级建筑材料——琉璃的窑厂。

宫城居皇城的中部而略偏东，地势南高北低，为填湖而建。皇城位于应天府城的东部一角，如图9.1所示。宫城的正南门称午门，午门连同左右掖门平面建成倒立"凹"字形。午门之前加建端门。在端门的东西两侧为太庙与社稷台。端门以南还有承天门，从承天门经端门到午门的御道东西两侧建有宫墙，把太庙与社稷台隔在外面，使这条御道成为通向宫城的唯一通道，因而承天门虽建在皇城的正南，实际上却为进入宫城的第一道门。

承天门外正中有御道，御道东西两侧建有千步廊。千步廊上建有连续的廊屋，由南至北，到承天门前，分别向外及东西两侧扩展成曲尺形的对称长廊，从而使皇城前形成"丁"字形宫廷广场的格局。在广场的东西两端开有长安左门与长安右门，长廊的南端设有洪武门，洪武门南向，正对应天府城（大城）的正阳门。洪武门以内，"丁"字形长廊的左右两侧，建有整齐排列的主要中央官署。正如《洪武京城图志·序》说："六卿居左，经纬以文；五府处西，镇静以武。"左侧为六部等中央官署，右侧为五府等中央官署。洪武门以北，包括两侧的中央官署，都属于皇城的范围，所以说洪武门实际成为进出皇城的大门，从而形成一条从南正阳门起，过洪武门，经皇城承天门、端门，直达宫城午门的一条笔直的中轴线。千步廊的建设与金中都宫城应天门外曲尺形对称长廊是相同的。承天门以外与午门内都设有金水桥，与金中都皇城宣阳门外有桥和元大都宫城崇天门外设周桥有相同的地方。因此，明代南京皇城与宫城的规划是继承前代而有所发展的。

皇城东、西、北三门（东华门、西华门、玄武门）分别与宫城的东、西、北三门（东安门、西安门、北安门）相通。皇城南面洪武门前至大城正阳门内为街市用地。

宫城，又称大内、内宫，俗称紫禁城、紫垣，是朱元璋起居、办理朝政、接受中外使臣朝见以及皇室成员居住之地，位于南京四重城垣最里边一重，有御河环绕。宫城坐北朝南，平面略呈长方形，宫墙主体南北长约0.95千米，东西宽约0.75千米，周长约3.4千米。宫城内全部建筑，分为前朝与内廷两大部分。进入午门，是五座石桥，称"内五龙桥"，桥下为内御河。过了桥就是奉天门，由南向北依次建有奉天、华盖和谨身三大殿。三大殿的东侧有文华殿和文楼，西边有武英殿和武楼，统称为"前朝"五殿。奉天殿为主殿，就是人们常说的金銮殿，是朱元璋举行重大典礼和接受文武百官朝贺的地方。三大殿之后，是皇帝与后妃生活起居的地方，名叫"后廷"。处在中轴线位置上的是乾清、交泰、坤宁三宫，左有柔仪殿（东宫），右有春和殿（西宫），两殿相对。东北角为东六宫，西北角为西六宫。在春和殿西侧还有御花园。"前朝"与"后廷"相结合，组成"朝廷"。其中，后廷东侧的奉先殿是祭祀祖先之所。

整个皇城、宫城的设计，由刘基受命主持，朱元璋亲自决定，这种布局成为明朝一代的定制，是皇帝高度集权的物质反映，对后世明北京城的改建起了重要的示范作用。但是，明南京城的建设也存在明显的不足之处，特别是宫城南高北低的形势应当说是一个重大缺陷。据说朱元璋后来也"知其误，乃为文祭光禄寺灶神云：朕经营天下数十年，事事按古就绪。惟宫城前昂后洼，形势不称。本欲迁都，今朕已老，精力已倦，又天下初定，不欲劳民。且兴废有数，只得听天，惟愿鉴朕此心，福其子孙云云"（王棠《知新录》卷一十二）。

在明代南京城市建设中，有一处建筑值得提及，即在南部聚宝门（有称聚贤门）外，有明成祖朱棣名义上为纪念明太祖和马皇后，实为报他生母贡妃（高丽人，即今朝鲜人）的恩德而建的大报恩寺（俗称报恩寺）。这是一组按照皇宫殿宇的规格建造的大型寺庙建筑群。历时 19 年工程方完成。寺内殿宇达 20 余座，画廊 118 处，经房 38 间，都精工刻镂，斗拱彩绘，飞檐翘角，如鸟展翼。其中大雄宝殿（贡妃殿）、天王殿用白玉石砌成台基。在贡妃殿的后面，还建有大报恩寺塔，它高三十二丈九尺，九层八面，外壁白瓷砖砌成。塔上佛像与神像个个神态生动逼真，辉煌无比。塔顶有 2000 两黄金制成的宝顶。下面是 9 级相轮，相轮下为重达 4500 斤（2250 千克）的承盘，承盘外镀黄金厚达 1 寸（约 33 毫米），俗称"金球"。塔身周围有悬 8 条铁索，索上挂有风铃。《白下琐言》载："报恩寺琉璃塔高出云表，数十里外可望见。"大报恩寺和大报恩寺塔均毁于清咸丰年间的兵火，甚为可惜。

此外，明南京城在改造规划方面还积极调整充实了城市商业网。首先是健全和扩大行业街市组织，沿大街分段形成有规模的行业街市。其次是在清凉门至三山门外，建了大规模的榻坊区，以扩大商品库存区。再次为发展京师城市经济，明初曾徙富室、匠户以实京师。商业区与手工作坊区、仓库、居民居住区混为一体，多分布在旧城区南部沿秦淮河两岸地带，该地带桥市、市坊居多，如图 9.3 所示，是全城工商业的活动中心。

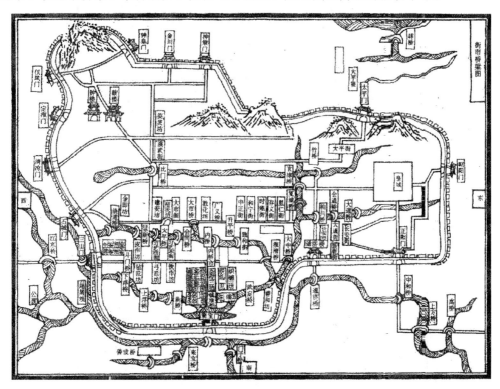

图 9.3　明南京街市桥梁

（来源：贺业矩《中国古代城市规划史》）

综观上文论述，明南京城的改造规划成就显著，引人注目的地方主要集中在以下两个方面：其一，发展营国制度传统，提高城市规划水平。继承了元大都及明中都规划发展营国制度传统的经验，并重视处理革新与传统的辩证统一关系，在理学思想的指引下，吸取营国制度的传统精华，又通过革新使营国制度向新的境界演进。其二，紧随商品经济发展的趋势，深化城市规划革新。明人继承两宋革新城市规划传统，调整城市经济性分区结构，发挥其中心经济都会职能。这两点成就，系南京城改造规划的成功之处，为明北京城市规划向更高层次发展创造了前提。

9.2.3 明中都临濠

明中都城坐落在今安徽省凤阳县西北部淮河南岸的高地上，占地面积约 50 多平方千米，它是明太祖朱元璋集 2000 多年来中国都城建筑之大成，悉心营建的一座最为豪侈的都城。"中都丰镐遗，宫阙两京陕。千里廓王畿，八屯拱宸极。"这首诗句描绘了明中都当年的盛况，它建设标准高，规划亦颇精细，特别是宫廷区布局，为发展营国制度传统，进行了可贵的探索。其规划遵循《周礼·考工记》王城制度，上承唐宋，下启明清，在中国古代都城建设史上占有极其重要的地位，如图 9.4 所示。

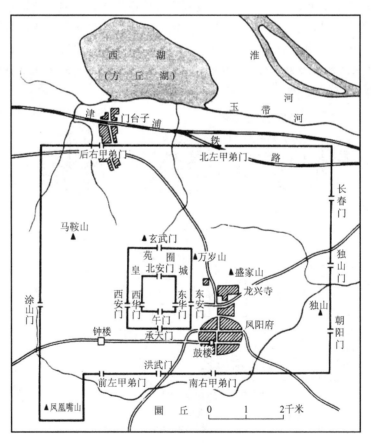

图 9.4　明代中都临濠城址平面

明中都规划整齐，规模宏大，为宫城、皇城及外廓城三重方城环套形制。宫城呈近正方形，皇城为长方形，外廓为东西稍长、南北稍短之方形。最内为宫城（紫禁城），周六里，高约四丈五尺，南北长 960 米，东西宽 890 米。皇城包宫城，周围十三里半，高二丈，南北长 2160 米，东西宽 1860 米，外为中都城（指外廓），《中都志》谓"城周五十里四百十三步"。考古实测外郭城南北长 7170 米，东西宽 7760 米，呈扁方形，土筑墙高三丈，西南有凤凰嘴山凸出一角。全城共开九门。

中都城最南门为洪武门，洪武门以内为洪武街，两侧设有千步廊。皇城承天门前有"丁"字形广场，南端设大明门，承天门与午门间还设有端门。从洪武门经大明门、承天门、端门至午门的御道，长达三里余。洪武门以外南郊，设有左右对称的圜丘和山川坛，同南京正阳门以外南郊的大祀坛和山川坛一样。这一郊坛的布局也为后来改建北京城所沿用。

宫城为禁垣，内有正殿、文华和武英两殿，文、武二楼，东、西、后三宫，金水河、金水桥等。中都城内外，还有城隍庙、国子监、会同馆、历代帝王庙、功臣庙、观星台、百万仓、军士营房、公侯第宅、钟楼、鼓楼等。《中都志》称"规制之盛，实冠天下"。

明中都的布局，严格遵循传统的对称原则，着重突出的是中轴线上宫阙的建筑布局。纵贯全城的中轴线，南起凤阳桥，北至中都城正北门（未建）。这条全长近 7 千米的轴线两侧，规整对称地排列着许多建筑。宫城内正殿左右为东西二宫，两翼为文、武二楼和文华、武英二殿；后宫两侧序列六宫。宫城午门南面如图 9.5 所示，左为中书省、太庙，右为大都督府、御史台、社稷坛。这种布局体现了几千年来封建社会中皇权至上的传统，故比以前王朝宫殿安排得更为森严。不仅如此，大明门广场东西两侧，左为城隍庙、中都国子学，右为功臣庙、历代帝王庙。广场前垂直于大明门的洪武街两旁，为左右千步廊。平行于大明门的云霁街东西两端，遥相对称的是鼓楼和钟楼。这不仅进一步加强了从外城到宫城之间在建筑上的层次和深度，而且把宫阙衬托得更加雄伟壮丽。

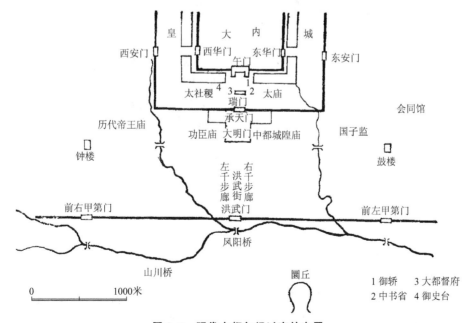

图 9.5 明代中都午门以南的布置

（来源：董鉴泓《中国城市建设史》）

总之，中都系秉承以宫为中心的分区规划结构型式传统而规划的。置宫城于城中部，以宫之南北中轴线作为全盘规划结构的主轴线，政治性分区聚集在城南，城北则主要分布为市、坊及拱卫京师之驻军卫所。宫城左右则对称分布左右甲第街，即公侯甲第区，有若侍卫帝居，以拱托宫城。在分区布署上，也重视分区的礼制等级，结合方位尊卑来做出安排。如置历代帝王庙、中都城隍庙以及功臣庙等所构成庙宇区于城之正南大明门两侧。在宫廷区的布署上更是精心规划的，总结了元大都及明南京前期建置宫廷区的经验，参照营国制度"前朝后市""左祖右社"之制以及宫廷区规划之传统模式，设计规划了中都城宫廷区。宫廷区分为宫城区与宫前区，宫城区所括内朝、宫寝及宫廷手工业作坊、府库、朝官及内官之值舍和宫廷生活设施；宫前区则包括外朝及祖社。明中都的规划克服了元大都祖社布置失当的情况，更体现"天人合一""家天下"的规划意识，突出了君权至高无上的尊严。

明中都城采用经纬涂制道路布局，规划有街坊，记载设街 28 条，坊 104，各有名称，由于罢建没有形成；但在皇城里外修筑完成了考究的白玉石大街——洪武街，作为全城规划主轴线的南北主干道，建设了下水道，其余城区只有土路。

明中都罢建后的 600 年间，大部分宫阙殿宇现已尽毁，仅存午门、西华门和长约 1100米的城墙。后来，利用中都的皇城城址，在城内设置了凤阳县城。凤阳府城则利用中都城内的东南部兴建，城市呈不规则的圆形，如图 9.6 所示。

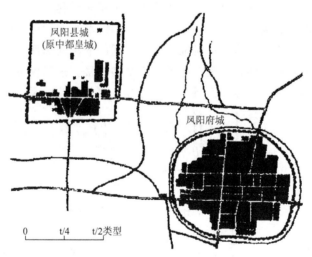

图 9.6　明清凤阳府城和凤阳县城的位置
（来源：董鉴泓《中国城市建设史》）

从上述明中都规划的若干概况可以看出，明人承元（公元 1368 年 9 月攻克元大都，公元 1369 年即洪武二年，朱元璋诏建中都，洪武三年始建，洪武八年停建，因此明中都的营建承元的因素极多）营建大都之后，进一步在儒家思想指引下，通过这座新都规划，对发展营国制度，做了种种探索，影响是很明显的，实践中积累的经验对进一步改建南京，经营北京，都提供了极为有益的启示。如果说，明北京城规划是继北魏洛阳规划之后而树立的又一块封建社会发展营国制度的里程碑，显然明中都规划对它的启示功绩是不容怀疑的。

明中都堪称中国历史上最为豪华的都城，承前启后，有助于封建社会后期营国制度的完善与发展，历史的功绩不可磨灭。

9.3 明代北京城的规划布局

9.3.1 明北京城的调整与建设

公元 1368 年，朱元璋在南京建立明政权，同年即攻占元大都城。将原有的元大都内宫殿全部拆除，以消灭所谓的"王气"。随后，明军大将徐达对都城做了一些调整，特别是燕王朱棣决定迁都后，遂进行长达 14 年的营建工作，营建工作从永乐四年（1406 年）开始，至永乐十八年（1420 年）基本完成，次年正式迁都北京。随后的嘉庆年间对北京城也进行了一些扩建工作。

对元大都的建设调整主要集中在以下方面。

攻占元大都后，明大将徐达"缩其城之北五里"，即将北城墙南移到今北京城北墙的位置（西北部利用积水潭最窄处向内斜收），城内面积较元大都时缩小 1/3，如图 9.7 所示。北城墙仍设两门，东曰安定，西曰德胜。同时废东墙北端光熙门和西墙北端的肃清门，城门从十一座也改为九座。新建的北城墙不仅高度超过东、西、南三面一丈多，而且宽度增加了一倍以上，同时"创包砖甓"，就是外包砖砌。

永乐元年（公元 1403 年）改北平为北京，称为"行在"，永乐四年开始在北京兴建宫殿，把燕王府改为行宫，即后来的仁寿宫。永乐十四年十一月正式下诏营建北京宫殿，永乐十五年工程全面铺开，永乐十七年十一月"拓北京南城，计二千七百余丈"（《明成祖实录》卷二一八），到十八年十一月完成，"凡庙社、郊祀、坛场、宫殿、门阙，规制悉如南京，而高敞壮丽过之"（《明成祖实录》卷二三二），其间还于永乐十八年重建了钟鼓楼，永乐十五年于皇城东安门东南的澄清坊内起建十王府，以加强中央集权。永乐十九年（公元 1421 年）正式迁都北京，升北京为京师，变南京为陪都。

原来元大都只有城门一重，元代末年为了加强防御，才在城门外加筑瓮城，并在城濠上改建吊桥。据《明英宗实录》，"京城因元之旧，永乐中虽略加改葺，然月城楼铺之制多未备"。正统元年（公元 1436 年）十月"命太监阮安、都督同知沈清、少保工部尚书吴中率军夫数万人修建京师九门城楼"。至正统四年全部完成，计有九门正楼及月城楼、各门外牌楼、城四隅的角楼，其中正阳门的月城设左右楼各一。同时加深城濠，两岸砌砖石，木桥改石桥。在洪武初年"创包砖甓"的基础上，城墙内层也包砌砖，以防"内惟土筑，遇雨辄颓"。这时城门楼、月城楼等的修建完成，不仅是为了巩固防御，也是为了增强京师的观瞻。

明代从英宗正统年间开始，走向腐败衰老的时期，政治腐化，边防力量日益削弱。蒙古骑兵多次南下进迫京师，接连发生了"土木之变""庚戌之变"，京师的安全形势急剧恶化。终于嘉靖三十二年（公元 1553 年），因形势所迫，按严嵩的主张只兴筑正阳、崇文、宣武三关厢的外城。据明代《工部志》（《钦定日下旧闻考》卷三十八引）载："嘉靖三十二年筑重城，包京城南一面，转抢东西角楼止。长二十八里，为七门，南曰永定、左安、

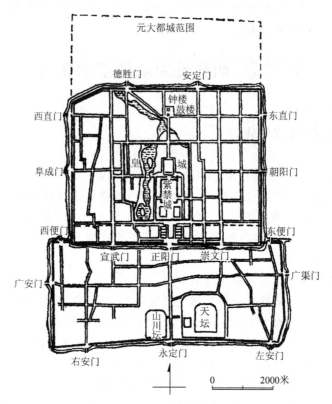

图 9.7　明代北京城

右安，东曰广渠、东便，西曰广宁、西便。城南一面长二千四百五十四丈四尺七寸，东一千八十五丈一尺，西一千九十三丈二尺，各高二丈，垛口四尺，基厚一丈，顶收一丈四尺。四十二年增修各门瓮城。"这个外城是自然地逐步发展形成的商业区和居民区，外城内的街巷大多不是平地整齐排列的，而是由曲折狭小或斜向的街巷组成的，大街只有正阳门通到永定门一条长的南北向大街是笔直的。

　　明改造元大都除调整城址外，改造的重点在宫廷区。由于城址向南拓展，明北京城宫城——"紫禁城"虽仍沿用元宫城旧址，但稍稍向南移了一段距离，调整后的宫城，呈规整的长方形。周围六里一十六步，辟六门。正南第一重为承天门（承天门虽然在建筑结构上属于皇城正南的门，但是因为从承天门经端门到午门的御道两侧建有宫墙，把太庙和社稷台隔在外面，使得御道成为通向宫城午门的唯一孔道，实际上就为进入宫城一连串三道门中的第一道门，因而承天门被作为紫禁城的进出大门，成为紫禁城的六门之一），第二重为端门，第三重为午门；东为东华门，西为西华门，北为玄武门。宫城的位置接近城中央，更能符合传统"择中立宫"之制的要求，而非元时偏处城南。皇城也做了调整，拓展了元代旧皇城的东、南、北三面，扩大了皇城与宫城的间距。调整后的皇城"周一十八里"，共有六门：南为大明门（1644 年，清顺治元年改名为大清门，辛亥革命后，于 1912年改名为中华门。为扩建天安门广场，在苏联专家的建议下于 1958 年被拆除。皇城承天门南面的"丁"字形长廊是作为皇城的一部分的，因而长廊的南门大明门，成为皇城的进出大门，作为皇城六门之一）、长安左门、长安右门，西为西安门，东为东安门，北为厚安门（地安门）。按"左祖右社"之制在宫城之左前方建太庙，右前方置社稷，构成宫城前之宫前区，作为整个宫廷区的一个重要组成部分。

除了调整与增设宫殿外，还开挖南海，扩大了原太液池水面。同时，在南外郭城内（按建造时间顺序应为天坛与先农坛先于外郭城）营建了天坛、山川坛（后改名为先农坛）。

需要指出的是明代永乐后，宫城常常失火造成火灾。如京师宫殿告成的第二年，即永乐十九年（1421年）四月初八中午，宫中失火，奉天、华盖、谨身三大殿全部烧毁。再次年，乾清宫又发生火灾。直到正统六年（1441年）九月，奉天等三大殿和乾清等二宫才重建完成。后来嘉靖和万历年间，宫中又发生两次大火。嘉靖三十六年（1557年）四月十三日申刻于大雷雨中起火，由正殿烧至午门，大火一直烧了约九个时辰。嘉靖四十一年九月重建三大殿等，并改称皇极、中极、建极；万历二十五年（1597年）六月，皇极门与皇极殿又毁于火灾，天启五年（1625年）到七年重建。乾清、坤宁两宫在正德九年（1514年）与万历二十四年（1596年）两度毁于火灾，后又重建。

另外，皇城的东南隅有所谓南内，亦称南城或小南城，建有崇质殿和重华宫。嘉靖十三年七月在重华宫以西建有"金匮石室"，称为皇史宬，用以储藏"宝训""实录"。建筑为宫殿形式，"四周上下俱用石甃，中具二十台"（《春明梦余录》），不用一根木料，面积2000多平方米，内设雕龙鎏金铜皮的樟木柜，用以储存档案，如图9.8～图9.9所示。

图9.8　明北京城皇史宬外观殿式

此后，每一皇帝的"实录"纂修完成，正本即储藏于此。这种所谓"金匮石室"的典型建筑，用作国家档案库，考虑到了防火、防潮、防蛀和通风，设计上独具匠心，别创一格，现仍保存完好。

明代在宗教建筑方面，最大的进步就是废除宋、辽、金、元重视建设原庙的礼俗，恢复以太庙作为祭祖的主要场所。永乐年间除建太庙于端门东侧外，还按南京规制，在内廷乾清门以内东侧建奉先殿。殿分九室，每室奉一帝一后的神主，每月每日都有规定的时鲜食品及糕点献祭，由南方一定地点采办送来，当时的南京即设有专为奉先殿进献的"进鲜船"，挽夫多至千人。但同时取消了陵园内下宫（即寝殿）的建筑，废止陵园留宿宫女，在"寝"中日常供奉的方式。

北京社稷坛在端门西侧，与太庙对称，是永乐十九年建成的。天坛建在丽正门（后改

图 9.9　明北京城皇史宬内穹顶

称正阳门）以南笔直大道东侧，嘉靖年间扩建外城，圈入外城以内，正当永定门内大街东侧。永乐十八年建成大祀殿，合祀天地于此。嘉靖九年（1530 年）分祀天地，在大祀殿以南建圜丘，此地改称天坛。同时在安定门外另建方泽，即地坛。山川坛建在丽正门笔直大道的西侧，与天坛对称。也是永乐十八年建成，依照南京山川坛的规制。嘉靖十一年（1532 年）山川坛增建先农坛专祭先农（农神），并在坛南设有籍田，以便皇帝亲祭先农并行耕籍礼。明代还沿用金制，于嘉靖九年在朝阳门外东郊设朝日坛，于春分祭祀大明之神。在阜成门外西郊设夕月坛，于秋分祭祀夜明之神。所有坛庙都附设有具服殿、神库、宰牲亭、钟楼、遗官房等。

永乐年间中央重要官署大多沿用元代旧官舍，分散于各处，还没有按南京的规制分别建在承天门南"丁"字形长廊的东西两侧。明代大规模建设官署的时期在英宗正统年间。正统七年，三大殿和两宫重建工程完成后，就令按南京之制，在长廊两侧依次兴建官署，"其地有居民妨碍者，悉徙之"。同年四年"建宗人府、吏部、户部、兵部、工部、鸿胪寺、钦天监、太医院于大明门之东，翰林院于长安左门之东"（《天府广记》卷二一）。其中礼部、鸿胪寺，早在宣德年间已建成，这时当重加修整。正统六年分建南北两个会同馆，南会同馆则设在长廊官署的东南角。正统八年又建五府、通政司、锦衣卫、旗手卫于大明门长廊西侧。这样长廊东西两侧的中央重要官署"悉如南京之制"建成。值得指出的是长廊东侧只有五部，而刑部与都察院、大理寺合称的"三法司"，另建在皇城以外西北角。

大学士直舍，即内阁，设在午门以内东南隅、文华殿西南，六科（吏、户、刑、工、兵、礼）直房则设于午门以外东西两廊，午门以内西侧原有六科廊，永乐年间归并到六科直房。另外，在皇城以外、内城以内还建有地方官署，如顺天府署、大兴县署、宛平县署、中城兵马司、东城兵马司、南城兵马司、西城兵马司、北城兵马司、内东巡捕厅、内西巡捕厅、巡按察等。

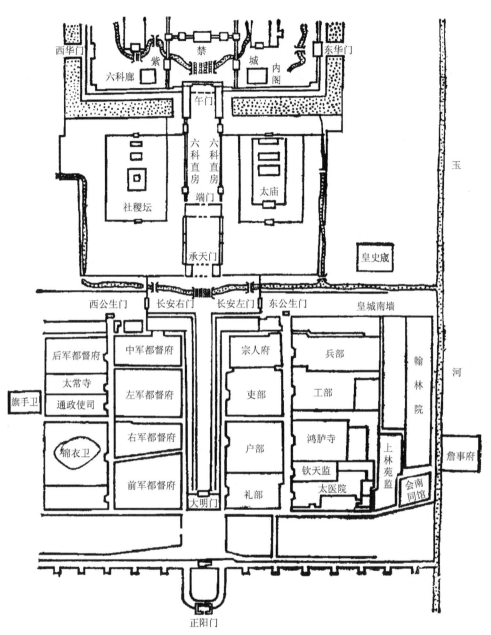

图 9.10 明北京重要中央官署布局

（来源：杨宽《中国古代都城制度史》）

9.3.2 明北京城的规模与形制

明北京城具有外城、内城、皇城与宫城四重城墙。内城东西宽约 7000 米，南北长约 5700 米。北面、东面、西面各开二门，南面开三门。以南面正中的正阳门最为壮观，建有城楼、箭楼、瓮城、正阳桥等建筑，造型庄严、气势凝重。

皇城在内城中,包括三海及宫城。"周围十八里余,高一丈八尺",正南门为承天门(清称天安门),门内左右设有太庙与社稷坛,前为千步廊,两侧为五府六部统治机构。天安门墩台高大宏伟,上有高大城楼,门前有"丁"字形闭合广场,广场内有华表、石狮,广场东、西有两门与东西长安街相通。"丁"字形闭合广场空间处理极为丰富,具有高超的规划与建筑艺术。

宫城在皇城中,布局严整,南北长 960 米,东西宽 760 米,城墙高大,四角有角楼,城外有护城河。四面开门,东华门、西华门与皇城内的大街相通,南正门为午门,为"凹"字形城楼,是宫城的正门。午门东西北三面城台相连,环抱一个方形广场。北面门楼,面阔九间,重檐黄瓦庑殿顶。东西城台上各有庑房 13 间,从门楼两侧向南排开,形如雁翅,也称雁翅楼。在东西雁翅楼南北两端各有重檐攒尖顶阙亭一座。威严的午门,宛如三峦环抱,五峰突起,气势雄伟,故俗称五凤楼。北为玄武门,正对景山。宫城内用"前朝后寝"的形制,前为三大殿,后为三宫,三宫后面还有一座御花园。

外城,又叫郭城或南城、外罗城,位于内城以南,"周二十八里,高二丈"。据清吴长元《宸垣识略》载:"以城外居民繁夥,拟筑新城约七十里",后"因经费不敷,事遂寝",仅于嘉靖二十三年(1544 年)加修了城南的外城,并将天坛及先农坛包围进去,形成明清两代北京城的最后规模。

9.3.3 明北京的规划特点

明北京城总体的规划虽然是在元大都的规划的基础上进行的调整,但它在继承元大都规划精华的同时,又具有自己的规划特点,主要表现在以下几个方面。

(1)符合"择中立宫""左祖右社""前朝后市"以及"前朝后寝"等诸宗法传统制度。宫居城之中部,并建立以宫为主体的规划宏阔、布局严谨的宫廷区,并把这个宫廷区作为城市的中心区;皇城前左有太庙,右有社稷坛,并在城外四方置天(南)、地(北)、日(东)、月(西)四坛。皇城的北方玄武门外,逢每月初四开市,称内市。

(2)城市布局上体现宗法礼制与因地制宜相结合。主要表现在两个城市综合区——政治活动综合区与经济活动综合区——的规划上。政治综合区作为都城的上层建筑部分,城制、宫殿、官署、官方宗教文化设施等均按照传统的宗法礼制思想进行布局,继承并发扬了历代都城规划的传统,成为我国城市传统规划建设的典型代表。政治活动综合区显然在城市规划中居主导的地位。经济活动综合区主要包括城市居民生活方面的建设布局,如府邸、民居、商业市肆、会馆、园林、民间宗教建筑等,注重因地制宜,具有自发形成的特点,表现出更大的灵活性。显然经济活动综合区为辅,两者的主从关系明确。

(3)政治活动综合区内,各种政治属性的功能分区与建筑,均视其礼制等级,结合方位尊卑来圈定其具体位置,包括环城的各种郊坛。如展拓南城,调整宫城位置,突出其核心地位;按"左祖右社"布置宗庙与社稷的位置;改以太液池为皇城中心的规划布局为宫城作为皇城的核心;宫城的朝寝依"前朝后寝"之制;开辟皇城承天门前的中心广场,并仿明中都与南京城布置主要官署区于皇城广场左右两侧,与宫连成一体;等等。

同时还应该看到,因明北京城的宫城居北,主体市郭在南,恰恰与元大都布局相反,形成"市南宫北"的规划格局。

（4）从永定门始，向北过正阳门、大明门、承天门、端门、午门、宫城、景山直至钟鼓楼，向北至二北门的中心点。这条长达8千米的中轴线作为全盘规划结构之主轴线，城郭各种功能分区，乃至环城各种郊坛，均据此轴线按照各自功能而布署，突出中轴线的控制地位。同时，中轴线上利用门、城楼、殿宇、山等高低错落、空间开合的艺术手法，形成节奏起伏、空间变化有序的构图韵律，从而突出了中心区在城市空间组织中的主导地位，如图9.11所示，更进一步显示城市中心区在全局上的控制作用。

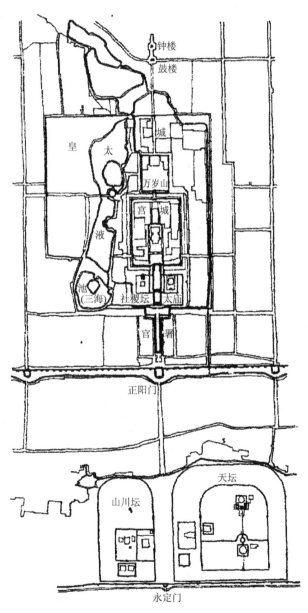

图9.11 明北京宫廷中心区规划示意
（来源：贺业钜《中国古代城市规划史》）

(5) 北京城的居住区在皇城的四周。内城多住官僚贵族地主及商人，外城多住一般市民。明代共划全城为 37 坊，如图 9.12 所示。这些坊均没有坊墙、坊门，不实行严格管理的坊里制，坊的划分只是便于城市用地的管理。居住区与元大都相仿，以胡同划分为长条形的居住地段，间距约 70 米，中间一般为三进的四合院相并联，大多为南进口，院内植树木，虽然全区无集中绿地，但也一片绿荫。

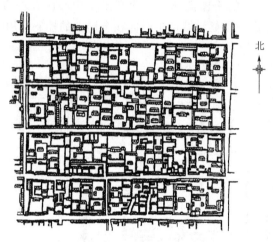

北

图 9.12　北京典型街坊布局图
（来源：刘敦桢《中国古代建筑史》）

(6) 城市商业繁荣。商业区主要布置在正阳门外的大街、东西沿河一线。由于此地区为自发形成，因此街道布局极不规整；又由于行会制度的发展，同类行业相对集中，北京今天的地名中还可看出端倪，如米市大街、磁器口等。同时，城内的某些地方形成集中定期交易的市，如灯市。另外，还利用大型庙宇定期开市，如白塔寺、东城隆福寺内都有定期的市。

(7) 明代北京城的园林建设较元代有较大的发展。皇家园林有皇城的西苑，内有三海与琼华岛，景色秀美；宫城后中轴线上堆煤覆土成山，设置了景山公园。还有大量的私家园林，规模较小，多属王公贵族，如水关一带，"沿水而刹者、亭者、墅者，因水也，水亦因之。梵各钟磬，亭墅各歌声，而致乃在遥见遥闻，隔水相赏"（《帝京景物略》）。此外，郊区的公共休憩场所也很多，如东岳庙、满井、草桥、高梁河等。

(8) 城市风水格局更为细致、明显。它严格按照星宿布局，成为"星辰之都"。

在色彩应用上，也完全反映"五行"思想。宫墙，殿柱用红色，红属火，属光明正大。屋顶用黄色，黄属土、代表中央，皇帝必居中。皇宫东部屋顶用绿色，意为东方木绿，属春，用于皇子居住。皇城北部的天一阁，墙色用黑，因北方属水。所有单体建筑，也因性质不同而选用了不同的颜色，藏书的文渊阁，用黑瓦、黑墙，黑为水，可克火，利于藏书。二层的文渊阁室内，上层为通间一大间，下层分隔为六间，体现"天一生水，地六成之"的《易经》思想。天安门至端门不栽树，意为南方属火。

建筑风水布局，还表现在名称上合于《易经》之理。南端的丽正门，合于离卦的卦辞"日月丽乎天"。顺承门、安贞门在北部后宫，合于坤卦"至哉坤元，万物滋生，乃顺承天""安贞之地，应地无疆"。皇帝的乾清宫，皇后的坤宁宫，合于乾、坤之义。不宜加木，木生火，在此不利于森林结构的防灾。明清时期的北京城是完全在中国风水理论指导下规划建设的，大至选址、布局，小至细部装修，处处寓含风水思想，是风水学的典型实物例证。

另外，城市水系工程基本沿用元大都，一般居民用水多掘井，下水道系统为明代砖砌工程。

总之，明北京城改造规划是非常成功的。从规划格调与城市风貌上充分体现了封建社会后期阶段的时代气息；在规划结构上，重视处理两宋以来城市革新与发展营国制度传统之间的辩证统一关系，以革新促进传统的发展，以发展传统丰富革新，从而推动营国制度传统达到一个新的里程碑。

9.4　清代北京城的建设与调整

明亡后，清朝仍沿用明北京城，整个城市布局基本无变化。清北京的城市范围、宫城及干道系统均未更动。但清一代对北京城在规划与建筑上也有所调整，主要表现在如下方面。

9.4.1　清代北京城宫殿、坛庙、官署的建设与调整

清初几乎沿用明代北京的建置，连城门名称也未作变动，整个沿用明代皇城与宫城的布局，只改变了几个重要的门名与殿名。

顺治后，皇城以内建筑有很大调整与改建。明代皇城承天门于顺治八年重修，改名天安门；天安门前"丁"字形广场南端的大明门改名大清门，皇城正北北安门改称地安门；午门于顺治四年重建；外朝的三大殿，明代称奉天殿（后改皇极殿）、华盖殿（后改中极殿）、谨身殿（后改建极殿），清代顺治二年改称太和殿、中和殿、保和殿；明代大殿以九间为最尊，清代恢复了金、元以十一间为最尊的体制，其次为九间、七间、五间、三间，殿顶以重檐庑殿式为最尊，其次为重檐歇山式、单檐庑殿式、单檐歇山式、悬山式；太和殿明代为皇极殿，九间开阔，于顺治三年重建，康熙八年改建为十一开间，基本与元代正殿大明殿相近，后遇火灾，康熙三十四年又再建。中和殿、保和殿与乾清宫后来都重修过。乾隆十六年景山建五亭，景山东北有寿皇殿，是乾隆十四年重建的，规制仿太庙，陈列皇帝祖先画像，举行祭礼。乾隆四十一年（1776 年）仿宁波天一阁藏书楼于文华殿后建文渊阁，用以藏《四库全书》。

乾隆四年改太庙前殿为十一开间；天坛圜丘于乾隆十四年改建，面积拓展，高度略降；乾隆十六年改明大祀殿为祈年殿，在光绪十五年被雷炎焚毁，次年按原样重建。坛庙建筑绝大部分沿用明代旧址，甚至明代的祭祀礼制都被清代继承下来。

清代北京中央官署，大多沿用明代建置，重要的官署仍在天安门前千步廊的东西两侧，东侧仍沿袭明代设置，仅西侧作了一些调整，如图 9.13 所示。千步廊西侧前排原为明代的都督府，因兵制不同，废而不用，逐渐变为居民区；西侧太常寺沿用明旧址，明代的后军都督府、通政司、锦衣卫被清銮仪卫、"三法司"的都察院、大理寺及刑部取代；清代为掌管蒙古、西藏、新疆以及其他少数民族事务，特设有理藩院，在东长安街玉河

桥。雍正七年因用兵西北，特设军机处于皇宫隆宗门内。其余一般官署也多沿用明代旧址，或许因重修有少许改变。

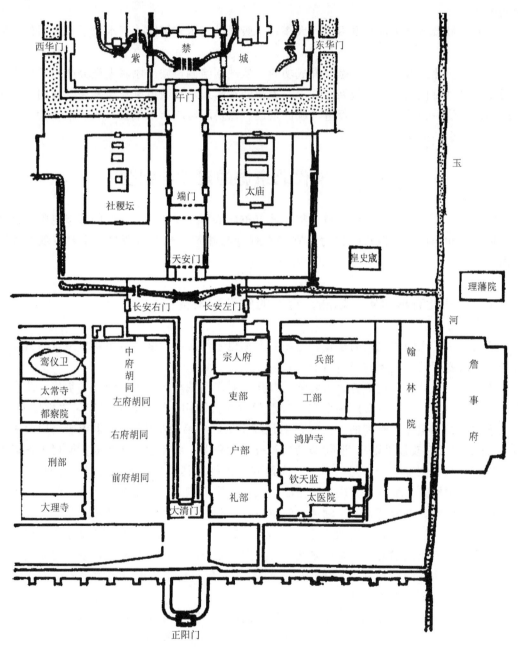

图 9.13　清代北京城大清门内官署布局

（来源：杨宽《中国古代都城制度史》）

9.4.2　清代北京居住地段的变迁

清代居民因内城驻守八旗兵设兵营，居民居住地段有所变迁，如将内城一般居民迁至外城。同时内城建了许多满族皇亲贵族的府第，他们的府第占据了很大的面积，屋宇宏丽，大都有庭园。

清雍正、乾隆时期，在西郊建造了大片园林宫殿。由于皇帝多住园中，很少去宫城，皇亲贵族为便于上朝，府第多建在西城。

清代正阳门外大街一带仍是全城的商业中心，而大运河在城东至通州，一些富商大贾及商业会馆多聚集在这一地带，因此有"贵西城，富东城"之谚。

此外，因清一代北京城的居住人口又较明时有所增加，超过100万人，居住区域也有所扩展。

9.4.3 清代北京离宫及园林的修建

从康熙开始，历雍、乾两代，前后130多年，相继在北京城的西北郊营建皇家园林，其中所谓"三山五园"，即香山、玉泉山、万寿山、圆明园、畅春园、静宜园、静明园、颐和园。特别是号称"万园之园"的圆明园，更是规模宏阔，景色秀丽，但不幸为英法联军所毁。由于清人的极力经营，致西郊成为北京皇家园苑区，为京师增添了炫丽色彩。

另外，清代宠信喇嘛教，因此清代北京除原有佛、道教寺院建筑外，增建了一些喇嘛庙。最具代表性的为城东北的雍和宫，以及将北海琼华岛的广寒殿拆除，建成形式美观、色彩素雅的喇嘛塔——白塔等。承德避暑山庄的"外八庙"也是基于同样的目的而修建的。

9.4.4 清代北京琉璃厂"文化街"的形成

正阳门外偏西的地方原有海王村，明成祖于永乐年间开始大规模营建宫殿时，在此建有琉璃厂；至清代康熙三十三年（1694年）因北京宫殿基本建筑完成，遂撤销海王村琉璃厂，于是此地名为琉璃厂，实已成废墟，变为郊外游览和集市之处。潘荣升《帝京岁时纪胜》曾描写说："琉璃厂……地基宏敞，树林茂密，浓荫万态，烟水一泓。度石梁而西，有土阜高数十仞，可以登临远眺。门外隙地，博戏聚焉。每于新正元旦至十六日，百货云集，灯屏琉璃，万盏棚悬，玉轴牙签，千门联络，图书充栋，宝玩填街。更有秦楼楚馆遍笙歌，宝马香车游士女。"说明当时琉璃厂已形成极其繁荣的春节集市。

从北宋东京以来，大批图书在集市上贸易，是都城集市的一个优良传统。清代北京也是如此，琉璃厂的文化街就是这样逐渐形成的。当时学者们常常以逛书店、选购图书为乐，成为一种癖好，而且相沿成风。当然通过这些活动也能学到真知，相传东汉初期的大学者王充原来"家贫无书"，就是依靠"常游洛阳市肆，阅所卖书"，从而"博通众流百家"的。

乾隆三十七年（1772年），清开设四库馆，编辑《四库全书》，历时十年完成。在编书期间，学者们对每部书的源流、版本、真伪、史料价值，往往要做详细考证，所需要的参考图书，常常详列书目到琉璃厂书肆采访。全国各地书商会集于此，北京琉璃厂成为全国各地书籍交易会集的市场。当时著名的书肆有五柳居、文粹堂、延庆堂等，专业经营图书的书店的出现，对书籍的流传和文化传播发挥了重要作用。曾有通学斋经理在贩书过程中，记录编成《贩书偶记》二十卷，与《四库全书》对照，成了目录学研究的重要文献。

文化街传播文化的作用，主要表现在书肆与藏书家、学者文人们，以及书画古玩铺与收藏家、文物鉴赏家、金石家、书画家的的密切联系中。清代琉璃厂既是文化街，也是集市贸易市场，有灯市、杂技表演、食品及玩具摊位等。

明清北京城完整地保存到现在，一向以她的雄伟、壮观、美丽著称于世，充分反映了我国人民在城市规划建设方面的杰出成就。

9.5 明清时期地区中心城市

9.5.1 成都的规划与建设

成都地处四川西部的冲积平原——成都平原上，气候温和，土地肥沃，水利发达，手工业与商业繁荣，自古有"天府之国"之称。

战国之前，成都为古蜀国的都城，在其北部的广汉三星堆曾发掘出古文化遗址。秦汉以来，成都一直是长江上游地区的政治、经济与文化的中心。三国时的蜀汉、十六国时成汉以及五代的前蜀、后蜀等割据政权均在此建都。宋为成都府路；元时设成都路；明清时皆为成都府。

明洪武初年，在旧城城址重建城墙，城周22千米，即成都府城，规模巨大，如图9.14所示。后朱元璋分封其第十一子朱椿（1371—1423年）为蜀王。朱椿到成都后，在如今成都的红照壁一带修建了规模宏大的王府，也即后来人们津津乐道的成都"古皇城"，成都的皇城文化即源于此。沿锦江修建的筹边楼、望江楼、散花楼，成为了成都的标志性建筑，均是朱椿之功。此外，清康熙五十六年（1717年）又于明皇城的西南，"府城内增筑满城"。因此，清代成都府城内包括满城、明皇城两个小城。

成都府城为大城，康熙初年重修后，"高三丈，厚一丈八尺，周二十二里三分，计四千一十四丈，垛口五千五百三十八，敌楼四，堆房十一，门四"（雍正《四川通志卷四上·城池》）。为进一步加强防御，增设炮楼，乾隆年间又重修府城，"垛口八千一百二十二，砖高八十一层，压脚条石三层。大堆房十二，小堆房二十八，八角楼四，炮楼四，城楼顶高五丈"（同治《成都县志·城池》）。

府城东边与南边借锦江为护城濠，顺随河道筑城。城虽为不规则的正方形，但城内的街道也基本与城池的方向平行，即也为顺随河道方向，因此街道也非正南北，而是东北、西南向，与一般城市不同。

明皇城位于府城的中心，属明代蜀王的宫城，正南北向，按城制建造，方正规则。长宽各为500多米，为砖砌城墙，东、西、南、北各一门，共有四门，仿北京宫城形制，城外有护城河与府城外的锦江相通。明末宫城被毁，清在宫城旧址重又筑城作为贡院。满城又称少城，为八旗官兵驻地，位于府城内的明皇城西南部。城垣"周四里五分，高一丈三尺八寸"，设有城楼四座。

成都地处富庶的成都平原和川陕、长江和川藏交通贸易线路的交接点，是长江上游地区的政治经济文化的中心，工商业十分发达与繁荣。历史上成都以生产锦缎著称，素有

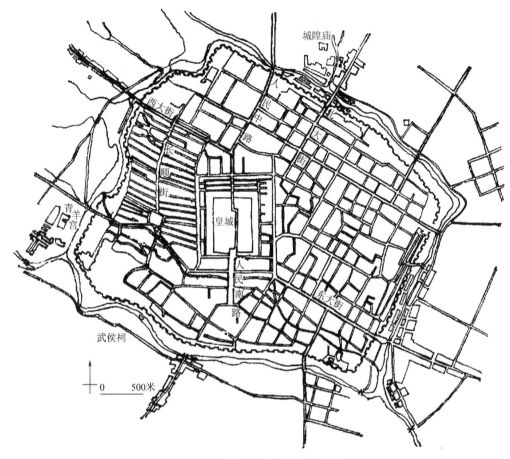

图 9.14 明清成都城（1955 年）

"锦官城"之称，城内有百余条专业街道，如骡马市街、打金街、棉花街、金玉街、纱帽街、红布街、染坊街、盐市口等。城内的茶馆、赌坊、酒楼等休闲服务设施很多。据 1957 年调查，共有茶馆 443 所，是居民休息、饮食、娱乐、交往的重要场所。

住宅为平房院落式，院落横广竖狭，房前设廊，以防雨水冲墙。城内还分布有府县衙两处、府学、书院等建筑群。城外有青羊宫、杜甫草堂、武侯祠等游赏场所。

9.5.2 兰州的规划与建设

兰州位于黄河上游东部地区、蒙古高原和青藏高原三大自然区的交错处，是丝绸之路与黄河的交汇处，周围地势险要，"皋兰峙其南，黄河经其北，为束带之城，要冲之地"（《古今图书集成·职方》）。兰州盆地内，地势较为开阔，水浅流缓，是黄河上游重要的渡口，为内地通青海、西藏、新疆、宁夏、内蒙古西部的咽喉通道。

兰州秦汉以来既有建制。城址不详。筑城最早记载于隋初，在皋兰山北稍西濒河筑城，随后城址不断变迁与移位。至宋元丰四年在玉泉县城以北、金城关渡口以南展筑北城，临河而建，考虑到洪水威胁，城规模甚小，因城北有红砂岩，状如龟，又名石龟城。北城修筑后，古兰州城即南城遂废，自此城址未再改变。

明洪武十年（1377 年）在宋城的基础上扩建城墙，"周六里二百步"，呈东西略长的方形，高三丈五尺，宽二丈六尺，东、西、南、北各一门，共四门，是为内城。东、西、南三面有城濠深三丈，北因河为池。明宣德年间（1426—1435 年）增筑外郭城，称为新关。外郭城不规则，共有九座城门，如图 9.15 所示。受地形的影响，穿越东西城门的商路构成了城市的主轴线，南北两门错开，内部道路呈方正错落型。东、西大街上分布着重要的官署建筑，并在南、北大街与主轴线的交点上分别建有鼓楼与钟楼。

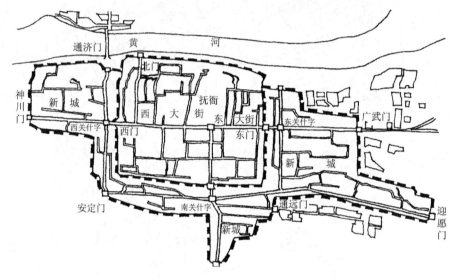

图 9.15　明清兰州城

重要的战略区位，使兰州自古以来成为该地区的政治中心，兰州明代为陕西省临洮府所辖的州城，清代成为甘肃省的省会。同时渡口与交通中心也一直是兰州城市的基本职能，明代兰州因地理位置的特点，成为西北地区"茶马互市"的地点之一；清代更成为"茶马互市"的总站和西北贸易中心，乾隆时"廛居鳞次，商民辐辏因此，扼敦煌酒泉诸地，此则掌其枢纽，为一大都会而总其盛"（王致中《明清西北若干社会经济功能特征初探》）。

至清道光年间，兰州人口竟达 10 万人以上。明清时期兰州的迅速发展，也表现在城市建设上，如兰州外城比内城扩大两倍，形成"关大城小"的特殊状况，正是后期经济的发展，城区的扩大而不断加筑外城的结果。

9.6 明代的边防要塞

9.6.1　明代的军事防卫体系

公元 1368 年，明军攻克元大都后，蒙元势力退至长城以北，与东北女真各部共同对明王朝的北方边境形成威胁。与此同时，东南沿海常受到倭寇的侵扰。因此，明朝十分重视北方边境与东南沿海的防卫，修建了完整的军事防卫体系，如图 9.16 所示。

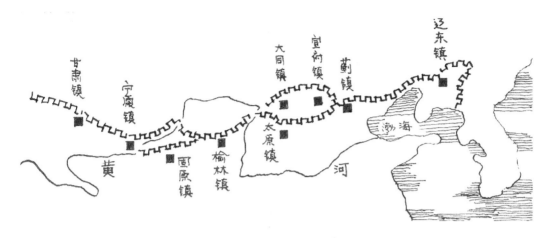

图 9.16　明北方防御体系——九边重镇示意（自绘）

明初在长城以北设置了一些卫所城市，但"土木之变"（1449 年）后，明朝的势力基本上退守长城沿线，长城（明称边墙）成为重要的防御工程。北部边境大力修筑长城，至 16 世纪初，基本上完成了山海关至嘉峪关之间万里长城的修筑工程。为了加强对长城一线的防守，在长城沿线内侧修筑了大量的军士卫所城市和边防城堡，并划分防区，形成长城沿线的"九边重镇"：辽东镇、蓟州镇、宣化镇、大同镇、山西镇、延绥镇、甘肃镇、宁夏镇和固原镇。另外，在东南沿海与内地边疆少数民族居住的东北与西南地区，也建了大量的卫所城市。

在边防城市体系中，等级较高的为九边重镇，其下为卫城、所城、城堡、城寨等。其中九边重镇多为边境地区的中心，有较强的军事、政治、经济职能，卫所以驻屯为主，经济职能较弱，堡寨为纯军事设施，基本没有经济职能。

9.6.2　边塞防御城

1. 大同

大同位于晋北内、外长城之间，是雁北地区的封建统治中心城市，也是历史上的军事重镇。明代大同更是九边重镇之一，由于地处山西、京师与内蒙古交通要道上，同时地处晋北门户，西南北三面环山，东临御河，形势冲要，与宣化同为京师屏障。

战国时，赵武灵王曾在此筑城屯兵。北魏迁都洛阳（494 年）之前，曾建都于此，著名的大同云岗石窟即开凿于此时。元称大同路，明清为大同府。

明洪武五年（1372 年），徐达将原来的土城整修为砖城，呈正方形，周 6300 米，高四丈二尺，四面各开一门，主干道正对城门呈十字形。清代于城内加建四牌楼、鼓楼与钟楼。城内有朱元璋第十三子代王朱桂的代王府，于城中偏北处，王府的照壁即有名的大同九龙壁，至今保存完好。城内还有一些官府衙署、孔庙、关帝庙等大型建筑群。由于地处重要的商路上，城市并没有随着军事职能的失去而衰落。即使在明代，大同的商业也很发达，城内居民除军士之外，也有大量的民户，曾有"军民杂处，商贾辐辏，……其繁华富庶，不下江南"（《五杂俎》）的描述。至清代，商业进一步繁荣，在东、南、北三面形成了大片的关厢地区，增筑有关城，其中南关面积最大。另外，清代在北部还修筑有驻兵的操场城，如图 9.17 所示。

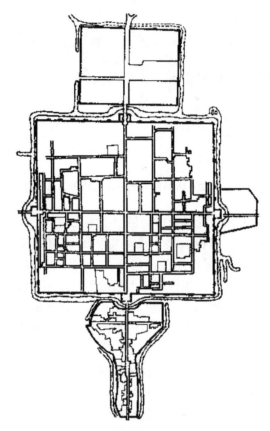

图 9.17　明清山西大同城

2. 宁远古城

宁远古城又称兴城古城。明宣德五年（1430 年）建成了分内、外城的宁远城，外城大约位于各内城门外 500 米，此当合"内城周长五里，外城周长九里"之说。外城门四座：东为安远，南为永清，西为迎恩，北为大定。内城门四座：东为春和，南为延辉，西为永宁，北为威远。都督焦礼于城内修建街道，建成钟、鼓二楼。百年后隆庆二年（1568 年）三月二十八日，内、外城均毁于大地震。

3. 福全古城

福全古城位于福建省晋江市金井镇福全村，地处晋江东南部，北距泉州 40 千米，东临台湾海峡，北接深沪镇，南连围头湾，是一座具有 600 多年悠久历史的晋江市唯一保存相对完整的古城。

号称"百家姓，万人烟"的福全古城具有悠久的历史。唐代光启年间，林廷甲来福全戍守。至宋代，福全已是我国东南沿海的一大商贸港。据《海防考》载"福全西南接深沪与围头、峰上诸处并为番舶停泊避风之门户，哨守最要。"《闽书》称"福全汛有大留、圳上二澳，要冲也。"《万历泉州府志》载"北自乌屿，南属东石，中间若福全所，永宁卫，龟湖，浔美诸处，各有支海穿达，能荡涤氛瘴，通行舟楫，利运鱼盐。"明朝皇帝朱元璋为巩固海防，下令设立沿海卫所。明洪武二十年，江夏候周德兴造建福全所城，置福全守御千户所，曾经多次抗御海上入侵的盗寇，有力保障了闽东南地区的安宁。

福全古城设四门，即南门、北门、东门、西门。

福全古城保存并传承下群众喜闻乐见的嘉礼戏（提线木偶戏）、布袋戏（掌中木偶）、大鼓吹、南音、高甲戏等民间艺术和民俗文化。

4. 山海关

山海关位于辽西走廊，是万里长城的东部起点，扼守北通往华北的要道，依山傍海，形势险要，坐落在山海之间的"蓟辽咽喉"要害之处，有"两京锁钥无双地，万里长城第一关"之称。山海关与西部嘉峪关空隔万里遥相呼应，如图9.18所示。

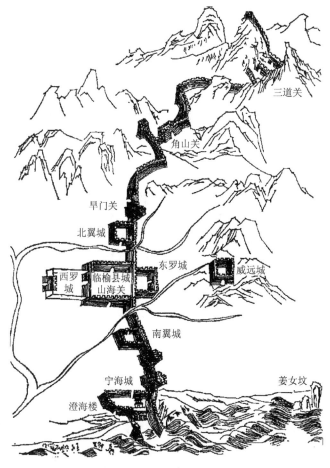

图9.18 山海关城防布置

明洪武十四年（1381年）于此置山海卫，次年徐达修筑关城和城防体系；清代成为关内外交通要道和重要物资集散地，并建临榆县。

山海关附近精心布置了以山海关为中心的四层防御体系。其中内圈城防由山海关城以及围绕关城四面护卫的东、西罗城和南、北翼城组成。山海关城略呈方形,有高大坚实的城墙与护城河,东城墙与长城重合。城设四门,各门均有瓮城。史载,山海关城"周一千五百零八丈,高四丈一尺",现存关城南北长700米,东西长450米,占地126公顷,规模与记载相仿。

城墙顺应地势修建,建在一片北高南低的坡地上,城市排水非常有利,可见建造关城时是经过一番审时度势、周密设计的。城内有十字大街正对城门,中心建有四孔穿心的钟鼓楼与四门相望。城内原有坛庙寺观多处。

5. 嘉峪关

嘉峪关位于甘肃嘉峪关市向西5千米处,是明长城西端的第一重关,也是古代"丝绸之路"的交通要冲。它是明代万里长城西端起点,始建于明洪武五年(1372年),先后经过168年时间的修建,成为万里长城沿线最为壮观的关城。

嘉峪关由内城、外城、城壕三道防线形成重叠并守之势,壁垒森严,与长城连为一体,形成"五里一燧,十里一墩,三十里一堡,一百里一城"的军事防御体系。关城以内城为主,周长640米,面积2.5万平方米,城高10.7米,以黄土夯筑而成,西侧以砖包墙,雄伟坚固。内城开东西两门,东为光化门,西为柔远门。门台上建有三层歇山顶式建筑。东西门各有一瓮城围护,西门外有一罗城,与外城南北墙相连,有嘉峪关门通往关外,上建嘉峪关楼。嘉峪关内城墙上还建有箭楼、敌楼、角楼、阁楼、闸门楼共14座,关城内建有游击将军府、井亭、文昌阁,东门外建有关帝庙、牌楼、戏楼等,如图9.19所示。

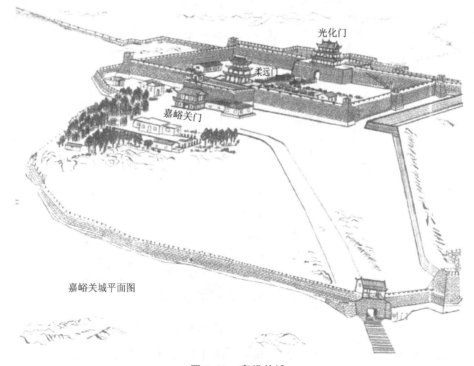

嘉峪关城平面图

图 9.19　嘉峪关城

嘉峪关矗立于大漠边缘，显得雄壮非凡。清代林则徐因禁烟获罪，被贬新疆，路经嘉峪关，见这关如此雄伟，有诗赞道："严关百尺界天西，万里征人驻马蹄。飞阁遥连秦树直，缭垣斜压陇云低。天山巉削摩肩立，瀚海苍茫入望迷。谁道崤函千古险，回看只见一丸泥。"极言嘉峪关的威严和雄伟壮丽。又云："除是卢龙山海险，东南谁比此关雄。"据说当年建这关时，匠师计算用料特别精确，最后建成时竟只剩下一块砖。这是建筑工程史上的绝妙之作。这块砖存放在西瓮城门楼的后楼台上，供人观摩。这座雄关和东部的山海关一样，均为古代建筑工程的光辉点。

9.7 明清时期的工商业城镇

9.7.1 明清时期工商业城镇概况

自明中叶以来，随着商品经济的不断发展，工商业城市亦日趋繁荣。不仅旧的工商业城多数得到改造扩建，还陆续兴起一批新的工商业城市；特别是大量手工业市镇的兴起，数量之多，发展速度之快，颇为惊人，俨如一方经济都会。总的来说，长江中下游流域及东南沿海地带的发展最为迅速，黄河中下游流域则次之，东北、西北及西南边陲地域又次之。

明清时期，因废除市坊制度，导致城市规划的某些体制及制度都发生变革，并伴随商品经济持续发展的形势，积累了丰富的规划经验，为明清城市规划建制增添了新的内容。现列举明清时期有代表性的规划实例，对封建社会后期工商业城镇规划的发展脉络和发展趋势加以探讨。

9.7.2 明清时期的工商业城镇

1. 中外瓷都景德镇

景德镇位于江西东北部。汉唐以来，就以制陶而渐露头角。宋景德年间于此置镇，并派官员在此临制御用瓷器，即以景德为镇名。宋元时期即已成为一代制瓷业的中心生产基地，拥有瓷窑三百余座，其中名窑有如柳家湾窑、御窑厂、湖田窑、郎窑、枢府窑、陶窑、湘湖窑、臧窑、霍窑、年窑、唐窑和御土窑等。入明以后，除原有数百座民窑外，官府特设御器厂，增添一批官窑，由官府派员驻镇督造。景德镇的瓷器畅销国内外，各方商贾云集，全镇工商业人口激增，各窑所役工匠竟达数十万人，市肆极为繁荣，成为全国最大的手工业重镇、闻名遐迩的瓷都，如图9.20所示。

景德镇是以生产区为主体而布局的。明时其规模"周回十三里许"，以位于珠山的官窑厂为生产区的中心，数百民窑依附在它的周围，多布列在珠山以北数里的高亢地带，但又为便于取水的需要而沿河散布，从而构成一个庞大的生产区。官署区散布于官窑中心区内；码头区位于生产区之北的里市渡；居住区分布在生产区东西两侧；文教区在生产区东；商业区在官窑厂东侧的大街上，各地会馆则散处于生产区西南隙地段内。全镇的道路网也是以服务于生产为主要目的而规划的，陈家街自官窑厂东侧向北联络民窑，是镇的主干道，其余均属一般街巷。

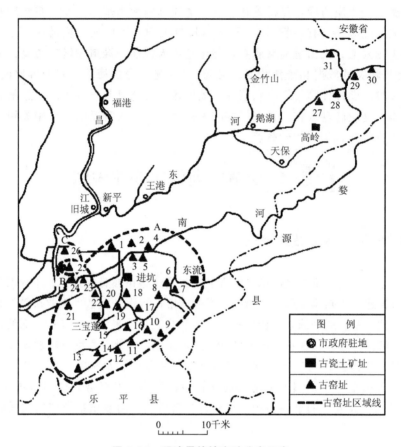

图 9.20　明清景德镇窑址分布示意

2. 明清商业都会天津

明清时期，天津是京师的重要门户，畿辅的军事重镇，北方的特大商业都会。

早在金元时期，天津就已形成运河航运枢纽与海运终点，呈"一夕潮来集万船""一日粮船到直沽，吴罂越布满街衢"的繁荣景象。金建有直沽寨，元升寨为海津镇。明永乐二年置天津卫，后建卫城，天津之名即自此始。后又陆续设置各种机构职官，如巡盐部院、屯田部院、天津通判、漕运总兵等，继而又置天津巡抚，天津渐由军事重镇向地方行政建制转化。天津地区又盛产海盐，制盐业也是天津地方经济发展的支柱产业，工业与手工业随时因势日趋发展。明中叶后，虽名为"卫"，实已跃居一大商业都会的地位了。

清代，天津工商业的进一步发展，形成"繁华胜两江""万商辐辏之盛，亘古未有"的兴旺景象。故清政府于雍正三年（1752 年）将天津卫改称天津州，又于雍正九年提升为天津府。府、州乃行政区划，正式明确天津的城市性质已非军事卫城，而是一级地方行政建制的治所城，是兼具政治经济双重职能为主体的城市。

天津卫城，建在卫河与海河之间的三角带内。城为东西长、南北短的矩形，城"周长九里十三步"。城垣四面各开一门，四隅建有角楼。临河建城，故即以天然河流为城壕。

天津卫城的布局是秉承传统的城郭分工规划体制而成的。官署与军事指挥中心及与此有关的其他功能区，如文教、粮食仓库、职官居住等，集结在城内，构成卫城的政治活动区。卫城虽未建置外郭城，但主体商业均在城外，因此从实际需求出发，逐步发展关厢，逐步建置外郭城。天津发展的同时也带动了四郊及沿海地带村镇的繁荣，如大直沽、军粮城、咸水沽、南仓、北仓、杨青驿等，星罗棋布地环列在天津周围。

3. 明清时期的扬州

扬州早在唐代就是国内最大的商业都会之一。宋理宗于宝祐三年（1255 年）在唐旧城的西北角，即原来的广陵城筑宝祐城，并在其南（即明清扬州城及其城北部分）另筑大城，并在二者之间筑夹城。元代基本沿用宋代大城。明初在宋大城的西南隅筑小城，遂在明初小城东与大运河之间形成商业中心。为加强防御并保护已形成的关厢区，嘉靖三十四年（1555 年）在明初小城的东加筑新城，东、南、北三面筑城墙，东、南两面临运河，三面城墙长 4 千米，如图 9.21 所示。

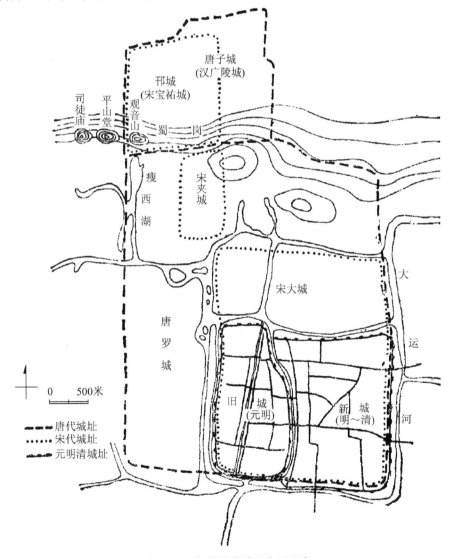

图 9.21 扬州历代城市变迁示意

扬州是江南粮食丝绸与盐的集中地，明清大运河的开通使扬州再次繁荣起来，有"扬州地冲而俗侈，与苏州相仿佛，而富饶过之"（《广志绎》）的记载。因运河从城东与城南流过，因此在东南部形成商业中心区，集中大量的码头、堆栈、旅馆、饭店、茶楼、酒肆、书场、戏院、青楼等。

扬州的居住区由许多平行的巷道划分。住宅大多数朝南，并联排列，其间以小弄分隔，以利于防火。大商人的住宅大多附有私家园林，因扬州地处南北要道，园林艺术也融合了南北不同的风格，其中有代表性的如个园、何园、片石山房等。

扬州城区道路以十字干道为主，形成方格网状道路系统。运河西边的明清新城区也有斜街出现。城内有些河道，与城外的濠河及大运河相通。城市排水多沿街设窨井，城市给水多用井水。城内有大量的佛教、道教、伊斯兰教寺院。

另外，一些高大的主体建筑，与河道及街道的布置有良好的配合，如文昌阁跨河而建，也是街的对景；城南文峰塔，与弯曲河道相配合，成为扬州城的标志。

4. 明清时期的临清城

临清位于鲁西北运河沿岸。因位于大运河漕运的重要转折点，同时又是鲁西北的物资集散中心，商业日趋繁盛。明正统十四年（1449年），发生了土木之变，临清作为京师及边军漕粮的最大屯聚地，兵部尚书于谦建议于此建城。次年城建成，为砖砌，"周九里一百步，高三丈二尺"（《山东通志》卷四），西北隅突出，俗称襪头城。"先有临清仓，后有临清城"，这句在临清妇孺皆知的俗语简短而准确地概括了临清兴建仓廒储粮的历史，同时也说明临清建城的原因与目的。城内的1/4用地为仓储用地。

在砖城西南汶、卫两河合围的中洲一带，水运发达，逐渐成为经济中心。遂在正德年间在中洲筑土城，称为罗城。嘉靖二十一年（1542年）又拓展罗城，横跨汶河、卫河两岸，"周二十里，称新城"，又名"玉带城"，如图9.22所示，"池之深阔，垣之高广，一如砖城，而宏丽峻敞实过之"（《临清州志》）。在以后的100多年到清中叶时，城市中心逐渐转移新城，旧城遂废。新城的船厂与砖厂最为著名，砖厂多为御用。

临清新城的发展与旧城的衰落，完全是由大运河交通引起的商业发展所致。且临清新城是在旧城外关厢地区基础上形成的，道路不规则，具有明显的在商业作用下自发形成的倾向。

5. 清代票号中心城市——平遥、太谷

清代平遥、太谷发展成为全国性的票号中心城市主要是由于晋商的崛起。

位于山西中部的平遥、太谷地少人多，民多外出经商，是晋商较为集中的城市，且位于北京至陕西的交通要道上，是清代全国的票号业中心。

平遥古城，始建于西周宣王时期（前827—前782年），明代洪武三年（1370年）扩建，呈不规则、稍扁正方形，南北各一门，周长6.4千米，变夯土城垣为砖石城墙，城门处有瓮城，城墙上有敌楼与垛口。按照相传的"山水朝阳，龟前戏水，城之修建，依此为胜"说法，取神龟"吉祥长寿"之意，筑为"龟城"。距今已有2700多年的历史。迄今为止，它还较为完好地保留着明清时期（1368—1911年）县城的基本风貌，堪称中国汉民族地区现存最为完整的古城。

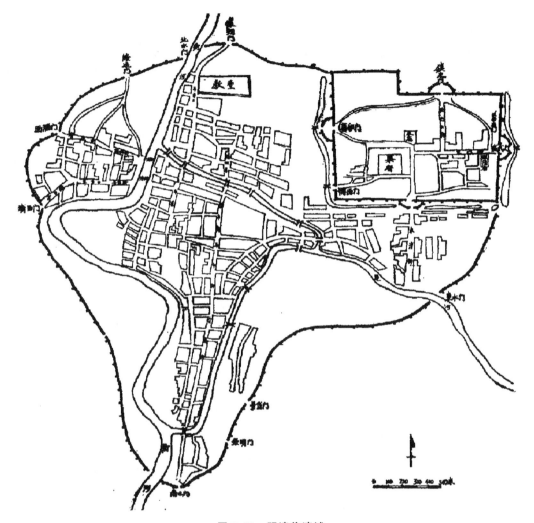

图 9.22　明清临清城

城内有东西相贯通的大街，城中心有跨南大街的市楼，县衙在西南部。

太谷原建于北周建德四年（557 年），明景泰元年（1450 年）重修，呈正方形，周长 5 千米，每边各一门。

太谷城呈现封建城市中县城的典型特征，东、西大街与南大街交于城市正中，交叉口处有跨街的鼓楼，鼓楼以北为衙门，文庙在城内东南角，东、西大街及南大街多为商业店铺，东、西城门处建有庙宇。

平遥与太谷代表了封建社会后期因金融业而繁荣的城市，但仍属于封建经济的范畴，没有突破一般封建城市的布局。票号发展所带来的经济影响，只是反映在城内建筑的高墙深院的住宅和装饰繁琐的店面上。民俗崇尚节俭，因此城中文化、娱乐、游憩设施也很缺乏。

6. 盐业城市自贡

自贡位于四川盆地西南边缘，秦汉以来盐业开采的规模不断扩大，但盐业发展迅速则主要是在明清两代，因此自贡城市的发展也主要是在明清时期。

明代"内江、富顺之交有盐井，曰自流、新开，原非人工所凿而水自流出，汲之可以煎盐，流颇大，利颇饶，多为势家所控"（明，张翰《淞窗梦语》）。清乾隆四十年（1775年）规定盐业生产"永不加课"，故"井灶大兴"，各地盐商云集自贡，"川省各场井灶，秦人十居七八，蜀人十居二三"（清，刘锦藻《清朝续文献通考》）自贡的盐业产量也非常巨大，咸丰年间曾达到年产20万吨左右，占四川省盐产量的60%，盐税的70%。供应全国1/10人口，成为我国著名的"盐都"。

自贡市分为自流井和贡井两个部分，沿釜溪河依山呈带形分布，"商店与井灶错处，连乡带市，延袤四十里有奇"（民国《富顺县志》）。自流井位于东部，为城市主体部分，主要街道沿河布局，城市道路系统复杂，街道弯曲且起伏不平，街与街之间要翻越石坎梯方能通行，为自发发展特征，主街宽仅3米，房檐相距不足2米。"自流井，街道虽多，然不连接。正街一条，循河岸，甚长，人烟稠密。……街道甚窄，铺户不整齐，街道转折处，多作锐角形，且多作曲线形"，"自八店街以上，各盐号鳞次栉比，锦绣繁华"（民国，樵甫《自流井》）。贡井位于西部，由于盐井开采地点的不断变化，灶井和街市的发展也不断随之变更。

明清时期的自贡城市规模很大，人口多达5万人以上，其中多为手工业者，商人数量也很多，"以巨金业盐者数百家"（李榕《十三峰屋文稿》）。自贡的富商热衷于提高政治地位，积极追求科举功名，大力兴办教育书院，书院在自贡有五座。

9.8 明清时期的市镇

市镇的迅速发展是明清城市发展的重要特征之一，"有商贾贸易者谓之市，设官将防遏者谓之镇"（乾隆《吴江县志》）。明清的市镇表现以下几个特点：其一，明清市镇的数量庞大，分布范围较广；其二，明清市镇并不局限在发达地区，在全国范围内均有较大发展，甚至不太发达的地区也出现了一些繁荣的市镇；其三，明清市镇规模有的很大，虽在行政建制上为镇，但经济实力与规模已经达到甚至超过一般的府州县城；其四，明清市镇的类型较广泛，有的是工商业市镇，有的是纯消费型市镇，有的是商贸市镇。下面以几个具体的实例说明明清市镇的发展与建设。

1. 乌镇

乌镇位于浙江省北部，由乌镇和青镇组成，是明清时期发达地区的工商业市镇，如图9.23所示。

乌镇历史渊源流长，根据镇东"谭家湾古文化遗址"出土的陶器、石器、骨器、兽骨等的鉴定结论，该处属于马家浜文化类型，处于新石器时代。可见，6000多年前，乌镇人的祖先就繁衍生息在这里。

春秋时期，乌镇是吴越边境，吴国在此驻兵以防备越国。秦时，乌镇属会稽郡，以车溪为界，西为乌墩，东为青墩。唐咸通十三年（872年）的《索靖明王庙碑》首次出现"乌镇"的称呼，这一时期的另一块碑《光福教寺碑》中则有"乌青镇"的称呼。元丰初年（1078年）已有分乌墩镇、青墩镇的记载，后为避光宗讳，改称乌镇、青镇。1950年5月，乌、青两镇合并，称乌镇，属桐乡县，隶嘉兴，直到今天。

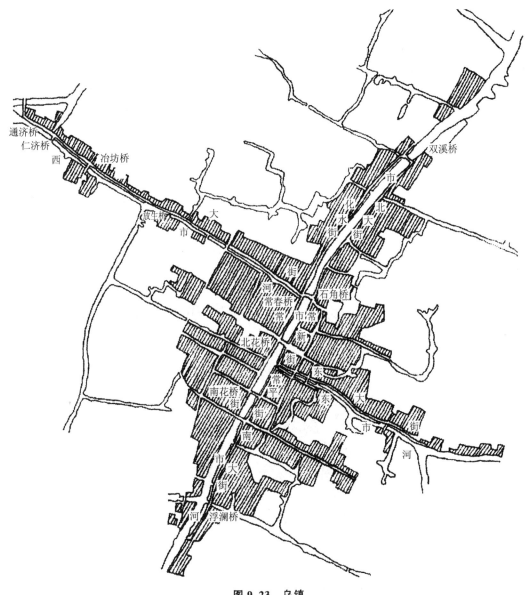

图 9.23　乌镇

乌镇西临湖州市南浔区，北接江苏苏州市吴江区，为二省（浙江，江苏）三市（嘉兴，湖州，苏州）交界之处。乌镇是一个有 1300 年建镇史的江南古镇。十字形的内河水系将全镇划分为东、南、西、北四个区块，当地人分别称之为东栅、南栅、西栅、北栅。

明代正德、嘉靖年间，随着江南经济的发展，乌镇由于三府交界与水运交通枢纽的地理优势，再加上周边是全国丝绸生产中心，城镇的商业迅速发展，成为著名的蚕桑贸易中心之一。

受河流的影响与制约，乌镇形态成风车状，沿市河、东市河、西市河向四个方向延伸。镇内大小街巷约 50 条，主要道路多沿市河分布，由于河道多，因此跨河的桥梁也较多。

2. 华阳古镇

华阳古镇位于陕西省汉中市洋县，南距洋县县城 75 千米，背依太白，西接城固、留坝，东连佛坪、周至县，地处连通川陕及西南地区的古蜀道——傥骆道出口、傥峪的谷口，承担着秦文化西传和蜀文化输入的重任。华阳因古道而兴，一度成为历史上的军事要冲，政治重镇，直至明清时期古镇发展至鼎盛繁荣，最后形成一个典型的陕南集镇，如图 9.24 所示。

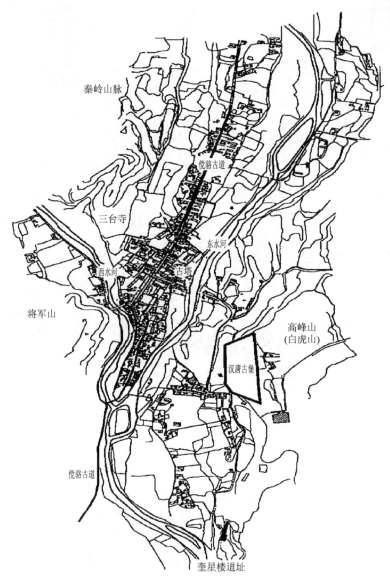

图 9.24　陕西汉中华阳古镇
（来源：丁智勇《洋县华阳古镇历史建筑研究》，2009 年学位论文）

华阳古镇始于秦晋，兴于汉、唐、宋，秦汉成集镇，唐宋设县治，至今已 2000 多年。唐朝有两位皇帝南避汉中均曾在此驻跸，是有名的古道驿站、古军事要冲、古经济政治重镇。在陕南秦巴山区众多的古镇中，华阳古镇是最富特色的。则从宏观地文结构看，古镇北、东、西皆高而南低，古镇位于南端小盆地中。这种地文结构使华阳冬无严寒，夏无酷暑，气候宜人，为宜居之所。二则其周边山地丰富的林特资源和众多溪流汇聚于此，具有富水之利，为乐居之所。故有"两年富、五年发、十年不想家"的类似于"乐不思蜀"的民谣。

古镇平面形制因受周围地形与山势与河流走势的影响，呈南北长、东西窄的带形，如同一叶扁舟。古镇内明清建筑保存较为完好，有文武官员衙门、客栈、当铺、酒楼、茶楼等300余间。古华阳县城城墙残垣轮廓尚在，宋元时期的华阳镇古塔和古戏楼风格独特，是深山中罕见的明清时期古镇风貌。

3. 张秋镇

张秋镇位于鲁西平原阳谷县境内，是大运河与金堤河、黄河的交汇处。明礼部尚书、大学士东阿人于慎行在《山东安平镇志序》中称张秋为："南北几十里辐射而受成焉，则尤称要重哉。乃其地籍东阿，而错蘼阳谷、寿张之境，三邑鼎时而有之。……漕渠出齐鲁之郊，旋之若带，张秋有结也。""镇夹运河而城，旧为贡道之通渠，实扼南北之咽喉，襟带济汶，控引江湖，盖鲁齐间一重镇也。"

张秋亦是文化名镇，明清时期即建有文庙和安平书院，以及专门刻印、经营书籍的保华书局。木板年画畅销京津及东北各地。过往的达官显要及文人墨客，多在此驻足会友，题诗作画，留下许多佳作及文坛诗话。至今流传的文化艺术门类，也明显存在南北文化交融及运河影响的痕迹。文化古迹有景阳冈、龙山文化城址、清真寺、挂剑台、关帝庙、戊己山、任大仙祠、黑龙潭、陈家大院、城隍庙大殿、运河石桥等，除此之外，还有钟鼓楼、三县邑衙、真武庙、灵佑观、八角琉璃井等众多遗址。因"武松打虎"闻名中外的景阳冈也坐落在辖区内。

张秋镇曾称"山东西路景德镇""山东安平镇"，明末又改称张秋镇。京杭大运河从镇区穿过。明清时期商贾云集，经济繁荣，有"南有苏杭，北有临张"和"江北小苏州"之美誉。随着明代运河商品流通的频繁，张秋镇遂发展成为商业性城镇。城镇建有九门九关厢、七十二条街、八十二胡同，是京杭运河上的五商埠之一，如图9.25所示。

4. 朱仙镇

朱仙镇位于河南省开封市，与湖北汉口镇、江西景德镇、广东佛山镇并称中国四大名镇。相传为战国名士朱亥故里，亥居仙人庄，故名朱仙镇，如图9.26所示。

朱仙镇自唐宋以来，一直是水陆交通要道和商埠之地，明朝时是开封唯一的水陆转运码头，朱仙镇因此而迅速繁荣。它的繁荣与贾鲁河的开通有着直接的联系，贾鲁河发源于新密市，向东北流经郑州市，至市区北郊折向东流，经中牟，入开封，过尉氏县，后至周口市入沙颍河，最后流入淮河，全长255.8千米。古时的贾鲁河水量充沛，可通舟楫，还时常有洪水泛滥，因此，古人又将它称为小黄河，是当时江南至中原最重要的漕运通道。

贾鲁河呈南北向穿越朱仙镇，城镇被河流分割，故朱仙镇的主要大街多呈东西向与贾鲁河垂直；另有南北大街道联系东西主要大街。镇区有"三纵三横"六条主要大街，纵横的街道两边是繁荣的商业。镇周围有寨墙，寨墙周围形制呈不规则的椭圆形，是先形成市

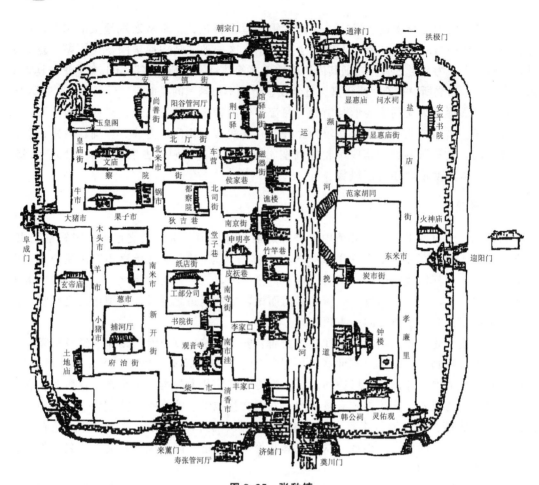

图 9.25 张秋镇

（来源：董鉴泓《中国城市建设史》）

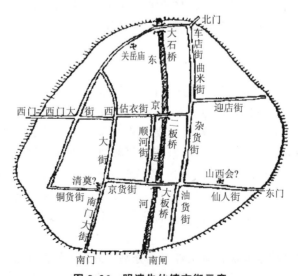

图 9.26 明清朱仙镇市街示意

（来源：毛春朵《朱仙镇兴衰的历史地理之缘》2009 年学位论文）

镇而后加筑的寨墙，没有规划，随市镇形就势修筑。寨墙四面各开一门，为加强防御，贾鲁河入寨与出寨处均设置了闸门。贾鲁河上有三座大石桥。明末清初是朱仙镇最繁盛的时期，当时该镇民商有 4 万余户，人口多达 20 万人以上。

朱仙镇是中国历史文化名镇，有中国三大岳庙之一——朱仙镇岳飞庙，有中国木版年画鼻祖——朱仙镇木版年画，有建筑风格堪称东亚第一大清真寺的朱仙镇清真寺，有古开封城遗址——启封故城等名胜古迹。

9.9 明清时期城市规划制度

综观本章以上各节城市规划的种种论述，我们可以从中看出它的发展倾向和取得的成就，更可体察此期城市规划建制的基本内涵。

9.9.1 城市建设体制（宏观城市规划制度）

明清时期地方行政建制仍为三级制，即省、府、县三级，连同国都，按封建中央集权政体要求的城市建设体制，即为国都城（京师与陪都）、省城、府城（相当于直隶州城与元代路城）及县城四级制。

封建城市一般都有双重职能，即政治职能与经济职能，二者相互渗透与适应，共同决定着城市的等级。

明清时期继承传统的京畿之制及陪都之制，且仅置一陪都。京畿区域相当于大行政区建制，是以京师（或陪都）为主，结合区内各级地方行政建制治所城市，组成京畿区域的政治、经济据点网络，具体规模并无定制，可视实际需要随时加以调整。

城郊市镇乃至农村集市，是所属城市的最重要的基层经济活动据点，以所从事的经济专业作为纽带，与所在区域的城市相结合，相互为用，共同发展。凡是市镇的建置、分布、升格降格、废弃，均需据区域宏观规划，以及所在地区商品经济发展形势与具体条件而定。其规划则应按经济区域宏观规划要求作出统筹安排。

9.9.2 城市规划制度（微观城市规划制度）

明清时期城市规划的发展主旨重在革新精神，因商品经济的发展，宋时期城市确立的街巷制进一步发展与成熟。同时，传统的营国制度也在革新中进一步加强中央集权与君权，明清北京城就是这一发展成就的标志，它的规划与建设达到极高的技术与艺术水平。现试就明清时期城市本体规划制度的若干内容，陈述如下。

在城址的选择上，明清时期除继承前期一般通则性制度（如城市总体布局、城市发展方向、城郭配置形制、城郭分工规划体制、以宫为中心的分区规划结构形式等），尤其重视地理、资源、交通、人口以及周边工农业生产基地的配置等条件，择优定位。工商业城镇一般沿水路或陆路交通线或附近布置，以便商品生产与商品交换的顺利开展。

城市及市镇的规模一般无定制；但随着商品生产与交换的规模日益扩大，城镇人口结构不断演变，人口不断增加，因此工商业城市及市镇对近期发展应有妥善评估，以便合理地厘定其规模。城市及市镇在形制上一般多保持外部轮廓的相对规整性，但地方纯商业城市可能会因河流、地形与地势的差异，形制上的自由度更大一些。

明清时期，商品经济日趋繁荣，城郭市镇发展迅速。因此在近郊发展卫星市镇与发展关厢，分步骤地完成外城的城市扩展模式在这一时期很常见。废除旧的集中市制和封闭型坊制，建立新型覆盖全城的城市商业网（如"行业街市"或"集市"、综合商业区、各种类型的商业仓库区、专用码头区以及茶馆、酒楼、剧场、浴室等）和与之相结合的新型坊巷居住区，又是这一时期的重大革新。城镇手工业区的布署，大多与商业网取得了协调，使商业生产与供销有机结合。总之，由于市坊规划体制及制度的改革，城市经济性分区的比重在明清时期明显加大，城市分区结构与分布格局也发生了一些变化。中期封建社会城市规划的礼制与经济并重的原则，逐步演变为以经济为主、礼制为辅的新规划秩序。

对于城市分区结构而言，依然继承传统的分两个层次的分区规划结构，如国都或地方行政建制治所城，仍可分为政治活动与经济活动两个综合分区。按城郭规划体制，基本上是前者居城，后者居郭。但经济活动综合分区应当指城市商业网的中心综合商业区，而非指整个商业网而言。至于各类城市的各种综合分区之主从关系，则据城市主导职能而定，如国都城或地方治所城，当以政治活动综合区为主，经济活动综合区不过处于从属地位。

宫廷区、官署区、文教区属于传统营国制度的重要组成部分，本着礼制的传统要求，变化不大，处于全城最"尊"的位次。商业网中的中心综合商业活动区及手工业区一般布局在城市规划轴线中段之主干道两侧，必要时可扩展到毗邻的次干道。一般综合商业区布置在交通要冲、聚居人口较多的地带，作为地段内的商业活动中心。官营手工业区一般布局在近宫廷区或地方行政区地带，以便管理。民营手工业区多布局在城市经济活动综合区。

居住区因旧坊的改革，明清时期采取按街巷、分地段方式，组织城市居民聚居生活。居住区可分为皇室、权贵、官吏、工商、一般城市居民及侨民几个类型，但按职业组织聚居的传统体制仍占主导地位，正所谓"仕者近宫，工商近市"，多按类型分区居住，混住的情况较特殊。

商品储藏仓库区一般均布置在交通便利地带，如沿江河码头附近或近城门处，以利陆路运输；京师或陪都多设置规模宏阔的园苑区，建离宫别馆，叠石垒山，引渠开池，并广植奇花异草，畜养珍禽异兽，以供帝王游憩。墓葬区革除了重臣陪葬之制，其他无显著变化。宗教活动区内佛教寺院增多，在宗教活动区中所占比重更大。

另外，道路规划与城垣、城壕及城门之制，均没有明显的变化。

自宗周形成以来的营国制度是华夏城市规划体系所赖以建立的基础，我国封建社会城市规划建制的发展，实质上也就意味着营国制度传统的革新和发展。换言之，封建社会规划建制的进程，实际是华夏城市规划体系传统的发展历程。后期封建社会（特别是明清时期）城市规划制度，正是肩负着促进华夏城市规划体系再次转轨而出现的，这便是明清时期城市规划制度的真谛所在，也是它的历史使命所在。

本 章 小 结

明清时期（1368—1840 年）是我国封建社会的晚期，是我国封建经济高度发展、专制主义中央集权统治进一步强化的时期，也是逐步走向衰退的时期。就在这一时期，我国传统农业、手工业、商业及商品流通都达到了封建社会的最高水平，并出现了资本主义的萌芽，从而促进了市场的繁荣和全国大中小城市及众多城镇的兴起与发展；又由于本期筑墙技术已广泛采用砖石修筑或土垣包砖，其防御能力和经受风雨侵蚀能力比此前的夯土版筑城垣有了很大提高。

商品经济的发展与商业的繁荣不断地促使古代城市在传统营国制度的基础上进行变革，同时中央集权的进一步发展也使营国制度进一步完善，新的历史条件下的经济作用与传统营国制度的和谐与统一，在明清时期的城市规划与建设上有极好的表达，同时也共同促使中国古代的城市规划与建设在明清时期达到的艺术与技术的高峰。

思 考 题

1. 综述我国明清时期城市发展的主要特点。
2. 简述明清时期我国众多小城镇得到兴起与发展的原因。
3. 试述明清北京城在城市规划与建设方面的主要成就。
4. 明代永乐迁都北京后，对元大都城进行了哪些重要的改建工作？
5. 简述明代军事防御体系的作用与意义。军事防御工程对城市的出现与发展有什么样的影响？
6. 明清时期，全国四大名镇是哪几个？各自有什么特色？
7. 明清时期，金融业的成就对城市发展的作用与影响有哪些？
8. 从明南京城不规则的外城、郭城，以及比较规则的皇城与宫城的布局特点，可以看出我国古代匠人在城市规划与建筑层面具有什么样的特点？

第**10**章

中国近代城市规划与建设

教学目标

本章重在阐述中国近代城市规划与建设情况。通过学习本章，应达到以下目标：

(1) 了解近代中国社会与经济概况；

(2) 掌握近代中国城市发展概况以及代表城市的规划与建设情况；

(3) 掌握封建殖民地时期的城市规划与建设情况；

(4) 掌握国民党统治时期以及西北革命区城市的规划与建设情况。

教学要求

知识要点	能力要求	相关知识
有关文献史料	(1) 读懂文献史料内容 (2) 理解中国近代的经济与社会概况对城市建设的影响	(1) 近代中国的社会 (2) 近代中国的经济 (3) 近代中国城市概况
近代中国的城市规划与建设实例	(1) 掌握近代中国青岛的城市规划布局特点 (2) 掌握近代中国大连的城市规划布局特点 (3) 掌握近代中国汕头的城市规划布局特点 (4) 掌握近代中国南京的城市规划布局特点 (5) 掌握近代中国上海的城市规划布局特点 (6) 掌握近代中国郑州的城市规划布局特点 (7) 了解近代中国宝鸡的城市规划布局特点 (8) 掌握近代中国革命圣地延安的城市规划布局特点	(1) 帝国主义的侵略占领与租界对中国近代城市建设的影响 (2) 中国工矿业的发展对近代城市规划与建设的促进作用 (3) 新的交通体系，如铁路与公路的出现对近代中国城市布局与建设的影响 (4) 中国传统城市在近代社会政治与经济的双重作用下的调整与变革
中国近代城市规划结构的特征与主要成就	(1) 掌握中国近代城市规划结构中新功能的出现 (2) 了解中国传统城市向近代城市转向的复杂的主动与被动原因	(1) 近代中国城市功能与作用 (2) 近代中国复杂的社会形态与多种城市规划布局的因果关系

基本概念

鸦片战争；洋务运动；租界城市；商埠城市；工矿业城市；民族工业城市；邻里单位；卫星城镇；放射性道路；棋盘式道路；有机疏散；快速干道

引例

鸦片战争后，中国的政治与经济秩序与传统中国相比均发生了巨大的改变，与此相适应的，中国的许多城市的职能也发生了重大的变化，这种变化有的程度大些，有的程度小些，有的甚至基本上没有发生什么变化。

近代城市的发展变化，与不同时期的社会政治与经济密切关联。

19 世纪中叶至 19 世纪末叶，由于《南京条约》与《虎门条约》的被迫签订，在中国土地上出现了"租界"，使一些城市中的某些地区畸形发展，以上海、天津最为突出。同时，这一阶段由于统治阶级的"洋务派"与民族资本主义企业的出现，在一些城市如天津、武汉等相继开办工厂，对城市的发展也有一定的影响。

19 世纪末叶至抗日战争前，随着《马关条约》的被迫签订，帝国主义开始在中国扩大侵略，划分势力范围，建立侵略基地，独占一些城市，如青岛、大连、旅顺和哈尔滨等。沿海、沿江的大部分城市和内地一些城市大都开辟为商埠，有的还设有租界，如宜昌等。这一时期，中国民族资本与民族工业有较大发展，特别是上海及上海附近的江浙地区较为显著，开设有许多面粉、纺织、丝绸、火柴、酿酒、打蛋等轻工业企业，城市人口增多，市区面积增大，城市发展迅速。

抗日战争期间至全国解放前夕，不少城市在战争中被严重破坏。国民党政府不得不将政治、经济、军事重心向内地转移。这一刺激因素使西南、西北的一些城市受到影响，如四川泸州、甘肃玉门因军事工业及资源的开发而得以扩建；陕西宝鸡、甘肃天水、四川广元、云南腾冲因军事交通线的开通而发展起来；重庆因国民党的诸多机构的迁入而迅速膨胀起来，人口增至原来的 4 倍，达 100 万以上，工厂增至原来的 16 倍，达 1500 家。

革命根据地中心——以延安为代表的城市也进行了一些自力更生的建设。

10.1 近代中国社会概况与城市发展概况

10.1.1 近代中国社会概况

自鸦片战争以来一系列的不平等条约，如《南京条约》《马关条约》《辛丑条约》，使中国完全沦入半殖民地半封建社会状态，国家形式上是保持独立和主权，但领土已不完整，外国可以设租界，成为国中国。

帝国主义列强的入侵，加快了我国社会制度的转型，同时对我国城市的发展与建设也产生了深刻的影响。由于中国的地域广大，中国的经济、政治和文化的发展，表现出极端的不平衡。所有这些在中国近代的城市建设上均有所反映。

10.1.2 近代中国城市发展概况

鸦片战争前，中国的城市都是封建社会型的。城市的功能结构简单，平面形式沿袭着封建社会的城制，建筑面貌也完全是中国传统的形式。城内居住着地主封建统治阶级及一些商人、手工业者，城市为消费型。城市统治着乡村。

鸦片战争后，帝国主义势力不断侵入，中国沦为半殖民地半封建社会。在中国的土地上出现一些"租界"和殖民地城市，或者受其影响较大的城市。清政府提出的"洋务运动""变法维新"也产生了一些近代化的资本主义工业企业性质的新城市。

总之，鸦片战争后，封建社会经济逐渐解体，中国形成半殖民地半封建社会的经济体制。这种变化必然使经济产物的城市发生不同内容与不同形式的改变与发展，并形成了有别于中国传统城市的新特点，归纳起来主要有以下几方面。

1. 大城市与小城镇在规模上呈相对的两极化发展

据统计，至1936年抗日战争前，我国50万人口以上的大与特大城市共有10个（胡焕庸，张善余《中国人口地理》上册. 上海：华东师范大学出版社，1984年），其中有6个都是近代新发展起来的。尤其以上海、天津、青岛等租界城市或帝国主义独占城市的发展最为典型，如图10.1所示。

图 10.1　上海租界示意

小城镇也得到普遍的发展，仅据我国东部河北、山西、山东、河南、江苏、浙江、广东7省36个州县地方志的不完全统计，道光前（1850年前）共有市镇630个，而到抗日战争时，市镇数增加到1106个（顾朝林《中国城镇体系》. 北京：商务印书馆，1992年）。但其规模、人口及产业结构与全国的特大、大城市相比逐渐呈现两极分化的趋势。

2. 沿海、沿江与内地城市发展不平衡加剧

帝国主义从海上入侵以来，在沿海建立了一系列大小不等的发展基地，从而形成东北城市群、华北城市群、山东半岛城市群、长江三角洲城市群、上海周边城市群、东南沿海城市带、珠江三角洲城市群，从北至南，一个比较完整的沿海城市绵延地带显然形成。长江由于源远流长，腹地深广，流域资源丰富，帝国主义入侵后成为强行开辟口岸掠夺的对象，促使沿线城市的发展，形成沿海轴线以外的又一条城市发展轴线。

与此同时，广大内地城市却没有什么大发展，有的反而衰落下来，如古都西安、太原、兰州、成都、贵阳、乌鲁木齐等，城市规模与人口不增反降，与沿海城市相比，形成明显的不平衡。

3. 城市功能结构复杂，城市功能增多

在近代西方帝国主义入侵和本国资本主义发展的情况下，城市物质要素和功能结构发生了很大的变化。很多城市特别是沿海、沿江及东北地区的大中城市外围形成了以工业为主的、比较集中的工业区，与之相适应的诸如车站、港口、码头、调车场、仓库、货场、修理厂等交通运输服务设施也建立起来；行政办公大楼、商业、餐饮、文化娱乐、教育、体卫、金融、邮电、大会堂、博物馆等新型功能性建筑也在城市出现；一些先进的市政公用设施，如自来水、煤气、卫生设备、下水道与污水处理、电灯、电话、电报、电车、公共汽车、新式道路等先后在各通商口岸城市修建起来；洋行、商场、银行、市场和各种服务性建筑也在各通商口岸城市建立起来。

4. 城市空间结构形成全方位开放的局面

我国传统封闭的城市空间结构随着宋代坊、市制度的解体已开始向开放型的结构形态转变，但这种转变并不彻底。随着近代工业、交通等新兴产业的出现，这一结构状态被打破。特别是铁路与公路交通的出现，就使城市出现新的交通中心。新的交通中心与原来的方格式道路网不再适应，过去延续几千年、具有象征意义的城墙成为联系城内外的一种障碍，变得多余，因此这一时期，有许多城墙被拆除，改为环城路或城市道路，或者随意地开门打洞，如北京、扬州、西安等。

5. 在殖民地城市形成"多区拼贴"的空间结构特征

中国的许多城市，受到根深蒂固的封建传统势力、新生的地方军阀割据势力、民族资产阶级势力与多国殖民势力的错综复杂的影响，这种政治与经济的合力在城市建设上有着具体的物质反映，城市建设的空间结构表现出分别由几个不同势力所引发和促动的城市地块，从而形成"多区拼贴"的空间结构特征，如图10.2所示。

依据这些区块形成的背景与结构特征的不同，可分为四个区块：老城区及关厢区、商埠区或租界区、自发形成工业与居民混和区和有规划的新市区。

6. 城乡分治体制的确立

中国近代在城市行政管理体制上也

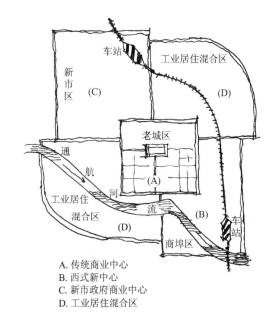

A. 传统商业中心
B. 西式新中心
C. 新市政府商业中心
D. 工业居住混合区

图 10.2　近代城市空间结构的"拼贴"模式（仿绘）

发生了变化，由过去的城乡合治变为城乡分治，在法律上也承认市、镇作为独立的地方行政建制。

中国城市型行政区开始产生于清末民初。1909 年 1 月，清政府颁布了《城镇乡自治章程》。章程规定，凡府、州、县治所在地的城厢地方称为"城"，其余地方满 5 万人的称为"镇"。城和镇都单独设立自治机构，管理城、镇内的教育、卫生、救济、市政工程、工商及其他城市公共事业。

1911 年辛亥革命成功，建立了中华民国。这一时期广州设立了较为完整的市政制度，并于 1921 年 2 月公布了《广州市暂行条例》，在当时的市、县分立，城乡分治上前进了一大步。

1921 年的北洋政府先后颁布了《市自治制》和《市自治制施行细则》。推翻北洋政府后，1927 年南京国民政府成立，于 1928 年 7 月颁布了《特别市组织法》和《市组织法》，并于 1930 年 5 月废止上述两法，重新颁布新的《市组织法》，1942 年国民政府又修订了《市组织法》。《市组织法》颁布以后，在全国范围内推广，对中国市制的形成起了重要的推动作用，促进了市政建设和社会、经济的发展。到 1947 年的抗日战争胜利后，国统区的建制市共达 69 个，近代新兴工商业城市、地区中心城市基本都成为一级行政区划和县以上一级地方政权，中国近代市建制基本完成。

10.2 近代中国城市规划与建设

在近代中国城市的发展进程中，随着帝国主义势力的入侵，西方殖民主义国家当时所流行的规划思想和手法就被强行嫁接到中国的传统城市中，即便是中国人自己所做的城市规划也大多生硬地移植和搬用外国的一套城市规划理论，反而将自己的规划传统中断与丢弃。

我国近代城市规划始于 19 世纪后半叶，城市规划的制订有外国人单独完成的，也有中国人自己制订的。下面我们通过几个城市规划的实例，来具体阐述这一时期城市规划发展的历程。

10.2.1 青岛的城市规划

青岛原来为一交通闭塞的荒僻渔村，1897 年德国强占后，强迫清政府签订《胶澳租界条约》，胁迫清政府以 99 年之期将胶州湾租给德国。因要长期占领，因此德国曾于 1900 年和 1910 年两次编制城市规划图，并按规划对城市进行建设，如图 10.3 所示。

青岛城市规划的重点内容是解决港口与铁路的布局。将港口与铁路布置在城市的西侧，并以尽端式的客运站深入市区，接近市中心及海滩，方便乘客集散。市中心布置在城市南部临海的区域，背山面海，有数条放射状道路从市中心的广场建筑群向外放散，以突出市中心。对道路给排水、绿化都做了全面的规划，绿化采用低矮的灌木与花坛，目的在于建筑群中的人可以观海且便于海风的吹入。道路采用方格网状，但配合地形因地制宜又做了调整，大体呈不规则状。道路的密度很高，路与路的间距为 80～100 米，目的在于适

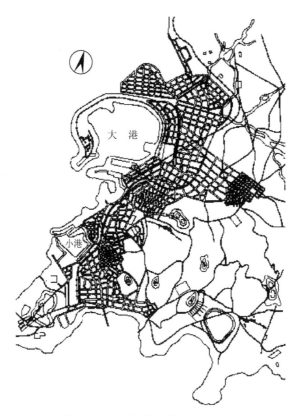

图 10.3 青岛城市规划 (1910 年)

应商业的需要，多置沿街店铺，收益租金。道路与建筑物的布置特别重视对景，道路的尽端多面向海面或重要的建筑物，如教堂的尖塔等。

10.2.2 大连的城市规划

大连的规划也是由外国人最初完成并实施的。1945 年日本投降之前，大连曾交替由日本与沙俄占领，双方各自为了自己的目的，都做了大连的城市规划。

1898 年沙俄以 25 年租期强租大连后，于 1900 年首先对大连制定了城市发展规划，如图 10.4 所示。沙俄强租大连的目的在于在东方寻找出海口，以便进行扩张，因此将大连建成一个国际性的自由贸易港口和中东铁路的出海口，并把进行港口和铁路建设作为城市规划的重点。城市功能分区明确，规划将分为三个区，即欧罗巴区、中国区与行政区。整个城市规划图以环形广场和放射性道路形成骨架，明显受当时圣彼得堡与巴黎规划的影响。市中心是一个大型广场，广场直径达 213 米，周围有 10 条放射性道路，带有强烈的古典形式主义的色彩。城市行政、商业、金融、邮电、文化、娱乐等大型公共建筑多分布在广场的周围。到 1905 年日本占领时，当时规划的主要道路与建筑物基本建成。

日本占领后开始了长达 40 年的统治。出于经济掠夺的需要，日本继续推进并完成了大连港的建设。随着港口的建设，大连的工业和城市建设也相应发展起来。日本于 1931 年占领全东北后，重新编制了大连城市规划图，规划以 122 万人口为目标，面积达 416 平方千米。规划城市主要向西发展,道路网不规则,局部平垣地带采用棋盘式道路,如图 10.5 所示。

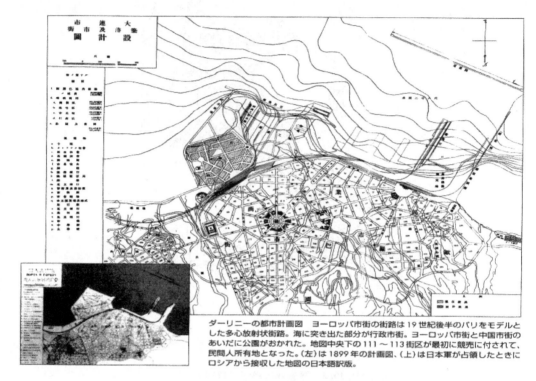

图 10.4　大连城市规划(沙俄租借期 1900—1904 年)

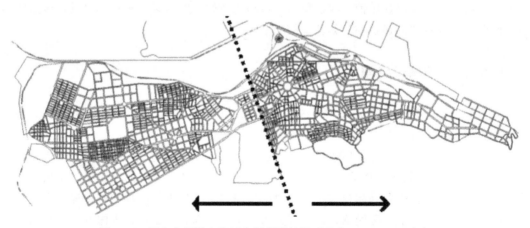

图 10.5　日本占领期大连城市规划的扩张(日本 1905—1945 年)

　　除大连以外,在"九一八事变"后,日本帝国主义对我国东北很多城市,如长春、沈阳、吉林、哈尔滨、图们、佳木斯、鞍山、四平、齐齐哈尔等都做了城市规划。

10.2.3　汕头的城市规划

　　近代我国自己所做的城市规划,当推汕头为最早。自 1861 年正式开埠后,汕头商贸活跃、工业兴起，城市发展速度很快。由于缺少规划，城市由以前的小港埠自发地向西南方向环海滨放射扩展，路网密度很大，且不成系统，如图 10.6 所示。

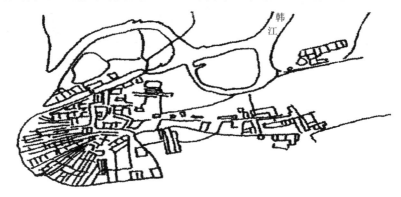

图 10.6　1921 年前汕头城市原貌

1921 年汕头市政厅成立后，遂于 1922 年编制"市政改造计划"。该计划结合自然地形，采用圆圈式、放射线、方格形三种形式布置路网，并借鉴花园城市的规划理念，将城市分为商业、工业、住宅、行政等功能区。这一计划于 1926 年正式颁布且开始实施，如图 10.7 所示。

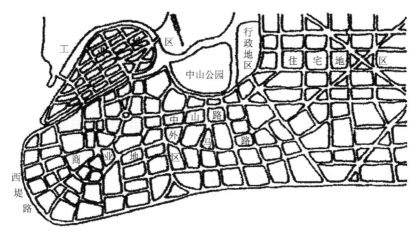

图 10.7　1922 年汕头"市政改造计划图"

10.2.4　南京的城市规划

南京是不断变化中的传统城市，城市规划就在传统城市的基础上发展而来。

国民党政府在南京成立后，即开始着手拟订城市规划，并于 1929 年 12 月公布了"首都计划"。该计划共分 28 个部分，从百年人口预测、用地功能分布、道路系统规划、对外交通、住宅、教育、工业、浦口计划，直到城市设计、技术规定、实施之程序、款项之筹集，都做了规划，如图 10.8～图 10.9 所示。

"首都计划"是我国近代城市规划史上一部正规的规划文件。文件中提出了一些当时欧美城市规划的理论和方法，如城市的"分区"思想，对我国城市规划有极好的启迪作

图 10.8　南京"首都计划"的"林荫大道"的建设概念

图 10.9　南京"首都计划"中"改良式中国建筑"风格市行政区

用。但该计划脱离了南京旧城的实际，且摒弃了中国传统的城市规划手法，生硬照搬国外的一些方法，因此缺乏实施的现实性和可操作性。

南京国民政府在其 22 年的统治中，对南京的城市建设参照首都计划还是做了很多工作，如建成了"总理陵园"——中山陵，修筑了中山路、陵园路、热河路、朱雀路、太平路等。

10.2.5　上海的城市规划

上海在 1840 年开埠前夕只有 20 万人；1843 年辟为商埠后，很快便成全国最大的进出贸易港口城市，成为我国最大的城市与商业都会；至 1949 年，在短短的 109 年时间里人口增长至 545.5 万人，是开埠前的 26 倍。

上海是由租界发展而来的城市代表，也是我国近代编制城市规划较早的城市之一，1929 年就提出了"上海新市区及中心区规划"。新市区内分为行政区、商业区与居住区，中心建筑群采用中国传统的轴线对称手法。该规划由美国市政专家担任顾问，由中国建筑师设计，很好地结合了中西方的规划理论与方法。但由于抗日战争的爆发，该规划不得不中断实施（日本占领期间也曾作为规划，此处从略）。

抗日战争胜利后，鉴于上海人口已增至 500 多万人，居住与交通问题异常严重，上海市政府先后制订了三稿上海都市计划。

第一稿于 1946 年完成。该规划充分运用了欧美的"卫星城镇""邻里单位""有机疏散""快速干道"等最新的城市规划理论；第二稿完成于 1947 年，是在第一稿基础上修改而成的，与第一稿相比，城市规划人口从原来的 1000 万人提升为 1500 万人，并对铁路、港口、高架道路等技术问题做了研究；第三稿在前两稿的基础上于 1949 年完成，此稿中进一步研究了疏散市区人口、降低人口密度、提高绿地比重、工业区的分布、快速干道与环路系统、对外铁路与港口交通等问题，如图 10.10 所示。

图 10.10　上海都市计划第三稿示意（1949 年）

以上三稿都市计划内容上基本一致，但由于当时缺少实施规划的经济实力与社会条件，难有实际的效果，但积累了不少历史资料，对近代新的城市规划理论的传播起到一定的作用。

10.2.6　郑州的城市规划

郑州是 1905—1909 年由于京汉铁路与洛汴铁路（陇海铁路前身）的修建而扩展起来的城市。

郑州 1923 年曾开辟为商埠，日本、美国等外国势力在此设立公司，在此之前，外国的宗教势力已有渗入，美、英、意都建有教堂与教会学校。人口大量增长，并在老城区西门外至火车站一带形成新市区。1927 年编制"郑埠设计图"，东起经五路，西至京汉铁路，南起陇海路，北至农业路，面积达 10.5 平方千米，计划发展人口 25 万人，如图 10.11 所示。

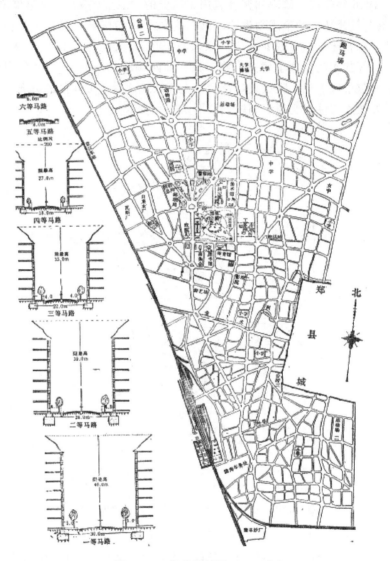

图 10.11 郑埠设计图（1927 年）

10.2.7 宝鸡的发展

宝鸡是抗日战争时期，受公路交通影响而发展起来的城市代表。

抗日战争前，川陕公路以此为起点通车，后来陇海铁路修成，宝鸡遂成为川陕重要的物资转运中心。抗日战争开始后不久，又先后修建了西宝北线路、西宝南线路、宝平公路和宝汉公路等。公路与铁路的修建，使宝鸡成为名副其实的大西北交通枢纽，宝鸡因此得到一时的繁荣与发展，如图 10.12 所示。

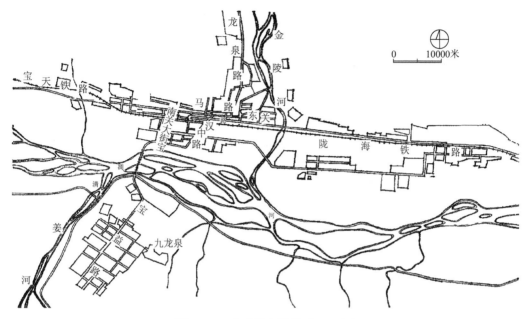

图 10.12　宝鸡城市平面（1945 年）
（来源：董鉴泓《中国城市建设史》）

抗日战争胜利后，宝鸡人口增加得很快，解放前达 11 万人，成为初具规模的近代工贸城市。新发展的地区在东关一带，建有大批旅馆、饭馆、转运行、商店、银行、金店、银楼等。和其他抗日战争时期兴盛一时的城市一样，这些"繁荣"的因素多是暂时的。

10.2.8　革命圣地延安

1937 年 1 月至 1947 年 3 月，延安始终是中国共产党领导全国人民进行抗日战争、解放战争的革命圣地，是陕甘宁边区的首府，是政治、经济、文化中心，如图 10.13 所示。

延安城最早建于唐代天宝年间，是一座不大的山城，周围长 3.5 千米，为古时防卫北方游牧民族入侵的重要城寨，位于三川交汇点，位置十分重要。

1937 年陕甘宁边区成立后，设立延安市，人口由 3000 人增至 1943 年的 14000 余人（不包括机关、干部、部队、学生）。1942 年制订了城市建设规划，各类型和规模较大的建筑不断出现，边区银行、政府、公园等改善了居住与卫生条件，大力兴建公路、桥梁，多次大修和扩建东关机场等。尤以杨家岭建筑群（党中央领导人居住于此）、枣园建筑群（中央书记处办公所在地）、王家坪建筑（八路军司令部驻地）最为重要，建筑规模也很大，多以窑洞建筑为主，隐蔽性强，布局自由，风景雅致。

为纪念革命先烈的英雄事迹，现今延安修建了许多陵园、纪念碑、纪念塔等。

当时还建了较大的工厂，如火柴、陶瓷、酿酒、纺织、印染、农具加工工厂等，并有大小 26 个煤矿。

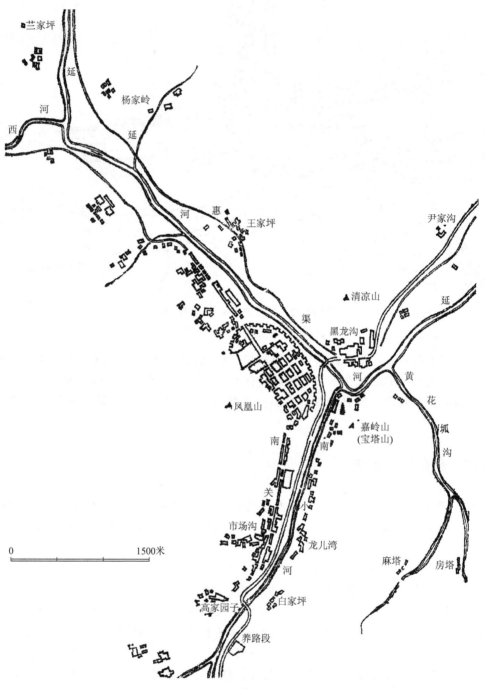

图 10.13　延安县城市平面（1945 年）

（来源：董鉴泓《中国城市建设史》）

本 章 小 结

通过对近代不同类型的城市规划图进行分析可以看出，这些规划由于受半封建半殖民地社会的制约，往往移植和搬用了外国的规划，中断自己的城市规划传统，对历史上留下来的旧城，大多数在规划上采取一律抹煞或逃避的态度，对旧城的改造规划未进行实际的工作。

中国近代城市规划多停留在粗糙的总体规划阶段，缺少成片实现的详细规划，且多停留在工程技术范围内。只有小部分得以实现，如青岛规划中，关于用地分区、利用自然地形、注意城市轮廓、城市风貌，以及合理的工程措施等，都是比较成功与符合科学的；大部分城市规划虽没有得以实现，但规划中介绍及应用了同时期国外的一些规划理论与经验，如卫星城镇、成片疏散布局、城市交通问题、道级分级、快速路概念、邻里单位等，这些理论是适应现代城市发展的，在传播教育城市规划理论与方法上有重要的参考价值。

中华人民共和国成立后，实行了 30 年的计划经济体制，城市规划与建设受到极大的约束。

改革开放后，城市规划与建设取得了巨大的进步，却也存在一些缺陷。但我们相信，经过认真的探索与努力，我国的城市规划与建设的前景，随着中国城镇化的进程一定会更加美好。

思 考 题

1. 我国近代城市是在什么样的历史条件下发展过来的？与我国传统城市相比，近代城市有哪些变化？

2. 我国近代城市在城市功能分区、城市职能方面发生了什么变化？

3. 我国近代城市空间结构的基本模式是什么？为什么大多数城市形成"多区拼贴"的结构特征？

4. 近代南京"首都计划"中，将城市用地分为几个功能区？说明中央政治区选址的原因。

5.1949 年完成的上海都市计划的三稿中，运用了哪些新的城市规划理论？其规划结构如何？

第 **11** 章

中国现代城市规划与建设

教学目标

本章重在阐述中华人民共和国成立以来我国城市发展的情况。通过学习本章，应达到以下目标：

（1）新中国成立虽然不长，但是城市发展的内容却异常丰富；

（2）城市发展的条件也是任何一个历史时期所不可比拟的；

（3）其内容包括新兴工业城市、改革开放后的新兴城市以及城市新区的规划与建设。

教学要求

知识要点	能力要求	相关知识
有关文献史料	读懂文献史料内容	改革开放给城市建设带来的新机遇
中华人民共和国成立后城市发展的特点	（1）掌握改革开放后城市发展的特点	改革开放对中国城市规划与建设的影响
现代中国城市规划与建设实例	（1）掌握新兴工业城洛阳市规划特点 （2）了解新兴城市与城市新区的规划与建设	（1）改革开放后西方新的城市规划理论对中国城市规划与建设的影响 （2）改革开放后提出的城市经济特区与经济技术开发区对一些城市规划的影响与作用

基本概念

区域经济；城市新区；规划与建设

引例

中华人民共和国成立的前十年，中国成功执行了发展国民经济的第一个五年计划，先后安排了大中型工业建设项目，原有的工业基础较好的城市与新兴工业城市发展迅速，如新兴工业城市洛阳等。

改革开放后，中国经济快速发展，城市数量、城市人口及其比重迅速增加，城市化进程加快，城市进行了新的规划，特别是城市新区的规划与发展形成新的特色，如上海浦东新区的规划与建设等。

11.1 中国现代城市发展概况

11.1.1 中华人民共和国成立后城市建设概况

中华人民共和国成立 60 多年来，特别是改革开放后，全国新城市不断涌现，原有的大量传统城市普遍得到改造，全国城市面貌焕然一新。

城市的经济职能逐步由消费性城市向生产性城市转变，且生产性职能明显加强。如我国工业产出的 50％以上、国家财政税收的近 80％、国内生产总值的 70％以上，以及高等教育和科研力量的 90％以上都是由城市创造与提供的。

我国城镇体系空间结构也呈现出以下特点：全国范围内城镇分布自东向西呈现出高度集中——一般集中—比较稀疏的基本形态，城市分布具有明显的沿海、沿江、沿线（铁路或公路）和近资源富集地的特征，已初步形成以多中心的城市密集区和以大城市为核心的城市群地区，以及大城市为中心、中小城市为纽带、小城镇为基础的多层次的城镇体系。

1980 年 10 月，全国城市规划工作会议在北京召开，会议讨论了《中华人民共和国城市规划法》草案，后来颁布的《城市规划条例》（1984 年 1 月）、《中华人民共和国城市规划法》（1990 年 4 月）、《中华人民共和国城乡规划法》（2008 年 4 月），使我国城市规划逐步由行政手段转向法制化的道路。住房和城乡建设部还公布了《建设项目选址规划管理办法》《城市规划编制办法》《城市规划编制办法实施细则》《城市国有土地使用权转让规划管理办法》以及《开发区规划管理办法》等，中国城市（乡）规划法制体系基本建立起来了。

11.1.2 中华人民共和国成立后城市建设特点

中华人民共和国成立之初，先后安排了大中型工业建设项目 825 项，原有的工业基础较好的城市与新兴工业城市发展迅速。

改革开放后，中国经济走向快速发展的轨道，城市数量、城市人口及其比重迅速增加，城市化进程持续稳定、快速发展。根据联合国的估测，世界发达国家的城市化率在 2050 年将达到 86％，我国的城市化率在 2050 年将达到 72.9％。

工业与农业的发展，共同推动着城市化水平由"量"向"质"的转化，由"人口城市化"向"城市现代化"的转化。

这一时期，由于一系列适合市场经济发展制度的实行，城市发展极快，出现了大城市区和城市连绵区，如珠江三角洲、长江三角洲和京津唐地区；并且随着世界经济全球化，中国的部分大城市开始走向国际化，中小城市步入现代化。

11.2 中国现代城市规划与建设

11.2.1 中华人民共和国成立后城镇体系的构建

所谓城镇体系，是指在一个相对完整的区域或国家中，以一个区域内的城镇群体为研究对象，由不同职能分工、不同等级规模、密切联系、互相依存的一组城镇的集合。

目前，我国城镇体系在全国范围内已初步形成了以大城市和特大城市为中心、中小城市为纽带、小城镇为基础的多层次的系统。

我国城镇体系职能结构的变化主要表现在：其一，原行政中心城市的地位进一步得以加强，中央直辖市、省会和自治区首府城市、地级市、县级市都属这类城市。其二，工矿业、加工业新城随着大规模工业建设的展开而得以发展，如大庆、西安、洛阳等。其三，以铁路、高速公路、内河与海运、航空及管道等运输方式构成的全国综合运输体系，使许多处于交通枢纽和港口的城市得以较快发展，体现着交通运输功能对城市发展的决定性。其四，除了改革开放之初的经济特区与沿海对外开放的城市外，内地边境口岸城市也成为对外开放的前沿阵地，内地口岸以及口岸经济成为内地城市发展经济，不断拓展对外开放方式与渠道的有效途径。其五，旅游业目前成为我国方兴未艾、前景广阔的重要经济产业部门，与此同时，一大批历史文化名城和风景旅游城市蓬勃兴起。

改革开放后，我国城镇体系规模等级结构呈现健康发展态势，按中心城市的综合功能和辐射范围，正在形成由五个等级层次的中心城市构成的社会经济网络，五个等级层次的中心城市分别是全国性并兼具国际意义的中心城市、跨省区的中心城市、省域中心城市、地区中心城市、县域中心城市。

我国城镇体系空间结构，除了自东向西由集中到稀疏、资源指向分布与交通指向分布的基本规律外，多中心的城市密集区和以大城市为核心的城市群地区正在形成。多中心的城市密集区多分布在东部沿海地区，如山东半岛城市密集区、长江三角洲城市密集区和珠江三角洲城市密集区。以大城市为中心的城市群多分布在中、西部地区，绝大部分属省会城市，如武汉、成都、西安、郑州等，它们同样是一种富有生命力的地域结构类型。

11.2.2 中华人民共和国成立后城市规划的发展

随着改革开放政策的深入，市场经济不断发育，住宅商品化和房地产业的兴起，以及城市土地有偿使用制度的实施，对城市规划编制和规划管理工作必然产生重大的影响。经过长期实践与探索，我国目前已经形成由区域城镇体系规划、城市总体规划、城市分区规划以及编制控制性详细规划与修建性详细规划的城市规划编制层次。

为了顺应中国城市规划改革的主体方向与中国大都市发展的需求，也为了更好地整合经济社会发展规划与空间布局规划，目前国内出现了城市发展战略规划（概念规划）的概念，并于 2000 年 6 月，由广州市首开国内概念规划的先河，完成了"广州总体发展概念规划"。

作为一种新颖的城市规划理念，随即在中国城市规划界引起很大的反响，迅速成为中国城市规划界研究、实践的热门课题。

11.2.3 中华人民共和国成立后城市建设的实践

中华人民共和国成立后，在生产资料公有制和社会主义计划经济等因素的影响下，城市的建设也进入了一个新的发展时期，经历了独特的发展历程。

大体可分为以下几个阶段。

1. 国民经济恢复和有计划建设时期（1949—1957 年）

这一时期的城市建设主要表现在改善市政设施和人民的居住条件，既有城市配合工业建设进行扩建，也有个别城市的郊区形成了工业新区和工人新村。

2. 曲折发展阶段（1958—1977 年）

这一时期由于受国际政治与军事形势的影响，国民经济和城市建设的发展不断调整，直接造成城市规模的急剧扩大，城市内部空间结构混乱。

3. 改革开放后的大发展（1978 年至今）

党的十一届三中全会的召开，提出以经济建设为中心，现代城市进入了一个迅速而健康的发展时期。各地不断吸取国际上城市建设新的理念与理论，形成符合中国实际的城市建设的指导方针，城市所承载的生产、流通、生活等的多种功能被有效地组织起来，不同规模、开放式、网络型经济区以及区域经济中心不断形成，成片的居住区、工业开发区、商务机构与商贸娱乐区的出现，使城市的空间结构趋向多元化，城市交通及各种市政设施现代化、信息化的步伐明显加快，旧城得以改造，城市新区及城市卫星城镇不断得以开发。

现以几个城市发展的具体实践阐述这一时期城市发展的具体情形。

1）洛阳的规划与建设

1952—1954 年，国家分别召开了两次城市建设会议，确定了重点规划与建设的工业城市，如石家庄、郑州、洛阳、合肥等。

当时苏联援建的 156 项目，有 6 个安排在洛阳（全部在西郊涧西工业区），1954 年 1 月 8 日，原国家计划委员会讨论通过，确定在远离洛阳明清老城、当时还是一片荒野的涧河以西建设 4 个重工业厂：第一拖拉机厂、矿山机器厂、滚珠轴承厂、中型电力厂；随后又增建了铜加工厂、高速柴油机厂和国内设计的耐火材料厂。在建设工厂之前，还编制了涧西工业区总体规划，并协助地方进行城市建设，加之焦枝铁路的通车，洛阳从中国著名的古都很快发展成为中国第一个拖拉机生产基地和重要的机械工业城市，如图 11.1 所示。

2）新兴城市与城市新区的规划与建设

改革开放后，先后在深圳、珠海、汕头、厦门建立经济特区，以及沿海 14 个经济技术开发区。进入 20 世纪 90 年代后，又设立 27 个高新技术产业开发区、令世人瞩目的上海浦东开发区和海南洋浦开发区。设立特区与开发区的结果，促进了全国范围内的新兴城市和城市新区的产生与发展。

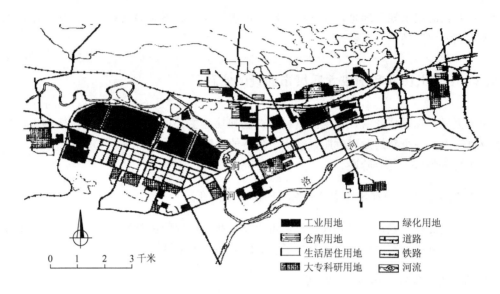

图 11.1　新兴工业城市——洛阳

（来源：《当代中国的城市建设》）

深圳在城市规划与建设过程中，不断摸索建立适应市场的新机制，致力于建立合理的城市结构，引导城市持续发展，不断提高规划目标标准，并保持适度超前，规划与建设注重目标策略的研究，为建设国际一流的城市确定了长远的战略目标与对策，如图 11.2 所示。

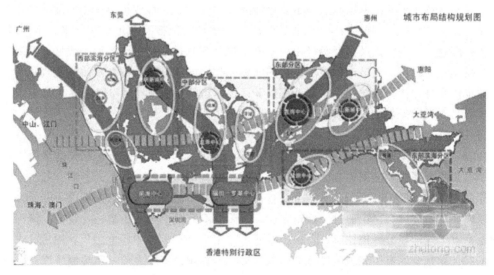

图 11.2　深圳城市总体规划——交通布局

上海浦东新城的建设，则是为了再造中国最大的经济中心和重塑远东最大的金融经济贸易中心。浦东新城是一个集商务、自由贸易、出口加工、高科技、旅游以及海陆空交通于一体的现代化国际城市，其城市结构采取轴向开发、组团布局、滚动发展和经济功能积累、社会生活多中心、用地布局开敞的城市模式，如图 11.3 所示。

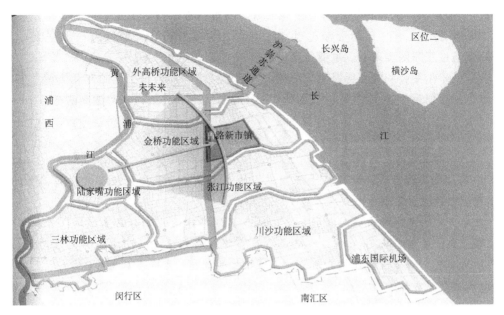

图 11.3 浦东新区功能分区

11.2.4 城市规划与建设的愿景

中国正处于经济制度的转型时期，城市建设将面临众多的机遇和挑战，随着经济全球化，城市的发展将进入一个全新的时代，即全球城市网络的时代。全球城市将再一次分工，在正建立起来的全球城市网络系统中，找到自身的定位，扮演不同的角色。在这个新的时期，城市作为一定区域的经济中心的地位，以及历史所形成的区域城市体系功能、等级定位也将随之调整与改变。

随着市场经济的进一步发展，城市规划要以实现城市空间与经济、社会发展的动态平衡与适应为发展的目标。城市规划不仅要顾及国家的总体经济、社会发展方面的要求，还要考虑微观主体的决策与行为将对城市发展带来的影响。城市的未来也许将偏重于社会公共用地的建设，满足人民生活水平不断提高的要求，并需要足够的空间来满足人民物质生活与精神生活的需要，公共用地、公共绿地、公共服务产业的用地比重将大幅上升。

城市信息化是国家信息化的重要组成部分，反之信息革命的高速发展对城市规划与建设也有着巨大的影响。信息时代，城市功能将发生根本性的变迁，分散化的经营方式将取代成片工业区的存在方式。城市居住空间也可能向着分散在郊区、乡村的居住社区转型。

信息化条件下，城市规划与建设的理念也将有所改变。在信息化社会，城市的发展潜力取决于该城市与外界的相互作用强度和协同作用的程度，并不完全取决于它的规模与大小。有的城市由于其所处的新的信息结点而得以兴起，而另一些城市由于远离信息社会而衰退。例如，河南孟州市南庄镇桑坡村，全村 6000 人，家家户户做毛皮生意，20 世纪初，桑坡村被环保部列为重金属污染重点督察对象。桑坡村到了"生死存亡"的关口，必须从简单的毛皮加工向皮毛制品生产、销售转型。电商的兴起为桑坡村的转型提供了新平台。2010 年开始，村民试着在网上销售产品，2014 年，桑坡村成为阿里巴巴公布的河南首个淘宝村，"中原第一淘宝村"的称号由此而来。桑坡村现有皮毛加工企业 130 多家，销售店铺 300 多家，旺季时日销售额超过 300 万元，2016 年全年销售额突破 5 亿元，其中 80% 都是通过互联网实现的。电商给桑坡村带来的变化显而易见。

城乡一体化使城乡资源得以优化配置，有利于经济、社会、文化的持续协调发展，城乡一体化的规划观念是 21 世纪的规划师们必须认真考虑和仔细探求的重要内容。

本 章 小 结

中华人民共和国成立初期，由于国家人口多、底子薄，国民经济建设极其落后，城市规划与建设受到极大的约束。

改革开放为城市建设注入新的活力，城市规划与建设的节奏明显加快，并取得了巨大的成就。同时，也存在一些缺陷与不足。但我们相信，经过认真的探索与努力，我国的城市规划与建设的前景，随着中国城镇化的进程一定会更加美好。

思 考 题

1. 中华人民共和国成立以来我国城市化发展的总体特征有哪些？
2. 中华人民共和国成立后，我国旧城改造与新区开发中存在什么问题？
3. 展望经济全球化与信息化对我国城市规划与建设将有哪些影响？
4. 据报道："国土资源部土地勘测规划院院长助理张晓玲，于 2015 年 6 月 3 日上午接受采访时透露，包括北京、上海、广州等在内的 14 个城市的开发边界划定工作将于今年完成，开发边界将作为城市发展的刚性约定，不得超越界限盲目扩张。以后，全国 600 多个城市也会划定开发边界。"请分析，城市开发边界的划定将对我国城市的规划与发展带来什么样的深刻变化？

第 2 篇

外国篇

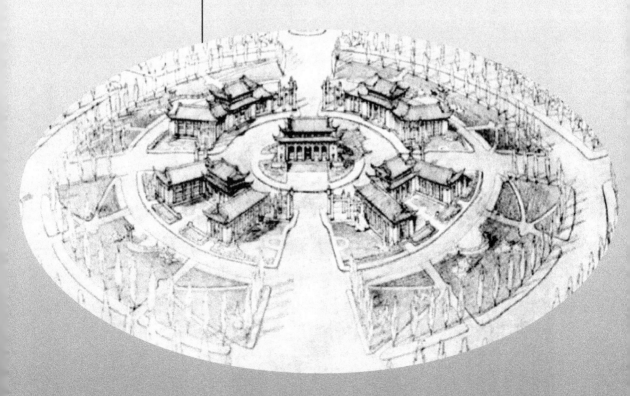

第**12**章

古希腊和古罗马时期城市规划与建设

教学目标

　　本章讲述了古希腊、古罗马城市的起源、形态与布局，以及古希腊、古罗马时期的城市规划思想和代表城市的建设概况。通过学习本章，应达到以下教学目标：

　　（1）使学生掌握古希腊城市的起源、布局手法以及理想城市；

　　（2）了解圣地建筑群、雅典卫城、米利都城等古风时期代表城市的规划形态，以及普南城、亚历山大等希腊化时期代表城市的大致布局；

　　（3）理解古罗马城市规划的特点以及城市规划思想；

　　（4）熟悉罗马营寨城、古罗马城、庞贝城等古罗马共和时期的代表城市，以及帝国时期的罗马城、帝国广场、营寨城和城市工程的规划。

教学要求

知识要点	能力要求	相关知识
古希腊城市规划	（1）理解古希腊城市规划、建设的背景 （2）掌握古希腊城市的起源、布局手法	（1）追求人本主义的布局手法 （2）希波丹姆斯模式
古希腊代表城市	（1）熟悉古风时期的代表城市 （2）了解希腊化时期的代表城市	（1）圣地建筑群、雅典卫城、米利都城 （2）普南城、亚历山大城
古罗马城市规划	（1）掌握古罗马城市规划的特点 （2）理解古罗马城市规划思想	（1）世俗化、军事化、君权化的特点 （2）城市规划中强烈的人工秩序思维
古罗马代表城市	（1）熟悉共和时期的代表城市 （2）了解帝国时期的代表城市	（1）罗马营寨城、古罗马城、庞贝城 （2）罗马城、帝国广场、城市工程

 基本概念

　　人本主义；希波丹姆斯模式；米利都城；雅典卫城；维特鲁威；"理想城市模式"；普南城；人工秩序；罗马营寨城；帝国广场；城市工程

引例

古希腊是欧洲文明的发祥地，在公元前 5 世纪，古希腊经历了奴隶制的民主政体，形成了一系列城邦国家。在古希腊繁盛时期，著名的建筑师希波丹姆斯提出了城市建设的希波丹姆斯模式，这种模式以方格网的道路系统为骨架，以城市广场为中心，充分体现了民主和平等的城邦精神。这一模式在其规划的米利都城中得到完整的体现：城市结合地形成了不规则的形状，棋盘式的道路网，城市中心由一个广场及一些公共建筑物组成，主要供市民们集合和商业用，广场周围有柱廊，供休息和交易用。

古罗马时代是西方奴隶制发展的繁荣阶段。罗马在被征服的地方建造了大量的营寨城。营寨城有一定的规划模式：平面呈方形或长方形，中间十字形街道，交点附近为露天剧场或斗兽场与官邸建筑群形成的中心广场。营寨城的规划思想深受军事控制目的的影响。随着国势强盛，领土扩大和财富的敛集，城市得到了大规模发展。除了道路、桥梁、城墙和输水道等城市设施以外，还大量建造公共浴池、斗兽场和宫殿等供奴隶主享乐的设施。到了罗马帝国时期，城市建设更进入了鼎盛时期，除了继续建造公共浴池、斗兽场和宫殿外，城市还成为帝王宣扬功绩的工具，广场、铜像、凯旋门和记功柱成为城市空间的核心和焦点。古罗马城是最为集中的体现，城市中心是共和国时期和帝国时期形成的广场群，广场上耸立着帝王铜像、凯旋门和记功柱，城市各处散布公共浴池和斗兽场。

12.1 古希腊城市规划形态

12.1.1 古希腊概况

古希腊持续了约 650 年（前 800—前 146 年），堪称西方历史的起源。它位于欧洲南部，地中海的东北部，包括当今的巴尔干半岛南部、小亚细亚半岛西岸和爱琴海中的许多小岛。公元前 5、6 世纪，特别是希波战争以后，经济生活高度繁荣，产生了光辉灿烂的希腊文化，对后世有着深远的影响。古希腊人在哲学思想、历史、建筑、科学、文学、戏剧、雕塑等诸多方面有很深的造诣。这一文明遗产在古希腊灭亡后，被古罗马人破坏性地延续下去，从而成为整个西方文明的精神源泉。

城市的起源和发展与人类文明的进程是息息相关的，并且，城市规划和建设受多种因素的影响和制约。所以，在讲述古希腊城市历史之前，必须对古希腊的历史发展进程有充分的认识。

1. 古希腊起源与发展

古希腊位于地中海的东北部，地理范围上包括希腊半岛、爱琴海诸岛、地中海沿岸以及黑海沿岸及周边的沿海地带。古希腊人在哲学、历史、建筑、文学、戏剧、雕塑等诸多方面都颇有成就，是西方文化和精神的起源，深深影响了欧洲及整个西方世界。

古希腊文化从公元前 12 世纪发展起来，在古代历史上公认有 4 个阶段，荷马时代（前 12—前 8 世纪），古风时代（前 7—前 6 世纪），古典时代（前 5—前 4 世纪），希腊化时代（前 3—前 2 世纪）。而在古希腊文明的前期，公元前 2000 年左右的爱琴海地区，就孕育出了克里特（Crete，前 2000 年上半叶）和迈锡尼（Mycenae，前 2000 年后半叶）文化，统称为爱琴文明，成为希腊文明的开端。大约在公元前 8 世纪，在巴尔干半岛、小亚细亚西岸和爱琴海地区建立了许多小型的奴隶制城邦国家；并先后向外移民，在意大利、西西里和黑海沿岸建立了许多国家。虽然这些国家从未统一，但国家之间的政治、经济、文化关系紧密，总称为古希腊。

约公元前 1200 年，古希腊——多利亚人的入侵毁灭了迈锡尼文明，多利亚人以从北方带来的部落传统文化为基础，重建新的文化。公元前 1000—前 800 年，希腊自然形成许多独立的城市。以城市为中心，构成一个个政治、经济共同体——城邦。城邦商业、工业日益繁荣，农业渐趋专门化。人口的增加、土地占有的不均使社会矛盾尖锐，于是城邦开始领土扩张和海外殖民。斯巴达在公元前 720—前 685 年两度征服美尼西亚，以牺牲阿卡迪亚为代价朝北方扩张海外殖民是另一种解决方式，几乎所有希腊主要城市都采用这种办法，某些城市（哈尔基思、麦加拉、科林斯、米利都）所拥有的殖民地格外丰富。公元前 600 年，古希腊先后在地中海和黑海建立殖民地。

公元前 499 年，波斯国王发动了著名的希波战争，以雅典为首的希腊城邦结成同盟。希腊城邦于公元前 479 年，取得了希波战争的胜利。希波战争结束之后，希腊的经济生活高度繁荣，文化也得到极大的发展。雅典以其帝国的地位及民主的社会，成为了希腊的文化中心。其民主制度也在伯利克里执政期间达到了黄金时代，进入奴隶制中一种高级发展的国家形态，对希腊的发展也发挥了促进作用。直至公元前 4 世纪左右的伯罗奔尼撒战争，致使以雅典为首的希腊城邦逐渐走向了解体。北方的马其顿人入侵地中海、爱琴海地区，并且征服了整个希腊，原本的希腊自由城邦成为了马其顿统治下的省。而马其顿帝国的野心不止于此，公元前 334 年，亚历山大开始了大规模的渡海东征，建立了横跨欧、亚、非的庞大帝国。这个时期，希腊的古典文化也在这个帝国的领土上得到了广泛的流传，北非和西亚地区的文化与希腊文化交流融合，这也是历史学家们常称的"希腊化时期"。

公元 146 年，罗马帝国兴起，希腊为其所灭，但希腊的文化并未因此而消失，而是由罗马进行了破坏性的延续，保留了希腊文化的思想和精神并将其发扬光大。

2. 古希腊自然条件

地理环境与文明的产生、发展和衰亡有着密切的关联，它是文明赖以产生和发展的客观条件。根据马克思主义哲学原理，地理环境是指人类生存和发展所依赖的各种自然条件的总和，包括地形、气候、土壤、山林、湖泊、河流、海洋、动植物分布以及陆地和水中的矿藏等。它是人类社会存在和发展的永恒的、必要的前提，也对社会发展有着重要的影响和制约作用。有利的自然条件使人类得以集聚生产，形成聚落，是城市产生和发展的源头。

虽然古希腊的山多地少，既没有肥沃的大河流域也没有广阔的平原，但气候属于温和的地中海式气候，既没有炎热的夏天，也没有寒冷的冬天，冬季多雨，夏季干爽。并且由于地处地中海与爱琴海地区，浩瀚的海域却赋予希腊先民以广阔的发展空间，岛屿星罗棋布，多优良港湾，海岸线漫长曲折。海洋资源得天独厚，形成了不少渡口港湾，交通运输便利。

古希腊平均气温为 17℃，阳光充沛，适宜开展各种户外活动。因此，古希腊的大型活动都是在户外举行的，如公民大会、节日庆典、宗教祭祀、奥林匹克运动会等。由于群山环抱、山岭交错、丘陵起伏，希腊半岛被分成了 18 个面积不等的狭窄山区。爱琴海诸岛、爱奥尼亚群岛面积也不大，且分散。平地狭小、地区分散的自然环境，使古代希腊最初的政治组织以小国寡民、城邦联合的形制出现。犬牙交错的海岸线在希腊半岛的中部和南部造就了天然的优良海湾和港口，星罗棋布的岛屿为海上航线的枢纽，为水手们提供了航行的歇息地，舒适温和的气候为航海提供了便利。航海业的发达造就了古希腊经济和文化的繁荣，并且推动了古希腊文化的发展。

3. 古希腊人文思想

古希腊文明作为西方思想的源头，是从一种唯物主义的自然哲学的探索开始的。古希腊的思想家们提出了关于宇宙构成的问题，并总体上坚持了一条唯物主义的认知道路。很多科学家认为：近代的西方文明之所以可以克服宗教神秘主义的束缚而实现科学启蒙，并进而保持强劲的发展势头，从深层次的文化角度来看，得益于古希腊文明中特别强调数学和逻辑思想。

总整体上来看，古希腊的哲学思想是以人为本，是朴素的人文主义精神。可以说，从"自然哲学"的研究到探求人的"社会哲学"是古希腊哲学思想路线的自然引申。这种人文主义精神又体现在他们在文化中对理性、自由以及美的自觉追求之中。在非理性起着重要作用的人类上古时期，希腊知识分子作为崇尚理性的先驱者出现在历史舞台上。希腊理性精神的深入是彻底的反思和怀疑，他们上天入地寻求事物的终极真理，就是这种彻底求真的精神孕育了希腊哲学、文学以及自然科学。

在希腊、中国和印度三个古老的哲学体系中，希腊哲学与宗教的联系最不密切、最为思辨，充满着论辩、推理和证明等说理方式。古希腊哲学源于人们对自然的认知与思考，频繁的海外殖民与航海活动，使得希腊人必须掌握天文、地理、气象、海流等自然现象的种种规律。通过经验观察、发现规律并有能力做出预测时，他们认识到：世界和宇宙看似杂乱的现象便有了内在的规律，有迹可循。旺盛的海外贸易和高度发达的社会制度使经济高度发达，摆脱了生存压力的哲学家们，专注于纯理性思考和研究，这又促进了古希腊的逻辑思维和思辨精神的发展。随着希腊社会的情况日渐复杂，哲学家们将他们的注意中心从物质世界转移到人和有关人的各种问题上。智者派代表人物普罗塔哥拉曾说，"人是万物的尺度"，意指一切事物皆因人的需要而异，所以，世界上没有绝对真理可言。对人的强调使智者派谴责奴隶制度和战争，并支持民众的大部分事业。另一方面，苏格拉底所代表的保守派担心智者派的相对主义会危及社会秩序和道德。当时腐败的政治和没有任何明确的生活准则，使苏格拉底深为忧虑。于是，他发展起一套辩证科学，用一问一答的方式考查已有见解，直至确立普遍公认的真理。他坚持认为，用这种方法可以发现有关绝对真理、绝对善或绝对美的观念，而这些观念与成为个人放纵不羁、公共道德败坏之借口的智者派的相对主义大不相同，将为个人行为提供永久性的指导。

从整体而言，古希腊的思想是人本主义的。同时，在古希腊的思想中，人被认为是有理性的动物。人的意志和欲望应当服从理智，真正的快乐是内心的快乐，美德的认定也来自于理性。对于理性的逻辑思辨能力的追求，使他们运用逻辑演绎来认识与掌控周围的世界。亚里士多德认为，一个民族的特禀受地理环境因素的影响：北方寒冷地区的民族精神充足、富于热忱，但大都拙于技巧而缺少理解；亚洲民族多擅长机巧、深于理解而精神卑弱、热忱不足，故而屈从为臣民，甚至沦为奴隶；而希腊位于两个大陆之间，兼有两种民族的特质，既有热忱也有理智。后来弥漫于西方世界的"欧洲中心论"思想最早可追溯于此。

12.1.2 古希腊的城市规划形态

1. 古希腊城市起源

城市发展的初期，城市的形态是以当地的气候条件、经济水平、政治制度以及人文环境自由生长而成的。这些自由生长的城市综合体现了古希腊早期文化的内涵。

希腊史前时期分为前后两个时期，公元前 6000—前 3000 年为新石器时代，公元前 3000—前 1000 年为青铜器时代。自旧石器时代就有人类居住在希腊，在塞利和马其顿发掘出了公元前 7000 年前的村落，发现制造陶器的痕迹，新石器时代有了农业定居。青铜时代早期的古希腊半岛上，在邻近亚各斯的莱尔纳的先民遗物发现了"砖石之屋"，此时的建筑技术有了新的发展。公元前 2000 年前，爱琴海诸岛及其沿岸大陆的城市中，曾经有过相当发达的经济和文化。相传这个地区最古老的城市特洛伊城，位于达达尼尔海峡到波罗的海的商路上。居民区的外围有防御性城墙，其基础用粗重的石块叠成，墙身用土坯砌筑。考古发掘出一些平面呈长方形的住宅，以短边作正面，两侧的纵墙正面向前伸出，形成一个凹廊。这种长方形的住宅叫主室，供首领居住。当时还处在原始公社向奴隶制的过渡时期中，它的统治者既是军事首领又是祭司，所以此种建筑物可以看作宫殿，也可以说是庙宇，是后来希腊神庙的先型。

公元前 2000 年开始，克里特文明盛行。许多独立的国家纷纷出现，这些国家的形态大都以各自的宫殿为中心进行建设。克里特岛由于地处欧、亚、非三大洲的航线上，商业繁盛，城市发达。传说岛上有 90～100 个城镇，如高亚尼城（Gournia）、摩里亚城（Mollia）、费斯塔城（Phaestus）等，其中占统治地位的是诺索斯城（Knossos），又号称众城之城。这些城镇是围绕高地上的防守据点或者宫殿形成的，形状多不规则状，街道自由弯曲，建筑参差拥挤。城中按居民职业划分区域，主要居民是手工业者和商人。克里特岛的建筑都是世俗性质的，建筑类型有住宅、宫殿、别墅、旅舍、公共浴室和作坊等。遗址中比较重要的是克诺索斯和费斯特（Phaestus）宫殿，占地面积均约 1.5 公顷（1 公顷＝10000 平方米）。

直到公元前 1400 年的迈锡尼文明，居住群落保持了宫殿居于中心，农民和工匠则居住在四周的村落中的形态。迈锡尼的主要城市建设是城市核心的卫城，卫城里有宫殿、贵族住宅、仓库、陵墓等，外围一道约 1 千米长的石墙，有数米厚。迈锡尼文明在建筑方面颇有成就，最主要的两个成就是拱圆形的坟墓与宫殿。然而，公元前 1300 年之后，迈锡尼世界的势力日渐微弱。迈锡尼、雅典及其他地区的统治者急忙加强他们的城墙防御，并且建筑了有顶盖的通道，通往泉水之源，加强地峡的防御工事。有目的地对某些区域进行建设，开始具有了城市规划建设的意识。1150 年，多利亚人南侵占据了阿该亚人各领地。随着迈锡尼的陷落，进步的文明和艺术都消失了。城市也被破坏殆尽，整个爱琴海地区人类的居住形态又回复到村落的水平。

公元前 10 世纪，希腊人迁移后，将传统的畜牧与农业结合起来，恢复以务农为主的生活，形成了一些小规模的、经济上自给自足的小单位。而多利亚人以从北方带来的部落传统文化为基础，重建新的文化。公元前 1000—前 800 年，希腊自然形成许多独立的城市。以城市为中心周围环绕村镇的形式，构成一个个政治、经济共同体——城邦。扩张的城邦取代了部落，成为更具人文性质的文化中心。自此，城市成为构成古希腊文化的重要组成单位，希腊的城市建设也随着帝国势力而伸展到各地。

2. 古希腊理想城市

希波战争以前的希腊城市大多是自发形成的。在城市的自由发展中，希腊城市中神与宗教的发展、自然的发展以及人的发展均得到了充分的体现与和谐的伸展，并熔炼成全新的城市生活、城市人。古希腊人对城市的定义是：城市是一个为着自由美好的生活而保持较小规模的社区，社区的规模和范围应当使其中的居民既有节制，又能自由地享受轻松的生活。古希腊早期诸多城市的突出特征是符合人的尺度以及自然环境的协调。城市并不追求平面视图上的规整对称，而是顺应和利用各种复杂地形，构成生动活泼的城市景观。城市中大量公共活动场所的设立，促进了市民平等、自由和荣誉意识的增长。在这一时期，人们所注重的是文化精神的发扬。正如亚里士多德的名言："人们聚集到城市是为了生活，期望在城市中生活得更好。"为了这个朴素的目标，古希腊的许多思想家们持续探求着他们心目中理想的国家及城市形态，苏格拉底、柏拉图、亚里士多德等就是杰出的代表。

3. 古希腊城市布局手法

古希腊的城市建设大致分为两种形制：一种是追求强调自然主义，注重人本主义及同环境协调；另一种是强调城市整体和秩序美的希波丹姆斯模式。

无论是古希腊的人文思想还是政治思想，都是在追求和体现人本主义。在崇拜神的同时，更承认人的伟大和崇高，重视人的现实生活。所以在古希腊的诸多公共建筑以及建筑群中，突出反映的特征是追求人的尺度、人的感受以及同自然环境的协调。政治制度的开放，以及宜人的气候，使古希腊市民的大部分时间都是在室外活动的。生活的私密性对他们而言并不重要，因此古希腊的大部分住宅狭长简朴。即使雅典这样重要的城市，也没有非常明确的强制性人工规划，长时间里没有城墙和健全的防御体系。与之相反，雅典城内的公共空间丰富，古希腊建筑多用敞廊围合出灰空间、广场的开敞空间，一并构成了古希腊人性化的公共空间。古希腊的许多城市与建筑、建筑群并不追求平面视图上的平整、对称，而是乐于顺应和利用各种复杂的地形以构成活泼多变的城市、建筑景观，整个城市多由圣地来统率全局。这是一种早期的人本主义和自然主义布局手法，从而在城市规划史上获得了很高的艺术成就，最具代表性的应该是雅典卫城。雅典卫城的建筑群布局以自有的、与自然环境和谐相处为原则，既照顾到从卫城四周仰望它时的景观效果，又照顾到人置身其中时的动态视觉美，堪称西方古典建筑群体组合的最高艺术典范。

随着古希腊美学观念的逐步确立和自然科学、理性思维发展的影响，以理性和秩序作为城市规划主旨的希波丹姆斯模式渐渐兴起。希腊哲学家 Pyhtagoras（前 580—前 500 年）认为："数为万物的本质，宇宙的组织在其规定中是数及其关系的和谐体现。"亚里士多德则说："美是由度量和秩序所组成的"，建筑物各部分之间的度量关系就是比例。他主张对城市的规模和范围应加以限制，使城市居民既有节制，又能自由自在地享受轻松的生活。柏拉图更是在其学院大门上写上"不懂几何学者莫进来"的字样。基于柏拉图、亚里士多德等人有关社会秩序的理想，公元前 5 世纪的法学家希波丹姆斯在希波战争后的城市规划建设中，提出了一种深刻影响后来西方 2000 余年城市规划形态的重要思想——希波丹姆斯模式，他因而也被誉为"西方古典城市规划之父"。希波丹姆斯根据城市的社会构成将人口分为三个阶级——手工业者、农民、士兵；于是城市的地块也被划分成三个主要部分——圣地、主要公共建筑区、住宅区；同时将住宅区分三种——工匠住宅区、农民住宅区、城邦卫士和公职人员住宅区，遵循古希腊哲理，探究几何与数的和谐，强调以严整的棋盘状正交路网作为城市骨架，将城市用地整齐均匀地切割为若干街区，以求得城市整体的秩序美。古希腊社会群体较小，城市规模也较为有限，并且不实行中央集权式的政治制度，不存在强大的正式权力控制或垄断城市生活空间。虽然古希腊的城市充满了对整体逻辑、几何秩序的追求，却也相对自由。

"几何"从希腊文 geometria 发展而来，字面意思为"土地测量"。方格网最早用于土地测量，将一片无差别的土地分割成规则的、有尺度标准的地块。希波丹姆斯在土地测量方法和住宅基本规模的基础上发展了城市网格。在他的方格网中，道路垂直相交，主要街道将城市分隔成相互平行的狭长型区块，次要街道与主要街道垂直相交穿过狭长型区块。于是，城市地块就被路网分割出了若干个面积大体相等的方形区块。主要街道宽 5～10 米，次要街道宽 3～5 米。主要街道间距为 50～300 米，可以建造一整排房屋；次要街道间距为 30～35 米，这个距离大约适宜建造一两栋房屋。道路网的疏密由住宅的大小决定，这种基本的单元式构成加强了城市的统一性。并且希波丹姆斯的城市规划并不完全僵化，而是根据城市的地形及组团特点进行控制。

在历史上，希波丹姆斯模式被大规模地应用于希波战争后城市的重建与新建以及后来古罗马大量的营寨城中，甚至影响了近代西方许多殖民城市的规划形态。这种几何化、程式化的希波丹姆斯规划形态，一方面满足了希波战争后以及古罗马时期大规模殖民城市规划建设中迅速、简便化的要求，同时也确立了一种新的城市秩序和城市理想，既符合古希腊数学和美学的原则，也满足了城市中富裕阶层对典雅生活的追求。然而，希波丹姆斯模式也使得古希腊的城市规划从传统上灵活的"杂乱"、有机，走向形式上的典雅或呆板，甚至为了构图的形式美而全然不顾自然地形的存在。这种模式也给城市生活的活力及城市的进一步发展带来了桎梏，为城市专制主义的滋生创造了条件。这一点与现代建筑运动所推行的机械城市的"秩序美"可谓异曲同工。

12.2 古希腊的代表城市

12.2.1 古典时期的代表城市

1. 圣地建筑群与卫城

荷马时代以后，公元前 8—前 6 世纪，是古希腊生产力迅速发展的时期，也是社会经济制度剧烈变化和文化艺术繁荣的时期。公元前 594 年，梭伦变法，禁止雅典人变成奴隶，赋予平民参加政治、军事活动的权利增大，提倡农田水利，种植橄榄葡萄，发展手工业，鼓励外地工匠移居雅典。希腊工商业奴隶主在经济实践活动中认识了许多新事物，也接受了古代东方国家某些数学天文等方面的知识。希腊的朴素唯物论和朴素、先进的奴隶制民主政治以及发达的科学技术，促进了希腊城市建设的发展。

在氏族制时代，部落的政治、军事和宗教中心是卫城。部落首领的宫殿里，正室中央设有祭祀祖先的火塘，它是维系全氏族的宗教象征。而共和制城邦的胜利，使氏族部落被地域部落所取代，民间的守护神崇拜代替了祖先崇拜，守护神的祭坛取代了贵族正室里的火塘。氏族贵族的寡头们退出了卫城，受崇拜的守护神以及民间的自然神的圣地发展了起来。卫城转变成了守护神的圣地，有一些圣地的重要性超过了旧的卫城。它们不同于以防御为主的卫城。在圣地，会定期举行节庆，人们从各地汇集于此，举行体育、戏剧、诗歌、演说等比赛。节日里商贩云集，圣地周围也建起了竞技场、旅舍、会堂、敞廊等公共建筑。在圣地中心，建立起神庙。圣地建筑群突破了旧式卫城的格局，它是公众欢聚的场所，是公共活动的中心。

圣地建筑群打破了旧式卫城的布局，庙宇取代了正厅的形制成为中心。"希腊是泛神论的国土。它所有的风景都嵌入……和谐的框格里。……每个地方都要求在它的美丽的环境里有自己的神；……希腊人的宗教就是这样形成的"。这就是圣地建筑群的布局传统。不同于戒备森严的氏族贵族的卫城，各地圣地建筑群善于利用各种复杂地形和自然景观，构成形态多姿的建筑群空间构图。顺应和利用复杂的地形，不拘泥于平整对称，因此也显得更为灵活多变。圣地中心的神庙在构图上统率全局，它们既照顾远处观赏的外部形象，又照顾到内部各个位置的观赏。在人们通往圣地的路上，庙宇就以全景示人，在这个最佳的观察角度，圣庙的长度、宽度、高度都一览无余。德尔斐（Delphi）的阿波罗（Acpllo）圣地与奥林比亚（Olympia）圣地（图12.1）是这类建筑群的代表。

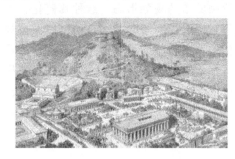

图 12.1　奥林匹亚圣地复原

相反，在意大利、西西里等地，贵族寡头依然掌握着城邦大部分财富，卫城依然是政治、军事和宗教中心。卫城位于城内高地或山顶，戒备森严，与平民群众缺乏有效的联系。在贵族寡头专政的卫城中，也建造了神庙，但神庙及其他建筑的规划构图同自然环境不相协调，无生气感。西西里的赛林努特（Selinut）和意大利的拜斯顿（Paestum）都是这类建筑群的代表。

圣地建筑群与卫城两种建筑群布局的不同，反映着贵族文化和平民文化的对立。由于共和制城邦比贵族专制的城邦进步，终于创造了自由的、与居住环境和谐协调的古典时期雅典卫城建筑群。

2. 雅典与雅典卫城

希波战争以后，希腊城邦奴隶制经济进入全盛期。手工业、商业、航海业高度发展。科学文化的进步和民主思想的抬头，自由民、城市平民的地位的提高，使城镇建设从只考虑帝王和神灵转向为整个城镇团体服务。在城镇形态上也有所变化，如雅典作为全希腊的盟主，进行了大规模的建设，目标是成为一个宗教文化中心，并纪念希波战争的胜利，这就使一个原来破落不堪的小城市，变成拥有许多重要建筑物的城市。

雅典在公元前 5 世纪的全盛时期，人口未超过 10 万人。由于水源和食物供应困难，古希腊城市很少有超过 1 万人口的。中等城市的人口则通常为 5000～7000 人。

雅典与希腊其他城市一样，在希波战争前未建造城墙。希波战争后，修建了雅典与距雅典 8 千米的滨海庇拉伊斯城的城墙，还修建了从雅典到庇拉伊斯公路两边的城墙。同时，在其南法勒伦又修建了一道城墙。这样，就完成了从雅典至海滨的完整防御体系。

雅典背山面海，城市布局不规则，无轴线关系。城市的中心是卫城，最早的居民点形成于卫城脚下。城市发展到卫城西北角形成城市广场，最后形成整个城市。与其他早期希腊城市一样，广场无定形，建筑群排列无定制，广场的庙宇、雕像、喷泉、作坊或临时性的商贩摊棚自发地、因地制宜地、不规则地布置于广场侧旁或其中。广场是群众集聚的中心，有司法、行政、商业、工业、宗教、文娱交往等社会功能。雅典中心广场上有一个敞廊，面阔 46.55 米，进深两间（18 米）。这是公布法令的地方。城市街道曲折狭窄，结合地形自发形成。一般小巷仅能供一人牵一驴或一人背一筐行走。街道的无系统、无方向性，有利于巷战阻敌。道路无铺装，卫生条件差。

雅典全盛时期进行了大规模的建设，建筑类型甚为丰富，有元老院议事厅、剧场、俱乐部、画廊、旅店、商场、作坊、船埠、体育场等。剧场位于山坡，利用山地半圆形凹地进行建设，既节约土方，又有利于保持良好音质效果。体育场的建设亦充分利用合适地形。

为强调给公民平等的居住条件，以方格网划分街坊。居住街坊面积小，贫富住户混居同一街区。仅用地大小与住宅质量有所区别，临街巷的住宅在外观上区别不大。这一时期的作家狄开阿克描写雅典，"满是尘土而十分缺水"，"大多住区肮脏、破败、阴暗"。

雅典卫城在希波战争中全部被毁，战争胜利后重新建造（公元前 448—前 406 年），为时 40 年，是当时宗教的圣地和公共活动场所，同时也是雅典极盛时期的纪念碑。雅典卫城在城内的一个陡峭的高于平地 70～80 米山顶上，用乱石在四周砌挡土墙形成大平台。平台东西长约 280 米，南北最宽处 130 米。山势险要，只有一个上下孔道。卫城发展了民间圣地建筑群自由活泼的布局方式。建筑物的安排顺应地势，同时照顾山上山下的观赏视角。

雅典卫城的建筑是三向量的实体。卫城的建筑布局不是刻板的简单轴线关系，而是经过人们长时期的步行观察思考和实践的结果。卫城的各个建筑物处于空间的关键位置上，如同一系列有目的的雕塑。从卫城内可以看到周围山峦的秀丽景色。它既考虑到置身其中时的美，又考虑到从城下四周仰望时的美。其视觉观赏均是按照祭祀雅典娜大典的行进过程来设计的，即在山下绕卫城一周，上山后又穿过它的全部。它使游行的行列在每一段路程中都可以看到不同的优美的建筑景象。为了照顾山下的游行行列的观瞻，建筑物大体上沿周边布置，为照顾山上的观瞻，利用地形把最好的观赏角度朝向人们。

游行队伍进入卫城大门之后，迎面是一尊高达 10 米、金光闪烁的持长矛的雅典娜青铜雕像。这个雕像丰富了卫城的景色，并统一了分散在周边的建筑群。绕过雕像，地势越走越远高，右边是宏伟端庄的帕提农神庙，体现了雅典人的智慧和力量。向左边可以看到白色大理石墙承托下秀丽的伊瑞克提翁神庙女像柱廊，其装饰性强于纪念性，起着与帕提农神庙对立统一的构图作用（图 12.2）。

卫城的复原图(左为伊瑞克提翁.右为帕提农)

图 12.2　雅典卫城复原

为体现城市为平民服务，在卫城南坡有平民活动中心、露天剧场和竞技场等。1940 年希腊多加底斯分析雅典卫城，发现其中建筑布置、入口与各部分的角度都有一定关系，并证明它合乎庇撒格拉斯的数学分析。雅典卫城是古希腊文化珍宝之一，它出色地体现了希腊民主政治的进步，平民对现实生活的讴歌，以及城邦对自己的力量的信心。

3. 米利都城

希波战争前，希腊城市大多为自发形成。道路系统、广场空间、街道形状均不规则，许多城市的外部空间以一系列 L 形空间叠合组成，造型变化多姿。公元前 5 世纪的规划师希波丹姆斯于希波战争后从事大规模的建设活动中采用了一种几何形状的、以棋盘式路网为城市骨架的规划结构形式。这种规划结构形式虽然在公元前 2000 多年前古埃及卡洪城、美索不达米亚的许多城市以及印度古城摩亨约·达罗等城市中有所应用，但希波丹姆斯是最早把这种规划形式在理论上予以阐述，并大规模地在重建希波战争后被毁的城市予以实践的。在此之前，古希腊城市建设没有统一规范，路网不规则，多为自发形成。自希波丹姆斯以后，他的规划形式便成为一种典范。

希波丹姆斯遵循古希腊哲理，探求几何和数的和谐，以取得秩序和美。城市典型平面为两条垂直大街从城市中心通过。中心大街的一侧布置中心广场，中心广场占有一个或一个以上的街坊。街坊面积一般较小。

希波丹姆斯根据古希腊社会体制、宗教与城市公共生活要求，把城市分为 3 个主要部分：圣地、主要公共建筑区、私宅地段。私宅地段划分为 3 种住区：工匠住区、农民住区、城邦卫士与公职人员住区。

希波丹姆斯的规划形式在他本人的实践中有所体现：公元前 475 年左右，希波丹姆斯主持米利都城的重建工作。公元前 446 年左右，希波丹姆斯规划建设了拱卫雅典的城郊滨海口岸庇拉伊斯城。公元前 443 年，希波丹姆斯从事建设塞利伊城。自公元前 5 世纪以后，古希腊城市大都按希波丹姆斯规划形式进行建设，特别是其后希腊化时期地中海沿岸的古希腊殖民城市，其中最有代表性的是建于公元前 4—前 3 世纪的普南城。

希波丹姆斯在历史上被誉为"城市规划之父"。他的规划思想，在米利都城建设工作中完整地得到体现。米利都城三面临海，四周筑城墙，城市路网采用棋盘式。两条主要垂直大街从城市中心通过。中心开敞式空间呈"L"形，有多个广场。市场及城市中心位于三个港湾附近，将城市分为南、北两个部分。北部街坊面积较小，南部街坊面积较大。最大的街坊面积仅 30 米×52 米。城市中心划分为 4 个功能区，其东北及西南为宗教区，其北与南为商业区，其东南为主要公共建筑区。城市用地的选择适合于港口运输与商业贸易的要求。城市南、北两个广场呈现一种前所未有的崭新面貌。是一个规整的长方形，周围有敞廊，至少有 3 个周边设置商店用房（图 12.3）。

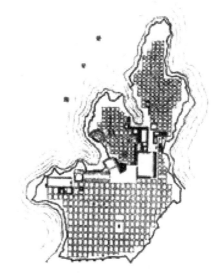

图 12.3 希波丹姆斯模式的代表——米利都城平面

12.2.2 希腊化时期的城市

公元前 4 世纪后半叶，奴隶制经济的发展突破了城邦的狭隘性。马其顿统一了希腊，随后建立了版图包括希腊、小亚细亚、埃及、叙利亚、两河流域和波斯大帝国的国家。这个时期叫做希腊化时期。由于东方古国的经济和文化同希腊的经济、文化交汇在一起，手工业、商业和文化达到比希腊古典时期更高的水平。因此城市的规划与建设也有了很大的发展。希腊化时期的城市大多按希波丹姆斯规划系统进行规划建设。这种布局规整、模式统一的规划在当时殖民时期城市建设量大、规划力量不足的情况下被广泛采用。一些主要为外国商人及水手居留的港口城市，有易于辨认路径与方向性强的种种优点，故希腊古典时期离雅典城 8 千米远的海港口岸庇拉伊斯城也是按照希波丹姆斯模式建设的。

希腊化时期城市建设的主要特征是与广场规整划一，从城市功能分区、道路系统、邻里住区的划分，一直到市中心与广场的规划布局都是严格按几何和数字的规律进行规划建设的。希腊化时期，卫城和庙宇已不再是城市的中心；新的城市中心是喧嚣的广场。广场的周围有商店、议事厅和杂要场等。广场往往在两条主要道路的交叉点上；在海滨城市里，它靠近船埠，以利贸易。

城市广场普遍设置敞廊，沿一面或数面。开间一致，形象完整。例如，阿索斯城的中心广场，平面为梯形，是一个两侧有大尺度敞廊的广场，敞廊高两层。这些敞廊用于商业活动。有时中央用一排柱子把它隔为两进，后进设单间的店铺。有的敞廊墙面饰以壁面或铭文，记录战争的胜利、帝皇的授赏、城市的法律条文或哲学家的格言。这种市中心敞廊有时与相接的街旁柱廊形成长距离的柱廊序列。街旁柱廊或房屋檐口高度一致，形成气势壮阔的轴线布局与透视景象，这在希腊前期是未曾采用的。希腊前期街道一般宽约 4 米。而希腊化时期的亚历山大城的主要街道卡诺匹克大街，宽约 33 米。这时房屋已普遍达到两三层高。前希腊城市主体建筑须位于城山之巅或城市高处，以突出其高大形象；而希腊化时期的城市主体建筑可以在平地上以其本身的建筑体系与高度突出自己。

希腊化时期城市供水来自附近山巅蓄水供应，有的城市有原始的下水道。城市有绿化种植和花园。城市环境卫生条件较希腊前期较好。

1. 普南城

普南城始建于公元前 6 世纪，于公元前 4 世纪亚历山大执政时进行了彻底重建。城市背山面水，位于向阳的陡岩脚下。建成最初，以城上底米特神庙为基础，顺地势往下发展并与地形配合，建起自上而下蜿蜒的城墙。城墙厚 2.1 米，设有塔楼。

城市面积甚小，仅为古罗马庞贝城的 1/3，建于 4 个不同高程的宽阔台地上。从城市岩顶至南麓竞技场、体育馆高差为 97.5 米。第一层台地最高，是底米特神庙；第二层是雅典娜波利亚斯神庙；第三层为肉市场、鱼市场以及会堂；第四层最低，建有竞技、体育馆。

城市按希波丹姆斯规划形式进行建设，顺等高线有 7 条 7.5 米宽的东西向街道，与之垂直相交的有 15 条 3～4 米宽的南北向台阶式步行街。市中心广场居城市先要位置，占道路交叉处中心地带的两个整街坊与局部其他地段。广场面积与城市公共活动的要求相适应，是商业、贸易与政治活动的中心。广场东、西、南三面均有敞廊。廊后为店铺与庙宇。广场上面是 125 米的主敞廊。广场上设置雕塑群，位于西面与广场隔开的是鱼、肉市场。

普南城占地东西 600 米，南北 300 米。约有 80 个街坊。街坊面积甚小，每块仅 47 米×35 米。每街坊有 4～5 座住屋，估计全城可供 4000 人居住。居屋以两层楼房为多，一般没有庭院。希波丹姆斯规划系统在古希腊长期实践过程中有所发展，即从米利都城单纯的棋盘式街道，发展到塞利纳斯城的有显著的城市轴线，更进而到普南城的道路与城市之间有计划的配合。多加底亚斯也曾对普南城加以分析，研究它的角度、位置、视点等关系，经过几何和数学分析，证实这些城市在规划时曾有一定的思想和意图（图 12.4）。

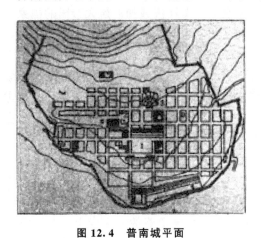

图 12.4　普南城平面

1—中心广场；2—神庙　3—剧院；4—竞技场

2. 亚历山大城

亚历山大城是马其顿亚历山大远征东方时，于公元前 332 年在埃及北部、濒地中海南岸创建的。它是当时世界最大、最美的城市，是地中海的经济贸易文化艺术中心，是地中海与东方各国进行各方面交流的中心。亚历山大城有一个较完整的路网，骑车和乘车都方便。最阔的街道 2 条，每条有 33 米，彼此交错成直角。城中有最壮丽的庙宇和王宫。宫殿占全城面积的 1/4～1/3。王宫的一部分包括有名的亚历山大博物园。亚历山大城在文化上的功绩，超过古希腊任何城邦。

12.3 古罗马城市规划形态

亚平宁半岛是古罗马的诞生地，现属意大利。地理位置在地中海中部的北岸，北部是阿尔卑斯山与波河平原。亚平宁半岛形状狭长，伸入地中海，与西西里岛连接起来，将地中海分成两个相等的大块，中间由突尼斯海峡连接，西西里岛南就是马耳他海峡，直接面临地中海的岛国马耳他。其地形以山地、丘陵为主，主干山脉为纵贯南北的亚平宁山脉，是阿尔卑斯山脉主干的南伸部分。古罗马地区基本为地中海式气候，全年温度变化小，夏季干燥而炎热，冬季多雨而湿润。阳光明媚，年降水量为 500～1000 毫米，水力丰富。

罗马原本是亚平宁半岛的一个小型城邦国家。公元前 5 世纪，罗马从奴隶制城邦建立起了共和政体，统一了意大利、北面的伊达拉里亚人以及南面的希腊殖民城邦。因此，在历史上被划分为三个历史时期：王政时期（前 750—前 510 年）、共和国时期（前 510—前 30 年）、帝国时期（前 30—467 年）。从公元前 3 世纪起，罗马共和国不断对海外侵略扩张。到了帝国时期的鼎盛年代，罗马已经控制了约 590 万平方千米的土地，版图扩大到了欧、亚、非三大陆，人口总数达到 1 亿人。经济上的繁荣也使城市得到了建设和发展，帝国版图上的城市数以千计。首都罗马的城市人口达到了 100 万人，这也是西方历史上的首个百万人口城市。

395 年，罗马帝国分裂为东、西两部分，东罗马建都君士坦丁堡，西罗马继续定都罗马城。分裂后的罗马不再团结统一，西罗马受到哥特人的侵略，于 467 年灭亡；东罗马继续发展成为罗马帝国的正统——拜占廷帝国。

12.3.1 古罗马城市特点

古罗马时代是西方奴隶制发展的最高阶段。罗马人不像希腊人那样善于利用地形，而是大刀阔斧的对地形进行改造。随着国家统一、领土扩张、财富聚集，罗马人依靠大量的财富和奴隶、卓越的技术以及东西方交融的文化和建筑性质，结合自身的传统创造出了罗马独有的建筑与城市风格。

古罗马国家的民主化程度随着城邦时期、共和时期和帝国时期不断减退。如果说古希腊城邦是依靠人本主义的精神以及希腊人对于城邦的热爱不断延续，那么古罗马国家则是依靠帝国的强权得以保证。随着罗马国力的强大，需要维系一个中央集权的国家，罗马军队、罗马法律和官吏随之变化，继而对罗马城市和道路进行了重新规划。统治者为了实现集权，不再提倡民主式的生活，而随着财富的积累、经济生活的提高，普通市民也不再对希腊人追求理性的生活感兴趣，而是越来越追求享乐的现世生活。所以，与古希腊相比，古罗马的城市具有以下三个显著的特点：世俗化、军事化、君权化。

1. 世俗化

古罗马的人们并不像古希腊人一样重精神而轻物质，他们的城市生活中表现出强烈的世俗化特征。到了古罗马繁盛时期，城市里代表崇高精神寄托的神庙建筑已经退居次要地位；而公共浴场、斗兽场、宫殿、府邸和剧场等宣扬现世享受的大建筑大量出现，并呈现出令人难以想象的规模和奢华。

2. 军事化

为了应对战争和防御的需求，古罗马的城市规划、建设也带有强烈的军事色彩，这从维特鲁威所描绘的理想城市形态中可以非常明显地看出来。在横跨欧亚非大陆的广袤疆土上，古罗马建筑了大量军事功能极强的"罗马营寨城"，并在全国开辟了大量的道路（我们今天常说的"条条大路通罗马"描绘的就是这样一个景象）来解决军事的集结和物资运输问题。罗马人还利用其卓越的建筑技术，修建了坚固的城墙、大跨度的桥梁和远运输水道等战略设施。

3. 君权化

到了罗马共和国后期和帝国建立以后，城市更成为统治者、帝王宣扬他们功绩的工具，广场、铜像、凯旋门和记功柱等成为城市空间秩序组织的核心和焦点。古希腊时期那种纯粹的市民公共活动，已经基本让位于有组织渲染的种种歌颂"伟大罗马"的整体性纪念活动，诸多广场也由最初的集会场所演变成了纯粹的纪念性空间。罗马城是君权化特征最为集中体现的地方，重要公共建筑的布局、城市中心的广场群乃至整个城市的轴线体系，一起投射出王权至上的理性与绝对的等级、秩序感，象征着君权神圣不可侵犯，这与东方帝国的城市特征有着本质的一致。

罗马虽然庞大而喧嚣，但在其极度繁荣与辉煌的表象背后，实质上是一座寄生的城市，腐朽从城市内部蔓延。奴隶主把财富用于非生产性的消费。与古希腊简陋但却拥有充实文明的城市所不同的情况是，古罗马曾经创造出了辉煌的城市规划与建设成就，却始终未能造就出健康的城市生活与文化。罗马的城市规划、建设在极限地满足少数统治者物质享受与追求虚荣心的同时，却对广大市民的实际生活没有多大的改善。

客观来说，在城市建设、市政技术乃至城市管理等方面，罗马成就均大大超越了希腊。但可悲的是，罗马人的梦想一直是努力将城市造就成一个巨大的、舒适的享乐容器，却在根本上忽视了城市的文化与精神功能，忽视了城市环境所应具有熔炼人、塑造人的特质要求。

12.3.2 古罗马城市规划思想

古罗马时代是西方奴隶制发展的最高阶段。古罗马人仰仗巨量的财富和军事实力，领土日益扩张，当时整个帝国版图上的城市数以千计。

鉴于希腊产生了西方文明中生活流作为整体有机统一性的最高表达，并相应地建造了他们的城市；罗马人则取得并保持一种合理的秩序，这种秩序只有将许多功能分成独立的单位才能成立。希腊人的原则基于在周密权衡的平衡中张拉力的相互作用，是极不稳定的，也的确只持续了短短的几年。正如以历来世界上所知道的最稳固的、政府为首的、庞大的罗马帝国是建立在分散的、独立的、各自为政的城市和省份的基础上，古典时期的罗马本身不是建立在一个整体的设计结构之上，而是建立在自给自足的建筑综合体的逐渐积累的基础上，其中每一座建筑都是为一个各自独立的功能而设计的，而每一座建筑又与其四邻建筑相互联系。整个设计通过单体建筑的纯体量而结合在一起，彼此之间由于城市不断发展所导致的压力而结合在一起。

通过积累体量大而自给自足的建筑单元，每个单元都紧挨着已建成的单元，每座建筑都因强有力的挤压而被牢固地定位。这种发展方法被证明对于发展中的城市的规模改变是能够适应的。几何形体的纯粹性，如运用圆柱体、半圆柱体、半球和椭圆棱柱与矩形对比产生一些有伟大建筑激情的地段。这些形体由起统一作用的柱与楣组成的柱廊及尺度类似的一行行的拱的韵律而联系在一起。甚至运用高拱券的地方，尺度完全不同于老旧的加横梁的神庙，拱券内的空间为重重帷幕般的柱楣结构所穿插，从而使建筑尺度减小，与罗马其余建筑的韵律取得和谐。要是没有这种表面上模式化的统一性，古罗马时期那些沉重的建筑体型将会相互排斥，最后一片混乱。

古罗马时代已有了正式的城市布局规划，它具有 4 个要素：选址、分区规划布局、街道与建筑的方位定向和神学思想。美国著名城市史专家芒福德曾指出："他们（罗马人）从希腊城镇中学到了基于实践基础的美学形式；而且对米利都城市规划形式中的各项重要内容——形式上封闭的广场，广场四周连续的建筑，宽敞的通衢大道，两侧成排的建筑物，还有剧场——罗马人都依照自己的方式进行了特有的转换，比原来的形式更华丽、更雄伟。"

据德国学者穆勒考证，罗马城的规划形式和定向原则与古代罗马人所使用的勘测技术和当时的思想观念密切相关。有丰富的文献记载表明，古罗马城的平面布局划分，因循了当时古罗马人对宇宙的理解和认识：城市的两条基线代表宇宙的轴线，基线划分成的四个部分代表宇宙的构成。但是罗马人的筑城技术，应该说是在战争中从亚洲学来的。古代东方城堡的结构原则，曾经成为罗马人城市设计的范本：正四方形平面，正南北走向，中心十字交叉的路口正对四面的街道和城门。他们又在此基础上加入了自己的思想准则和社会标准，如主要城门及街道要对准帝王生日那天的日出方位，或避开敌人可能来犯的方向。古罗马的广场也是这一时期城市设计的主要内容，其使用功能比希腊时期有了进一步的扩大。除了原先的集会、市场职能外，还包括了审判、庆祝、竞技等。其中，罗马城本身的广场群最为壮丽辉煌，其四周一般多为庙宇、政府、商场。

由于几乎没有任何精神枷锁、不可逾越的认知领域的制约以及受到强大国力的支撑，古罗马成为西方历史上最富有创造力的时代之一。古罗马城市规划思想的基石主要来自于伊特鲁里亚文化与古希腊文化，前者为罗马城市的规划带来了宗教思想与规整平面，后者则使希腊化时期的希波丹姆斯模式在罗马帝国的庞大国度中得到了进一步的运用和发展；同时还吸收了亚洲、非洲等众多城市的先进做法。

古希腊人强调人与自然的和谐，表现为在城市规划中明显的人文意识以及人工建筑对广袤自然环境的谦逊态度，体现出古希腊人对相对抽象的、纯真理想的美好追求。而古罗马人并不是理想主义者，他们更加重视强大而现实的人工实践，因此他们不像希腊人那样尊重自然、善于利用地形，而是倾向于强有力地改造着地形，并以此来显示力量的强大和财富的雄厚。在城市规划上，罗马人更强调以直接、实用为目的，而并非是像古希腊人那样将建筑视为雕塑而彰显其纯粹的美的艺术追求。总之，古罗马人将他们善于逻辑思维的突出才能和实用主义的态度，充分地应用于制定法律、工程技艺、管理城市和国家等方面，他们通过城市规划所主要追求的不是精神上与自然、宇宙的和谐，而是他们切身生活范围内的种种"现实"利益。因此罗马的城市规划原则与技艺更倾向于"实用主义"。

罗马城市规划的最大艺术成就与贡献，就是对城市开敞空间的创造以及对城市整体明确"秩序感"的建立。古罗马人将广场塑造成为城市中最整齐、最典雅而规模巨大的开敞空间，并通过娴熟地运用轴线系统、对比强调、透视手法等，建立起整体而壮观的城市空间序列，从而体现出了罗马城市规划中强烈的人工秩序思维。

公元前30年，罗马共和国的执行官屋大维废弃了共和国体质而正式称帝。从帝国建立到公元180年左右是罗马帝国的兴盛时期，歌颂权利、炫耀财富、表彰功绩成为这一时期城市规划与建筑的主要任务。帝国时期罗马的城市广场逐渐由早先的开敞变为封闭，由自由转为严整，罗马的规划师们娴熟地运用轴线的延伸与转合、连续的柱廊、巨大的建筑、规整的平面、强烈的视线和底景等空间要素，使得各个单一的建筑实体从属于整体的广场空间，从而使这些广场群形成华丽雄伟、明朗而有秩序的空间体系。即使在那些修建时间相隔较长、各具独立功能的建筑物之间，也可以通过这些轴线转折、序列转换的手法建立起某种内在的秩序。

与古希腊城市和建筑中所强调的有限感觉不同，古罗马城市规划、建筑设计的指导思想和重要任务之一，就是体现罗马国家强调的政治力量和严密的社会组织性。古罗马的城市规划与建筑设计中则是采用一组数学的比例关系，强调使城市、建筑本身的各部分之间相互达到协调，而并不需要以人的尺度作为参照，也就是说人是独立于整个空间型体系之外的。为了使城市和建筑显现出一种具有征服力的崇高感与震撼感，罗马人在规划、建筑实践中通常热衷于选择大模数，例如古罗马的许多广场、斗兽场、公共浴室、宫殿等都达到了超人的空间尺度和规模，远远超过了其实际使用功能的需要。

从总体上看，罗马城市规划有两大特点：一个是受宗教因素影响比较大，另一个就是受希腊城市的影响。罗马城市一般都是从城墙开始建设，采取的是矩形形式。这种规划就是出于宗教的原因。尤其值得注意的是城墙内外两边要留出狭长圣地，不准建造任何建筑物，这样既可以给城市的守卫者在防守中以方便，又可以增强城市的宗教约束力和制裁力。罗马城市还在方位走向上注意与有序空间协调一致，这一点在一些希腊城市中就有体现，但两者也有区别。其区别在于城市主干道的布局方式，一条为南北走向，另一条为东西走向，两条大道成直角在市中心交汇，成为轴式城镇。按照规划，这种交汇点一般为城市中心，通常在这里要为宗教纪念物挖一个地基，或将它作为广场。至于城市方位朝向则由宗教因素来决定，但罗马人有时也会随着地形和其他情况的变化来加以调整。在吸收希腊与米利都城市规划的过程中，罗马人还特别注意创新。例如，罗马城市中的剧场就是罗马人在借鉴的基础上根据自己的方式加以变化，从而使得它比原来的形式更为华丽、雄伟。捷姆加德城是罗马城市规划中的一个范例。这个在较短时间内规划并建成的小城镇，与其他城市一样非常简朴，在城市的矩行边界内是极其规则的棋盘格局形式，那些有拱廊和骑楼的街道、广场、市场、竞技场、浴室、公厕成为标准设施而散布于城市之中。这种规划在罗马帝国境内的其他城市中也能看到。就当时来说，这种规划无疑是极为周到和先进的，它为城市的正常运转及居民生活提供了较完备的条件。在城市规划方面，罗马人还特别注意城市规模的适度。这一概念包含两层含义：一个是指城市面积的大小，另一个是指城市人口的多少。在城市面积方面，罗马人倾向于适中的规模，特别是一些新兴的城市，规模都不是很大。在罗马的建筑师看来：理想的城镇长度应为 2400～1600 英尺（1 英尺＝0.3048 米），因为长度太长就会看不清沿城墙传递的信号，因而对城防不利。可见当时的罗马人更加注重城市的安全，而不是一味地求大。在人口数量上，罗马市政当局对城市也有一定的规划，5 万人被认为是最为合适的。因此尽管罗马帝国通过发展手工业、商业，使不少城市相当繁荣，但这些城市依然保持着适度的规模。小城市可以从周围的地区获得自己所需的大部分用粮，从而使之能有效维持城乡之间的平衡，而大城市则无法做到这一点，正所谓小有小的好处。

维特鲁威是古罗马杰出的规划师、建筑师，公元前 27 年其撰写的《建筑十书》力求依靠当时的唯物主义哲学和自然科学的成就，对古罗马城市建设的辉煌业绩、大量先进的规划建设理念和技术进行历史性总结。《建筑十书》分十个篇章，分别总结了自古希腊以来的城市规划、建筑经验，对城址选择、城市形态、城市布局、建筑建造技术等方面提出了精辟的见解，是一本百科全书式的成果。《建筑十书》奠定了欧洲建筑科学的基本体系，在文艺复兴以后更作为西方建筑学的基本教材达 300 余年之久。

维特鲁威继承了古希腊的许多哲学思想和城市规划理论，提出了他的理想城市模式（图 12.5）。在这个理想城市模式中，他把理性原则和直观感受结合起来，把理想的美和现实生活的美结合起来，把以数的和谐为基础的毕达哥拉斯学派的理性主义同以人体美为依据的希腊人文主义思想统一起来，强调建筑物整体、局部以及各个局部之间和整体之间的比例关系，并且充分考虑了城市防御和方便使用的需要。维特鲁威的理想城市模式，对西方文艺复兴时期的城市规划、建设有着极其重要的影响，那一时期很多人提出的"理想城市模式"基本都是维特鲁威《建筑十书》的翻版。

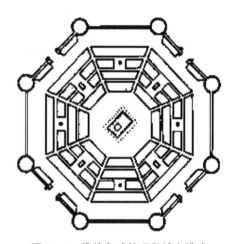

图 12.5　维特鲁威的理想城市模式

12.4 古罗马的代表城市

12.4.1　共和时期的城市

1. 罗马营寨城

公元前 3 世纪—前 1 世纪，罗马人几乎征服了全部地中海沿岸。在古罗马领土扩张的过程中，营寨城（castra）是作为军事营地在殖民地大量兴建的一种城市类型，目的是安置远征部队，控制周边区域。公元前 275 年，罗马人占领了地中海沿岸的派拉斯营地，并把它作为城堡的模式，于是就形成了古罗马营寨城设计的原型。

这种营寨城的模式是由方正的城墙。城市平面为正方形，朝向罗盘的基本方位。中间的十字交叉道路通向方城的东南西北 4 门。十字形或 T 形交叉，将城市划分为 4 个或 3 个部分，在两条干道的交汇处设立广场或神庙。公共活动在城市中心广场举行，军团指挥部或主要的城市公共建筑设在广场旁边。营寨城的外形已不复圆形而改用方形，因这时已不用选高低城址。今日欧洲有 120～130 个城市是从罗马营寨城发展起来的。有些城市还可看出原来的面貌。其中最典型的营寨城市当推建于公元 100 年、即罗马帝国时期的北非城市提姆加德，此城建成后 150 年被北非风沙淹没，直到近代才被发掘，故完整地保存了当时风貌。

2. 古罗马城

据传，古罗马城的建成奠基日是公元前 753 年（图 12.6）。这个城市是在一个较长时间里自发形成的，它没有一个统一、合理的规划。共和时期，罗马城市仍是自然发展的，布局比较紊乱。可是市中心的建设却有着光辉的成就。这个古城由著名的罗马七丘组成，其中帕拉丢姆为七丘之心，面积约为 300 米×300 米，向西北倾斜。山顶有自然的蓄水池，供应全城用水，四周有墙以资保护。古罗马城在公元前 4 世纪筑起了城墙，城市保留有空地，作为被敌包围时的粮食供应地。城市中心广场在帕拉丢姆以北，后来在这里逐步形成广场群，即著称于世的共和广场和建于帝国时期的帝国广场。共和时期的罗马广场由广场群组成，是城市社会、政治和经济活动的中心，周围的房屋比较散乱。广场为市民欢聚的公共活动场所的性质比较突出，很像希腊普化时期的城市广场。共和时期的广场建筑物彼此在形式上与整体不甚协调，其建筑群体现了政治军事权力的逐步增长。每一个建筑群都比以前的规模更大。这些建筑群组成了古罗马的城市空间。其中罗努姆广场全部用大理石造成，大体呈梯形，完全开放，在它的四周有巴西里卡、庙宇和用于经济活动的房屋，它是一个公众活动的场所。它的南面是凯撒广场，建于公元前 54—前 46 年，从共和向帝国的转变时期。广场面积为 160 米×75 米。这个广场仍保留了一些公关性质，两侧有敞廊，廊后是经营高利贷的银行业铺面。广场深处是凯撒家族的保护神维涅尔神庙。庙前立着凯撒的骑马铜像。这个广场比以前建造的广场封闭，且是轴线对称。共和时期的城市广场有很丰富的雕像装饰，这些雕像大都是在战争中掠夺来的，安置在广场的边沿。

图 12.6　古罗马城复原

3. 庞贝城

共和时期的著名城市庞贝始建于公元前 4 世纪左右，是公元 79 年维苏威火山爆发时被淹没的罗马共和时期古城。它原来是规则的营寨城市,后逐渐发展为古罗马的重要商港和休养城市。该城位于维苏威火山脚下,当时约有 2 万人口。主要街道的走向,主要公共建筑物和大府邸的轴线,基本上是正对维苏威火山的。整个城市有以火山为中心统一构图的思想。庞贝城城墙高 7~8 米,有 8 个城门,城市平面不规则,东西长 1200 米,南北宽 700 米,略似椭圆形。通过市中心广场的十字形道路宽为 6~7 米。次要街道宽为 2.4~4.5 米,工程设备很好,因而道路坚固。通往广场的街道用块石整砌,道路都有缘石和人行道。在道路上人工地做出车辙转弯半径。城西南角式市中心广场面积为 117 米×33 米。广场上的主要建筑物有城市守护神朱庇特神庙、法庭、交易所、市场、公称公尺陈放室、行政机关、会议厅等。北端正中立着朱庇特神庙,其背景正对着维苏威火山的顶峰。

广场周围的建筑物是先后建的,较凌乱,所以后来沿边建造了一圈两层高的柱廊,既托出了朱庇特神庙的立面,又由于柱廊的统一而使总体很完整。当广场上举行各种表演时,两层柱廊就成了看台。广场地坪比四周柱廊低,显然广场内是有车辆进入的。城市南部还有一个三角形的广场,其上有神庙;其北有大小两个剧院,各容纳 5000 人和 1500人。东端有大斗兽场,可容纳 20000 人,即全城的成人都可容纳在内。

城市一般住房和商店是一层或两层的,房屋围绕天井。较突出的市中心附近的潘萨府邸,单独占据了整整一个街坊,南北长 97 米,东西宽 38 米,三面临街。后面是大花园,约占整个府邸用地的 1/3。府邸的沿街部分有敞开的店面和面包房。

12.4.2　帝国时期的城市

罗马帝国时期是古罗马历史的鼎盛时期,在辽阔的地跨欧、亚、非三洲的幅员内,到处兴建或扩建城市,如首都罗马和罗马帝国广场的建设,商港巴尔米拉和俄斯提亚的建设,军事营寨城阿奥斯塔、提姆加特的建设等。

1. 罗马城

至 2 世纪,罗马城市的发展已突破 13.86 平方千米的奥留良城墙范围,城墙外可自由发展。替伏里附近的阿德良皇帝的离宫即位于罗马城郊。在通往城郊的道路上有坟墓、庙宇、军事设施以及体育运动设施。

罗马在 3 世纪时人口已超过 100 万人。其粮食供应是通过梯伯河口的俄斯提亚运入罗马的。俄斯提亚人口为 5 万人,距罗马 18 千米。罗马人在俄斯提亚建设了图拉真湾港与克劳提亚斯港湾。城市与港湾均筑防御城墙。古罗马一度曾缺粮缺水时,城市居民向郊外迁徙,使郊外沿梯伯河两岸的建设蓬勃发展。

罗马城市用水量很大,故从几十千米之外把水源送入城市。仅罗马城就有 11 条输水道。罗马城内有位于巴拉丁山上的皇帝宫殿,建造年代先后不一,用地紧张狭小,建设比较零乱,但供消遣和生活享乐所需的跑马场、剧场、斗兽场、浴场等规模宏大。马克西玛斯跑马场可容纳 25 万名观众;剧场可容纳 10000~25000 名观众;斗兽场可容纳 5 万名观众;浴场可容纳 2000~3000 人,其中卡拉卡拉浴场占地 575 米×365 米,用地内除浴场外,还有俱乐部、交谊厅、演讲厅、体育场、蓄水库、花园和商店等。公元 3 世纪时,古罗马城内大型浴场有 11 所,中小型浴场更是遍布全城。

帝国晚期罗马城有公寓 46602 所，有的高达七八层，向高处恶性发展。不少公寓因质量差，造成倾塌，故奥古斯都皇帝执政时规定高度不得超过六层，房高不能超过 18 米。罗马街道最宽的仅 6.5 米，一般大街为 4.8 米。当时法规规定小街的宽度不得小于 2.9 米。远在共和时期凯撒皇帝执政时，即规定在罗马城内白天不得行驶车辆，故罗马城晚间车声喧嚣。罗马城市建设的成就集中在中心地区广场群和建筑群，但城市总体布局比较零乱。它是由许多点凑合而成，而未形成完整的系统。

2. 帝国广场

在罗马共和时期，共和广场是城市社会、政治和经济活动的中心。到了帝国时期，帝国广场改变了性质，成为皇帝们为个人树碑立传的纪念场地。皇帝的雕像开始占据广场中央的主要位置。广场群以巨大的庙宇、华丽的柱廊来表彰各代皇帝的业绩。广场形式又逐渐由开敞转为封闭，由自由转为严整，其目的在于塑造一个供人观赏的三维空间艺术组群。

帝国广场是从共和广场的轴线中段向西北延伸约 300 米，这里原是一块山间的空地。帝国广场由奥古斯都广场和杜拉真广场等多个广场群组成。它们的建筑布局不同于共和广场。共和广场上的建筑物强调自我突出，与广场整体甚不协调；而帝国广场的建筑实体从属于广场空间，由广场上的方形、直线形和半圆形的空间组成，每个空间都有柱廊连接，端部的主要建筑物起着主要装点作用。广场群的设计手法使每个皇帝所建筑的广场建筑群在用地布置上彼此垂直相交，以多个彼此相交的垂直轴组成一个完整的整体。柱廊把各种空间联系起来，也是各个空间的过渡。这种设计手法使一些相隔较长时间修建的建筑物之间建立了内在的秩序。帝国广场以奥古斯都广场和图拉真广场为主体，这些广场辉煌而开阔，明朗而有秩序，由巨大的建筑物构成巨大的空间。

奥古斯都广场已没有社会和经济活动意义，纯粹为皇帝歌功颂德而建造。战神庙高高地立在大台阶上，两侧各有一个半圆形的讲堂。广场面积为 120 米×90 米，两侧敞廊中央各有一个半圆厅。在轴线交点上，立着图拉真的骑马青铜像。广场底部是巴西利卡，巴西利卡之后是一个 24 米×16 米的小院子，中央立着高达 35.27 米的记功柱。院子左右是图书馆。穿过这个院子，又是一个围廊式院子，内有崇拜图拉真的庙宇，是广场的艺术高潮所在。图拉真广场一连串空间的纵横、大小、开间变化，反映了用建筑艺术手法造成神秘威严的气氛来神化皇帝的设计思想。

3. 营寨城

帝国时期所建成的一批重要军事意义的城市，如北非提姆加德、兰培西斯以及阿奥斯达，都是由军队在短时间内建成的。这三个城市的规划布局的共同特征是按照罗马军队严谨的营寨方式建造的（图 12.7）。城市有两条互相垂直的大干道呈十字叉或十字式相交，在交点处是城市的中心广场。在这里可进行阅兵。城市路网为方格形。城市里有剧场、浴场等大型公共建筑。在主要道路起讫点和交叉处，常有壮丽的凯旋门。在凯旋门之间有很长的列柱街，形成极其雄伟的街景。

提姆加德城市平面呈正方形，350 米见方，东西有 12 排街坊，南北有 11 排街坊，每个街坊 25 米见方。城市广场比道路高出 2 米，用台阶连接。广场面积为 50 米×42 米。广场四面有建筑环绕，并且有柱廊，柱距 2.5～3 米。由于柱廊比例恰当，故感觉广场规模很大。提姆加德城外山头有地方神的神庙（图 12.8）。

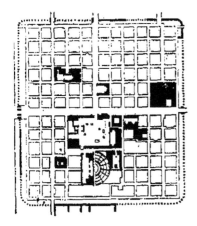

图 12.7　罗马营寨城示意

图 12.8　提姆加德古罗马遗迹

北意大利的阿奥斯达南北道路已不在中央而在偏西部，也用了平行的道路。当时可能由于有两支军队同时驻扎，因此有两个中心。

4. 城市工程

罗马帝国时期，城市工程设施达到了很高的水平。有的城市大街宽达 20～30 米，巴尔米拉干道甚至达到 35 米，有两侧人行道。街道上铺着光滑平坦的大石板。在巴尔米拉、提姆加德等城市里，干道两侧有长长的列柱，通常列在车行道与人行道之间。在北非提姆加德等太阳暴烈地区，人行道上有顶子，形成柱廊。

除道路外，古罗马在桥梁、城墙、输水道等建设中都有突出成就。罗马城里的特勃里契桥的跨度长达 24.5 米，用连续的大石券，甚至是重叠两三层的大石券绵亘数十千米飞架起来的输水道，已成为具有很大表现力的纪念性构筑物。

早在公元前 5 世纪前后，古罗马就修建了第一条上水道和下水道，后来又修建了渗水池。高架输水道把水源引进城市，供市民日常所需。渡槽也采用拱券方式。这种输水道在帝国时期形成极盛之势。

本 章 小 结

1. 本章介绍了古希腊、古罗马城市，重点描述了古希腊、古罗马城市的起源、形态与布局，以及古希腊、古罗马时期的城市规划思想和代表城市的建设概况。

2. 古希腊的城市建设充分体现了民主和平等的城邦精神。与古希腊相比，古罗马的城市具有世俗化、军事化、君权化的特点。

思 考 题

1. 古希腊城市的规划与布局是怎样的？
2. 简述古罗马城市的特点。
3. 简述希波丹姆斯的主要思想和影响、典型城市。
4. 简述《建筑十书》的主要内容及影响。
5. 简述罗马营寨的特点及典型城市。

第13章

中世纪时期城市规划与建设

教学目标

讲述了中世纪西欧城市的起源、形态与布局，以及中世纪西欧城市规划思想和代表城市的建设概况。通过学习本章，应达到以下教学目标：

(1) 使学生了解中世纪西欧城市兴起的背景和城市起源；

(2) 掌握中世纪城市的规划建设特征、布局特征、建筑形成风格以及城市生活形态特征；

(3) 理解中世纪城市的规划思想；

(4) 熟悉西欧中世纪的代表城市和中世纪城市广场建筑。

教学要求

知识要点	能力要求	相关知识
中世纪城市规划	(1) 理解中世纪城市规划的背景 (2) 了解中世纪城市的起源	(1) 商业起源论 (2) 手工业起源论
中世纪城市规划特征	(1) 掌握中世纪城市的规划建设特征 (2) 明确中世纪城市的布局特征 (3) 熟知中世纪城市的建筑形成风格	(1) 要塞型、城堡型、商业交通型 (2) 城墙和城门的意义 (3) 罗马式建筑，哥特式建筑
中世纪城市生活形态	(1) 掌握中世纪城市生活形态的特征 (2) 了解中世纪城市住宅设计的特点 (3) 熟悉中世纪公共机构的规划建设特征	(1) 教区与社区合一的特征 (2) 市民生活与世俗文化的萌芽
中世纪城市规划思想	(1) 理解中世纪城市规划思想 (2) 了解中世纪城市规划思想的具体体现	(1) 以教堂为核心 (2) 自然主义的非干预规划
西欧中世纪的代表城市	(1) 了解意大利中世纪的代表城市 (2) 熟悉法兰西中世纪的代表城市 (3) 了解德意志中世纪的代表城市	(1) 佛罗伦萨、威尼斯、锡耶纳 (2) 巴黎、卡卡松与圣密启尔山城 (3) 纽伦堡、卢卑克、诺林根
中世纪城市广场建筑	(1) 熟悉中世纪主要的城市广场建筑 (2) 了解城市广场建筑的建设特征	(1) 西格诺里亚广场 (2) 圣马可广场 (3) 坎波广场

基本概念

要塞型；城堡型；商业交通型；城市布局；建筑风格；罗马式建筑；哥特式建筑；规划思想；城市广场；佛罗伦萨；巴黎；纽伦堡；圣马可广场

引例

罗马帝国的灭亡标志着欧洲进入封建社会的中世纪。由于罗马帝国的崩溃和外族的侵袭，使得罗马帝国时代繁华的城市多数已经荒芜，整个社会生活的中心由城市转入了乡村。5—10世纪西欧，生产力极度低下，手工业和商业十分萧条，城市处于衰落状态，古罗马城的人口从极盛时期的100万人降到了4万人。

10世纪以后，随着生产力水平的提高，手工业和商业逐渐兴起，一些城市摆脱了封建领主的统治，成为自治城市，公共建筑（如市政厅、关税厅和行业会所）占据了城市空间的主导地位。随着手工业和商业的继续繁荣，不少中世纪的城市终于突破封闭的城堡，不断向外扩张。

中世纪西欧的城市是自发成长的。城市形状很大程度上受到地理因素的制约，城市规划不是整齐端正的，而常常是不规则的，很多呈现出圆形、方形或椭圆形等几何形状。欧洲中世纪的城市规划的随意性要大于规律性，城市规划是多样的，受地域因素或者原有的城市结构制约较大。尽管它们有许许多多的形式，却都具有一个普遍的、统一协调的布局。正是它们的变化和不规则，不仅是完美地，而且也是精巧而熟练地把实际需要和高度的审美力融为一体。

中世纪欧洲的教会势力十分强大，教堂占据了城市的中心位置。教堂的庞大体量和高耸尖塔成为城市空间布局和天际轮廓的主导因素，使中世纪的欧洲城市景观具有独特的魅力。不同于古希腊、古罗马的城市，宗教建筑基本上成为中世纪城镇中唯一的纪念性、标志性建筑，代表了这个时期欧洲建筑的最高技术与艺术成就。在西欧封建社会盛期兴起的哥特式建筑是教堂的主体形式。

西欧中世纪城市拥有的自然、整体的艺术成就是自发形成的，而并非有意识规划的结果。同时，中世纪城市美的秩序，来源于对自然地形形态的有机利用以及对基督教生活的有机组织。

13.1 中世纪城市规划形态

13.1.1 中世纪概况

1. 5—10世纪西欧城市的衰落

5—10世纪，西欧的社会与文化处于极端破落的状况，生产力极度薄弱，几乎退回到了自给自足的农业自然经济状态。落后的自然经济使得城市中的手工业和商业难以维系，整个社会生活的中心由城市转入了乡村。在这个薄弱的经济、文化环境中，西欧四分五裂，大大小小的封建领主们在各自封地里割据，没有集中统一的政权，所有的国家都名存实亡。古希腊、古罗马光辉的文化和卓越的技术成就也已经在战火焚劫之余被彻底遗忘了。在这个漫长的时期中，整个西欧几乎没有像样的城市建设，也很难寻觅到与古代城市发展的连贯性。

由于罗马帝国的崩溃，以及马扎尔人（匈牙利人）、阿拉伯人、诺曼人等外族的侵袭，使得罗马帝国时代诸多繁华的城市多数已经荒芜，不是沦为小城镇、孤零的城堡或变成农庄，就是在战争中成为废墟，仅有的一些城市成为了教会主教驻节的中心。在这个分裂动荡的时期，除东部的拜占庭外，不复存在真正的大城市，甚至连古罗马城的人口也已经从极盛时期的 100 万人降到了 4 万人。严格地说，10 世纪前西欧的城镇与城堡并不是完全意义上的城市。由于封建割据，当时西欧的城镇和城堡大概有 3000 个，但其中 2800 个左右的城堡人口只有 100～1000 人，这些城镇充其量只是教堂驻地或封建领主们生活的堡垒，很难谈及健全的城市功能与经济活动，城市中仅有的一些建筑活动也大多是关于城堡或教堂的建设。

中世纪早期西欧凋敝的整体社会境况，使得宣传"禁欲主义""博爱"和"自律"的基督教思想获得了肥沃的生长土壤，很多人"皈依宗教"以寻求精神的寄托，查士丁尼甚至将管理城市的财政和民权全权交给了教会。在西欧世俗政权陷于分裂状态时，基督教的东西两宗——天主教、东正教却分别在罗马和君士坦丁堡建立了集中统一的教会。与西欧世界中赢弱而分散的封建政权相比，强大而统一的教会不仅统治着人们的精神生活，甚至控制着人们生活的一切方面。而一旦教会品尝到人世间财富与权力的种种乐趣后，就再也不愿意离开世俗的筵席了，久受压抑的欲望表现为对财富的疯狂攫取和不断建筑更加奢华宏伟的教堂。每一个主管教区就相当于一个城市，从 6 世纪开始，主教的冬居就成为"城市"的代名词。

2. 11—15 世纪西欧城市的再兴和繁荣

1）西欧封建经济的发展和封建化的逐步完成

中世纪西欧的农业以推广三田制为主要进步标志，三田制、重犁和荒地的开垦从 10 世纪起构成中古西欧农业生产力水平提高的主要景象。11—13 世纪西欧人口也有较大的增长。农业生产的发展为商业、手工业提供了比较充足的粮食、原料，刺激了消费，从而扩大了商品市场，促进了商业和手工业的发展。定期开设的集市和发达的转运贸易便彰显了这一时期繁荣的市场景象。从 9 世纪末起，西欧城市就已开始逐渐增多；11 世纪中叶以后，新城市大量出现，许多旧城市也增加了人口、扩大了规模。

西欧封建制度的形成有两条线索，一是封君封臣制和封土制的形成和变化过程，二是自由农民的农奴化过程。9—13 世纪是封建庄园兴盛时期，9 世纪起，一种新的封建农业经济组织形式——农奴劳役制庄园开始在西欧流行。典型的庄园采用劳役地租的剥削方式，封建主对农奴人身，换言之对其劳动力特别强有力的支配是对农奴进行剥削所必需的。从法律地位来讲，农奴没有婚姻自由，没有财产权，不能随意离开主人，可由主人买卖或转让，地位是十分低下的。11 世纪以来西欧商品经济关系的发展，对农民的状况有一定的影响。农民向封建主交纳的货币有所增加，有时甚至取代了部分或全部劳役地租，使农民对封建主的人身依附关系有所松动，但这并未减轻甚至加重了农民的负担。在少数地区，农民内部的分化也有所加剧。这些情况在 12、13 世纪越来越多。农民因过去相对稳定状况的改变，滋生出强烈的不满情绪，难以忍受封建主用新方式加强剥削。他们普遍利用公社传统组织起来同封建主斗争，反对封建主打破惯例增加剥削量，要求明确规定劳役和租税的数额。在西欧大陆上的有些地区，农民组成公社进行斗争，从封建主那里取得写明农民负担数额的证书，这种形式的农民运动和当时西欧城市争取自由的斗争汇合成一股洪流，绵延不绝，声势浩大，史称"公社运动"。

2）城市的兴起与城市自治运动

11—12 世纪西欧的城市发展出现了质的飞跃，在许多城市中为了促进工商业的进一步发展，经济力量日益强大的商人和手工业者阶层成立的各种行会通过赎买或武装斗争的方式，从当地领主或教会手中取得了不同程度的自治权，从而逐渐摆脱了城市对封建领主与教会的依附关系，获得了不同程度的自治。这种城市自治运动最早开始于意大利，而后很快扩展到了尼德兰（The Netherlands，相当于今天的荷兰、比利时、卢森堡和法国东北部的一部分，14 世纪资本主义手工业最早的发源地之一）、法国、德国及整个西欧。城市自治不仅进一步促进了工商业的发展，而且为西欧市民文化的生长提供了必要的土壤。在这些自治城市中，市民阶层逐步壮大起来，市民享有了一定的个人自由，并催生了市民意识的逐渐觉醒，自古希腊、古罗马以后，久违的各种世俗文化也重新萌生并发展起来。在这些自治城市里，税收不再是封建主巧取豪夺以满足个人消费的手段，而具有公共性质，它一般被用于市政建设特别是城防费用。城市议会是这些自治城市的主要行政机构，掌管着行政事务和武装力量，有些城市实际成为了独立的"城市共和国"。在 5—10 世纪，西欧的城市建设基本停滞。到了 12—13 世纪，手工业与商业的繁荣促使人口与各种经济活动进一步集聚，城市建设也得到了较大的发展。这时候虽然教堂仍是城市中最重要、最中心的建筑物，但是商店、行会、仓库、码头、港口等各类适应新社会生活需求的公共建筑物多了起来，并逐渐增加着它们的重要性。

11—13 世纪的城市自治运动，从本质上讲是一场反封建、争取自治权的斗争，直接影响是在西欧的许多地方建立起了适合于市民生活的城市制度，并为后来文艺复兴时期思想的解放铺垫了必要的土壤。在这些自治的城市里，"城市的空气使人自由"，以手工业者、商人和银行家为主体的市民阶级正式登上了城市历史的舞台。正如恩格斯所言："从中世纪的农奴中产生了初期城市的自由居民，从这个市民等级中又发展出了最初的资产阶级分子。"因此，这个时期是西欧城市与社会发展史上的重大转折，一切新生活、新思想、新运动的种子开始萌芽。

13.1.2 中世纪城市的起源

几个世纪以来，有不少人对西欧城市普遍而又迅速兴起的原因进行了深入探讨。最先流行的是"罗马起源说""基尔特说""马儿克说""特权说""市场说""封建领地说""堡垒说"。20 世纪以来，在西方史学界主要流行"商业起源说"；以苏联史学家波梁斯基、柯斯敏斯基等为代表，则提出了"手工业起源说"，这一说法曾在马克思主义史学界被广为接受，并被国内教科书普遍采用。

10 世纪后，随着农业生产的迅速发展，有了更多的剩余产品，不仅能满足农民及封建主的需要，而且能够提供粮食和原料给从事工商业活动的人，促使了手工业技术的发展，使之达到了专门化的水平；商业活动开始活跃，促进了商品的交换。这样在主教驻地、城堡周围、修道院附近和一些交通便利、比较安全，能够获得廉价原料与可以顺利出售产品的港口、交通要道等地。一些手工业者通过各种方式摆脱封建领主的束缚，脱离封建庄园，在这些地区定居下来。其后人口逐渐聚集，来往商人增多，于是城市兴起。城市居民大多是来自附近乡村的农奴，他们只要在城市住满一年零一天，就获得自由，成为城市市民。"从中世纪农奴中产生了初期城市的城关市民"。这种发展方式即是称为城市的"手工业起源说"。

西方史学界主要流行的则是"商业起源说"，它是由皮雷纳提出的。他的基本思想是：8世纪时，由于阿拉伯人的征服，导致商道堵塞，造成地中海贸易的衰落；到11世纪，随着商道的畅通与商业的恢复，最早的城市便作为商业据点出现在地中海沿岸，尤其是意大利；随着商业活动的日益活跃，越来越多的城市得以兴起。他写道："地中海的全部商业活动，东面通过威尼斯，西面通过热那亚、比萨汇流到伦巴底，伦巴底异乎寻常地蓬勃发展起来了。在那个令人神往的平原上，城市像庄稼一样茁壮成长。商业促使那里工业的出现，随着商业的发展，所有古罗马的'城镇''自治市'，重新出现了新的生气，比之它们在古典时代更加蓬勃。"他又描述北欧的城市兴起："像威尼斯的商业很快将伦巴底卷入它的活动之中一样，斯坎的纳维亚的航海活动激起佛兰德尔海岸的经济觉醒。佛兰德尔的地理位置确实使之成为北方商业最好的中转站。佛兰德尔还有一项传统的呢绒工业，已有1000年左右的历史，在伦敦市场引人注目的是佛兰德尔的呢绒。这样商业和工业的结合使得佛兰德尔地区自10世纪起经济越来越活跃，在11世纪时，佛兰德尔所取得的进步是惊人的。"最后，他得出结论："商业的扩展发端于两个地方（威尼斯和佛兰德尔），像一种健康的时尚传遍整个欧洲大陆。"

纵观以上诸多起源，其中许多已被事实证明过分片面。如"罗马起源说"，经查找大量资料却找不到中世纪城市的典型——意大利城市有起源于罗马时代的足够证据，"基尔特"（即行会）出现在城市兴起之后，而不是城市兴起之前等，至于在今天的西方史学界占据主导地位的"商业起源说"也存在不可克服的弊病，而我国学者所坚持的"手工业起源说"也被认为多少有些勉强。其实，作为一种历史现象它出现的原因应是多样性的，而且历史的发展也不是单线的运动，它发展的进程必定是曲折不平衡的，不可能一种或两种因素便导致一个历史现象的产生。追溯中世纪城市起源问题应综合多种因素，分出直接原因和间接原因或主要原因和次要原因等。如中世界社会生产力的发展是促进中世纪城市兴起的主要原因，而"罗马起源说""商业起源说"等因素可作为间接和次要原因加以补充说明。另外关于中世纪城市起源问题，还可以补充一点：西欧封建制度的脆弱和不完善，正是中世纪城市兴起的重要因素。

13.1.3　中世纪城市的特征

1. 城市规划建设特征

1）早期西欧城市规划建设特征

中世纪西欧的城市是自发成长的。这些城市主要在三种类型的基础上发展起来：第一种是要塞型。城市最早是军事要塞，是罗马帝国遗留下来的前哨居民点，以后发展成为新社会的核心和适于居住的城镇。第二种是城堡型。城市是在封建主的城堡（图13.1、图13.2）周围发展起来的。城堡周围有教堂或修道院，在教堂附近形成广场成为城市生活的中心。第三种是商业交通型。这类城市是由于其地理位置的优越，而在商业、交通活动的基础上发展起来的，因而要道、关隘、渡口通常是进行商品交换的手工业者和商人的聚居区。

图 13.1　封建领主的城堡　　　　　　　图 13.2　封建领主的城堡

中世纪早期的城市选址主要是出于对城堡和主教区防御的需要，另外还有出于安全、交通、贸易（河流、岛屿、山丘）的需要，而这些城市往往是以城堡、主教宫、行宫等建筑为中心，并与商人聚居区、市场、手工业区结合。中世纪西欧的城市由于各封建主、各城市共和国之间常有战争，一般都选址于水源丰富、粮食充足、易守难攻、地形高耸的地区，四周以坚固的城墙包围起来。随着经济的发展，市区不断扩大，因而又不断扩建城墙。城墙的建造耗费了公共事业支出的绝大部分，大多数城墙呈不规律的、抹平了边角的圆形，在建造时尽可能用最小的费用来包括预先确定的面积。应该尽量推迟新城墙的建造，直至旧城墙内确实不再存在多余的空间。因此，中世纪城市十分密集，建筑尽量向高处发展。只是 13 世纪末到 14 世纪初才建的大型城墙，如佛罗伦萨、锡耶纳、博洛尼亚、帕多瓦和根特的城墙显得过于庞大，因为 14 世纪时，人口不仅不再增长，甚至还有所下降。在城墙内留有大片的空余绿地，直到 19 世纪才被利用起来。城市因受城墙的束缚，往往规模很小，人口少则几千人，多则几万人。当城市发展，城墙外产生城郊区。它们主要是手工业者居住的市街地，同行者多聚居于一条街上，以铁匠街、木匠街、织布街等命名。

2）城墙与城门

城墙对于城市的意义，不仅仅是作为军事之用，而且像教堂顶上矗立的塔尖，是一种象征。但是，在中世纪社会，城墙还建起了人们心理上与世隔绝的致命感觉，又加上道路很差，增加了城镇之间交往的困难，使人们好像生活在孤岛上一样，这种孤立主义对教会和国家都极为不利，以致他们允许调动武力去剥削和侵略，以求扩大他们的城墙，囊括更大的疆域，从而至少促使内部更为团结。

关于城墙，还应谈一谈城门的特殊作用。城门的作用不仅仅是可以开关，还是城市与乡村、城内与城外"两个世界相遇的地点"。城墙的正门是商人、香客和普通旅行者进入的地方，很快这个地方就变成海关、护照检查所和移民控制点，而它的凯旋门的塔楼常常与教堂或市政厅门前的塔楼竞相比美，像吕贝克城那样。当交通车流慢下来的时候，人们就想卸下车上装的货物，所以仓库之类建筑物常常建在城门附近，客栈和酒店也集中于此，而在邻近的街道上，商人和手工业者建起了作坊。这样，虽然没有分区规划的规定，但城门划分了城市的经济区，因为城门不止一个，从不同地区来的交通车流易于把商业区分散和分类隔开。这种在功能上的有机配置，使城市内部地区除了它当地产生的交通外，可不受外来交通的压力。中世纪城墙的一个古老的作用，就是用作休息漫步的大街，特别在夏天。即使城墙高不到 20 英尺，它可提供一个俯视四周田野的有利地点，并可使人享受到或许吹不到城里来的夏日的凉风。

3）中世纪城市形状的规划特征

中世纪的城市形状很大程度上受到地理因素的制约，城市规划不是整齐端正，而常常是不规则的，很多呈现出圆形、方形或椭圆形等几何形状，另外还要考虑的一个因素就是天堂的方向（教堂一般都在城市的东面）。而到 13 世纪，这种严格的形制开始被逐渐打破，譬如城市扩展，经济上的要求以及出于防御的需要。具体来说，方形的是典型古罗马兵营式的布局，如斯特拉斯堡；呈现椭圆形的城市是从小村庄发展而来，受地理影响较大，大部分为丘陵城市；日耳曼大部分城市则属于圆形类的。从古罗马时代发展而来的城市依然保留了城市中心，也依旧保持其房屋和街区的直角形状。而丘陵城市受到地理因素的影响，是沿等高线分布，或者以城市核心为中心，街道呈放射状分布。另外一些城市则是环状路网，环路就如同城市不同发展阶段的年轮一般。随着工商业发展，也建造了一些方格网状城市，特别是一些无历史遗迹的新建城市常采用方格网状的规划布局，如 1246 年法国路易第九时期建于伦河口的爱格尼斯、慕茨城和 1264 年在法国斯科尼建的维纶纽符-苏尔-洛特城（图 13.3）等。总体上来说，欧洲中世纪的城市规划的随意性要大于规律性，城市规划是多样的，受地域因素或者原有的城市结构制约较大。尽管它们有许许多多的形式，它们都具有一个普遍的、统一协调的布局，正是它们的变化和不规则，不仅是完美地，而且也是精巧熟练地把实际需要和高度的审美力融为一体。

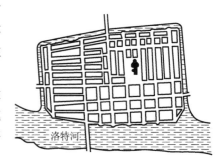

洛特河

图 13.3　维纶纽符-苏尔-洛特城

4）12—13 世纪"精心规划"的城市建设

12—13 世纪是中世纪城市建设的高潮期，与早期自发形成的城市不同，这期间的城市是经过精心规划设计。这个时期为什么会出现城市建设的高潮呢？一方面是经济原因，因为通过税收和关卡，城堡的主人能够取得更大的经济利益；另一方面也是出于领地安全的需要。同时，城市空间进一步扩展，出现了修道院（传教会，医护院，托钵修会）等场所；而在波罗的海沿岸，一些德国城市为了维护其商业利益，出现了一些城市同盟，特别应提到的是 1358 年的成立的汉撒同盟。进入 12—13 世纪，在新建的城市中，一些城市结构规律性又被再次提起：城市的中心是举办市场的方形广场（教堂的背面），而市场在城市中的中心地位是新城市的标志，它取代了 Vicus - Muster 中街道作为市场的传统，道路规划中也开始区分交通干道和辅助道路。同时，中世纪的城市也开始划分居住区，每个居住区都建有公共建筑、教堂和市场。城市居民活动的中心是带法庭广场的市政厅，一些街道两侧建有保护店面和行人不受天气和车辆影响的走廊。尽管中世纪的城市缘起各不相同，但在很多方面有着共通之处：城市最突出的主体建筑是大教堂、修道院或者礼拜堂（神职部分），此外都有城堡、市政厅、市场、市民住宅、城墙（居民部分）。

2. 城市布局特征

在中世纪的政治背景下，城市有着特殊的地位。尽管从 11 世纪初到 14 世纪中期，城市的市民阶层始终只是一小部分，但却不断地、迅速地发展，直至成为全体居民。由于法律对于集中在城市的居民十分有利，因此，市中心意味着最为令人渴望的区域：富裕居民生活在中心区，贫困者则在城市边缘。市中心建有全城最高的建筑物，如市政厅的塔楼、教堂边的钟塔或教堂塔楼等，在大多数情况下构成城市的轮廓线，从而使城市的总体景观在高度上失去了统一。

中世纪欧洲有统一而强大的教权，教堂常占据城市的中心位置。教堂庞大的体积和超出一切的高度，控制着城市的整体布局。教堂广场是城市的核心，是市民集会、狂欢和从事各种文娱活动的中心场所。有的城市尚有市政厅广场与市场广场（Marketplace）。市场广场主要从事商业贸易与市民公众活动，与希腊的广场（Agora）和罗马的广场（Forum）非常相似。这里是城市中公众活动最活跃的地方。各种广场均采取封闭构图，广场平面不规则，建筑群组合、纪念物布置与广场、道路铺面等构图各具特色。道路网常以教堂广场为中心放射出去，并形成蛛网状的放射环状道路系统。这种系统既符合城市逐步发展、一圈圈地向外延伸的要求，又适合于设置死胡同和路障以在巷战中迷惑或消灭来犯者。中世纪城市划分为若干教区。教区范围内分布着一些辖区小教堂和水井、喷泉。井台附近有公共活动场地。一般市民的住所往往与家庭和手工作坊结合，住宅底层通常作为店铺和作坊，房屋上层逐层挑出，并以形态多变的山墙朝街。

中世纪城市有着美好的城市环境景观，它充分利用城市制高点、河湖水面和自然景色。城市具有人的尺度的亲切感，建筑环境亲切近人。建筑群具有美好的连续感、丰富感与活泼感，给人以良好的美的享受。城市的环境视觉秩序通过建筑物之间的相似与相异的明确分野而取得。教堂、领主的城堡与一般的居民住房在材质、尺度、体量、装饰等各方面都有明确的差异，而大量的砖木混合结构的民居由于乡土建筑的传统和技术材料的缓慢演变而十分雷同，这样构成了对比鲜明的城市建筑群体。

中世纪城市有着走向不规律的道路系统。杂乱的街道同建筑结成一张奇形怪状的蛛网，很多中世纪的城镇发展了随意性而非有规划的建设。凡是交通方便、工人技术熟练、治安好并有充足食品和水源的地方，城市就迅速发展，市民领袖们缺乏长远规划。很多中心城市，包括伦敦、佛罗伦萨、科隆和米兰都是在原来罗马的居民区发展起来的；不过，除了有一些仍维持着古街道的十字交叉形的核心地区外，它们在中世纪的发展毕竟同罗马城镇格式大相径庭了。街道往往符合粗略的中心集中模式，但时而有些突然发生的迅疾转变，且街道走向往往为山脉、巨石、河流所左右。尽管如此，当宽广、笔直的街道还普遍受到人们的赞赏时，阿尔贝蒂就在他的论文中承认那些不合规则的城市规划的诸多好处。有弯曲的街道使城市看起来大了，它也扭转了冬天强风的风向，造成了阳光和背阴均匀的分配，使每一所房屋都具有了不同的景观。这种弯曲和拐弯处使侵入的军队感到陷于迷宫之中。城市的弯曲街道既可挡冬季寒风，防夏日暴晒，又具有丰富多变的视觉效果。弯曲的街道排除了狭长的街景，把人的注意力引向接近人的细部。当步行穿过一个城镇时，人们可能在对连续景观的一瞥中，被一个教堂的塔楼吸引住，或者这塔楼在城市景观中不断地出现。

中世纪城市公共区和私人区并不像古典城市那样严格地互相隔离。一个人人可达到、错综复杂而又统一的公共区延伸到全城，利用附属的内院和花园作为公共建筑和私人建筑间的隔离带。两种区域之间的这种新平衡是为了调和公共法规和私人利益间的矛盾而出现的。因此，公共规范中对同时触及公共区和私人区的有关内容做出了极为准确的规定，特别是在两区的交错重叠之处，如伸展在部分街道上空的建筑突出部分和阳台，柱廊和室外楼梯等。城市公共区的结构十分复杂，因为所有的权力中心都必须相互毗邻地安排在这里，其中包括主教府邸、城市行政机构、宗教团体和各种行会。所以，较大的城市往往有几个中心：宗教中心，有大教堂和主教府邸；政治中心有市政府；一个或几个商业中心；带有回廊的行会及商人协会的建筑。各个区还经常相互交融，但宗教权力与世俗的对立越来越清晰可见，而这种对立在古典时期是不存在的。

中世纪欧洲的每个城市都有它自己的特色。以城市主色调为例，有红色的锡耶纳、黑白色的热那亚、灰色的巴黎、色彩多变的佛罗伦萨和金色的威尼斯等，每个城市都有它生动的自我特色。并且每个城市都有各具特点的不同城区，有自己城区的市徽，还往往有自己的政治行政机构。13 世纪，当城市越来越大时，在城市边缘、原有中心的附近形成了新的小中心：新宗教团体的修道院（化募修道士、多明俄会修道士、圣母玛利亚会修道士）、教堂和属教堂所有的广场。

3. 中世纪城市建筑形成风格

建筑在一定程度上的统一是通过对普遍流行的风格所具有的鉴赏力来保证的，这种鉴赏力的特点是：相信未来，并且不会转向过去的风格。在城市刚兴起时，教堂建筑时兴罗马式（9—12 世纪），随后转变为哥特式（12—15 世纪）。哥特式准确地代表了国际上传播的建筑风格。

（1）罗马式建筑：罗马式建筑脱胎于罗马长方形会堂建筑，它普遍采用类似古罗马的拱顶和梁柱相结合的体系，并大量采用希腊罗马时代的"纪念碑式"雕刻来装饰教堂，因此，这个时代的建筑风格被称为罗马式。罗马式建筑的主要特征是坚实、庄严和肃穆，其基本形象是坚厚的石墙、狭小的窗户、半圆的拱门、灰暗的厅室、粗矮的柱子和圆矮的屋顶；另外还有配登于建筑前后的碉堡似的塔楼。教堂建筑俯视呈十字形（图 13.4），半圆形屋顶置于中央。从外观看显得朴实、滞重，没有希腊式建筑那种细纤、流畅的美感。这种建筑以教堂居多，具有代表性的有法国的阿耳大教堂和普瓦提埃大教堂，德国的沃姆斯教堂、美因斯大教堂，意大利的圣安布罗索教堂、比萨大教堂及周围建筑群（图 13.5）。值得注意的是，著名的比萨斜塔是教堂的塔楼，但与教堂本身是分开的。

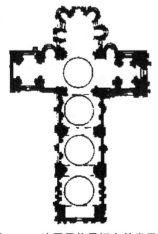

图 13.4 法国恩格雷姆主教堂平面

图 13.5 比萨大教堂及周围建筑群

（2）哥特式建筑：从 12 世纪末起，西欧的建筑风格出现了变异，哥特式代替罗马式成为建筑的主流。哥特一词来自于古代日耳曼人中的一支哥特人，入居罗马境内前，他们是处于原始社会解体阶段的蛮族。文艺复兴时代，人们崇尚希腊、罗马而鄙视中世纪的黑暗时代，因此用哥特这个词来称呼这种建筑风格，含有轻蔑、鄙夷的意味，意思是说这是一种蛮族的建筑。哥特式建筑虽然有浓厚的宗教气息，但这种建筑风格并不粗野，毋宁说是中世纪建筑的一大成就。哥特式建筑最突出的风格是高、直、细、尖，有尖拱门、尖高塔、尖屋脊、尖房顶和尖望楼。具体而言，哥特式建筑的特征就是用尖形拱门代替罗马式半圆拱门，力求增加建筑物的高度，减少内壁、内柱和支柱的厚重度；外部有许多高耸的尖塔，墙壁较薄，窗户较大，并饰有彩色玻璃图案，室内光线充足，门前饰有许多形象生动的浮雕和石刻。由于教堂加高，墙壁变薄，且多开窗，就需要用飞券（飞扶壁）来支撑墙体，因此飞券（图 13.6）也成了哥特式风格的一大标志。哥特式教堂用巍峨飞耸，直刺青天的小尖塔代替罗马式建筑中的半圆形屋顶，别具韵律。尖塔最高达百米以上，把人的目光引向深邃的苍天，使人产生向上升华、天国神秘莫测的幻觉。教堂内部装饰有各种雕刻、彩绘、挂幛。高大的窗户上镶着彩色玻璃，阳光透射到教堂内，与祭坛上的金银器皿、鲜花、十字架和烛光交相辉映，使教堂更显得富丽、威严。

哥特式风格的代表性建筑有法国的巴黎圣母院（图 13.7）、夏特尔教堂、兰斯大教堂和亚眠教堂，德国的科隆大教堂（图 13.8），英国的林肯大教堂和坎特伯雷大教堂，意大利的米兰大教堂等。从 14 世纪起，哥特式建筑开始衰落。随着文艺复兴运动的开始，人文主义者反对神权，哥特式建筑被看做是野蛮、原始的象征而被摒弃。人文主义者崇尚希腊、罗马，以希腊、罗马古典文化作为反封建武器，在建筑方面出现了以希腊的柱廊和罗马的圆顶板结合的新建筑风格，哥特式建筑也就成了历史的陈迹。

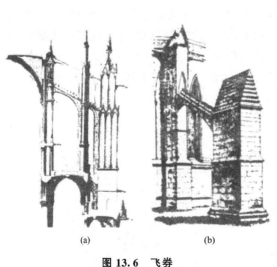

(a)　　　　　　　(b)

图 13.6　飞券

图 13.7　巴黎圣母院的西立面

4. 城市生活形态特征

1）教区与社区合一的特征

5 世纪后，当庞大的罗马帝国逐步走向衰亡的时候，基督教的思想快速侵入了人们生

活的各个方面并很快成为西欧人新的精神支柱。到了 6
世纪，西欧世界整体上处于一种分崩离析、封建领主
退守庄园的境况，此时在整个西欧世界唯一强大而广
泛的社会组织便是教会。与西欧土地上的到处分裂和
弱小的封建政权形态相比，基督教会作为一个统一的
组织却拥有着广阔的领地和极高的政治、精神地位，
聚揽着封建主和广大信徒们捐赠的充足的财富，它主
宰着全社会的精神生活和文化教育，可以说其影响深
入西欧社会生活的方方面面。

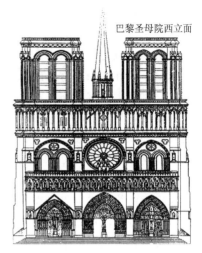

巴黎圣母院西立面

图 13.8　德国科隆大教堂

　　基督教的思想逐渐在修道院的高墙内确立了克制、
秩序、诚实和精神约束等一整套平静而又森严的道德
标准，随后这些品格便通过新的生活方式和商业活动，
流传到西欧中世纪的众多城镇。教会从人们的信仰与
精神生活入手，最终建立起了严密、理性、规范及多
少又有一些亲密与人情味的社会组织和社会秩序，从而奠定了西欧中世纪最稳定、最密切
的城市社区形式，对西欧中世纪城市文化、城市生活与城市规划建设都产生了极大的影
响，甚至对以后西欧资本主义的商业道德与社会规范也影响深远。因此我们可以说，基督
教早期遍地分布的教区是西欧城市社区形成的最初动力和原形，当时城市的整体结构、城
市的分片区空间组织以及其中所包含的种种社会活动，基本上都是围绕大大小小的教堂而
展开的。教会当之无愧成为中世纪西欧城市社区网络关系形成与维系的最重要的纽带与媒
介，这一点直到今天我们依然可以在西方城市中很容易地找到明显的验证。

　　2）市民生活与世俗文化的萌芽

　　自 5 世纪罗马帝国崩溃至 10 世纪以前，西欧经济的凋敝、城市的衰落导致了城市生
活的枯竭。10 世纪后，随着城市的兴起，西欧城市中新的市民文化更多地代表了大多数
市民的公共利益及其价值观的要求，建立起了相对公平的社会生活游戏规则，营造出城市
生活中平等相待、亲切和睦的交往氛围和广泛参与城市建设与管理事务的公众意识。此时
的封建统治者出于对征收商业税、增强财政、促进国家与城市繁荣的考虑，对新兴资本主
义的萌芽总体上表现为支持的态度，封建统治者力求把自己打扮成"公共利益"的保护
者，其思想和行动逐步向重商主义方向发展，这是中世纪后期由于经济结构变化而带来的
整体思想上的重大转变。今天我们熟悉的许多商业、制造业、银行业、经营技术和信贷等
业态，全都起源于中世纪的城市。例如，1260—1347 年，仅佛罗伦萨就有 80 家银行。

　　11 世纪初，来自蛮族入侵的浪潮在西欧已经基本结束，封建制度在这个地区内逐渐
巩固地建立起来，社会对知识文化的需求不断增长，并要求摆脱封建主与教会对文化教育
的垄断，文化教育在西欧许多城市中开始复苏。一个重要的标志就是 12 世纪后期在西欧
一些城市中开始出现了大学的组织，最早的世俗大学是意大利的波伦那大学。大学建制是
欧洲中世纪教育制度中绽放的最绚丽的花朵，大学的诞生是中世纪对人类文化与社会发展
的一大贡献。中世纪的大学一般由艺学院、神学院、法学院和医学院四个部分组成，艺学
院和神学院成为继希腊学院之后的哲学摇篮，当时的巴黎大学就是 13—14 世纪欧洲哲学
的中心。

3）城市家庭住所空间上没有功能区分

中世纪城市里的家庭是一个颇为开放的单位，它不但把有血缘关系的亲属作为家庭的正式成员，而且把一群从事工业生产的工人以及仆人等，也视作家庭的从属人员。作坊是一个家庭，同样，做生意人的账房也是一个家庭。他们在一张桌子上吃饭，在一间屋子里工作，一到晚上，这间屋子就变成大家睡觉的卧室。市民的住房，既是住家，又是作坊、店铺和账房，这种状况很难使市政当局实施功能分区。随着商业发展，生产扩大，住家和作坊互争面积，结果逐渐侵占了原来的后花园，搭上了棚子，堆放箱盒，或建上了专门的作坊。但是在中世纪，工业生产与家庭生活紧密混合在一起的情况，长期以来一直被认为是正常的，除噪声太大的工业常被安排到城镇边缘或城墙以外。这种情况与今天把居民区与工业区用法律规定加以隔离的情况，正完全相反。白天住房里男女都在一起，女人无论在家庭或业务生活中都占有重要的一部分，而妇女的经常在场，与其说有时使人分心的话，不如说对人们的劳动生活有一种人性化的影响。

在住所内部，分床而睡首先开始于意大利的上层社会中，但是分床而睡的意愿和方法似乎发展得都很缓慢。米开朗琪罗（1475—1564年，意大利著名画家、雕刻家、建筑师和诗人）有时也和他的工作人员住在一起，4个人睡一张床。甚至到17世纪时，女佣人常睡在主人和主妇床脚的小推床上（白天可推到大床底下的小床）。而在14世纪，托马斯·贺克利夫（1368—1450年，英国诗人）在他的一首诗中提到，一位伯爵和他的夫人、家庭女教师以及伯爵的女儿们，都睡在一间房间里。13世纪，中世纪贵族们才开始慢慢把房间专门化分成卧室、起居室，并在私人卧室附近安放私人厕所。直到17世纪这种布置房间的方式才慢慢渗入普通人中间。这种转变建立在人们感到需要私自独处这一意识的形成和发展上。

4）中世纪城市住宅设计的特点

中世纪城市住宅开始时只有两三层，常常沿着后花园周围建成连续不断的一排房子；有时在大的街区内组成一些内院，种些花草，有一条小道通往街上。独立式的单幢住宅相对来说比较稀少，因为这种住宅四周风吹雨淋，没有遮挡，冬天也比较冷，而且浪费土地；即使是农家住宅，也与马厩、牲口圈、粮仓等建在一起。住宅的建筑材料大多是就地取材，因地制宜；有的地方用编条和粉涂，有的地方用砖和石头，有的屋顶用稻草（这容易着火），有的屋顶用瓦和石板。一个街区周围都是这种连续不断的一排楼房，底层入口处都有守卫，像一道围墙一样，在紧急情况时，可以阻挡暴力侵入，起到了保护作用。而关于住宅的窗子，开始只有一个小口，有遮挡的东西以防风雨；之后，出现了永久性的窗子，先用油布遮蔽，后来用纸，最后才有玻璃。15世纪以前，玻璃非常贵重，只有公共建筑物上才装玻璃窗，到15世纪玻璃窗才开始多起来，但开始时也只装在窗子的上部。在纽约大都会博物馆收藏的16世纪时约斯·范·克勒韦（Joos Van Cleve）画的"天使报喜图"上，人们可以看到一种上下三格的窗子，最上面一格的窗是固定的，镶有亮晶晶的玻璃，下面两格是两扇百页窗，没有玻璃，这样平时可开大开小，控制阳光和空气流通，而在天气不好时，下面两格的两扇百页窗可关起来，但光线仍然可以从最上面一格玻璃窗照进来。无论是从卫生或是从通风的角度来看，这种在欧洲北海沿岸低地国家（即今之荷兰、比利时、卢森堡）常见的窗子，比后来全部用玻璃的窗子要好得多，因为玻璃会挡住杀细菌的紫外线。甚至可更加肯定地说，这种窗子比之现在建筑上流行的密封式整块大玻璃墙也要优越，因为大玻璃墙是完全违背卫生和心理学的科学原理的。到中世纪末，房租昂贵，居住越来越拥挤，居住环境质量也日益下降。

典型的中世纪城镇很像我们今天的村子或乡间小镇，而不像拥挤的、现代的商业中心。许多城镇在市中心仍保持着花园和菜园，可用的公园和开阔地的标准比后来的任何城镇都高，不要只看到狭小的街道两旁的住宅，而忘了这些住宅后那些开阔的绿地或整洁的小花园。中世纪的人们也习惯于户外生活，他们有射击场和滚木球戏场，他们玩球、踢球、参加赛跑、练习射箭，在他们的附近就有进行这些活动的空地。随着人口的增长，城镇的绿地空地逐渐变为墓地，又由墓地变为宅基地，一步步地被侵占、挤满，卫生情况也就每况愈下。

5）中世纪城市公共机构的规划建设特征

早在 13 世纪时就出现了私人浴盆，伦敦在 1417 年特别允许在私人住宅里设热水浴室。北欧的每个城镇都有澡堂，而且城镇内各处都有。这些澡堂有的是私人开设的，但大多数是公家开设的。早在 13 世纪时，封·贝娄在作品中提到已有澡堂；在维尔茨堡，14 世纪时有这类澡堂 7 所；中世纪末，乌尔姆有澡堂 11 所，尼恩贝格有 12 所，法兰克福有 15 所，奥格斯堡有 17 所，维也纳有 29 所。法兰克福早在 1387 年就有 29 人开设私人澡堂。中世纪，洗澡已如此普遍，一般两星期至少要洗一次，有时每星期洗一次。市民们来到澡堂一起洗澡，这件事本身就能促进相互之间的交往。澡堂也是大家闲聊和吃东西的地方，有时还可与一个异性同伴泡在一个澡盆里聊聊。澡堂也是一个半医疗性质的场所，有时人们因病痛或炎症来此拔个火罐或用吸器放些血。城市不断发展，随着单身汉的增多和家庭生活的堕落，澡堂也变成了放荡女人寻找猎物的场所，也是好色之徒为满足其淫欲而常来光临的地方。

提供饮用水也是城镇的集体功能之一。首先是要保护好水井或泉源，把它们围好；然后要在主要公共广场设置喷泉。街坊的水源或喷泉，有时设在街坊内，有时设在公共道路旁边。公共喷泉有两种作用：一是作为一种艺术品，供大家观赏；二是供取水解渴，在意大利和瑞士的城市里尤其如此。但是这些功能随着技术的进步后来逐渐消失了。公共喷泉或汲水站也是人们互相交往的地点，是大家会面和聊天的场所，因此，也是该地区传播新闻的地方，不亚于茶楼酒店。

此外，在城市里，有一些公共机构具有家庭的某些功能，它们发展得比较完善。虽然家里可能没有烤面包的灶，附近一定有公用的面包房或小饭馆。家里可能没有浴室，附近一定有市里开设的公共浴室。家里可能没有隔离和护理病人的设施，但有许多公立医院。许多中世纪城镇在医疗和预防疾病方面，远比后来维多利亚时代的城镇为好，公共医院是基督教对城市的贡献之一。

总之，中世纪的市民文化既是世俗的，又是神秘的，它们为后来发生的两场伟大的思想解放运动——文艺复兴和宗教改革，做了充分的准备。历史学家克罗齐曾经客观地指出："古代后期的哲学、科学、历史和风俗中浸透了迷信，然而在智性方面，古代后期并不比新兴的基督教徒强，事实上比它差，因为在新兴的基督教中，寓言逐渐形成了，而且被精神化了，它们含有一种更崇高的思想，含有一关于精神价值的思想，这种价值不是这一民族或那一民族所特有的，而是整个人类所共有的。同时，中世纪的城镇不仅是一个生意盎然的社会综合体，而且也是个生气勃勃的生物环境。它的声音是悦耳的，它的景色也是润目的，这种耳濡目染的熏陶和教育是以后较高形式教育的最根本的基础。"

227

13.1.4 中世纪城市规划思想

1. 凸显以教堂为核心的空间组织理念

教权在中世纪欧洲的所有社会力量中无疑是最为强大的。在城市里，教堂常常占据着城市的最中心位置，并凭借着其庞大的体量和超出一切的高度，控制着城市的整体布局。不同于古希腊、古罗马的城市，宗教建筑基本上成为中世纪城镇中唯一的纪念性、标志性建筑，代表了这个时期欧洲建筑的最高技术与艺术成就。在西欧封建社会盛期兴起的哥特式建筑是教堂的主体形式，其"巨大的形象震撼人心，使人吃惊……这些庞然大物以宛若天然生成的体量物质地影响着人的精神。精神在物质的重压下感到压抑，而压抑之感正是崇拜的起点"（马克思）。

在中世纪几乎所有不同规模的城镇中，一般都呈现出如此非常一致的格局：在教堂前面形成半圆形或不规则的、但围合感较强的广场，教堂与这些广场一起构成了城市公共活动的中心；而道路基本上是以教堂、广场为中心向周边地区辐射出去，并逐渐在整个城市中形成蜘蛛网状的曲折道路系统。由于教堂占据了城市中心并构成了绝对的制高点，所以中世纪城市的天际线是非常优美而有秩序的。最典型的如法国的圣密启尔山城（Mont S. Michel）（图 13.9）。其位于山顶的教堂以庞大的体量和高耸的塔尖，凸显了整个山城巍峨险峻的气势。

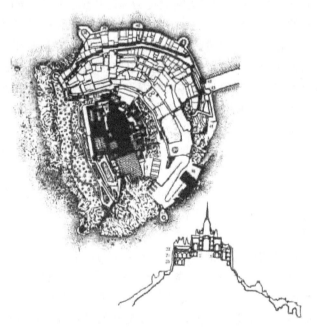

图 13.9　圣密启尔山城的平面和立面

2. 实行自然主义的非干预规划

作为一个物质景观环境，中世纪的城镇无疑是美好、朴素而雅致的，城镇的规模在很大程度上取决于其周围土地所能提供的粮食以及维持人口自给自足的能力。几乎在中世纪所有的城市中，教堂都占据了城市的中央，但是城市总体布局结构非常自然。中世纪的西欧由于各个国家、各个城邦之间连绵不断的战争，客观上强化了城堡防御的需要。城堡一般都选址于水源丰沛、粮食充足、易守难攻、地形高爽的地区。10 世纪后围绕这些城堡或交通节点发展起来的城市，总体形态多以环状、放射环状为多。这种形态既体现了城市本身自发生长的空间特征，同时也是为了利于防御和节约筑城的成本。虽然到了中世纪后期，由于工商业的发展也建造了一些格网状城市（这种城市形态可以快速、方便地建成，并且可以满足工商业临街布局的需要），特别是在那些无历史遗迹的新建城市中常常采用这种形态，如法国的 Aignes Mottes 城（1246）、Vil. Leneuve-surLot（1264）等，但是数量很有限。

人们一般认为，对中世纪城市规划的理解并不需要理性的或抽象的高深设计理论。因为这些城市无论是景观还是尺度都是非常接近人的，给人以明确的造型感，即使是那些规模极小的城镇，也由于它的弯曲的街道而具有丰富且细致的视觉和听觉效果（图 13.10）。封建割据造成了西欧地域的长期分裂，却因此在西欧各个地区中形成了丰富多彩、特色强烈的地方建筑风格。无论是宗教建筑还是居住建筑尤其是民间住宅，它们活泼自由的风格适应了千变万化的自然和人文环境。中世纪城镇的平面常常表现出毫无逻辑的迷宫形式（因为它缺乏基本的几何形和明确的空间序列导引系统）。除了以教堂为核心形成的公共区域以外，城市里并不再存在其他明确、纯粹的功能分区，

图 13.10　中世纪帕多瓦城的平面

手工业与商业活动基本上都是就近混杂在城市居民密集的区域里。早期的中世纪城市中也没有明确的街道功能与形式分类，后来随着城市扩大、交通量增长的需要而逐渐生成了相应的街道形式，从城门到中心广场一般都有直接、方便的街道，而大量其他的街道以及密如蛛网的通至住宅的巷道就狭窄不一、曲折多变，且常常是尽端式（尽端式道路就是死胡同，是指道路的一端尽头不与其他道路相连或相交的道路）的。

由于宗教思想的禁锢及其对文化教育的垄断，造成了中世纪西欧社会人才极度匮乏的局面（当然也包括规划师、建筑师），事实上在所有的文献资料里都很难找到有关中世纪著名规划设计师的记录。城市基本上没有统一完整的规划设计意图。从这个角度看，中世纪形成这种自然的城市整体艺术景观并不是有意识规划设计的结果，而是城市自发演化导致的产物，所以从这个意义上讲，中世纪也是西方城市规划历史上难得的"自然主义"（非人为干预）盛行时期。当然，除了人才匮乏的原因，还由于城邦经济实力所限，加之不时的战争骚扰，所以中世纪城市的规划设计和建设中除了教堂，几乎没有超自然的神奇色彩和震撼人心的象征性概念（如古罗马那样）。也有学者对此持不同的意见，他们认为

中世纪规划师的设计思想实际上更倾向于"描述性"而不是"独断性",这种"自然主义"的表象实际上正是他们的一种有目的的、高明的规划思想体现,F. 吉伯德基本上也持同样的观点。

3. 力显丰富多变的景观与亲和宜人的特质

从规模角度看,西欧中世纪的城市比古罗马的城市要缩小了很多;但是中世纪的城市却独有一种平和、安详、亲切宜人的特质,这是在今天的许多城市中难以寻觅和比拟的。

这些中世纪的城市在建设中充分利用了地形制高点、河湖水面和自然景色等各种特质要素,从而形成了各自不同的个性。中世纪城市和建筑普遍具有宜人的尺度与亲切感,建筑环境亲切可人,广场的规模和尺度非常适合于所在的城市社区,如锡耶纳(siena)的大广场、佛罗伦萨的西格诺里亚广场等。城市中民居(图 13.11 和图 13.12)和建筑群一般具有良好的视觉、空间感和尺度的连续性,给人以美的享受。最有特色的空间介质是城市内蜿蜒曲折而又宽窄变化的街道,弯曲的街道消除了狭长而单调的街景,街道空间的收放变化也就自然形成了很多小而别致的空间节点(场所),给步行时代穿行于城市中的人们创造了无比丰富、动态多变而又富有趣味的视觉景观和心理体验,永远不会使人感到单调和乏味。同时,由于地域文化风格的差异,中世纪欧洲每个城市几乎都有它自己的环境特色。以城市主色调为例,有红色的锡耶纳、黑白色的热那亚、灰色的巴黎、色彩多变的佛罗伦萨和金色的威尼斯等。应该说,这些城市主色调也是长期自发形成的,这不是一个躁动的时代,在基督教内敛、自律精神的熏陶下,每一幢建筑都平和而谦逊地安于成为城市整体中的一员,默默接受着时代的洗礼,以至于色彩都是如此一致、和谐。

图 13.11　中世纪城市的民居　　　　图 13.12　中世纪城市的民居

4. 追求有机平和背后的内在秩序

如上文所述,在很多人认为西欧中世纪城市拥有自然、整体的艺术成就是自发形成的,而并非是有意识规划的结果的同时,也有学者认为,中世纪城市美的秩序,来源于对自然地形形态的有机利用以及对基督教生活的有机组织。这些城镇是围绕着修道院或城堡发展的,首先在广场附近扩大,然后沿着道路呈扇形渐次展开,它合乎逻辑地呈现为中心放射形,城市中那些弯弯曲曲、纷繁迷乱而秩序井然的街道,记录着岁月的流逝与城市的沧桑。城市整体空间格局主要呈现出封闭的形式,把各自分散的建筑物有机地组织成绚丽多姿的建筑群体。一个建筑物的立面通常与左邻右舍都发生关系，作为一个孤立的建筑实体而与周围环境基本无关的情况是很少的。城市内多狭隘和向上的空间，高耸的尖塔、角楼、山墙等都表达了超凡脱俗的视觉与精神效果。城市内的公共广场常常与大大小小的教堂连在一起，市场也通常设在教堂的附近。教堂与市场，一个是精神活动的场所，另一个是世俗生活的舞台，彼此共同密切了居民的交往。

由于城市中基本形式要素是相互影响和具有恒久作用的，所以无论在平面还是立面上，在表面的杂乱背后不可掩饰地都流露着一种整体的、内在的有机秩序，所以中世纪的城市景观给人的印象是非常统一而美丽。有些学者认为，在思想上中世纪的"规划师"们更倾向于按照生活的实际需要来反映当时基督教生活的有序化和自组织性，并按照市民文化平等和大众利益的原则毫不夸张地布置他们的生活环境。因此，中世纪城市和谐而统一的"美"，实质上是当时城市社会生活高度有序化的客观反映，而不是形式上的空间秩序设计的结果。

从城市设计的角度看，中世纪自然优美、亲切宜人而又和谐统一的城镇环境具有极高的美学艺术价值，它"将一定的体系引入大自然。其结果是使自然和几何学之间的差距越来越小，直到最后几乎完全消失"，所以也常常被人们称为"如画的城镇（Picturesque Town）"。总之，虽然中世纪的意识形态是黑暗的，但这一时期的城市规划设计"作品"却在西方城市艺术史中有着极其重要的地位。然而正如上文所述，从相当程度上看，这些城镇所凝练成的极高艺术价值正是"无规划"与"自然主义"思想的杰作。

13.2 西欧中世纪的代表城市

随着蛮族迁徙和罗马陷落，罗马帝国境内大部分城市均遭到破坏，而唯一能够维系整个欧洲的纽带就是基督教和拉丁语。尽管如此，从中世纪城市发展角度而言，欧洲被分为两大部分：原罗马帝国疆域和非罗马帝国区域。在原罗马帝国疆域内，特别是现意大利和法国地区，罗马人的生活方式依然在延续，直至约 1000 年这两个世界才开始逐渐融合，最后的结果就是罗马风格、日耳曼风格以及外来文明同时作用于欧洲城市。在意大利，希腊罗马风格盛行一时，西班牙深受伊斯兰文明影响，威尼斯则是拜占庭风格；而十字军东征又从近东带来新的文明，圣城耶路撒冷也使欧洲中世纪城市深受影响。

13.2.1 意大利的中世纪城市

意大利原来是在西罗马帝国疆域内。自西罗马帝国崩溃后，这一带先后建立封建国家。意大利封建化开始早、进程快，城市的兴起也比其他西欧国家早。它把许多从罗马时代保存下来的城市仍作为设防的据点。这些城市在 9—10 世纪已变成手工业和商人的居住地。意大利的佛罗伦萨、威尼斯、热那亚、比萨等城市是当时欧洲最先进的城市，是最早战胜封建主而建立的城市共和国。在这些城市里，教堂、市政厅、商场、府邸占据主导地位。城市中建立的高塔，有的附属于教堂，有的是独立的，这些塔实际上是城市独立的纪念碑。

1. 佛罗伦萨

佛罗伦萨是当时意大利纺织业和银行业比较发达的经济中心。城市最初仅在阿诺河的一边，平面为长方形，路网较规则。1172 年在原城墙外扩展了城市，修筑了新的城墙，较规则，城市面积达 97 公顷。公元 1284 年又向外扩建了一圈城墙，城市面积达 480 公顷。到 14 世纪佛罗伦萨已有 9 万人口，市区早已越过阿诺河向四面放射，成为自由布局（图 13.13）。

图 13.13　佛罗伦萨的平面

在 11 世纪时，佛罗伦萨城市面貌由一系列罗曼蒂克的宏伟建筑所确定，如 11 世纪和 12 世纪前半叶建设的浸礼堂，1018—1063 年建的圣米尼阿托蒙塔教堂和建于 11 世纪中期的耶稣圣徒教堂。所有的这些建筑都在风格上严格地遵循罗马和基督教范例的规定，并按简化后的几何形规律来建造。它们成了以后佛罗伦萨向全世界传播新古典主义的开路先锋。

由于不断爆发的归尔甫（Guelfen）派和吉伯林（Ghibillinen）派之间的争斗，使市政府从一个危机陷入另一个危机。每一次政权的更换都使战败家族的建筑遭受破坏，故在市中心出现了许多废墟。随着历史的进展，市政府通过共同确定的措施而使城市有控制地发展。横跨阿诺河建了三座宽大的桥：1218 年建的德拉·卡雷阿桥，1237 年建的阿勒·格拉齐亚桥和 1252 年建的迪·圣特里尼塔桥。在城市边缘和新郊区中安置了托钵修教会：1221 年多米尼加人在圣玛丽亚·诺维拉；1226 年佛朗西斯派在圣克罗斯；1248 年圣母玛丽亚会修士在安农齐亚塔（Annunziata）；1250 年奥古斯丁人在圣斯皮里托；1268 年加尔默罗会白衣修士在圣玛丽亚-卡迈纳。它们的寺院带有市政机关规划和设置的布道用的广场，并很快就成了这些新城区的中心，这些教会和其他私人或公共的机构建立了很多医院。市政机关建造新街道，例如：作为圣特里尼塔桥延伸的马其奥雷街（Via Magginre），用石块铺设公共街道和广场，并加固了阿诺河岸。1255 年，开始建造佛罗伦萨行政长官府邸并以其高塔来控制市中心的外形轮廓，特别是自 1293 年以来，不允许私人的塔楼超过 50 埃勒（Ellen，大约相当于 29 米）。

在 13 世纪的最后 20 年中，制定出 1293 年通过的"金斯梯其阿条例"（官方的法律规定）。在这时期中，市政当局开展了大规模的建造活动，彻底改变和更新了城市的面貌。所有的这些工作，都是在阿诺尔福·迪·坎比奥的领导下进行的，他被看作一位真正的城市规划师。在市政当局实施兴建中心及其他城区的庞大计划期间，每项建设计划都是用同样果敢的精神来进行的。这种精神正是整个规划的特征，各个分区中心的规模与整个城市的发展相适应。在这广泛的建筑革新的阶段中，进一步确定了佛罗伦萨的城市结构和景观。只有那些大型的、尚未完工的建筑工程必须继续进行；而对于大多数的其他建筑物，仅需做些局部的细致的工作。

2. 威尼斯

中世纪时期，威尼斯是意大利最富庶、最强大的城市共和国，又是东西方之间最重要的海上贸易转运中心，也是意大利中世纪最美丽的水上城市。威尼斯位于意大利东北部亚德里亚海边，布伦特和皮亚韦河入海口之间，处在最大的环湖礁上，占据着通向海湾的河道。城市水系呈枝节状分布，一条大河从城中弯曲而过，形成以舟代车的水上交通。城市沿河布满理论码头、仓库、客栈以及富商府邸。城市建筑群造型活泼、色彩艳丽，有敞廊与阳台，波光水色夹持其中，构成了世界上最美的水上街景（图 13.14）。

图 13.14　威尼斯城市总平面

威尼斯的最终形成大约是在 11 世纪末，或许是由于威尼斯建在了 120 个岛屿上的原因，城市建设实属不易，同样破坏起来也不容易，因此威尼斯城在以后的几个世纪中几乎是毫无变化地被保留下来。威尼斯是一座统一而又致密的水上城市，城市中除了原有的圣马可和里亚尔托周围的中心外，还有一些次要的中心。这些次要中心大多围绕着教区礼拜堂和带有水池的广场而建，特点鲜明。此外，威尼斯还拥有欧洲最大的造船厂，建在靠近海的城区中。

为了保护城市生活免遭疾病的侵袭，保护环礁湖的景色，威尼斯的建筑大师们付出了艰辛的劳动。他们改变了流入环礁湖的河流的方向，使环礁湖免于淤塞；同时大面积地挖掘运河，保持沼泽地区的水能够正常流动，并保证大型船只畅通无阻；另外，在环礁湖与大海之间狭窄的沙石地带及海滩加修了护岸，来保护威尼斯城。实际上，威尼斯建筑师的这种规划破坏了自然的平衡，这和古希腊与拜占庭的阿拉伯城市有着相似之处。随着时间的推移，哥特式和文艺复兴大师们的建筑作品也影响了城市的面貌，再加上无数画家的艺术作品，使得城市生活变得更为丰富。

3. 锡耶纳

山城锡耶纳也是意大利著名城市。锡耶纳由几个行政区组成的，每一区有自己特别的地形和小广场（图 13.15）。美丽的市中心坎波广场（图 13.16）是几个区在地里位置上的共同焦点，它像是整个城市的集中的巨大生活起居室。广场上有一座显著的、处于中心位置的市政厅和高塔，广场的建筑景观是由高塔控制的。城市街道均在坎波广场上汇合，经过窄小的街道进入开阔的广场，使广场具有异常的吸引力并产生戏剧性的美学效果。广场上重要建筑物的细部处理均考虑从广场内不同位置观赏时的视觉艺术效果。

图 13.15 锡耶纳平面

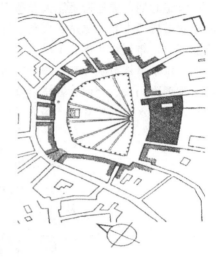

图 13.16 坎波广场平面

13.2.2 法国的中世纪城市

法国的城市兴起得很早，从 10 世纪起就已经发展起来。法国北部的城市从 11 世纪末起就开始做摆脱领主统治的斗争。12 世纪中期，路易七世统治时期，国王为打击封建主，需要利用城市的支持，城市也要求加强王权。于是城市与王权携手，路易七世发给城市的自治特许证就有 20 多起。

1. 巴黎

法兰西封建国家于公元 888 年以巴黎作为首都，它是在罗马营寨城的基础上发展起来的。罗马城堡当时建立在塞纳河渡口的一个小岛上，即城岛。后来在河以南扩展了城市，在中世纪它几次扩大了自己的城墙（图 13.17）。

图 13.17 中世纪巴黎平面

中世纪的巴黎，街道狭窄而又曲折。市民房屋大多为木构，沿街建造，十分拥挤。菲利浦·奥古斯都统治时期（1180—1225 年），修建了鲁佛尔堡垒；1183 年修建了商场；位于城岛东南部的巴黎圣母院的主要工程也是在这时期进行的。13—14 世纪在城岛西北部兴建了宫殿，后毁于火灾。

2. 卡卡松与圣密启尔山城

11 世纪末至 12 世纪是法国历史上城市迅速成长的时期。先是大的工商业中心在法国南部发展起来。但到了 12 世纪，北方城市也有比较显著的发展。而且在 11 世纪末北部城市已开始做摆脱领主统治的斗争。例如，卡卡松（图 13.18）是北方大城都鲁司入海的水陆交叉点，初为小村，后来先后建设了教堂、府邸及城墙。13 世纪后再建城墙一座，有城楼 60 座，入口有塔楼、垛墙、吊桥等防御设施。城市平面近椭圆形，道路系统为蛛网状的放射环形系统。这一方面反映了城市建设的自发性，另一方面也是为了防御的需要。这个城市是 13 世纪法国的典型城市（图 13.19）。

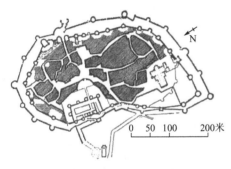

图 13.18　卡卡松平面

图 13.19　卡卡松鸟瞰

圣密启尔山城（图 13.20）是 13 世纪重建的城堡。城市建立在一座小山上，是防御性很强的城市。位于山顶的主要建筑是教堂，成为这个城堡视觉冲击强烈的中心。教堂以庞大的体积和高耸的塔尖，突出了整个山城的巍伟险峻的气势。

图 13.20　圣密启尔山城鸟瞰图

13.2.3　德国的中世纪城市

德国的封建土地所有制约形成于 10—11 世纪。这个地区不是罗马帝国的领地，经济比较落后，再加上频繁的战争，它的城市是不发达的。从 11 世纪末到 12 世纪初，封建化过程基本完成，城市在国家的经济发展中获得了一定的地位。13 世纪时，莱茵河和多瑙河一带出现许多大城市，如科隆、纽伦堡、乌尔姆等。这些城市靠近边境，主要依靠对外贸易，与王权无紧密联系。此外有称为"帝国城市"的卢卑克、不莱梅、汉堡、纽伦堡等。名义上从属于皇帝，实际上也具有某种独立地位。

1．纽伦堡

纽伦堡（图 13.21）始建于 1040 年。最早的居民点位于山丘和河流之间，有堡垒和市场。12 世纪，城市发展到河的另一岸。北部堡垒下有教堂及市场，与南部新区教堂遥遥相对。最初市民受堡垒中封建领主的保护，后来市民力量增大，扩建新区并加建全部城墙。纽伦堡于第二次世界大战中被炸毁，战后恢复了部分古城面貌。此城虽有千余年历史，但城市的系统还是合理的。城市最重要的特点之一是有一个很高的堡垒，战后也恢复了原样。

图 13.21　纽伦堡

2．卢卑克

卢卑克城（图 13.22）建于 1138 年，是一个海上的商业城市，位于两条河的交叉点上；同时它也是一个产盐的贸易城，地形略似丘陵，四周有水环绕。入口处建有一座堡垒，城市中心有市场，面积很大，约有 100 米×240 米，四周有圣玛丽教堂、市政厅及行会。圣玛丽教堂建于最高点，其他小教堂及主教的教堂也在地形上的高点，远处看去城市轮廓线的变化很突出（图 13.23）。

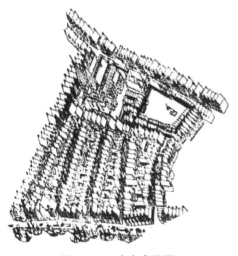

图 13.22 卢卑克平面

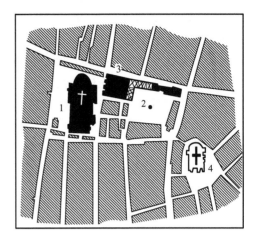

图 13.23 卢卑克市中心
1—教堂广场；2—市场广场；
3—主要大街；4—教堂

3. 诺林根

德意志中世纪的城市以诺林根城（图 13.24）最为典型。这座古城至今仍保存完好。它的建城历史可追溯到 900 年。1217 年，诺林根城成为独立的城市共和国之一。

城市平面以教堂广场为核心，并向外放射。道路呈蛛网状不规则形，转折较多，且较狭窄。教堂巍然屹立，以其巨大的体量与尺度突出了市中心的地位。教堂广场是集市贸易的中心和举行集会的地方。

诺林根有完整的城墙。它不仅是防御的需要，也是建立新的城市体制和新的秩序的象征。古城景色优美，城市机体和环境景观协调统一。城市空间主要采用封闭形式，把各自分散的建筑物组成丰丽多姿的建筑群体。城内多狭隘和向上的空间，高矗的尖塔、角楼、山墙等表达了超凡脱俗的效果。

图 13.24 诺林根平面

13.2.4 中世纪城市广场建筑

1. 西格诺里亚广场（佛罗伦萨）

佛罗伦萨以市中心西格诺里亚广场（又称凡契奥广场）（Piazza Della Signoria 或 Piazza Vecchio，图 13.25）著称于世。这是意大利最富趣味的广场之一。它是一个象征城市共和国独立而带有纪念意义的市民广场。广场上有市政厅（Palazzo Vecchio，1288—1314年，图 13.25），塔楼高达 95 米，作为城市的标志。此外还有兰奇长廊，是市民举行庆祝仪式用的。广场呈 L 形，形成 3 个互相关联的空间构图。L 形广场角部有八角形喷泉雕像。这个喷泉在建筑构图手法上犹似转轴，以突出 L 形空间。L 形的西部广场与东部广场之间有骑马像，使这两个空间在造形上有所过渡。市政厅前有大卫等雕像，长廊内部亦安置雕像。雕像的布置方式有三，即以建筑为背景布置雕像，以建筑为景框安置雕像以及在广场中心位置布置雕像。这个广场的空间似乎是渗透到周围的建筑实体中去，但进入广场的道路是各有对景的，因此从街道望向广场总是封闭的。

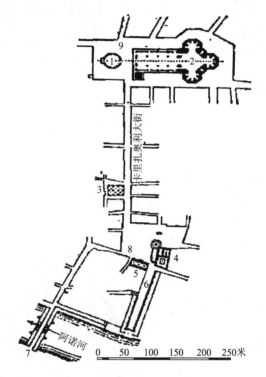

图 13.25　西格诺里亚广场的平面
1—洗礼堂；2—佛罗伦萨大教堂；3—圣密歇尔教堂；4—市政厅；5—兰齐敞廊；
6—乌菲齐大街；7—桥；8—西格诺里亚广场；9—教堂广场

2. 圣马可广场（威尼斯）

世界著名的圣马可广场（图 13.27），经数百年的经营而形成于文艺复兴时期；但广场的雏型已于 830 年形成。11 世纪建造了拜占廷式的圣马可教堂。14 世纪建造了总督府和广场上独立的钟塔。钟塔于 902 年倾塌，后按原状修复。总督府与圣马可教堂毗邻。总督府以方正的体量与稳定的水平划分，衬托着教堂的复杂的轮廓和蓬勃的向上的动势。它们之间又以华丽的券廊和绚丽的色彩取得协调。钟塔的造形也是别具一格，显示了当时意大利海上强国的雄姿豪态。

圣马可大教堂是威尼斯城中最富代表性的建筑。该教堂始建于 9 世纪，976 年被一场大火毁坏。拜占庭的建筑师负责重建工作，建筑风格融合了东西方的建筑特色，1071 年重建后的大教堂初具规模。12 世纪，大教堂经过多次改建和精心装饰后，成为了一座东方拜占庭式的纪念碑，而教堂里却供奉着一位西方的圣人，恐怕在全世界也找不到第二座这样的建筑。整座教堂的结构是希腊式的十字形设计，正面的华丽装饰源自拜占庭的风格，它的五座圆顶设计理念来自君士坦丁堡的圣索菲亚教堂。

图 13.26　西格诺里亚广场上的市政厅

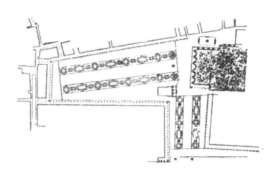

图 13.27　圣马可广场平面

与圣马可教堂紧密相邻的另一个重要建筑就是总督府（图 13.28）。该建筑是用粉红色和白色的大理石砌成的，严整、华丽（图 13.29）。其功能主要是作为威尼斯国家元首的府邸，也是大议会和政府的所在地。

图 13.28　威尼斯总督府外观

图 13.29　威尼斯总督府柱廊

3. 坎波广场（锡耶纳）

美丽的市中心坎波广场是几个区在地里位置上的共同焦点。它像是整个城市集中的巨大生活起居室。广场上有一座显著的、处于中心位置的市政厅和高塔（图 13.30）。广场的建筑景观是由高塔控制的。城市街道均在坎波广场上汇合，经过窄小的街道进入开阔的广场，使广场具有异常的吸引力并产生戏剧性的美学效果。广场上的重要建筑物的细部处理，均考虑从广场内不同位置观赏时的视觉艺术效果。

图 13.30　坎波广场上的市政厅和高塔

本 章 小 结

1. 本章介绍了中世纪西欧的代表城市，重点描述了西欧城市的起源、形态与布局，以及中世纪西欧城市规划思想和代表城市的建设概况。

2. 欧洲中世纪的城市规划的随意性要大于规律性，城市规划是多样的，受地域因素或者原有的城市结构制约较大。城市最突出的主体建筑是大教堂、修道院或者礼拜堂。

思 考 题

1. 简述中世纪城市的类型与特点。
2. 中世纪城市形状的规划有哪些特征？
3. 简述中世纪城市的生活形态。
4. 简述中世纪城市的规划思想。
5. 列举中世纪主要的城市广场建筑。

第**14**章

文艺复兴和绝对君权时期城市规划与建设

教学目标

本章讲述了文艺复兴时期西欧城市的形态与城市规划思想，宗教改革时期的城市的发展动态和城市规划的特色，以及绝对君权时期的巴洛克风格以及代表城市。通过学习本章，应达到以下教学目标：

(1) 使学生掌握文艺复兴时期的城市形态特征和城市规划思想；

(2) 了解文艺复兴时期的代表城市、广场建设和园林建设；

(3) 明晰宗教改革时期城市的发展动态和城市规划的特色；

(4) 熟悉绝对君权时期的巴洛克风格以及代表城市。

教学要求

知识要点	能力要求	相关知识
文艺复兴时期的城市规划	(1) 掌握文艺复兴时期的城市形态特征 (2) 了解文艺复兴时期的城市规划思想	(1)《建筑十书》 (2)《理想的城市》
文艺复兴时期的代表城市	(1) 了解意大利城市改建的代表城市 (2) 熟悉意大利以外地区的城市改建概况 (3) 了解文艺复兴时期的广场建设、园林建设	(1) 费拉拉、乌尔比、佛罗伦萨、罗马、威尼斯等城市的改建 (2) 安农齐阿广场、罗马市政广场、威尼斯圣马可广场
宗教改革时期的城市规划	(1) 掌握宗教改革时期城市的发展动态 (2) 明晰宗教改革时期城市规划的特色	(1) 意大利、德国、瑞士、葡萄牙、西班牙、比利时、荷兰、英国等地区城市的发展动态 (2) 城市中的教堂
绝对君权时期的城市规划	(1) 了解绝对君权时期的时代背景 (2) 熟悉绝对君权时期的巴洛克风格以及代表城市 (3) 掌握绝对君权时期的城市建设特征	(1) 唯理主义思潮 (2) 巴洛克风格

 基本概念

文艺复兴；绝对君权；《建筑十书》；《理想的城市》；城市改建；广场建设；园林建设；宗教改革；城市中的教堂；唯理主义思潮；巴洛克风格

引例

14—15 世纪，在意大利城市最早掀起并席卷欧洲的文艺复兴运动，使新生的城市资产阶级实力不断壮大，在有些城市中占到了统治性的地位。人们在认识自身的同时，也开始重新认识城市，编织着新的城市生活图景。15 世纪，古罗马维特鲁威的《建筑十书》遗稿被人文主义者发现，这对文艺复兴的样式和理论发展产生了决定性的影响。他们十分注重研究和采用经典建筑的艺术要素，如柱式、构图、建筑类型等，提倡复兴古希腊、古罗马的建筑风格，以取代象征着神权的哥特式建筑。这时期的建筑师大都有很高的艺术素养。乔托、米开朗琪罗、珊索维诺、拉斐尔、伯拉孟特、阿尔伯蒂、费拉锐特、斯卡莫齐等人都对城市建设做出较大的贡献。

阿尔伯蒂继承了古罗马建筑师维特鲁威的思想理论，它提出了理想城市的模式，主张从实际需要出发实现城市的合理布局，反映了文艺复兴时代理性原则的思想特征。在他的思想影响下，文艺复兴时期出现了一大批理想城市设计师。他的设计思想其后由意大利传入法国、德国、西班牙、俄罗斯等欧洲国家。一时各地规划理论著作很多。在人文主义思想的影响下，建设了一系列具有古典风格且构图严谨的广场和街道，以及一些世俗的公共建筑。其中具有代表性的如威尼斯的圣马可广场、梵蒂冈的圣彼得大教堂等。在此期间，出现了一系列有关理想城市格局的讨论。

无论从城市的建设理论和实践来看，还是从地理分布和功能结构上看，文艺复兴时期的城市都直接继承了中世纪盛期意大利城市的传统，许多重要的建筑都是在中世纪时期奠定的，如市政厅和主教座教堂。文艺复兴时期的城市生活方式也是在中世纪城市生活方式上的延续和深化，只是随着新兴资产阶级的成长和城市财富的积累，越来越要求城市建设能够显示他们的富有和地位。

开始于欧洲 16 世纪的宗教改革解放了人的思想，使得从中世纪宗教控制下走出来的人们重新认识到了个人的存在和个人意识的力量。而对城市来讲，宗教改革所产生的最显著的影响就是欧洲城市格局的变动与调整。

从 17 世纪开始，新生的资本主义建立了一批中央集权的绝对君权国家，形成了现代国家的基础。这些国家的首都，如巴黎、柏林、圣彼得堡等，均发展成为全国的政治、经济、文化中心的大城市。随着资本主义经济的发展，使这些城市的改建、扩建的规模超过以往任何时期。在这些城市改建中，巴黎的城市改建影响最大。17 世纪后半叶，古典主义在法国的文学、艺术等方面占绝对统治地位。在建筑方面，古典主义也同样成为占统治地位的建筑潮流。它体现了有秩序的、有组织的、永恒的王权至上的要求。

14.1 文艺复兴时期的城市规划

14.1.1 文艺复兴时期的社会概况

文艺复兴作为一个历史术语，既代表着一场文化运动，又代表着一个历史阶段（始于 14 世纪 20 年代，延续到 1600 年前后），被广泛地理解为中世纪末期西方文明中的一个新时代。文艺复兴的萌发具有非同寻常的意义，它不仅开启了意大利文化最为光辉灿烂的时代，对西方世界乃至对整个人类的历史都具有关键意义。因为文艺复兴的开展，意味着人类社会迈入近代化——现代化进程的第一步。

12 世纪，一些有独立思想的教师群聚在一起，创建了一种新的大学，给学生们传授艺术、神学、民法和教会法规，其中的很多课程为 200 多年后的真正文艺复兴奠定了基础。13 世纪，哲学家阿尔伯图斯和托马斯·阿奎那聪明地利用亚里士多德的思想，将基督教信仰建立在理性和信念的坚实根基上，这是恢复古代文化的首次伟大行动。

然而要能够真正推动整个社会在经济、政治、文化上表现出新的特质，还需要足够的财富与人力的积累。只有当财富足够多时，巨大的公共工程计划和国家对艺术的赞助才变得可能，有闲阶级才能够有充裕的财力赞助且从事艺术创作；而大型工程的建设则需要人力的支持。中世纪时，欧洲大部分的人们被束缚在土地上，而且这些义务又因禁止迁徙的成文法而得到强化。公元 14 世纪中期的黑死病使西欧人口减少了 25％～30％，劳工更加短缺，甚至农业区和港埠也受到冲击。因此在中世纪末期，人们开始改进机器以节省人力，并发展出人力的替代能源，大大解放了人的体力劳动。而海上贸易业务的扩展促使财富以前所未有的数量被创造出来，且通常集中在精于大规模商业与金融业的城市中。另外，印刷术异常迅速的采用对文化传播产生了一种爆炸性的直接结果，更多的人能够读到罗马人创造的丰富的文学作品，从而加速了思想的交流。可以说，文艺复兴的背景是一段世界历史中从未有过的财富累积和扩张的过程，以及一个中级技术正变为标准的社会的兴起。

14.1.2　文艺复兴时期的城市形态

14—15 世纪在意大利城市里最早掀起并席卷欧洲的文艺复兴运动，不仅是对传统僵化社会的一种深刻反思，对神权主义、神秘主义的无情鞭挞，对人类自身价值的高度赞扬，而且对孕育着这场运动的载体——城市，更是一种文化精神上的巨大革新。一方面，这些新观念、新思潮使城市人们的社会生活方式发生了巨大变化；另一方面，又使得城市展示出意气风发的面貌。人们在认识自身的同时，也开始重新认识城市，编织着新的城市生活图景。文艺复兴时期西欧城市生活的新形态着重可以归结为以下两个方面。

1. 城市生活对人本主义的追求

人文主义的核心是人，人性、人的价值和尊严、人的权威都是文艺复兴时期人们追求与讴歌的对象。文艺复兴的学者们鼓吹人应当欣赏并享受人生具有的权利、自由与幸福，从而形成一种较为普遍的社会价值取向，这与中世纪的经院哲学、教会中心观念等都是格格不入的。人们已经厌倦了宗教思想笼罩下的禁欲、僵化、清苦的生活，而要求丰富多彩的世俗生活享受，要求对个人价值的肯定与实现。早在 1321 年，当时佛罗伦萨自治共和国中的佛罗伦萨大学就已经开始反宗教神权、提倡人本自由，甚至对该市的市民"强迫入学"。据说在 14 世纪，"当时的佛罗伦萨没有不能读书的人，就连驴夫也能吟诵但丁的诗句"。可以说，如果没有广大城市民众对知识的普遍渴求和良好的文化素养，也就不会催生与认可文艺复兴大师们的辉煌成就。

2. 城市建设活动的世俗化主旨

在以前基督教神权统治时期，西欧城市空间要素中最突出的主体元素是教会和封建王公的宫殿。15 世纪以后，随着新兴资产阶级的成长，越来越要求城市建设能显示出他们的富有和地位，府邸、市政机关、行会大厦等豪华、气派的新建筑开始逐步占据城市的中心位置；同时，城市里各种满足世俗生活、学习等需求的场所也越来越多。总之，新的经济要素、新的城市生活和新的文化认知，都要求对从中世纪继承过来的城市中的道路、广场、生活区、生产区等进行重新规划整理，而这一切都需要首先把教会这个否定人性的"庞然大物"挪位。文艺复兴时期的城市建设主旨日益显现了世俗化的趋势，如威尼斯的圣马可广场在经历了几个世纪的建设后，终于在文艺复兴时期完成了它的世俗化过程，总督府、市场、图书馆等世俗建筑与先前的教堂一起构成了新的城市中心（图 14.1）。在佛罗伦萨，市中心已经主要由市政厅和广场组成，教堂被撇在了旁边，城市里最豪华的建筑也不再是教堂，而是那些富裕市民的府邸。

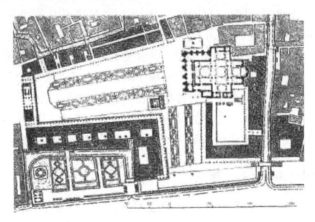

图 14.1　威尼斯圣马可广场总平面

总之，文艺复兴时期城市的民众心态、价值追求、社会风尚以及文学与艺术等多方面，都汇流成了一首激昂、奔放、充满征服感的城市文化主旋律。它虽然在表达的方式上多姿多彩，但实质上是用一种精神——人本主义以贯之的。因此有学者认为，文艺复兴实际上是城市文化精神的一种新的、更高层次的再现与提升。

14.1.3　文艺复兴时期的城市规划思想

1. 建筑理论与建设活动

文艺复兴时期，在思想文化各个领域的全面繁荣中，城市建设也在解放思想，并在学习古典文化的历史精华的同时，充分利用当时科学技术的最新成就。他们于 15 世纪发现了古罗马维特鲁威的《建筑十书》遗稿。古典文化中的唯物主义哲学、科学理性和人文主义的各种因素，大大有助于文艺复兴中新的文化的产生。

这时期的建筑师大都有很高的艺术素养。1334 年画家乔托被委任为佛罗伦萨的总建筑师。其后米开朗琪罗、珊索维诺、拉斐尔、伯拉孟特、阿尔伯蒂、费拉锐特、斯卡莫齐等人都对城市建设做出较大的贡献。

阿尔伯蒂继承了古罗马建筑师维特鲁威的思想理论，主张首先应从城市的环境因素来合理地考虑城市的选址和选型，而且结合军事防卫的需要来考虑街道的布局。他提出了理想城市的模式，在文艺复兴时期，他是用理想原则考虑城市建设的开创人，主张从实际需要出发实现城市的合理布局，反映了文艺复兴时代理性原则的思想特征。在他的思想影响下，文艺复兴时期出现了一大批理想城市设计师。这些设计师们的规划观念是城市与要塞结合在一起。阿尔伯蒂将筑城要求归纳为便利与美观。他的设计思想其后由意大利传入法、德、西班牙、俄罗斯等欧洲国家。一时各地规划理论著作很多。

这个时期，地理学、数学等科学知识强有力地影响了城市的规划结构，其规划形态向科学化方向发展。正方形、八边形、圆形等都作为设计方案，提出了格网式街道系统、同心圆式街道系统等，但大都停留在规划方案上。

当时许多中世纪城市因不能适应社会生产与生活的发展而要求进行改建。城市建设的活动比以前大为增加。但是由于尚未出现引起城市巨大变化的新的生产方式，且当时的社会政治经济状况还没有为城市的大发展创造充分的条件，所以城市总的布局没有发生新的突变。有的停留在对理想城市的理论探讨上；有的仅集中在一些局部地段，如广场建筑群等的改建等工作上。

由于当时欧洲的社会环境不可能建设通体全新的城市，故致力于城市的某一细小部分。设计思路不再由整体到细节，而是由细节逐步扩大到环境，以建筑物去丰富周围环境。17 世纪巴洛克建筑的极重浮华雕饰的建筑风格以及各种建筑物的轴线构图，极大地丰富了城市的景观。巴洛克风格的影响甚至超出了欧洲，远及拉丁美洲的广大地区。

2. 理想城市

向往古代文化的意大利文艺复兴建筑师阿尔伯蒂、费拉锐特、斯卡莫齐等人师承古罗马维特鲁威，发展了理想城市理论。

阿尔伯蒂于 1450 年著述《论建筑》一书，从城镇环境、地形地貌、水源、气候和土壤着手，对合理选择城址和城市及其街道在军事上的最佳形式进行了探讨。其典型模式是，街道从城市中心向外辐射，形成有利于防御的多边形星形平面。中心点通常设置教堂、宫殿或城堡。整个城市由各种几何形体进行组合。

费拉锐特著有《理想的城市》一书，他认为应该有理想的国家、理想的人、理想的城市。1464 年，他提出了一个理想城市方案（图 14.2）。其后欧洲各国设计的许多几何形城堡方案，有不少是受他的影响。

较完整地按费拉锐特的设想建造的是威尼斯王国的帕尔曼-诺伐城（图 14.3）。设计人是意大利学者斯卡莫齐。此城建于公元 1593 年，是为防御而设的边境城市。中心为六角形广场，辐射道路用三组环路联结；在城市中心点设陵堡状的防御性构筑物。

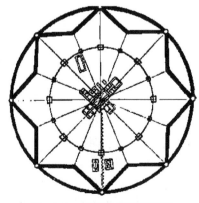

图 14.2　费拉锐特理想城市

图 14.3　帕尔曼-诺伐

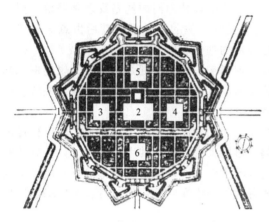

图 14.4　斯卡莫齐理想城市方案

1—商业大街；2—主要广场；3、4—粮食市场；
5—交易所广场；6—柴草、牲畜市场

斯卡莫齐还有个理想城市方案（图 14.4）。城市中心为建有宫殿的市民集会广场，两侧为两个正方形的商业广场，南北分别为交易所及市场广场，主要广场的南侧有运河横穿。

这个时期，火器威力的进一步发展，摧毁了许多国家的城墙，如东罗马君士坦丁堡的城墙于 1453 年被土耳其军队的火器彻底摧毁，故一些多边形、星形城市均设置凸出的棱堡（图 14.5）。棱堡的有掩护的火力可以从侧面反击攻城的敌人。在城市中心点的建筑物亦设置棱堡状的防御构筑物，以便在中心点射击已破城进行巷战中的各个从放射状道路向中心点推进的来犯者。由于星形城市内放射形的锐角很难设计房屋，于是出现了有格栅型街道的矩形理想城市。

文艺复兴时期建造的理想城市虽不多，但曾影响整个欧洲的城市规划思潮；特别是当时欧洲各国的军事防御城市，如法国的萨尔路易（图 14.6）等大都采用这种模式。

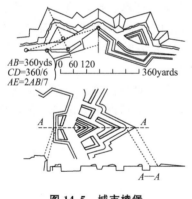

图 14.5　城市棱堡

图 14.6　萨尔路易

14.1.4　文艺复兴时期的代表城市

文艺复兴在本质上是一个城市现象，因为事实上，文艺复兴运动主要是在一些城市中发生的，其中包括意大利托斯卡纳地区的首府佛罗伦萨、威内托地区的首府威尼斯、教会的首都罗马、伦巴底地区的首府米兰，以及比恩萨、乌尔比诺、费拉拉等小城市。但这并不意味着意大利所有的城市都经历了文艺复兴运动，这一点首先需要明确。

其次需要了解的是文艺复兴时期意大利城市与中世纪城市之间的联系。可以说，无论从城市的建设理论和实践来看，还是从地理分布和功能结构上看，文艺复兴时期的城市都直接继承了中世纪盛期意大利城市的传统。许多重要的建筑都是在中世纪时期奠定的，如市政厅和主教座教堂。文艺复兴时期的城市生活方式也是在中世纪城市生活方式上的延续和深化，只是随着新兴资产阶级的成长和城市财富的积累，越来越要求城市建设能够显示他们的富有和地位。因此，与中世纪的城市相比，文艺复兴时期城市的主要变化体现在：一是市政机关、行会大厦、府邸等开始占据城市的中心位置，如佛罗伦萨的市中心逐渐从教堂一起构成了新的城市中心，在比恩萨和乌尔比诺两座小城中，市政厅、府邸成为城市的标志性建筑。二是对中世纪的城市道路、广场等进行重新规划改建，城市中开拓了新的街道和修建了宽阔的广场，如罗马的城市改建。三是在旧城的周边增加新的城区，如费拉拉、米兰的城市扩建。

1. 意大利地区的城市改建

1）费拉拉和乌尔比诺：文艺复兴典范之城

费拉拉是埃斯特家族领地的首府，位于波河岸边，紧靠艾米利亚和威尼斯领地边界。1454 年，根据洛迪合约，埃斯特家族的政治地位重新得以稳固，这座城市逐渐成为意大利最富裕和最进步的城市之一。

费拉拉的发展主要经过了三个时期。8 世纪，人们在波河北岸建起了一座拜占庭式要塞，以保护南岸的大主教宫殿，从此要塞沿着波河两岸逐渐发展起来，形成了费拉拉最初的雏形。10 世纪，费拉拉卡诺萨的封建领主泰巴尔多又在河北岸建立了一座城堡，这样费拉拉便在其两端，即要塞和城堡之间发展。随着 1208 年埃斯特家族统治的到来，尤其在 1332 年教皇对费拉拉进行册封后，城市又开始向北建设。

16 世纪，作为文艺复兴时期的艺术之都，费拉拉根据新的建筑思想先后规划了两个城区：一个是由波尔索公爵于 1551 年扩建竣工的"波尔索工程"；另一个是 1492 年由埃尔科勒一世设计，而其后代用了整整一个 16 世纪的时间才逐步完成的"宏伟扩建工程"（图 14.7、图 14.8 和图 14.9）。

图 14.7 大约 16 世纪末的费拉拉城平面
（右下方黑线是第一个波尔索城市扩建工程中建造的街道。上部用黑粗线描画的是第二个
"宏伟扩建工程"中建造的街道）

第一项扩建是在干涸的波河支流岸边进行的。整个狭长的区域由一条笔直的大道贯穿，并开辟了许多条通向城区旧街道的横街。

图 14.8　1490 年的费拉拉城版画

（从这幅木刻版画中可以清楚地看到费拉拉城有两道城墙：第一道城墙之内的部分是
老城区，建筑物十分密集，公爵宫及其前方的大广场非常醒目；第一道城墙和第二道
城墙之间的部分是现划的新城区。）

图 14.9　16 世纪费拉拉的全景版画

第二项规模庞大的扩建使城市面积从 200 公顷增
加到 430 公顷，新建的街道虽然没有形成规则网络，
但却与中世纪城市留存下来的街道很好地衔接起来。
两条主干道：一条是原有的从埃斯腾斯城堡通往贝尔
菲奥勒城堡的林荫大道（即埃尔科勒一世林荫大道），
另一条是新建的连接波门和马勒门的大道（即波门大
道和马勒大道相互交叉，几乎成一直角），就像维特鲁
威笔下古代城市的纵横和横轴。沿着这两个大道开辟
了一个很大的矩形广场——阿里奥斯蒂广场，面积约
为 120 米×200 米，是新市区的中心。爱沙尼亚宫廷建筑师罗塞蒂领导了设计、建造城墙
和沿新街的一些纪念性建筑的工作。

通过以上工程的建设，费拉拉城焕然一新，这在当时的欧洲各国是无与伦比的。但城
市的人口和财富并没有按人们所期待的速度增长。建筑活动因此也受到限制，为"宏伟扩
建工程"新开辟的住宅用地没有被完全利用，大部分仍保留着当时乡村的特点。大约在 16
世纪末期，费拉拉被教皇国吞并，成为了一个二流城市。20 世纪初期，费拉拉又经历了
一次复兴，中世纪建造的街道被作为新区的一端，而 15 世纪时规划的市区则变成这个新
扩建城市中既普通又寂静的郊区。

乌尔比诺建在两座相邻的山丘上，面积为 40 公顷
（图 14.10）。从 12 世纪开始，城市便由蒙特费尔特罗家
族统治。1444—1482 年，乌尔比诺的统治者蒙特费尔特
罗公爵决定根本性地改变城市面貌，实施了一整套与旧
城建筑风格完全不同的建筑计划。

城市的中心圣弗朗西斯大教堂位于两座小山之间。
主干道从那里一直通向拉瓦津城门，这条大道的起点则
通向里米尼和罗马尼阿平原。在南面的山坡上矗立着蒙
特费尔特罗家族的城堡。大约在 1465 年，公爵委托一批
建筑师在他的城堡旁建造一个庞大的建筑群。新建筑围

图 14.10　乌尔比诺诚平面

绕着一座柱廊庭院设计，以开放的形式把空间引向城市及城郊，从而改变了整个城市的景观。

在朝向老城中心的一面，新建筑呈"Z"形转弯，为以后建造新的大教堂留出了足够的场地。朝向山谷的一面安排了许多敞开的空间，展现出梅陶洛塔尔山一望无际的景观。在两座塔楼的右边设计了一个梯形花园，花园左侧伸出的两个巨大平台上设置了一座名为"帕斯奎诺院"的圆形神庙，是蒙特费尔特罗家族的陵墓。人们可以从两个塔楼的中间步行到达建筑群脚下。一条螺旋形坡道经过填平了的谷底，直接通达巨大的梅尔卡塔尔广场。

在广场的一侧，通向罗马大道的出口处建造了一座新的纪念性建筑——城市的主城门，从这里，一条笔直的大道直通老城中心，继而向上至宫殿入口处。这一创新完全改变了当时辨认城市方向的标志，主方向不再朝向里米尼和在波河水平面上的"拉瓦津门"，而是相反，朝向位于通往罗马大道上的瓦尔波纳镇。从居高的宫殿上可以俯视这条大道，同时可见市中心及周围的景致。

作为城市中心和城市标志的府邸建筑群，其规模与其他建筑相比，并不显得过分突出。它由许多独立建筑组成，每一建筑都是按照当时最时尚的形体风格建造的，但并没有影响整个建筑群的协调。在建筑群的功能设计上，居住和防御功能各有侧重，整体布局恰到好处。这里还收藏着公爵大量的艺术品和书籍，因此蒙特费尔特罗府邸也是一座具有重要意义的文学艺术和科学中心（图 14.11）。

乌尔比诺以不同寻常的城市综合建筑（蒙特费尔特罗府邸建筑群）对欧洲其他地区的城市景观构成了不小的影响，它的城市景观和艺术氛围吸引了文艺复兴时期一些人文主义学者和艺术家。可以说，乌尔比诺昭示了文艺复兴时期艺术和建筑的先锋旨趣。

2）佛罗伦萨

佛罗伦萨是文艺复兴的诞生地，在城市的建设中无不传递着文艺复兴运动中最本质的精神——对古典的复兴与再创造。正如佛罗伦萨共和国的秘书长、人文主义者科鲁乔·萨卢塔蒂所赞扬的："在意大利乃至全世界，哪座城市的房屋、门廊、广场比这里的更美丽、更辉

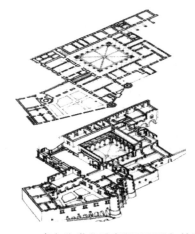

图 14.11 乌尔比诺公爵府邸平面图与轴测图

煌和更开阔？哪一座城市的街道比佛罗伦萨更宽阔，人口更多，市民更自豪、更富有，土地更肥沃，城址更赏心悦目，空气更清新，市容更整洁，水井更多，水更甜，行会更勤劳，以及一切的一切皆更令人仰慕……"

1366—1367 年，佛罗伦萨市政当局做出了一项最重大的决定，即建造第四个中堂隔间和一个八边形的圣歌坛，并在圣歌坛上建造一座跨度为 42 米的穹顶，与罗马万神殿穹顶的跨度相当，使之成为"托斯卡纳最壮丽、最尊贵的教堂"。1463 年，菲利普·伯鲁涅列斯基完成了这项穹顶的工程设计。连同采光亭在内，穹顶总高 107 米，为全佛罗伦萨城轮廓线的中心。新的大教堂的巨大空间不但用于宗教事务，也用于各种会谈和社会活动，

它同洗礼堂、钟楼，以及这群建筑周边经过整饬的环境（如调整了街道的宽度，改造两侧宫殿立面风格）共同构成了佛罗伦萨的宗教中心（图 14.12）。

在城区面积扩大的同时，佛罗伦萨的城市面貌也发生了很大的变化。除拆除洗礼堂对面的圣莱帕拉塔教堂以建造佛罗伦萨的主教堂及广场外，1298 年又开始建造新的普里奥利宫，也称韦基奥宫（图 14.13）。这座建筑颇似一座堡垒，但其上方耸立着一座近 91 米高的钟塔以减轻其压抑感。钟塔象征着这座城市的至高无上之所，悬挂着召集全体市民开大会的大钟。新建的市政广场集各种功能于一身。它既是政府部门的所在地、举行仪式的场所、军械库，同时又是八位执政官的官邸。广场建成以后成为市民活动的重要场所。

图 14.12 穹顶圣·玛利百花大教堂

图 14.13 普里奥利宫

此外，政府还颁布了一系列的法令，确定了市容的基本要素——整齐、对称、宽敞和清洁。14 世纪时期，人们改造了住宅的建筑技术，使住宅更加美丽；拆除了道路两旁的塔楼与旧房屋，消除了中世纪杂乱拥挤的面貌。随着城市建筑的发展以及对道路规划的重视，新建的宽敞的广场与畅通无阻的街道改变了中世纪狭窄的空间和小巷，古老建筑与文艺复兴时期的建筑相得益彰。

在佛罗伦萨，住宅通常称为"帕拉齐"，意即"宫殿"。13 世纪，佛罗伦萨的住宅非常保守，通常是三四层楼高，立面多则开三个门，少则仅一个门。上层的窗户在下层的窗户的正上方。这些住宅稳重质朴，既显示着主人的身份，又无铺张炫耀的成分。它们相互毗连，拥挤在狭窄的街道上，甚少见到阳光。

16 世纪 40 年代中期以后，贵族们开始大兴土木，建造华丽的住宅。这些住宅一般需要投入财富的一半或 2/3，它们是家族的名望、传统以及实习绵延的体现。通常，这些漂亮的住宅有 2~4 层楼高，每层都比下面一层的层高略低，中部有一座门通向中央的庭院。立面的石块在底层是粗面石，往上则是光面石，狭窄的檐口将层与层分开，檐口上面是精致的有直棂的窗户，最上面有厚重的檐口收束整个结构。优雅华丽的建筑外立面改变了原来朴质稳重、色调低沉的街道氛围，而住宅前对应的小广场也改变了原来街道的狭窄尺度（图 14.14）。

3）罗马：帝国的复活

15 世纪中叶，当佛罗伦萨、威尼斯经过全面扩建成为大城市时，历史上曾为首都的罗马却仍然还是一个由于教皇政权的长期迁离而被遗弃的僻静小城，呈现出一幅由古代罗马城的遗址和基督教早期的教堂建筑构成的老面孔。不足 4 万人的居民集中在沿台伯河两岸的马斯费尔德和特拉斯特维尔一带大约1300公顷的土地上，即哈德里安墙所包围的城区（图14.15）。

图14.14 佛罗伦萨由米凯洛佐设计的美第奇府邸内院

图14.15 公元15世纪罗马的全景版画

尼古拉斯五世登基后，决心改变罗马破旧的形象，展开了大规模的工作，包括修复仍可利用的古代设施——城墙、街道、桥梁和下水管道；修复古代文物并赋予它们新的功能，如将哈德里安墓改建为城堡，将万神庙改建为教堂，将元老院改建为市政厅；修建梵蒂冈图书馆；拓宽罗马的街道；将教皇寝宫迁至梵蒂冈的新圣彼得教堂。由于拉特兰宫的圣·乔瓦尼诺教堂仍然保留为罗马的天主教堂，因此，迁都梵蒂冈的教皇不得不沿着派派拉街穿梭于两地之间。这条主要的东西向城市通道联系着卡比多山（即古代罗马时的卡皮托山和公共政府的长期所在地）、罗马城镇广场和罗马圆形大剧场。由于具有这些象征意义上的、典礼上的以及相互联系上的重要性，派派拉街成为罗马文艺复兴时期很大一部分的城市规划项目和建筑工程的所在地，并保持着与通道中间和两端的三个主要的中心之间的紧密联系。

教皇西库斯托斯四世拉开了罗马大规模重建的序幕。为了在波波洛广场（图14.16）和圣安吉洛桥之间寻找一条更加直接的朝圣路线，同时也为了促进一个较小的上游港口——瑞比塔港周边地区的商贸发展，西库斯托斯四世修建了西斯庭街。此外，为了将人口稠密的特拉斯特维尔区与城市中心连接起来，他还修建了西斯托桥；为改变中世纪杂乱的住宅区，将三条通往圣天使桥的道路改为直线。

图14.16 改建后的波波洛广场

为迎接 1500 年的大赦年的到来，建设活动再次得到加强。亚历山大六世毁掉了罗穆卢斯陵墓的古梵蒂冈金字塔，取而代之的是兴建了连接梵蒂冈宫与圣天使城堡的亚历山大街（这是自古罗马以来的第一条呈直线形的道路）。

教皇尤利乌斯二世在西库斯托斯四世的基础上，进一步加强了罗马城区的联系。他在罗马新开辟了若干街道，最重要的是沿台伯河岸不远处建设的伦卡拉大道和朱丽亚大道。在城市住宅区的边缘，重新修整了同样笔直的古罗马时期的弗拉米奈大道。此外，他还规划了一个新的、由三条直路（科索路、里佩塔路和巴比诺路）构成的放射形道路系统，它们的起点是波波洛门（图 14.17）。这几条长而笔直的街道构成了罗马城市布局的基本框架。

图 14.17　起点为波波洛门（人民门）和广场的放射形道路系统

利奥十世修建了利奥路，改善了波波洛广场、瑞比塔港、瑞克塔街和梵蒂冈之间的交通状况。此外，他还依据拉斐尔和布拉曼特的建议，决定修复现存的古代标志性建筑，以恢复罗马的辉煌，并执意修建了富丽堂皇的圣彼得大教堂。

教皇克雷芒七世在位期间建造了通向波波洛广场的第三条路克雷芒街。克雷芒街与利奥街一样，与科索街有着相同的角度。这三条街道在几何学上精确地交汇集中，构成了第一个三交线。保罗三世延长了克雷芒街，并将它更名为保利那·特瑞法里亚街。他要求修建特瑞尼塔蒂斯街把保利那·特瑞法里亚街和科索街、利奥街和西斯庭那街全部连接起来，在朝东的特瑞尼塔山处交会。他还将保罗街和潘尼科街分别同圣天使桥、吉优里街和派派拉街相连接，使其与堪那拉港一起构成了罗马的第二个三交线。

1527 年，罗马城遭到神圣罗马帝国的入侵，城市的改造工作一度中断。16 世纪晚期，教皇重新开始扩建罗马的宏伟工程。在这些工程中，最重要的就是圣彼得大教堂的修建。它是教皇合法化的象征，也是基督教会最高权威的象征。从尼古拉斯五世到后来的西库斯托斯五世，设计方案几经修改，最后由米开朗琪罗完成了圣彼得大教堂的大圆顶的建造。

此外，西库斯托斯五世还把朝圣路线纳入严格且系统的教皇政权控制之中，创造出一个由许多条街道构成的网状系统，这个系统分布于各个教堂之间。他还计划将新的社区扩展到台伯河左岸的卡比多山上，建立丝绸工坊、家禽市场、公共洗衣店和费里斯水渠（图 14.18）。

在西库斯托斯五世统治下，罗马城市的改建在短短五年里就全部完成了。如元老院成员、学者和希腊及拉丁文教授的帕姆皮奥·优格尼奥所说："这里到处都弥漫着和平的光芒。

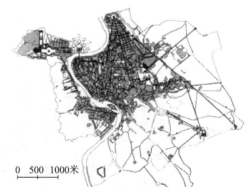

0　500　1000米

图 14.18　18 世纪的罗马规划
（用粗线条突出了 15—16 世纪教皇们新设计的主要街道）

宽阔的街道越来越多，各种建筑琳琅满目地装饰着罗马城，喷泉使这里令人耳目一新，数量众多的方尖石塔直通天国……无论在罗马的什么地方，人们都能够感受到重建后罗马全新的黄金时代……"

4）威尼斯

在文艺复兴时期意大利所有的城邦中，威尼斯城邦是唯一一个没有古罗马背景的帝国，它是继佛罗伦萨和罗马之后的文艺复兴运动的又一中心，在 16 世纪进入最辉煌期。文艺复兴时期，威尼斯的城市建设一方面受到外来文化的影响，另一方面也努力吸取古典主义的建筑原则。

在意大利文艺复兴期间，威尼斯用自己独有的价值观和思想方式，以浪漫与怀旧的情感参与对古典文化的复兴，形成了与众不同的威尼斯风格：丰富的色彩，强调对光的运用，喜爱混合风格。这些特征使它与意大利的其他地区非常不同。造成这种特殊性至少有四个方面的原因：独特的地理位置，强大的贸易帝国，顽固的拜占庭传统，以及带有世界性色彩的稳固政治和社会结构。

文艺复兴时期威尼斯的城市总体结构，依旧由六个独立而又分散在泻湖的小岛以及三个重要的部分组成：圣马可广场、美雪瑞阿商业街和阿森纳兵工厂及船坞。

圣马可广场和它四周丰富的建筑是城市中最重要的部分。在广场靠近水域的边界上，耸立着两根古代纪念柱，柱子顶上是两位威尼斯基督保护神——圣·迪狄奥多尔和圣马可雄狮，形成了威尼斯城的正式入口。圣马可广场的南面是总督府以及其他一些政府大楼。这个区域整体上就是一个强有力的政治、宗教、司法和庆典生活的中心。

迂回曲折的美雪瑞阿街是连接圣马可广场到里阿尔托的商业街，它是城市结构中第二重要的部分。美雪瑞阿不仅是商业和银行业的中心，还有一座横跨大运河连接城市两端的桥，不管从实际作用还是象征意义上考虑，这都是城市两部分之间最重要的联系。

第三个重要场所便是阿森纳兵工厂与船坞，它对城市财富的积累是功不可没的。政府提供津贴给船坞用来建造船舶，为贸易活动提供交通动力，而这些贸易活动又带来了威尼斯的繁荣。

与此同时，一些新的公共建筑也不断出现：1340 年到 15 世纪末以哥特式风格改建完成的总督府；16 世纪后半叶由莫洛·科杜西、尚苏维诺和尚米歇利改建的圣马可广场；1592 年安东尼奥·达·蓬特所建的第三座里亚尔托桥；1570—1580 年，担任威尼斯公共事业部主任的帕拉第奥在圣马可广场对面小岛的岸边建了两个大礼拜堂——圣乔治教堂和救世主教堂；1631 年，隆盖纳让在格兰德河的入海处修建了圣玛利亚-德拉萨卢泰教堂。这些建筑在水面与蓝天的映衬下，颜色极为丰富，大大增加了城市视觉空间的尺度。而威尼斯富裕显贵们的华丽的私人建筑，与这些公共建筑一同把整个城市装扮得极为美丽（图 14.19）。

除了教堂和政府公共区域外，城市中最引人注目的便是那些坐落在大运河岸边（图 14.20）、教区教堂的小广场前，或是靠近小水道边的贵族府邸。很多威尼斯的贵族府邸都有两方面的用途：家居和办公。这意味着威尼斯特有的"货栈—府邸"的基础结构从 12 世纪起就未曾改变过。

这些府邸都建在深深的木桩上。从府邸立面的主楼层的窗户形状上，能找到其从威尼斯式到拜占庭式风格再到罗马式风格演变的过程：12—13 世纪的圆顶窄窗式、14—15 世纪的哥特风格（三叶草形、曲线形的轮廓）、15—16世纪早期的圆顶式窗架模式。依水而建的府邸因相似的装饰图案，在创造多变的城市景象的同时又相互协调。

图 14.19　1528 年威尼斯城木刻版画

图 14.20　格兰德运河上的贵族府邸

2. 文艺复兴时期的意大利以外地区

文艺复兴在意大利以外地区的传播过程中，受到当时欧洲各国发展状况的制约，因而文艺复兴在意大利以外地区具有了一些不同的特点：在君主势力较强的法国、西班牙，文艺复兴文化逐渐演变为以宫廷为中心，反对共和的文化；在宗教势力强大的国家，人文主义虽然也打进了经院哲学的阵营，但它实质上只是具有文艺复兴漂亮的外壳，内部却包裹着中世纪学术文化的基督教的人文主义。如果说在意大利，人文主义基本上是世俗的，那么在这些国家，人文学者们从事的主要工作是从基督教的立场吸收和改造人文科学的研究，其最终目的是增进有关神学和圣经的知识。

1) 法国

法国的文艺复兴运动与统治阶级的政治文化计划密切相关，并不是像意大利那样建立在艺术家和学者的个人努力之上，而是在法国宫廷文化的影响下走向全面发展。意大利对法国产生的最大影响，莫过于整套"装饰理念"的引入，由于无须对法国人最喜爱的哥特式建筑观念做任何变动，因此极受欢迎。法国人乐于模仿意大利或古代式样，将棕叶饰、圆形或椭圆形的图案、裸体小天使、藻井拱穹、阿拉伯式曲线、漩涡饰、壁柱、三角楣等名目繁多的雕饰添加到哥特式的教堂上，使教堂看起来更具现代气派；但他们从不考虑内在的逻辑。沙泰尔称这种风格是一种"揉入了古代小素材的灵活化的哥特式艺术风格"，一种保存了其整体效果和静态的"现代化的哥特式艺术"。

在文艺复兴的影响下，16世纪法国的城市景观也大有改观。城市中出现了华丽的住宅、宽敞的广场以及笔直的道路。但那个时期最精美的艺术之地仍是王室成员居住的宫殿，得益于宫廷对文艺复兴艺术大张旗鼓的宣扬，这些宫殿也成为了意大利艺术家、画家和学者施展才华之地，最显著的是在卢瓦尔河谷一带的法国王室家族的府邸。

卢瓦尔河在历史上曾是罗马与高卢人最重要的运输和贸易干道。从9世纪开始，卢瓦尔河沿岸便建起了抵御城堡和城墙。百年战争期间（1337—1453年），卢瓦尔地区成为法军与英军的战场，饱受战火侵扰。百年战争结束后，再加上15世纪以来文艺复兴建筑创新思想从意大利传入法国，卢瓦尔河谷地区之前建造的堡垒和要塞被彻底摒弃，取而代之的是法国王室装饰豪华的宫殿和花园。

布卢瓦城堡位于卢瓦尔河北岸，城堡中央庭院周围分布着四座翼廊，风格各不相同，体现了不同时期的建筑风格特色：哥特式（13 世纪）、路易十二统治时期的哥特火焰式（1498—1503 年）、弗朗索瓦一世统治时期的早期文艺复兴式（1515—1524 年）和古典式（17 世纪 30 年代）。其中弗朗索瓦一世时流行的翼廊建筑，以简洁的装饰与明快的比例而构成独特的意大利风格，一经建成便得到了法国人的赞誉。法国早期的文艺复兴风格受意大利影响，也体现出城堡边上花园形态当中（图 14.21）。

舍农索城堡是王室贵族托马·博耶在公元 1513—1517 年授权托马斯·波希尔为其建造的府邸。这块位于卢瓦尔河支流谢尔河畔的土地原属于马克尔家族。自 13 世纪起，这个家族便在这块土地上拥有了一座四周设防的小城堡和一个磨坊。这座迷人的城堡混合了两种文化的风格：转角塔楼与高耸的山花给人一种浓烈的哥特式的浪漫氛围；而在保留的城堡主塔檐壁上雕饰了有意大利风格的漩涡饰，以及围绕着盾形徽章的精美的守护神。城堡内楼梯间是带有平顶镶板装饰顶棚的直跑楼梯，极具意大利特色。楼梯沿一条直线，一直向上延伸，从头到尾没转折，将整座建筑一分为二（图 14.22）。

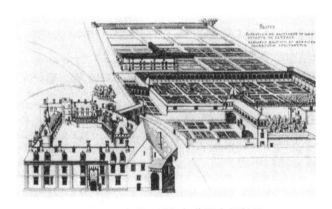

图 14.21　布卢瓦城堡与花园木刻版画

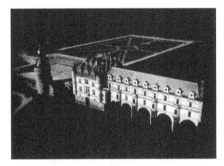

图 14.22　舍农索城堡与花园

尚博尔城堡的前身是一座位于卢瓦尔河支流库松河畔的小庄园，曾驻扎过卫戍部队。1518 年，弗朗索瓦一世决定拆毁这座庄园，重新建造一座豪华的城堡。

城堡外围长 156 米，宽 117 米，占地 5500 公顷，主要由一个巨大的主城堡和四个角上分别耸立着的四座小城堡构成，拥有 440 个房间、365 扇窗户、13 个主要楼梯、70 个次要楼梯、800 个柱头，如同一个微型小城（图 14.23）。小城堡的顶楼拥有 2 层天窗和带有楼梯的墙角塔。每个小城堡都如同佛罗伦萨美第奇家族的别墅一样，拥有 1 间卧室和 2 个小房间，这些房间都与尚博尔城堡中的主城堡相连接。在四个独立

图 14.23　尚博尔城堡与花园

的小城堡与主塔的交接处，有一座别具一格的分两路相互独立盘旋而上的楼梯，楼梯上装饰着众多的小天使、农牧神、裸体的仙女、离奇的怪物和哈尔比亚神的雕塑。爬上这座著名的双旋楼梯便能到达城堡中最为壮观的部分——城楼上的平台。城堡内古怪滑稽的小雕像与城堡古典风格的式样共同展现了中世纪的精华与意大利艺术形式的完美结合。

2) 西班牙

当意大利的文艺复兴开始时,伊比利亚半岛上还没有西班牙王国。1469 年,阿拉贡的费迪南五世(即西班牙费迪南二世)与卡斯提尔德伊莎贝拉的婚姻,连接了半岛上除葡萄牙以外的两个主要王国。通过武士贵族的力量,联合君主国获得了伊利比亚半岛上所有其他王国的拥戴(除了仍然部分自治的葡萄牙),建立了西班牙王国。16 世纪晚期,西班牙国王菲利普二世统治了意大利的那不勒斯和米兰。因而毫无疑问地,西班牙的知识分子通过阿拉贡统治下的那不勒斯王国,同意大利的新思潮和艺术保持着紧密的联系。但在西班牙,文艺复兴深受强大的天主教力量和君主王权的影响。西班牙的人文主义基本上还是传统的、经院化的,对宗教带有强烈的兴趣,而对创新持有怀疑态度。不过在 16—17 世纪,在流入的人文主义著作、伊拉斯莫的文章和辩论以及印刷业出现后出现的译本的刺激下,西班牙的人文主义文学创作逐渐繁荣起来。艺术方面,在意大利的风格来到之前,西班牙已深受摩尔人风格以及法国哥特式艺术的影响,因而西班牙对意大利文艺复兴的建筑艺术的吸取更多的是模仿其表面形式的装饰,即所谓的"带复杂花叶形装饰"的建筑艺术风格。

古典风格在西班牙的体现最具有代表性的是离马德里 48 千米处的一座将修道院、墓陵、军事要塞、宫殿合而为一的宏伟巨大的建筑。这座建筑名为埃尔埃斯科利亚皇宫(图 14.24),是 1558 年查理斯五世去世时,腓力二世为其修建的一座带有陵墓、耶罗尼迈特修道院和教堂的王宫建筑群。

这座建筑群长 201 米、宽 159 米,有 17 个内庭院(图 14.25)。国王腓力二世是一位绘画艺术方面的鉴赏家,因而他在委托建筑师埃雷拉设计埃斯科利亚皇宫时,要求"用简洁的形式,整体的严谨,高贵但不倨傲,雄伟而不卖弄"。

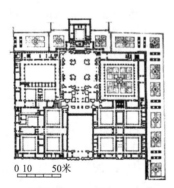

图 14.24 马德里埃尔埃斯科利亚皇宫平面

图 14.25 马德里埃尔埃斯科利亚皇宫

3) 北方地区

阿尔卑斯山以北的地区包括德语国家与低地国家。由于复杂的历史渊源,文艺复兴的思想与艺术形式在两个地区的传播很相似,不过也呈现出各自不同的特征。

德语国家主要指由几百个公国组成的、由世俗和教会领主统治的属于神圣罗马帝国的地区。连年的政治与宗教的混乱,使德语国家的文艺复兴运动具有与意大利完全不同的特点。德语国家的南部受意大利的影响较大;而西部的科隆等城市因天主教势力庞大,人文主义的精神较为保守；北部与低地国家的交往密切，人文主义更加关注宗教、道德和哲学的问题。在艺术上，德语国家长于严谨与缜密。16 世纪上半叶，德语国家的文艺复兴运动兴起。

在位于今天由荷兰、比利时和卢森堡构成的地区，有一个由散布着半自治小城镇的、宗教与世俗合一的集合体。14—15 世纪，这个地区的北部主要由荷兰省和泽兰省组成，面向北海、波罗的海和主宰着汉萨同盟的广阔的德国商业区；这个地区的南部主要由佛兰德斯省和布拉班特省组成，面向法国和勃艮第公国。1477—1579 年，低地国家的不同成员都是哈布斯堡皇室（神圣罗马帝国）的领地，因而被拖进了帝国政治与宗教的漩涡之中。在这一地区，人文主义思想带有明显宗教特征的"基督教人文主义"，它珍视个人的尊严、内省和质询的精神，以及对古典研究的热情。在艺术方面，低地国家的发展也独立于意大利模式之外，他们注重色彩的应用，对自然景观、内部空间极为强调。到 16 世纪后半叶，低地国家的文艺复兴风格才开始形成。

在尼德兰以及德国的许多城市，最能反映文艺复兴风格的是市政厅（图 14.26）、公共计量所（图 14.27），以及市场建筑物。通常这些建筑有着像早期哥特式建筑那样壮丽的中央正门，但采用了古典柱式的表达手法。装饰相对来说比较有节制，粗琢的基座不仅提供了令人赏心悦目的水平线脚，并且对于很大的窗户，也展示了一个适当的对比效果。建筑的屋面采取了十分陡峭的北方式坡屋顶，与任何一座意大利建筑明显不同。然而从整体来看，却有着朴素、和谐的感觉。这些公共服务建筑一般位于城市的中心，在其周围形成了市民活动的场所。

图 14.26　安特卫普市政厅

4）英国

英国在文艺复兴时期实现了政府的中央集权，并且在亨利八世与伊丽莎白一世的先后统治下，成功地处理了宗教问题，平衡了国内天主教与加尔文教的势力。稳定的政治局势促进了工商业的发达，丰足的生活及法律激发人们对于发扬民族精神的渴望，因而英国的文艺复兴运动带有强烈的民族色彩。英国人研究古典文学和学习拉丁文，并非用于模仿，而是希望通过借鉴他人的知识促进本国文字、文学的发展。在艺术上，艺术家们也大量挖

图 14.27 哈勒姆计量所

掘本土传统艺术的内涵，产生了一种生机勃勃的、充满活力的民族风格，昭显了民族古典主义的萌芽。

中世纪时期，伦敦由城区和威斯敏斯特及周边地区两部分组成。城区基本上是原来古罗马时期的城区，也是当时英国最重要的商业中心。而威斯敏斯特及周边地区则是政府和议会所在地，唯一的一座伦敦桥连接着泰晤士河南侧的城郊。

16 世纪的伦敦是一个拥有 20 万人口的繁华城市。城市以南以泰晤士河为界，从西面的舰队河到东面的伦敦塔，有一圈半圆形的城墙。城内街巷纵横交错，但贯穿全城的只有两条大街（图 14.28）。在伦敦，最具英国文艺复兴时期标志的是那些带有异国情调的贵族府邸。在城市西区，沿着泰晤士河，华丽的府邸一字排开，这其中包括萨伏伊宫、王宫、白厅的花园和威斯敏斯特宫（图 14.29）。其次便是在城市中大量兴建的剧院。那时，戏剧在英国成为大众娱乐节目，每逢集市或节日，伦敦市民们都会赶到剧场欣赏节目，而这些剧院的所在地往往成为城市公共活动的中心。

图 14.28 1560 年的伦敦市区版画

图 14.29 1547 年泰晤士河畔的贵族府邸

3. 广场建设

文艺复兴时期，城市的改建追求庄严宏伟的效果，以显示资产阶级的权势。城市建设的主要力量集中在市中心与广场的建设，建造了许多反映文艺复兴面向生活的新精神和有重要历史价值的广场。早期广场继承中世纪传统，广场周围建筑布置比较自由，空间多封闭，雕像多在广场的一侧，如佛罗伦萨的西格诺里亚广场。这个广场在中世纪已有很多建设，于文艺复兴时期增添了若干建筑地与雕塑，完成了广场与市中心的全貌。文艺复兴盛期与后期的广场比较严整，并常采用柱廊形式，空间较开敞，雕像往往放在广场中央。

1）安农齐阿广场

佛罗伦萨的安农齐阿广场（图 14.30）是文艺复兴早期最完整的广场，采用了古典的严整构图。它的平面是矩形的，宽约 60 米，长约 73 米。在长轴的一端是 1470 年阿尔伯蒂改造的原建于 13 世纪的教堂立面，它的左侧是勃鲁乃列斯基设计的育婴堂，它的右侧是 1518 年建造的修道院。广场三面均是开阔的敞廊，尺度宜人，风格平易。广场中央有一对喷泉和一座骑马铜像，从而突出了中央轴线。

2）罗马市政广场

罗马市政广场（图 14.31）是米开朗琪罗的重要作品之一，是文艺复兴时期比较早的按轴线对称布置的广场之一。这个设计的成就突出地表现在它的改建工作上。广场正面的元老院和它的左面与之互不垂直的档案馆是原有的建筑物。米开朗琪罗重建了元老院，并于 1540 年加建了博物馆。广场平面成对称梯形，使这个位于小山顶上的虽是不同时期建造的建筑群在形式上取得协调统一。

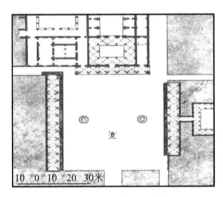

图 14.30　安农齐阿广场

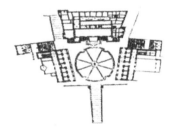

图 14.31　市政广场平面

这个广场的独特之处，是它的三面有建筑物，而把前面敞开，一直对着山坡下的大绿地。广场入口的大台阶，以锐角向上面放大，使台阶产生了缩短的错觉。同样，广场上的两座不平行的、向后分开的建筑创造了比较深远的效果。当走近广场中部时，精美的古罗马皇帝骑马铜像吸引住人的视线，并增加了期待感。元老院高 27 米，两侧的档案馆、博物馆高 20 米。为了把正中的元老院强调出来，于是把它的底层做成基座式的，上两层用巨柱式柱子，使元老院在两侧建筑物从平地起来的巨柱式柱子对比之下，显得比实际更高、更为雄伟。站在元老院入口台阶的顶部，可以望到以建筑和雕像为景框的城市全景。这个建筑群设计的特点是，使人在道路上行进中的每一瞥的瞬间合在一起，互相加强效果（图 14.32）。

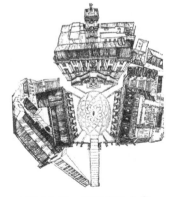

图 14.32　市政广场全景

3）威尼斯圣马可广场

圣马可广场（图14.33）是世界上最精致的广场之一。广场上有世界上最卓越的建筑群组合。拿破仑大帝曾誉之为"欧洲最美丽的客厅"。这个广场是建造了好几个世纪才完成的。主要建筑物有11世纪建造，15世纪完成了它华丽面貌的拜占廷式圣马可教堂。有始建于10世纪初，12世纪下半叶改建，16世纪初加上了最后一层和方锥形顶子后高达98米的高直式钟塔与1309—1424年建造的高直式总督宫，有文艺复兴式的图书馆与四周的新旧市政大厦。几个世纪来，由于结合历史现状逐步进行改建，既保存了优秀历史遗产，又不断进行了新的创造，成为历史上最有名的广场之一。

广场平面呈曲尺形，在空间组合方面，它是由3个梯形广场组合成的一个封闭形的复合式广场。大广场与靠海湾的小广场之间用一个钟塔作为过渡，同时把圣马可广场稍稍伸出一些，使游客从海湾观看时，视觉上起一个逐步展开的引导作用。大广场与圣马可教堂北侧面的小广场的过渡，则用了一对狮子雕像与几步台阶进行划分。靠海湾小广场的入口竖立着一对从君士坦丁堡搬来的立柱。东立柱上面立着一尊代表使徒圣马可的带翅膀的狮子像。西立柱上面立着一尊共和国保护者的像（图14.34）。

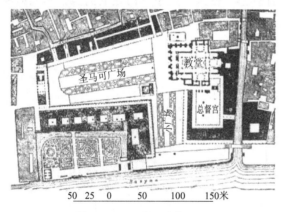

图 14.33　圣马可广场平面

图 14.34　圣马可广场鸟瞰

广场是梯形的，长175米，东边宽90米，西边宽56米，面积为1.28公顷，很适合当时文艺复兴时期19万城市人口的规模。这种封闭式梯形广场在透视上有很好的艺术效果。使人们从西面入口进入广场时，增加开阔宏伟的印象，从教堂向西面入口观看时，增加更加深远的感觉。同主要广场相垂直的靠海湾的小广场也是梯形的。从小广场可以看到对面400米以外海湾内小岛上的建筑对景——圣乔治教堂。这个教堂的钟塔和圣马可广场的巨大钟塔遥遥相对，起到了艺术上的呼应作用。

在艺术处理方面，高耸的钟塔成为城市的标志，与广场周围建筑物的水平线条形成美的对比。为使封闭式广场与开阔的海面有所过渡，广场四周建筑底层全采用外廊式的做法，并以发券为基本母题，均以水平划分，形成单纯、安定的背景。在这背景之前，教堂与钟塔是一对主角。各种建筑色彩美丽明快，广场上还点缀了大量灯柱和三根大旗杆，增添了节日的主动活泼气氛。广场长宽大约成2：1的比例，塔高与西入口成1：1.4的比例。当人们进入西入口时，能从券门呈现出一幅广场建筑群迷人的画面。圣马可广场不同空间的互选和视觉上的相似性和对比性的运用，达到了形体环境的和谐统一的艺术高峰。

3. 园林建设

阿尔伯蒂于 1450 年著述的《论建筑》一书。其第九章载有关于园地、花木、岩穴、苑路等的布置。他主张别墅建筑需以凉廊或其他园林建筑小品延伸到周围绿化中去，并强调外部景观的重要性，使其自然地服从于人工造形的规律，把坡地塑造成明确的几何形；并使大自然从属于人的尺度，按对称和比例塑造物质环境。

当时罗马名园有三四十所，均为贵族富绅的庄园。其布局大多结合山势，居高临下，引山上溪流下泻，配置喷泉潭池，其中有饰以雕像的喷泉池沼，有随阶降泻的叠瀑与水扶梯。特别是 16 世纪以后的巴洛克园林中，水的运用达到较高水平。水与石的结合，造成极有风趣的景观。

佛罗伦萨的波波里庄园是早期文艺复兴开始营建的意大利北方第一名园，位于佛罗伦萨西南庇蒂府邸后院，筑于山坡，园据全城之胜，可居高俯瞰全城，除有雕像、喷泉外，还有池塘、岩穴。

14.2　宗教改革时期的城市规划

14.2.1　宗教改革时期城市的发展动态

宗教改革解放了人的思想，使得从中世纪宗教控制下走出来的人们重新认识到了个人的存在和个人意识的力量。宗教世界发生的巨大变化，使人们开始重新认识世界，开始新的探索，同时民族国家的形成为这种探索提供了稳定和积极的环境，欧洲的发展进入一个新的历史阶段。而对城市来讲，宗教改革所产生的最显著的影响就是欧洲城市格局的变动与调整。

1. 大西洋沿岸城市崛起——经济重心由东向西、由南向北的转移

葡萄牙航海实践（1480 年）后的欧洲城市发展与大西洋紧密联系在一起。从 16 世纪初开始，欧洲的城市贸易开始在大西洋沿岸发展起来，大西洋沿岸城市的繁荣首先从西班牙和葡萄牙开始。因为大西洋贸易成为国家发展的基本动力，一般远离大西洋的国家和地区，或者与大西洋贸易关系不甚紧密的国家（如意大利、东欧国家等），其城市发展都很慢。这样一来，大西洋沿岸国家的城市发展逐步与内陆城市拉开了距离。宗教改革发生之后，荷兰、英国和法国的城市相继繁荣。德国由于在宗教改革中没有形成强有力的国家政权，加上城邦的割据，没有在航海时代的大发展中分得一杯羹。

2. 意大利的兴衰

地中海盆地北部地区气候较温和，土地肥沃，为农业生产提供了理想的条件；河流终年无冰，水量充足，为交通运输提供了便利的手段；锯齿形的海岸线进一步加大了这一优势，为内陆地区到达沿海口岸提供了较方便的通道。

自 10 世纪起，城市作为地方贸易和地方行政的中心开始慢慢地出现，意大利在这方

面居领先地位，威尼斯、热那亚、比萨、佛罗伦萨、米兰等地中海沿岸城市都发展得比较早。意大利商人把东方的香料、宝石、绸缎等输入欧洲，同时，又从欧洲输出呢绒、金属制品等。到 12 世纪时，地中海地区的海上贸易已扩展到法国和西班牙海岸，马赛、巴塞罗那、维罗纳等城市成为享有盛誉的商城。

但是当欧洲人用跨越大西洋、太平洋和印度洋的航行代替了在地中海的航行时，世界商路开始从地中海区域转移到大西洋沿岸。地中海的经济意义日益下降，意大利的商业城市也逐渐丧失了独占东方贸易的地位，威尼斯、热那亚等商业城市因此而相继衰落。

3. 德国的兴衰

德国的高原和山脉矿物资源丰富，在 12—13 世纪，这些资源得到有效的利用。葡萄酒酿造业也开始由莱茵河流域向东传播，欧洲内陆的经济和政治中心从传统的地中海盆地向北转移，德国的经济有了显著的发展。13 世纪时，莱茵河和多瑙河一带出现了许多大城市，如科隆、奥格斯堡、纽伦堡、乌尔姆等。

北部城市如吕贝克、汉堡、不来梅，从 13 世纪以来就经营西欧各国和斯拉夫东方之间的中介贸易；南部城市奥格斯堡和纽伦堡是当时著名的商业中心。1241 年，以吕贝克、汉堡之间的同盟为先导，包括不来梅、斯德丁、但泽等波罗的海沿岸等地的 90 个城市逐步组成了汉萨同盟（Hansa：在低地德语中，它的含义就是联合），并垄断了北欧的贸易。

宗教改革之后，德国境内个诸侯国遵循"教随国定"的原则，摆脱了罗马教廷的控制，使其更加处于诸侯割据的状态。但政治上的割据阻碍了各个地区之间的经济联系，国内市场无法形成。当其他国家已经形成了民族国家，大张旗鼓地利用国家权力谋求利益的时候，德国却因此而落后了。

大西洋贸易最北端的城市是汉堡。在著名的汉萨同盟中，汉堡曾被誉为"汉萨的女王"，享有十分重要的经济和政治地位。汉堡在整个西欧也是最著名的新教徒移民城市之一。从 16 世纪中期开始，汉堡就成为大量低地国家新教徒的避难所，这些移民带来了大量的资本和技术，并得到政府的保护和优待。1558 年，汉堡按照安特卫普的形式建立了交易所，1619 年又学习阿姆斯特丹，建立了国际汇兑银行。汉堡还建立了德国最早的银行，并在 1770 年创立了银行马克的货币概念。特别是当 1790 年法国革命军征服了荷兰后，许多商业和金融业务被迫转移到汉堡，加强了该市的金融信誉。18 世纪以后，包括石油、咖啡等在内的北美贸易在汉堡的比重日益上升，作为西欧北翼的商业巨都，这个城市与伦敦、阿姆斯特丹等齐名并列，并发挥出越来越重要的作用。

4. 瑞士的变化

瑞士位于南欧和北欧之间的交通要道上，商路上的城市如苏黎世、日内瓦等都有发达的工商业，享有充分的自治权。例如，当时的日内瓦，商业、织布业和丝绒业相当发达。加尔文作为日内瓦教权共和国的统治者，积极支持商业和工业的发展。

中立的日内瓦使得从德国、法国、意大利逃亡的宗教避难者纷纷来此安居，于是日内瓦变成新教徒的罗马。加尔文在赋予日内瓦人精神自由的同时，也干涉市民的一切私生活领域，如加尔文教徒反对人们穿戴饰品，但把手表视为一种工具而允许佩戴。16 世纪初，钟表工业从文艺复兴的发祥地意大利传入瑞士，特别是在那些因宗教迫害迁徙而来的新教徒中，有不少的钟表手工艺人，在他们的带动下，日内瓦逐渐发展成了后来的钟表之城。

5. 葡萄牙与西班牙等天主教国家的兴衰

16 世纪 50 年代，里斯本是大西洋最早繁荣的经济文化中心之一，由于开拓了东方航线并垄断了香料的贸易，大量的利润流入葡萄牙，使里斯本一下子成为早期西欧最著名的商业城市。北西大洋一侧的塞维利亚也因交通位置便利而繁荣。但是由于香料的消费地主要集中在以尼德兰（主要包括荷兰、比利时、卢森堡）、安特卫普为集散中心的北欧，因此葡萄牙的贸易和尼德兰低地各国关系更为密切。

在葡萄牙与西班牙，天主教一直比较强盛。当宗教改革在欧洲其他国家发生时，天主教内部也进行了反宗教改革运动，以加强天主教自身的权威、维护自身在群众中的地位和形象。经过这样一次自我的反省和整顿后，天主教又成为国家和城市发展的主导力量。

相比后来崛起的大西洋沿岸城市而言，西班牙人和葡萄牙人并不善于经营财富，所以他们从航海中得到的巨大利益最终还是流入欧洲内陆的其他国家。

6. 比利时的变化

随塞维利亚之后兴起的是比利时的布鲁塞尔。这个城市虽然处于内陆，但因为靠近莱茵河商业圈，同科隆、亚琛等城市有经常性的往来，再加上有安特卫普的出海口，较早就成为西欧的金融中心。此外，布鲁塞尔不仅是从大西洋进入西欧内陆城市的门户，而且是通往非洲的商贸中心。因为当时非洲的殖民地盛产铜而缺少铁及金属制品，而西欧的内陆城市又需要大量的铜，于是葡、西商人就将从非洲掠夺来的铜、象牙和砂糖等带到布鲁塞尔，用内陆城市生产的毛纺织品和金属制品进行交换。然而，由于英法战争的影响和港口的淤积，城市的经济发展屡次受到严重打击，从 16 世纪初期开始，布鲁塞尔就逐渐失去了中心贸易城市的地位。

7. 荷兰的变化

经过宗教战争之后，天主教控制了荷兰南方的 10 个省，而北方的 7 个新教省成立了乌德勒支联盟，后者于 1588 年成立了联合省共和国。为避免宗教冲突和联合省的崩溃，荷兰实行了宗教宽容及信仰自由的政策，因此很快成为"五方杂处之地"。作为回报，大批移民也为荷兰经济的奇迹作出了贡献。城市的迅速壮大和成长使各国移民很快混合起来，大批佛兰德人、瓦隆人、德意志人、葡萄牙人、犹太人和法国胡格诺教徒最后统统被改造成为真正的"荷兰人"，一个尼德兰"民族"就此形成。

安特卫普恰好位于东方贸易和新大陆贸易的交汇点，加上传统的商业路线和较早的贸易市场，特别是与德国的莱茵河流域城市及内陆的纽伦堡、奥格斯堡、拉文斯堡等往来密切，所以北欧的黄油、木材、南德和匈牙利等地的金属矿产等大都集中到了安特卫普的市场上。

同时，安特卫普原先同英国的羊毛交易联系密切，并于 1496 年与伦敦签署了互惠贸易条约，加强了双方的经济关系。所以当布鲁塞尔衰落之后，安特卫普就迅速成为大西洋沿岸和伦敦并列的金融贸易中心。作为之前葡萄牙香料商品在北欧销售的集散地，安特卫普后来居上，不仅成为欧洲经济贸易中心，也是欧洲的金融中心。

随着荷兰新教革命的成功以及联合省共和国的兴起，阿姆斯特丹又力压安特卫普，成为欧洲最大的商港。仅以该市的毛纺织、造船业和航海用品的生产为例，如果把 1584 年的工业产值作为 100 单位来计算的话，那么到 1660 年时，阿姆斯特丹的工业产值就达到了 545，相当于翻了 5 倍。对东方的贸易也是阿姆斯特丹的重要经济活动之一。1602 年成立的东印度公司和 1621 年成立的西印度公司，其商业资本就是由阿姆斯特丹、鹿特丹、塞兰德、德尔福特赫隆以及恩克亥森等 6 座城市的商人筹集的，其中最富有的阿姆斯特丹商人占据主导地位。阿姆斯特丹市的银行业非常发达，1609 年建立的第一家汇兑银行，全世界各地的货币和汇票几乎都可以在这里进行兑换。由于金融市场的稳定，17 世纪，该市的银行储备金从 100 万猛增到 1600 万货币单位，并将这一优势一直保持到 18 世纪。

阿姆斯特丹虽然繁荣，但必须依靠其他城市的合作。因此，联合省和尼德兰诸城市的协助，是阿姆斯特丹成长与强盛的不可或缺的条件。

8. 英国的变化

到了 18 世纪，商业的重心相应转移到了英吉利海峡的对岸。英国凭借其工业实力，迅速取代了荷兰成为西方世界的霸主，伦敦进而成为欧洲的经济中心。虽然这是后话，但英国的大国地位却是从宗教改革开始时就奠定了基础的。

一方面，由于中世纪教会势力的发展最先是在那些原属于罗马帝国的各地，如意大利、法国、西班牙等地传播，后来又在德国，最后是在西欧的北部和东部传播，因而英国的宗教改革比较顺利。再加上由于采取比较温和的宗教政策，大批受宗教迫害的法国人和西班牙人纷至沓来，他们不仅带来大量的商业资本，还有当时最先进的生产技术，如玻璃制造、冶炼、丝绸加工工艺等。

另一方面，16 世纪由哥伦布和达伽马的航海活动所带动，使欧洲经历了一场经济革命，极大地刺激了欧洲的殖民活动和海上贸易。1588 年，英国全歼西班牙的无敌舰队，卷入争夺非洲殖民地的斗争，并积极向东方发展。1622 年，英国首先从葡萄牙手中夺得波斯湾入口处的霍尔木兹，从而控制了大陆丝绸的贸易通道，随后又在印度东西海岸建立了孟买、马德拉斯和加尔各答三大港口城市，基本构成对印度本土的殖民态势。

在这股殖民活动和海上贸易的浪潮中，欧洲的经济中心实现了从地中海沿岸城市向大西洋沿岸国家的转移。资本主义经济的发展要求思想方式的转变，进而对宗教改革的要求更为迫切，而宗教改革也能够得到更多的支持。这也充分说明了宗教改革与资本主义经济发展有着密切的关系。

自 16 世纪开始，英国着手改善城市的运输体系、整顿河道、开拓水路、便利交通。在 17 世纪中叶建立了伦敦-阿姆斯特丹国际金融结算关系，使得伦敦一举成为大西洋地区的金融中心之一。同时，英国扭转了以羊毛出口为主的贸易结构而大力发展本国的毛纺织业。特别在产业革命以后，曼彻斯特、伯明翰、里兹、谢菲尔德等工业城市迅速崛起，成为继伦敦之后最重要的中心城市。

14.2.2 宗教改革时期城市的特色

对城市而言，宗教在地面建筑中最突出的表现形式就是教堂。在不同的城市当中，各种教堂的面积、功用、式样、材料都不尽相同，罗马天主教的教堂被认为是上帝的居住地，一般来说，比较宽敞、高大，而且装饰繁华，十分醒目。在天主教及东正教的教堂里多有耶稣钉在十字架上的图像、十字架和神殿，以及各种各样的宗教标志。符腾堡、萨尔茨堡等大主教和主教们，则在宗教改革时期把自己的城邑变成了巴洛克风格的华美建筑的汇聚之地。

这一时期的新教徒派建筑，则秉承了茨温利和加尔文倡导的节俭美德，很多教堂其实只是个简陋的会堂。究其原因，在于这些教堂的主要用途是布道而非做圣事，新教徒厌恶剧院、奢侈品以及虚荣的装饰。教堂被认为只是上帝前来访问的地方，并非是长住之地，因此比较狭小并少装饰。只有在德国北部地区，由于深受物质繁荣的荷兰人的影响，建筑物在保持简洁风格的同时，加了某些装饰和色彩铺排，如埃姆登的新教堂便效仿了阿姆斯特丹的诺登德科克教堂。

路德教派并不像加尔文教派那样，要彻底打破一切宗教旧习。该教派保留了老教堂中装饰精美的祭坛和绘画作品，又增添了一些表达其宗教理念的新画。而新风路德教派的主教与天主教派的领主一样，急于重新构想自己的城邑，因此纷纷建设高耸巍峨的新建筑物，以展示自己的权威和财富。

宗教改革一方面把人的思想从神的庇护下独立出来，让人能勇于以新奇的目光看待这个世界；另一方面促成了新的统治力量的诞生，两者的结合直接促进了欧洲国家城市经济的大发展。直至 1750 年工业革命开始之前，新教精神一直是资本主义城市发展的基本动力。

14.3　绝对君权时期的城市规划

14.3.1　绝对君权时期的时代背景与唯理主义理论思潮

资本主义的增长，需要和平的国内环境和统一的国内市场。这种需要也符合国王扩大自己的权力，统一国家的愿望。国王与资产阶级新贵族结合，反对封建割据与教会势力，先后建立了一些中央集权的绝对君权国家。它们的首都，如巴黎、柏林、圣彼得堡等均发展成为全国的政治、经济、文化中心的大城市。17 世纪后半叶，路易十四执政时，法国的绝对君权正处于极盛时期，可称是古罗马帝国以后最强大的君主政权。路易十四曾宣称"朕即国家"，并且努力运用科学、文学、艺术、建筑等为君主政权服务。国王与新的资本阶级的雄厚经济力量，使城市的改建与扩建达到了新的规模。当时强盛而黩武的法国称霸于欧洲，并成为欧洲的文化中心。欧洲各国奴颜婢膝地从法国学习一切，从文学、艺术直至生活方式。1655 年，法国在法兰西学院的基础上成立了"皇家绘画与雕刻学院"；1671年又成立了建筑学院。

17 世纪后半叶，古典主义在法国的文学艺术等方面占绝对统治地位。在建筑方面，古典主义也同样成为占统治地位的建筑潮流。古典主义是君主专制制度的产物，也是资产阶级唯理主义在美学上的反映。它体现了有秩序的、有组织的、永恒的王权至上的要求。古典主义力求在一切文学艺术的样式中建立"高贵的体裁"所必需的规则。这些规则是理想的、超时间的、绝对的。它认为不依赖感性经验的理性是万能的。古典主义在艺术作品中追求抽象的对称和协调，寻求艺术作品的纯粹几何结构和数学关系，强调轴线和主从关系；就城市规划而言，在平面上是中央广场，在立面上是中央穹顶统率着其余部分。

德国于18世纪初因大西洋贸易之利，强大而繁荣起来，很快地形成了强有力地中央政权。德国的王公诸侯们特别倾心于法国路易十四时代的宫廷文化。这时期的宫廷建筑也表现了古典主义的倾向。

俄罗斯于17世纪末18世纪初，由彼得大帝进行了全面的政治改革，使俄罗斯成为强大的帝国。他学习西方，特别是法国的古典主义建筑风格通过各种途径传到了俄罗斯。古典的严谨和朴实，最能适合创业伊始的时代特征。俄罗斯的城市建设从18世纪初开始发生了重要的变化。

14.3.2 绝对君权时期的巴洛克风格

1. 文艺复兴、巴洛克和古典主义

"巴洛克"指一种艺术风格，在16与17世纪之交时起源于罗马、曼托瓦、威尼斯、佛罗伦萨等，后来迅速传播到欧洲的其他国家。那个时代几乎所有的艺术方面——雕刻、绘画、文学、建筑、音乐等都表现出巴洛克风格：以夸张的行为、繁复的装饰、戏剧性的效果、压力、丰富、对浮华的夸大为主要特征。

17世纪形成的巴洛克概念拥有其特殊的价值，因为它本身包含着那个时候的两个相互矛盾的因素：一是精确和井井有条，在严密的街道规划、规整的城市布局，以及几何形式的花园和风景设计中表现得登峰造极；另一个是浮华与夸张、烦琐，这一时期的绘画和雕塑包含着感知的、叛逆的、放纵的、反古典的、反机械的因素，不仅表现在服装和建筑中，也表现在对宗教的狂热中。在16—17世纪时，这两种因素有时同时存在，有时相互分开，起着各自的作用，但在一个更大的整体内则互相制约。

在这方面，我们可以把早期纯真的文艺复兴形式视为"原始"的巴洛克，把从凡尔赛到圣彼得堡的新古典主义形式视为"后期"的巴洛克。巴洛克风格的传播经历了三个阶段：意大利起源，跨越阿尔卑斯山，整个欧洲的传播。

2. 巴洛克风格的城市要素

1）巴洛克的建筑

巴洛克风格建筑起源于17世纪的意大利，并迅速传播到整个欧洲。它被称做是建筑美学的文艺复兴。戏剧化、夸张、繁复的装饰都是为了绝对的君主权利和颂扬国家的胜利、教会的伟大。建筑内部装饰中将神灵与基督教会内容的画像布置在壁画和柱子上，就好像是舞台的场景。罗马的圣彼得大教堂被认为是开创巴洛克风格的先驱（图14.35）。

随着建造技术的发展和静态力学的不断进步，教堂的中殿不断扩大，拱顶采用了大开间设计。建筑师们追求极致的建筑装饰，特别是在西班牙，用假大理石和粉饰灰泥进行大量装饰——多色的大理石、涡形、螺线等。整个屋顶装饰的彩画，运用透视画法而具有立体感，使人们感到真的能从屋顶通向天空了。

2）巴洛克的城市规划和宫殿群规划

文艺复兴开始有了城市规划的概念，但是当时的城市强调"封闭"的特征。巴洛克城市变得"外向"了，巴洛克城市首次被看作是一个空间的系统，用透视法展现城市，把城市作为君权的象征。

巴洛克城市风格始于罗马，如通往教堂的大轴线，以强调教堂的重要地位。典型的例子就是罗马圣彼得大教堂广场、波波洛广场等。

受其影响，沿法国卢瓦尔河谷的很多城堡的花园规划也采用了类似的设计手法。尔后在 17 世纪的沃·勒·维康府邸，凡尔赛宫殿和花园，乃至巴黎城市广场的设计中大量采用。其中凡尔赛宫最为典型：宫殿位于两个视觉无限延伸的发散型景观空间的中心。简单的几何图形，突出了至高无上的皇权。

图 14.35　罗马的圣彼得大教堂

巴洛克的城市建设，就其形式而言，是当时流行的宫廷中形成的戏剧性场面和仪式的缩影和化身，实际上，是宫廷显贵生活方式和姿态的集中展示。

3）巴洛克街道

巴洛克城市最重要的象征和主体是大街。那个时候城市规划的特点是把空间划成几何图形，道路按直线形发展，一方面是因为要满足轮式车辆交通和运输，另一方面也表达了当时占支配地位的城市美学：建筑被安排得整整齐齐，建筑物的正面檐口高度均匀地在一个水平线上；还有一个原因是大街具有了作为阅兵场所的新功能，观众们可以在大街两旁的人行道上，或从两旁房屋的窗户里，观看军队集合整队、操练，进行胜利游行。

4）巴洛克的星形规划

星形规划的原形是基于军事上的考虑，可追溯到文艺复兴时期的"理想城市"规划模型，从中央向外的放射街道，形成星形城市。1593 年，威尼斯共和国按照这一模式建设了新镇帕尔玛诺瓦；仅仅 4 年以后，一位荷兰规划师在考沃登建设了一个新镇，1616 年，又在离汉堡约 64 千米的易北河畔建起了格吕克城。这些按照"理想城市"规划模式放大并建设了的城镇，虽然主要是出于军事防御的目的，格局封闭，不容许发展或扩建，但对后世的"星形规划"却产生了深远的影响。

3. 巴洛克风格影响下的巴黎

1）巴黎城市的建设

巴黎从中世纪开始就是欧洲最重要的城市之一，其结构主要包括了三个部分：塞纳河中西岱岛上的城市，是第一个高卢人居住区；塞纳河左岸的大学区，最早是罗马人建立的殖民地；塞纳河右岸，是商人联合会和政府管理部门的所在地。在卡尔五世统治下的 1370 年，这三部分被城墙围起来，面积为 440 公顷，人口约为 10 万人（图 14.36）。

法国国王在文艺复兴时期沿卢瓦尔河兴建城堡。到 1528 年才把他们的皇宫确定在巴黎城中。弗朗索瓦一世开始在塞纳河右岸重建卢浮宫。16 世纪中期，巴黎的城区越过城墙，扩大为 20 万~30 万人口的城市（图 14.37）。但是宗教战争严重破坏了巴黎城市建设的节奏，在后来的 15 年内，亨利四世一直致力于巴黎的改建项目，直至其去世。他在塞纳河右岸扩建了卡尔五世城墙，在西部将都勒利花园包括进来；他改造了公路网和其他城市设施，如排水及自来水管道系统；还在右岸建设了正方形的皇家广场（图 14.38 和图 14.39）、扩建卢浮宫等。

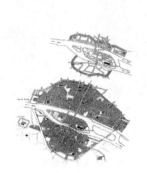

图 14.36　上图为中世纪早期的巴黎，
下图为 1180—1225 年的巴黎

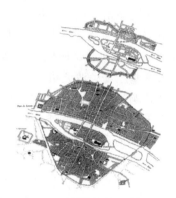

图 14.37　上图为 1370 年的巴黎，
下图为 1676 年的巴黎

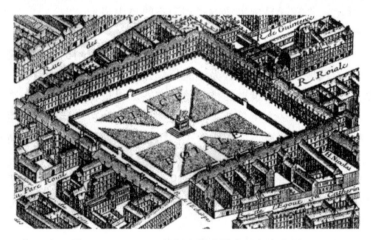

图 14.38　Turgor 规划中的路易十三皇家广场

图 14.39　lsrael Silvestre 制作的路易十三时期皇家广场上的国王雕塑

17 世纪上半叶，巴黎人口已经发展到了 40 万人。虽然这个时期由于战争的原因，阻碍了城市的建设，但是法国文化领域中却出现了繁荣的新艺术、新文学。建筑界的芒萨尔、绘画界的普森、文学界的科尔奈里和哲学界的笛卡尔等共同奠定了新的唯物主义基础，给 17 世纪后半叶的建筑设计和城市规划带来了新的理论和风格。

"太阳王"路易十四在他执政期间，继续在巴黎和巴黎周边进行建设，从而使巴黎成为其他所有欧洲王室的典范。路易十四对巴黎的中世纪城区做了一些改进，在原有城市结构上建设了几组重要的建筑群：改造卢浮宫、胜利广场、旺多姆广场和残疾军人院；规划和建设一个与外部的自然环境既分隔又融合的近郊区，为此拆除了原来的城堡要塞，代之以宽阔的林荫大道；因为好大喜功，路易十四在巴黎还修建了一些罗马凯旋门式的城门建筑，来颂扬自己的丰功伟绩，最著名的有圣德尼斯门和圣马丁门。

18 世纪，巴黎成了一座有 50 万人口的开放城市，它由建成区和绿化地带组成，城市区域逐渐渗透到周围的风景中。而城市周边出现了一些新城，这些新城有着优美的自然环境、几何形的城市结构，成为国王和贵族们新的居所，如凡尔赛就成为一个充满了艺术情趣的近郊城市（图 14.40 和图 14.41）。

图 14.40　18 世纪中期巴黎近郊规划
（细线是中世纪的公路线，粗线是 17 世纪和 18 世纪建成的笔直的公路和林荫道）

2）沃·勒·维康府邸

它是由 1656—1660 年马萨林统治时期的财政部长尼古拉·富凯建造的。园林设计师勒·诺特尔、建筑师勒·福和室内设计师勒·布伦合作完成了这样一个非常经典的法国园林府邸，后来成为很多花园设计的典范，包括凡尔赛宫的建设。

沃·勒·维康府邸不像意大利的别墅那样，坐落在风景迷人的地方，而是在一个稍稍低洼之处，四周山林环抱。但从整体上看，建筑与周围的环境和谐地融为一体，从规划的几何图形布局直至视野可达的地平线，一切都自然舒畅。第一条几何轴线从宫殿出发穿过山谷，越过不同高度的平面直到对面山坡上的一座喷泉；第二条轴线是谷底一条笔直的小河改造成的运

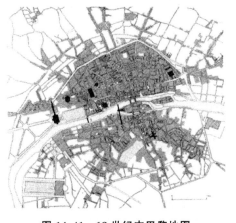

图 14.41　18 世纪末巴黎地图

河。这两条可见的轴线每条都有 1 千米多长。从远处看，建筑物、树林和水面构成了层次丰富的风景画面（图 14.42 和图 14.43）。

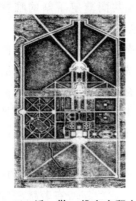

图 14.42　沃·勒·维康府邸木版画

图 14.43　Aveline 的沃·勒·维康府邸木版画

3）凡尔赛宫和花园

为了与"太阳王"的地位相称，路易十四不惜耗费巨资和大量的人力为自己建造了凡尔赛宫。他经常让大臣和官吏伴随自己，并把所有的大贵族召进宫中以示炫耀。凡尔赛城区的规模几乎和巴黎城区一样大，然而它不像一座城市而更像一个公园，那些服务于皇室的重要建筑物就坐落其间。

勒·诺特尔把花园安排在四周带有平坦山坡的沼泽地上，沼泽地的最低处挖成一个长 1.5 千米的十字形水池，这条水池的轴线纵贯花园，把视线引向 3 千米外后又消失在山坡上。从水池引出通往四周茂密树林的十条放射形道路，每片树林的中间都设置了不同寓意的喷泉。

宫殿外，从宫殿前广场向外发散三条林荫大道通向巴黎城区。在这三条林荫大道之间，则安排皇室官员住宅区及其他市政设施（图 14.44 和图 14.45）。

图 14.44　凡尔赛宫、花园及城市总平面

图 14.45　凡尔赛宫、花园和城市油画

4）旺多姆广场

建于 1687—1720 年的旺多姆广场是建筑师芒萨尔的杰作。广场平面呈八角形，其风

格简朴庄重，堪称完美的典范（图 14.46）。广场中央位置最初安置了一尊由吉拉尔东制作的路易十四国王的骑马雕像，但在法国大革命时期被拆毁。广场四周环绕着底层有高大拱门的楼房，这些楼房的立面部分都设有三角形檐饰。楼房阁楼部分排列着造型优美的屋顶窗。这样一种优美、典型的建筑格局，使这座小小的广场空间成为巴黎城市空间的缩影和象征。

5）荣军院

公元 1670 年，路易十四下令修建荣军院。这组规模庞大的建筑物包括残疾军人院、圆顶大厦和圣路易教堂几个部分。建筑师黎贝拉尔·布鲁昂受命主持该设计工程并于 1671 年正式动工，主体建筑直到 1678 年才告竣工。圆顶大厦和圣路易教堂则是后来由芒萨尔设计扩建的，并最终形成一个整体的建筑群（图 14.47）。

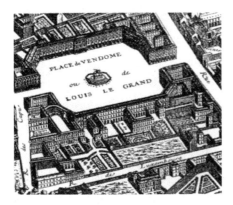

图 14.46　Turgor 规划中的旺多姆广场

图 14.47　芒萨尔设计扩建的荣军院

14.3.3　绝对君权时期的其他欧洲城市

1. 都灵（Turin）

直到 17 世纪初，作为萨伏伊公爵领地首都的都灵还保留着罗马人留下的棋盘式的城市结构，仅增加了一个五角形的堡垒而已（图 14.48）。

从 17 世纪开始，城市进行了三次扩建，但当时因为受法国、西班牙和奥地利军队的威胁，因此坚固的城墙是城市扩建的基础。

1620 年，建筑师卡斯特拉莫特受公爵埃马奴尔一世的委托，进行了第一次扩建规划。新城墙包含面积 100 公顷，人口达 25000 人。埃马奴尔二世执政快结束的 1673 年，卡斯特拉莫的儿子负责进行第二次扩建规划。这时，城市面积达 160 公顷，人口约为 4 万人。第三次扩建始于 1714 年，阿门多斯二世委托建筑师尤瓦拉去实施，城市总面积增加了 20 公顷，共计 180 公顷，人口增加到 6 万人。

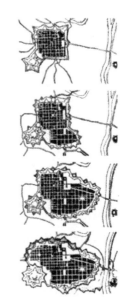

图 14.48　16 世纪末的都灵城市

城市新建区延续了罗马人原来的城市结构，道路呈棋盘状格局；而维阿坡大街是个例外，它联系了城市中心广场和东面的河流，成对角线穿过第二次城市扩建时的居住街坊。主要街道两旁、重要广场四周建筑的立面与法国沃日广场四周的建筑很像（图14.49）。但是在城市中心的德·加斯特罗广场区，建筑师古阿里尼给这座统一的、规整的城市增添了富有幻想的建筑：圣·罗伦佐教堂和卡琳娜诺宫（图14.50）。

图14.49 18世纪的都灵平面

图14.50 都灵的加斯特罗广场

2. 拿波里（Napoli）

原来西班牙总督的所在地拿波里于17世纪发展为意大利人口最多的城市。中世纪的城市中心仍保留着古代的棋盘结构，而16世纪建设的笔直长街，如吐伦多大街贯穿城市的新区。

18世纪，拿波里新的统治者卡尔·冯·波旁国王试图对这个已有30万人口大城市的结构做统一的、规则化的调整。他改造了港口设施，重新组织了近郊的公路系统，建设了几座新的公共建筑，如德拉·沙鲁特法院和戴波维利贫民救济院（实际上是一个能容纳8000居民、长600米、格式统一的居住性综合建筑）（图14.51和图14.52）。

图14.51 18世纪拿波里城市局部版画

图14.52 18世纪拿波里城市地图

1734年，卡尔国王在城郊建起了卡波迪蒙特别墅，1752年按著名建筑师瓦维特利的设计建造了卡塞尔达宫殿。宫殿的门厅、澳维勒广场、皇宫和山坡上的花园组成了当时意大利首屈一指的雄伟建筑群（图14.53）。

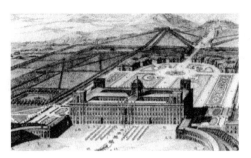

图 14.53　18 世纪中期的卡塞尔达宫殿鸟瞰

3. 维也纳 (Vienna)

在卡伦堡战役中彻底战胜土耳其人之后，哈布斯堡王朝于 1683 年把首都定在维也纳，维也纳新城在古老的、仍有中世纪城墙环绕的城堡周围开始了建设（图 14.54）。

城堡外围留出了 500 米宽的绿化带，绿化带的四周形成了新城区。贵族们在新城区建设宫殿：贝尔维德尔宫——常胜将军欧根·冯·萨沃伊亲王的府邸、施瓦青堡宫、利克顿斯恩宫（图 14.55）。

图 14.54　17 世纪中叶的维也纳

图 14.55　维也纳新城区的贝尔维德尔宫和花园

18 世纪初，在新城的外围又建起了第二道城墙，城墙外保留了 200 米宽的绿化带。这个时期的维也纳，如果不算多瑙河沿岸的公共游乐场，总面积 1800 公顷，人口约为 20 万人（图 14.56）。

1690 年，皇帝在城外建造了可与凡尔赛宫媲美的兴勃隆宫（图 14.57），四周皆为花园，一直延伸到城门口的小山。菲舍尔·冯·埃尔拉赫 (Fischer von Erlach，1656—1723 年) 在 1690—1723 年任宫廷建筑师，设计了新皇宫、国家图书馆和卡尔教堂。这些建筑物整体统一，气势雄伟。

4. 阿姆斯特丹 (Amsterdam)

上述的城市都是欧洲的大国或小国集权主义统治的产物。相反，荷兰的城市仍沿用中世纪的国家管理体制：政权由商业资产阶级掌握。每一个大城市都是一个独立的共和国，有自己的法律和机构，即使为了保护共同的经济和军事利益而与其他城市结盟时也是这样。由于保留了这种政治体制，荷兰的城市都能有效地防御敌对大国的侵袭，这些城市也因此相对富有，并易于形成自己的市民文化。

1. 老城墙外的空地
2. 利克顿斯泰恩宫殿
3. 贝尔维德尔宫
4. 施瓦青堡宫
5. 公共游乐场
6. 斯古斯霍夫宫

图 14.56　18 世纪末的维也纳城市图

图 14.57　维也纳郊外的兴勃隆宫堪与凡尔赛宫媲美

　　这些城市中最重要的是欧洲的贸易和金融中心——阿姆斯特丹。中世纪的管理方法、新时代的科学技术成就以及文艺复兴时期的文化特征和谐地融合在一起。

　　16 世纪上半叶，阿姆斯特丹已经是有 4 万人口的中等港口城市。1578 年奥兰治的威廉率领军队攻下了阿姆斯特丹后，开始了第一次城市扩建，他拆毁了建于 1481 年的城墙，将其改为流经城市的运河，1593 年又用先进的军事技术在城外较远的地方新建了城墙（图 14.58 和图 14.59）。

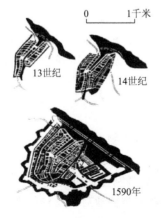

图 14.58　中世纪和 16 世纪末阿姆斯特丹城市简图　　图 14.59　1544 年的阿姆斯特丹透视图

17 世纪初，阿姆斯特丹为了适应不断扩张的需要，制订了新的、规模更宏大的扩建计划，并集中开凿了三条流经城市的运河，还在城东建造了一座公园，扩建了造船厂。这三条半圆弧行的运河由西向东相隔一段距离依次排列。每条运河宽 25 米，有 4 条宽 6 米的航道。沿河有一条 11 米宽的便道，岸边种植行道树——榆树，运河之间有两条各为 50 米宽的地块（图 14.60）。由于 17 世纪开凿的半圆弧行的运河是由若干段直线运河组成的，每段运河之间的建筑用地就有了规则的形状。沿河建筑的面宽几乎一样，体现了经济规律的作用。同时，由于没有法国君主集权制度下对城市市容的硬性规定，因而建筑立面非常丰富多彩，给人以深刻的印象，阿姆斯特丹成为这个时期欧洲城市中非常独特的一个例子。

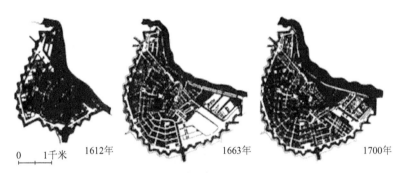

图 14.60　17 世纪阿姆斯特丹城市简图（1607 年城市扩建计划集中开凿了三条大运河）

5. 伦敦（London）

在中世纪和文艺复兴时期，伦敦由两部分组成：城区部分，基本包括原来罗马时期的建成区，是当时英国最重要的商业中心；威斯敏斯特及周边地区，政府和议会的所在地。唯一的一座伦敦桥和佛罗伦萨的老桥一样，连接着泰晤士河南侧中世纪的城郊（图 14.61）。

从 17 世纪起，伦敦成为一座开放的城市，因为没有任何军事威胁，所以能持续不断地向外扩展。在城区周围沿乡间大道两旁出现了新的城郊。

1666 年，一场大火将伦敦的城市核心，也就是城区的大部分和西部城郊的一半烧毁（图 14.62）。于是，在统一规划的基础上重新建造英国的首都，成为当务之急。一些著名的建筑家们呈交给卡尔五世国王一系列设计方案，其中有罗伯特·霍克的方格网状规划，克里斯托弗·雷恩的巴洛克式规划，他们都将劫后余生的公共建筑作为规划的视觉焦点（图 14.63）。

图 14.61　16 世纪伦敦市中心：两边有联排式建筑的伦敦桥

但是由于多年的战争，以及刚刚重新巩固的英国君主政体既没有权威也没有实施这些项目的经费，雷恩的方案并没有得到充分实施。只有雷恩及其工作组用当时的形式重新设计建造的圣·保罗大教堂和许多教区教堂，成为彰显伦敦天际线的重要建筑，体现出巴洛克城市的特点（图 14.64）。

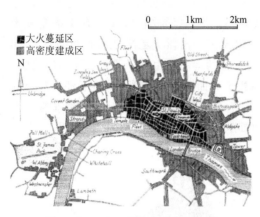

图 14.62　1666 年大火之前的伦敦

图 14.63　伦敦重建城市中心的规划方案

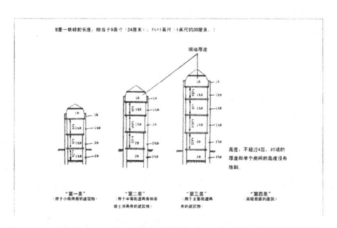

图 14.64　Canaletto 画中的伦敦大火后重建城市

　　虽然城市从尊重原有产权的角度出发，在短时期内只在中世纪城市的原格局上进行建设，但自 1667 年《伦敦建筑法令》（*London Building Act*）发布之后，除了对木构建筑、建筑高度等进行限制之外，也根据城市的发展需求，拓宽了一些主要街道（图 14.65）。

图 14.65　公元 1667 年《伦敦建筑法令》中有关建筑建造的规定

　　1689 年，革命后的英国在短时间内成了欧洲最强的经济国，伦敦取代阿姆斯特丹，成为欧洲最重要的贸易和金融中心，城区不断扩大并最终成为欧洲最大的城市。18 世纪时，伦敦城区面积超过巴黎，人口超过 100 万人。

事实上，伦敦是一座资产阶级的城市，其结构和形式不是通过政府的建筑活动而形成，也不是由少数统治者所决定，它所体现的是许许多多有限个人的建造积极性的总和。因此，城市的快速发展没有任何形式加以管理和控制；既没有像阿姆斯特丹那样，通过城市管理部门作出的城市扩建计划协调管理；也没有像巴黎那样，用绝对皇权的统一规定来控制。伦敦呈现出因为多样投资而形成的"城市拼贴"格局：贵族土地占有者和建造的建筑物与众多平民建筑物、公园、绿地相间并存。这种营建模式一方面创造出美丽、和谐的局部建筑环境，如某些重要街道和广场四周建筑物的统一协调，中间是花园绿地。另一方面，城市的整体结构显得杂乱无章：城市向各个方向扩张，逐渐融入自然风景区之中，但是彼此间没有明显的分界线和联系（图14.66）。城市中心狭窄曲折的街道上挤满了行人和各种车辆。18世纪的伦敦已经表现出当今城市仍然存在的许多典型问题，而且在工业革命以后变得更为严重。

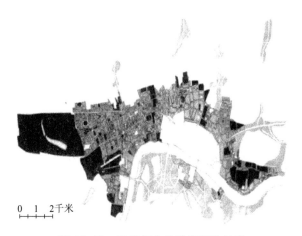

0　1　2千米

图 14.66　18 世纪末伦敦四周的示意

14.3.4　绝对君权时期城市建设的特征

1. 首次将城市看作是一个空间的系统

巴洛克城市首次将城市看作是一个空间的系统，用透视法展现城市的无限开展；把城市作为君权的象征；对城市形态有了整体上的设想；对今后的城市设计规划理论和实践的发展有深远的影响意义。

2. 重视街道景观

巴洛克城市重视街道景观，忽视城市的居住等其他功能。在新的规划中，城市空间受新的交通运输方式影响，城市规划的基本单位不再是居住区域，而是街道。大部分城市的市场活动都沿着交通线延绵展开。

3. 偏重几何图形

巴洛克城市偏重几何图形，造成经济上的极大耗费。城市的生活内容从属于城市的外表形式，这是典型的巴洛克规划方法。

本 章 小 结

　　1. 本章介绍了文艺复兴时期西欧城市的形态与城市规划思想，宗教改革时期的城市的发展动态和城市规划的特色，以及绝对君权时期的巴洛克风格以及代表城市。

　　2. 文艺复兴实际上是城市文化精神的一种新的、更高层次的再现与提升。豪华气派的建筑取代了中世纪时期教会和宫殿而占据城市的中心。

思 考 题

　　1. 文艺复兴时期的城市形态特征有哪些？

　　2. 简述文艺复兴不同时期的广场特征及典型广场格局。

　　3. 简述宗教改革时期的城市规划的特色。

　　4. 简述巴洛克时期的城市建设特征及主要城市格局。

　　5. 简述绝对君权时期的城市建设特征。

　　6. 绝对君权时期的巴洛克风格以及城市要素是什么？

第15章

近代资本主义社会时期城市规划与建设

本章讲述了近代资本主义社会城市的形态、布局与产生的问题，近代城市规划的理论与实践以及近代西方重要城市的产生和发展。通过学习本章，应达到以下教学目标：

（1）使学生掌握近代资本主义社会城市的形态、布局与产生的问题；

（2）了解近代城市公共环境改良的实践和近代城市建设的发展和贡献；

（3）理解近代人本主义规划思想、现代机械理性思想等多种近代城市规划思潮；

（4）熟悉近代西方重要城市的规划概况。

教学要求

知识要点	能力要求	相关知识
近代城市的规划形态	（1）掌握近代城市规划形态的特点 （2）了解近代城市产生的问题 （3）熟悉近代城市建设的发展和贡献	（1）功用型形态 （2）城市开放空间系统
近代城市规划的理论与实践	（1）掌握城市公共环境改良的实践 （2）理解近代城市规划思潮	（1）公共卫生活动、环境保护运动、城市美化运动 （2）近代人本主义规划思想、现代机械理性思想
近代西方重要城市的规划概况	（1）掌握英国主要城市的规划布局 （2）了解法国、德国的主要城市的规划布局 （3）熟悉德国、意大利、西班牙、奥地利的主要城市的规划布局	（1）伦敦、曼彻斯特、伯明翰 （2）巴黎、里昂、柏林、慕尼黑 （3）米兰、巴塞罗那、维也纳

 基本概念

近代城市；规划形态；功用型形态；公共卫生活动；环境保护运动；城市美化运动；人本主义规划思想；现代机械理性思想；城市的规划布局

引例

外国近代城市发展的历史，从 18 世纪中叶欧洲资产阶级革命时起到 20 世纪初第一次世界大战开始时止。

资产阶级革命使资本主义制度彻底在欧洲建立起来了。18 世纪 70 年代爆发的工业革命使社会和城市发生了深刻的变化。19 世纪，西方社会基本建立了资本主义制度并迎来机器大生产的时代。中世纪继承而来的古老社会形态不能适应机器大生产的种种要求，资本主义大生产引发了西欧城市在组织制度、社会结构、空间布局、生活形态等方面深刻的变化。

工业革命导致了新型工业城市在广大区域内的生长。城市摆脱了几千年来一直作为政治、军事堡垒的寄生角色，真正成为经济生产与人类生活的中心与重心，现代城市的面貌开始逐步形成。

工业革命极大地改变了人类所赖以生存的自然环境以及人类社会生活本身。为适应新的外向型经济，城市空间呈现出一种单一的向外扩张的形态。大工业的生产方式引起了城市性质的变化，使原来的消费性城市变成了生产性城市，传统的控制城市环境的组织形式被抛弃，一切都是为了适应经济的快速发展。由于缺乏全盘规划，城市空间任由资本持有者的意愿发展，近代工业城市产生了布局混乱、污染严重、生活质量下降、交通拥挤不堪、城市景观破败、社会矛盾尖锐等一系列问题；但在城市建设方面也取得了很大的进步与发展，并引发了后续近代城市规划理论的诞生以及现代主义城市规划理论的形成。

到 19 世纪后期，美国经济逐渐赶上欧洲老牌资本主义国家，这些城市完全没有中世纪封建城市的基础。城市规划反映了新兴的资产阶级暴发户的功利主义思想。

资本主义大工业的产生，引起了城市结构的深刻变化，从而对城市建设提出了新的要求。这之中包括欧洲的旧城改造，亚非拉殖民地城市的产生，美国新城市的建设，以及为探索解决资本主义城市的各种矛盾，促使了近代各种规划理论的产生和探索。

霍华德、盖迪斯与芒福德被并称为西方近代三大"人本主义"规划思想家。他们是近现代人类规划史中三颗最璀璨耀眼的巨星，在人文主义规划思想方面达到了后人难以企及的高峰。

15.1 近代城市的规划形态

15.1.1 工业革命与近代城市的产生

随着 18 世纪后半叶工业革命的到来，近代城市发生了翻天覆地的变化。首先是英国，然后是欧洲大陆各国，后来又逐渐扩展到全世界。工业革命带来机器大工业的生产方式，使城市日益表现出经济活动的社会化和生产专业化的特点：工业企业迅速向城市地区集聚，人口规模急剧膨胀，城市空间快速扩张……其发展之快、变化之巨，超过了历史上的任何一个时期。

由于缺乏全盘规划，城市空间任由资本持有者的意愿发展，近代工业城市产生了布局混乱、污染严重、生活质量下降、城市景观破败、社会矛盾尖锐等一系列问题；但在城市建设方面也取得了很大的进步与发展，并引发了后续近代城市规划理论的诞生以及现代主义城市规划理论的形成。正如刘易斯·芒福德所说，"工业城市的最大贡献也许在于它所产生的对它自己最大过错的反思"。

1. 工业革命对近代城市规划的影响

工业革命如同脱缰的野马，以无法想象和预料的速度及规模，极大地改变了人类所赖以生存的自然环境以及人类社会生活本身。工业的聚集吸引了大量的农村人口和其他社会劳动力，导致城市人口迅速增长。工业化时代城市的生产关系被简化为资本家和工人阶级，使城市的空间结构和建筑形态的简化，不再有封建时代的那些繁文缛节，空间布局明朗、直接，建筑功能实用、完善。为适应新的外向型经济，城市空间呈现出一种单一的向外扩张的形态。

大工业的生产方式也引起了城市性质的变化，使原来的消费性城市变成了生产性城市。传统的控制城市环境的组织形式被抛弃，取而代之的是自由放任，不加控制的城市规划和建设观念，一切都是为了适应经济的快速发展。然而这种放任自流的建设后果是严重的，城市布局日益混乱，交通拥挤不堪，城市面貌丑陋肮脏，环境污染日益威胁到人们的生命安全，下层市民的生活越来越艰难，连上层社会的市民生活也受到干扰，人们对城市环境不满的情绪日渐高涨。

集中的大规模生产需要快捷有效的交通，于是铁路、街道、运河等的建设大大加速。但这些交通建设工程常常是强加在城市的空间上，占据了城市的重要位置，成为城市格局的决定性因素。所以，因交通建设而激化的城市空间矛盾和城市社会冲突越来越常见。除了繁忙的交通，以煤气、供电、电话、给水排水等为代表的新型基础设施，也必须在原先狭窄的城区中找到自己的位置，从另一个方面导致城市空间的日益更新与变化，传统的城市肌理被破坏，工作场所与居住空间的分离成为典范。

许多城市空间和形态的变化只发生在短暂的几十年之中，而且变化的速度越来越快。许多城市不是逐步发展到一个稳定的阶段，而是被推动着去体会和适应更快、更深刻的新变化，往往是一个问题还没有得到解决就又产生了新的问题，一个变化还没有被大众所接受就又产生了新的变化。建筑物不能再按持久的价值标准来设计和建设，因为它可能随时被另一幢建筑所代替。因此，城市的每一块地皮都要根据新的内容，如交通、基础设施、公共设施等来确定自身的价值，而这些内容是随时间变化的，所以时间成为规划时所必须考虑的关键因素。

2. 资本主义工业城市的产生

资本主义大工业的产生，引起了城市结构的深刻变化，从而对城市建设提出了新的要求。这包括欧洲的旧城改造，亚、非、拉殖民地城市的产生，美国新城市的建设以及为探索解决资本主义城市的各种矛盾，促使了近代各种规划理论的产生和探索。

荷、英、法等早期资本主义国家的城市是在封建社会内部发展起来的。在资产阶级夺取政权的初始阶段，虽然有些商业繁荣、对外贸易发达的地区，也曾提出城市建设局部改革的新要求，但未引起城市规划机构的根本变化。

近代城市的规划结构的变化，是随着科技革命和产业革命而引起的。产业革命引起社会经济领域和城市规划结构的巨大变革，以及出现城市化的进程，即农业人口转化为城市人口的进程。城市化是随着工业化而出现的，并且工业化进一步推动着城市化。

15.1.2　近代城市的规划形态

1．近代城市规划形态的特点

1）城市呈现单中心、高密度、集中式、"摊大饼"式形态

这一时期城市空间扩展主要是围绕着单一的城市中心，以一种高密度、集中式、外延型、"摊大饼"的方式成长。在大、中、小各级城市的边缘地带都可以看到这种外延扩展现象。城市中随着人口的增多，能量在不断累积；累积的能量传递到市区边缘，迫使市区向外膨胀，蚕食郊区，扩大范围，于是村镇变成小城市，小城市又变成大城市。欧美各国现代工业城市几乎都是沿着这种方式演变而成的。

2）中心商务区的出现

在工业迅猛发展的刺激下，各种工商业金融机构、商品消费、流通部门和交通站点等在城市中心进一步集中，开始出现集中的城市商务中心区，反映了新的工业资本在城市中的统治地位。

3）社会隔离的圈层机构

工业城市的迅猛发展带来了大量的社会问题，如失业、犯罪、工人运动、社会隔离等。城市中的富人区、中产阶级区和穷人区的分离现象越来越明显，城市空间明显表现出社会阶层的圈层布局结构。穷人因负担不起交通费，大都选择靠近城市中心的位置，租住在由资本家和地产商建造的、以谋利为目的的集体住宅内，它们多数为简陋狭小的联排式住宅或多层住宅。随着人口压力的不断增大，居住环境也日益恶化，逐渐形成了贫民窟；中产阶级多住在交通便利、卫生状况有所改良的城市外围的独立住宅内；资产阶级和富人住在远离城区、拥有优美的环境、新鲜的空气、舒适宽敞的高级别墅的郊区。城市中阶级对立和两极分化极端严重，在19世纪40年代的英国工业城市中尤为突出。这样社会隔离的圈层布局特点，是从市中心开始的，城市社会按等级由低向高、居住环境由拥挤到宽敞向外辐射。

4）各种城市功能的混杂与空间布局的混乱

大工业的生产方式带来城市功能的结构性变化，城市中出现了前所未有的大片工业区、交通运输区、仓库码头区、工人居住区等，生产活动在城市中占有主导的地位。由于土地的私有制，城市建设呈无政府状态，工人工作的厂房，以及围绕着厂房建立起来的交通枢纽、铁路和汽车车站、港口码头等随意分布，打乱了封建城市的那种以家庭经济为中心的城市结构。

工厂或厂区的外围往往分布着简陋的工人住宅区，工人住宅区又被新发展的工业所包围，随着城市的进一步扩大，形成工业与居住区的混杂局面。有的城市铁路直接插入市中心，形成了铁路对市区的分割；有的城市沿海岸、河道盲目蔓延，仓库、厂房、码头、堆栈占满了整条河岸。原来的市区不能满足城市新增功能的需求，于是便在周围形成了市郊区，出现新的居住空间。但郊区也往往缺乏系统的规划，豪华建筑、贫民区、工厂、仓库混在一起，相互之间毫无关联，杂乱无章，建筑的统一性荡然无存。

5）城市道路结构的变化

一般工业城市的中心区还保留着中世纪城市的痕迹，保持着肌理琐碎、道路狭窄、街

区局限、建筑密集等特点。随着城市向外延伸，道路和街区的尺度逐渐放宽、放大，道路线型逐渐取直，以适应新的交通方式与不断增加的交通流量。但由于城市的盲目扩展和混乱布局，再加上工业集中形成的大量人流物流，城市交通日益拥堵不堪，成为难以治愈的顽疾。

6）城市整体呈现简化、开放的功用型形态

方格网状的城市道路利于新的城市交通及基础设施发展，利于城市的快速扩张，所以这种道路网成了 19 世纪城市建设的首选，并在很大程度上决定了 19 世纪城市的形态。一般而言，19 世纪的城市呈现出一种简化的功用性形态，显示了为满足城市快速膨胀的需求，用最基本和实用的态度，以整齐划一、简单机械重复的栅格式街区作为解决措施来建设城市的特点。这与工业生产价值体系及工业生产技术有着直接的关联，并与在长期缓慢的中世纪中成长起来的有机城市秩序形成鲜明对比。

2. 近代城市产生的问题

1）城市污染严重，卫生条件恶劣

随着工业的盲目发展及聚集，城市变成了一个大工厂，大量污水、废气、垃圾严重污染了城市环境。19 世纪城市的一大景观特点，就是随处可见冒着黑烟的烟囱和排放着工业废水的工厂车间。除了烟囱的污染，大量的炉渣、废料、垃圾任意倾倒，不断吞噬着人们的生存空间；化学工业、染织工业临河而建，在大量取水的同时，又把生产的污水、有毒物质排回水体，把清澈的河流变成一条条污水沟；城市里各种机动车辆、生产设备甚至劳动力本身都在制造震耳的噪声，城市上空漂浮着怪异的气体；还有成堆的垃圾、到处乱跑的牲畜等，进一步加重了城市卫生环境的问题，各类传染疾病蔓延、婴儿死亡率不断上升。所以，刘易斯·芒福德痛心地说："有史以来从未有如此众多的人类生活在如此残酷而恶化的环境中，这个环境，外貌丑陋，内容低劣。东方做苦工的奴隶，雅典银矿中悲惨的囚徒，古罗马最下层社会的无产阶级——毫无疑问，这些阶级都知道类似的污秽环境，但过去人们从未把这种污秽环境普遍地接受为正常的生活环境，正常而又不可避免的。"

2）城市空间拥挤，不堪重负

工业城市景观的另一特征就是"拥挤"。大部分的城市人口挤在城市中心，只有少部分上流阶层才享用得起郊区的花园别墅。而市区地价的昂贵又进一步增加了建筑的高度和密度，加速了居住条件的恶化和城市的畸形发展。

工业革命产生的基本变化之一就是住房的私有化，资本家不必专门为工人建造免费的宿舍，而是把他们投入大众住房市场，靠工人自己的薪水购买住房。与土地投机相关的其他金融投资往往给资本家带来巨大的利润，但住宅建设、特别是为工人居住的廉价住宅的投资则没有这样丰厚的回报，被认为无利可图。所以地产投机商们总是选择最廉价的材料、粗糙的建筑工艺和容易复制的建筑方式来建造住宅，社会底层的穷人住宅质量非常差。住宅问题从 19 世纪以来已变为急需解决的、资本主义社会最沉重的社会问题之一（图 15.1）。

此外，工业革命严重破坏了中世纪狭小的城市空间结构。狭窄的街道已不能适应迅速增长的交通需要（图 15.2）；传统住宅过于狭小、紧张，也容纳不了持续涌入的居民；中世纪建造的位于市中心的很多重要建筑，包括贵族官邸和修道院等，由于社会的变革而大

图 15.1　出现在伦敦两座铁路高架桥之间的一个贫民区

都被废弃，或者被分割成为许多小型的临时住房；市中心的绿化空间和开放空间逐渐被住宅和工厂车间所填满。

图 15.2　18 世纪末伦敦城市交通状况

　　3）城市建设艺术衰退

　　由于缺乏整体环境的考虑，也与近代以来简单机械地复制街区建设直接关联，在近代城市建设中明显感受到艺术的衰退，城市环境景观和质量也不同程度地下降。结果，城市本应有的丰富和复杂的社会表情被剥夺，城市景观和建筑变得浮躁和紊乱。正是在这样的环境中，邻里之间的关系开始冷漠化，人们由积极主动的行动者变成了沉默被动的观望者。城市空间不再被作为积极的、促进人们相互交流的场所，而变成一种冷漠的、消极的、能够让资本家榨取更多利益的实用性空间（图 15.3）。

图 15.3　英国城郊住宅区

3. 近代城市建设的发展与贡献

19 世纪城市建设是突出的，但从城市化的进程来看，其成效也是卓著的。人们开始对城市问题进行反思与改进并取得了一定的成效。19 世纪城市建设的发展和贡献主要体现在以下几个方面。

1）新兴专业城镇不断涌现

生产的大工业化是一种集人力、财力、物力和科学技术力量为一体的规模经济。这种经济要求集中的产业地域，完备的基础设施，社会化、专业化的组织原则等，而这一切只有在城市区域中才能得到满足。因此，在工业化的快速推进过程中，不仅原先就存在的城市有了很大的发展，还兴起了许多新型的工业城市、矿业城市、港口城市、运河和铁路城市等。

其中铁路起着不容忽视的作用。19 世纪 40 年代开始，铁路带动了工业卫星城的形成，它们多集中于新英格兰的水力资源丰富地带，还有伯明翰、曼彻斯特这些传统工业城市的周边；铁路业促进了大城市的毗邻地带的发展，沿着铁路线，在那些有铁路停靠站的地方呈现出串珠一样间隔分布的市郊。

2）城市基础设施的发展

面对近代城市产生的众多问题，起先基础设施的建设往往是在被动的条件下进行革新的，但随着先进的生产力及科学技术的发展，新的市政设施建设不断进步，新的内容不断被填充，如电灯、电话、煤气、自来水、电车等，在很大程度上提高了城市的物质生活条件，满足了近代市民的需求。

（1）城市交通。

进入工业化时代以后，城市人口迅速增加，城市范围急剧扩大，传统的马车及人力交通工具已满足不了当时人们对人流、货流运载速度和运载量的要求；此外，由于城市的发展，特别是大工业生产提出的集中、定时的要求，加快了市民生活的节奏，时间概念得到强化，同时信息媒介的发达也需要更适合的运转速度。因此在 19 世纪前后，西方的工业国如英、法、德、美、俄，以及东方的日本等国，都借助新的科学技术发展了新的城市交通手段和工具，即采用机械动力的运输手段和成立新型的城市交通机构。

① 轨道交通。1825—1830 年，英国利物浦至曼彻斯特的铁路运输正式开通，自此，人类进入了铁路的时代。伦敦、巴黎、纽约、维也纳等城市都在 19 世纪 30 年代前后建立了市区或市郊轨道交通机构，火车被应用到城市的交通之中。但由于蒸汽机车对城市环境的污染和影响，逐渐被内燃发动机和电力牵引车所取代。1879 年，德国人 W. 西门子在柏林的工业展览会上展出自己开发的有轨电车，为城市轨道交通的发展开拓了新思路。城市的地铁建设作为城市轨道交通的重要组成部分，也随着铁道的兴起得到了发展。1863 年，世界上第一条地下铁路在伦敦问世，随后各国相继开工建造（图 15.4）。19 世纪末，柏林将高架引入城市交通体系之中，扩大了交通的空间，城市交通又进入了立体时代。城市铁路和地铁的发展，极大地改变了城市的面貌。在铁路沿线出现了成群的住宅小区和大型购物中心，还有体育设施和娱乐场所。特别是地铁所到之处，地下空间的价值被充分挖掘，迅速兴起了地下商业街、娱乐场、住宅、仓库等。而且这里永远没有黑暗和季节的变化，体现了高科技时代新"穴居生活"的艺术和魅力。

图 15.4　伦敦的地下铁道

② 道路交通。工业化时代之前，无论东方或西方，城市中的道路都没有使用良好的基础材料，大多是砖头、石块甚至是木头，且大部分道路是不铺设的，所以"无雨三尺土、有雨一尺泥"的现象比较普遍。1850 年法国人发明了岩沥青浇筑技术，1871 年美国人将沥青与砂石混合筑路，城市的交通状况才大为改善。大马路取代了传统的小街窄巷，加大了人与物的流量与速度，对城市经济的发展有着巨大的推动作用。无轨电车是继 1881 年世界上第一条城市有轨电车在柏林开业以来，为适应城市道路狭小、曲折的环境而开发的轻便、灵活的交通工具。它没有工业污染，深受市民们欢迎。和铁路一样，无轨电车也带来市民出行距离的延长和城市范围的扩大，同时增加了更多的就业机会。

③ 河运交通。1807 年美国人富尔顿发明了蒸汽机船。随着蒸汽机船的发明，河运成了一种便捷廉价的交通方式。各个国家及城市先后开凿运河，疏通河道，以利交通。在 1759—1830 年，仅英国就开凿了长约 3520 千米的运河。

④ 垂直交通——电梯。1869 年因为发电机的发明，电力开始作为能源被广泛使用，为电话、白炽灯和电梯等的使用提供了可能性。电梯的发明是在 1857 年，而摩天大楼的出现是在 1875 年，距今已有近一个半世纪。可以说，电梯是高层建筑发展的基础，而高层建筑又带来电梯交通的兴旺发达。原先的平面交通体系由于电梯和自动扶梯的发明形成多层网络，在同一幢大楼里面，人们的运动方式不再局限于水平方向，而可能成为垂直的。这种交通的特殊意义在于，人们很多的活动能够在立体空间得到解决，而城市也因为垂直交通的出现，更多地体现出工业化时代的特点。

（2）城市照明。

19 世纪以后，一些资本家发现照明可以延长工人的工作时间，为此极力发展这项新技术，结果却带来市政设施的革命。大城市开始用煤气灯照明，从此告别了黑夜。

英国伦敦在 1807 年开始使用煤气路灯，方便了市民夜间的出行。70 多年后，美国的爱迪生发明了电灯，世界上的城市才真正地摆脱了时间的束缚，白天和黑夜的区别不再界限分明。城市照明逐渐成为现代市民必需的市政设施之一，连照明灯柱的设计和装饰都成为新的城市景观。城市照明系统的发展，极大地改变了城市夜景，带动了新的城市产业，特别是夜晚的城市活动。

（3）城市给水排水及煤气、电话、邮政等其他基础设施。

19 世纪曾经是大规模疾病和传染病泛滥的时代。而经过改良的城市给水排水系统，非常有效地控制和减少了疫情蔓延，大大改善了城市的卫生状况，从此深为市政当局和市民所欢迎。城市给水排水因此也作为一项重要市政设施被确立下来（图 15.5）。

19 世纪的城市饮用水供应系统为当时城市优先建设的工程项目，是衡量一个城市居住生活水平和城市环境卫生的主要标准之一。在这方面各国的重要城市都投入大量人力物力来改善城市的饮用水系统（图 15.6）。

此外，煤气、电话、邮政等基础设施的完备给城市带来了高效率、高质量的城市生活，提高了城市运营效益和管理水平，增加了市民的就业机会，预示着城市现代生活的开始。

图 15.5　巴黎下水道内的游客

图 15.6　柏林，1856 年自来水厂安装的一套排水系统

3）建筑的变革和发展

19 世纪工业革命带来建筑业的变革与发展，在很大的程度上决定着城市的物质景观。

虽然在建筑艺术方面出现了一些衰退，但从长期历史发展来看，建筑的变革仍为整个社会的发展发挥了巨大的作用。

（1）房屋建造量飞速增长，建筑类型不断增多。

为适应工业的飞速发展、城市的不断扩大和市民生活方式的改变，出现了大批各式各样的工厂、仓库、铁路建筑，大规模的住宅、办公用房（市政厅、法院）、商业金融建筑（百货公司、市内市场、交易所、银行、保险公司）、服务建筑（公共图书馆、博物馆、大学、艺术画廊、宾馆）、火车站等。19 世纪以来，城市内生产性和实用性建筑越来越重要，而在建筑史上长期被极度重视的宫殿、坛庙、陵墓则退居次要地位。新型建筑带来了新的要求：大跨度、高层数、复杂功能等，这些和历史上的同类建筑相比，已经出现了较大的变化。越到近代以后，新建筑的类型增加得越快，建造的速度也不断刷新。历史上几十年甚至几百年都一成不变、发展缓慢的建筑形态，到了 19 世纪之后就完全被打破了。

（2）建筑材料的发展。

19 世纪之前，建筑所用的大多是土、木、砖、瓦、灰、砂、石等天然的或手工制造的材料；19 世纪之后，钢和水泥开始应用于建筑之中。最初是把铁用于房屋结构之中，用铁做房屋内柱，后来做梁和屋架，甚至是穹顶；19 世纪中期，水泥也逐渐用于房屋建筑之中。1894 年巴黎用钢筋混凝土建造了一座教堂；1903 年美国辛辛那提市用这种材料建成了 16 层高的楼房。钢和水泥的应用使房屋建筑突破几千年来传统建筑材料的限制，给建筑业带来了革命性的变化。

（3）建筑技术与结构的发展。

结构科学的形成和进步，使人们越来越多地掌握房屋结构的内在规律，从而可以有效地改革旧有结构，创造新的优良结构。

1638 年伽利略出版了世界上第一部材料力学的科学著作，此后又经过多代人的持续努力，人们终于在 19 世纪后期掌握了一般结构的内在规律，创立了建筑工程计算理论和方法，形成了系统的结构科学。它把隐藏在材料和结构内部的力的性质揭示出来，可以预先计算出构件截面中将会产生的应力，从而掌握结构建成后的大致工作情况，做出比较合理的、既经济又坚固的结构设计。1889 年巴黎博览会的机器馆采用钢的三铰拱结构，跨度达到 115 米，同时建成的埃菲尔铁塔高度达到 312 米，这两座宏伟的结构表明了当时结构科学的重大发展（图15.7）。历史上数百年时间内，房屋结构改进甚少的状态从此结束。在这 100 多年中，新型建筑结构之多、发展速度之快，超出 19 世纪以前的总和。

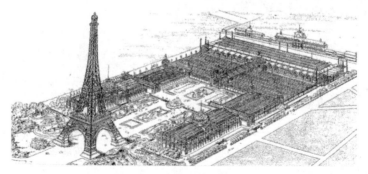

图 15.7　1889 年巴黎世博会全景示意

（4）建筑的生产和经营。

近代工商业资产阶级对建筑提出了许多新要求，建筑业的生产经营因此转入资本主义的经济轨道。同先前许多剥削阶级不同，近代工商业资产阶级把手中掌握的大量建筑物作为固定资本或商品，通过市场运作来获取利润。房屋建筑的这种社会经济属性在建筑活动的许多方面表现出其影响力，例如作为固定资本或商品的那一部分建筑物，其所有者都希望在最短的时间内，以最少的投资从中获取最多的利润。这一准则不仅直接反映在房屋建筑的物质生产过程中，而且通过曲折的途径和复杂的折射，在建筑设计、建筑思想以及建筑美学方面或隐或现地得到表现。

4）公园绿地的发展

18 世纪后期，英国王室所拥有的狩猎场逐渐向民间开放。到了 19 世纪，原来供上流社会活动的林苑也不都向市民阶层开放。这些林苑一般建造在市区，拥有一定规模的绿色空地，与已经开放的公园一起成为英国城市早期开放空间系统的雏形。

所以说，在城市中系统地建造公园绿地最早始于 19 世纪的英国，随后逐渐影响其他国家，带来了新一轮城市公园和广场的建设热潮。19 世纪英国城市公园是城市化与工业化浪潮带来的必然结果，这些公园的开发主题、方法和功能与欧洲传统的园林有很大不同（表 15-1）。

表 15-1　传统园林与城市公园的区别

	传 统 园 林	城 市 公 园
开发主体	皇室与贵族所建	一部分由英国皇室，大部分为各个自治体自主开发
服务对象	仅供皇室与贵族使用	面向社会全体大众
功能	贵族阶级娱乐的场所	改善了城市环境卫生，缓和了社会矛盾
设计手法	传统的设计手法	伴随机动车的发展，公园在设计上采用了人车分离的手法，解决交通矛盾

英国城市公园的发展，为公园绿地系统的形成奠定了基础。与此同时，公地保护运动与开放空间法的制定，对绿地系统的形成也具有特别重要的意义。进入 19 世纪，城市的迅速发展使得公地成为城市内部珍贵的开放空间；但同时随着自由贸易的扩大，公地的农业生产功能迅速衰退，其结果就是工业与城市化的发展导致侵占公地的事例不断出现，公地作为城市绿地的作用因此被大大削弱。

在这样的背景下，19 世纪中叶首先在市民阶层爆发了保护公地的运动，这场运动持续了近半个世纪。其间为了保护公地，成立了"公地保护协会"等民间组织，他们与自治体一起从所有者手中购买公地以及其他私有庭园的所有权，将其建设成为面向公众开放的娱乐用地，以达到保护公地的目的。被保存下来的大量公地成为今天城市绿地系统的重要组成部分。1906 年英国通过施行的《开放空间法》，首次以法律的形式确定了开放空间的概念与特点。

5）城市管理

1830 年亚洲爆发了霍乱，后来又侵袭了欧洲，在各大城市中引起了极度恐慌，同时也唤醒了民众的环保意识。欧洲各国的政府被迫采取措施以消除城市环境卫生的弊端，其中英国率先对城市中的生活条件进行了调查，并在 1848 年制定了健康法；1850 年法国政府也制定了类似的法律。这两套法律及后来其他欧洲国家制定的法律，为 19 世纪后期城市的管理提供了依据，标志着城市管理方式的一大进步。

这一时期内，英国虽然还没有正式的城市规划法，但是与城市规划内容相关的政府法律也明确了地方当局对城市规划管理工作的权力。1875 年的公共卫生法规定，地方当局有义务提供标准的积水排水系统，有权制订规划实施细则，规定每一居室的最小面积，街道的宽度等。按照政府制定的规则实施细则所规定的最低技术控制指标，在英国许多城市地区尤其是工业集中地区，建造了大量的所谓"合乎标准的住宅"。

1875 年和 1890 年的《住宅改善法》是英国历史上第一次关于清除贫民窟的法律规定。它要求地方政府采取具体措施，对不符合卫生条件的居住区，即没有良好的积水排水设施、道路系统紊乱、缺乏必需的房屋日照间距、居室不能摄入充足阳光等的房屋进行改造。地方政府也制订了本地区的非标准居民区的改造计划，并经地方政府委员会审核批准。但由于政府经济实力有限，全国各地的非标准居住区的改造进程相当缓慢，大部分是单项住宅的消除重建，大规模的改造一时难以开展。

一般来说，在 1909 年的《城市规划法》没有颁布之前，所有的有关城市规划方面的政府法律，都只不过是针对局部的住宅区以及住宅区周围的环境治理提出的法律规定，并不涉及整个住宅区的规划控制问题。地方政府的工作也仅仅局限于公共卫生和住宅开发。

15.1.3 近代城市规划的理论与实践

1. 城市公共环境改良的实践

公共卫生活动、环境保护运动和城市美化运动这三者贯穿于西方城市化的全过程，深刻地影响了近现代城市规划的起源。由于人类聚居模式的转变，导致了传染病在西方世界的迅速蔓延，严峻的公共卫生局面，促使欧洲各国开始关注城市环境整治和基础卫生设施建设。

这一时期，西方城市中的人口和用地急剧扩张，各种新的空间要素不断出现，城市的蔓延已经大大超过了人们的预期，也超出了人们常规手段的驾驭能力。城市形态呈现出犬牙交错的"花边"形态和明显的"拼贴"特征，城市环境的异质性增强，特色日渐消失，质量日益下降。这一时期在西方的城市规划领域，许多社会改革家、规划师、建筑师、工程师、生态学家等都针对大城市存在的种种问题进行了研究，力图通过改造大城市的物质环境来解决社会问题，缓和尖锐的社会矛盾，从而重新建立起一个和谐、高效、新型的社会。这时人们已经强烈地意识到，有规划的设计对于一个城市的发展是十分必要的，也许只有通过整体的形态规划，才能摆脱城市发展现实中的困境。这种思想认识曾一度主导控制了整个西方城市规划的理论和实践活动，包括 19 世纪中叶奥斯曼的巴黎改建规划、美国格网状城市的总体规划、霍华德的田园城市理论、西谛的城市形态研究、阿波克隆比的大伦敦规划、柯布西耶的光明城、《雅典宪章》的诞生乃至第二次世界大战后西方国家的普遍重建等。

2. 近代城市规划思潮的风起云涌

除了各种实践探索以外，更为重要的贡献是 19 世纪末有关近现代城市规划的各种理论与思想被纷纷提出。这些近代城市规划思想家们通过批判过去和提出自己的各种先驱型理论、模式，试图使新生的资产阶级认识到：他们已经不再是暂时的统治阶级，而是这个新时代的领导阶级，他们的所作所为必须要为整个社会的发展负责。但是，当时西方城市官僚体系中的事务主义者却都把他们的多数论断视为空想，一部分思想在 19 世纪末得到了及时的认识和接受，但是更多的直到第一次世界大战结束后才被感兴趣的公众所知晓。迄至 1939 年小规模的试验开始被承认和接受，1945 年这些思想的影响才开始在实际的政策和设计中起作用。P. Hall 又进一步将这些城市规划思想划分为两派：英美派和欧洲大陆派。他认为英美派的规划思想多是关注大城市的疏散问题，而欧洲大陆派的规划思想关注得更多的是城市内部优化问题。其实这种区分的意义并不是很大，而且事实上由于在制度、意识形态上的明显差异，英、美两国在城市规划思想与实践的传统方面仍然存在巨大的分野。按照作者的认识，英国的城市规划传统应该和所谓的欧洲大陆派走得更近一些；而在美国则更多地体现了实用主义、自由主义的浓郁色彩。正如 P. Hall 自己所指出的那样："美国的规划是不成其为规划的，这个国家看来是一个由猖獗的个人主义左右着经济发展和土地利用的地方——经济规划总是趋向于范围很大的区域，而物质环境规划却过于地方性和小规模。"

3. 空想社会主义的探索

近代历史上的空想社会主义源自于英国杰出的人文主义莫尔的"乌托邦"概念。早在 1516 年，他的名著 The Utopia 中就提出了实现公有制的乌托邦设想，他深信"如果不彻底废除私有制……人类就不可能获得幸福"。莫尔期望通过对理想社会组织结构等方面的改革，来改变当时被他认为不合理的社会制度与形态。他还描述了他理想中的建筑、社区和城市的乌托邦形态。这种先进的思想影响了以后许多代的空想社会主义者：圣西门、傅立叶、欧文等等。19 世纪空想社会主义的代表人物欧文和傅立叶等人，不仅通过著书立说来宣传和阐述他们对理想社会的坚定信念，同时还通过一些实践来推广和实践自己的理想。英国工业家欧文认为，社会中的一切罪恶都是由于不合理的资本主义社会制度产生的，因此必须建立理想的社会制度。关于这个"理想制度""和谐制度"，法国人傅立叶提出的模式是以法郎吉（Phalanges）为基本单位的社会形态，并精确地计算出法郎吉的最佳人数是 1620 人，在这里根据劳动性质或种类的不同分成若干生产队，大家共住在一所大厦中，成员可以根据自己的爱好选择劳动内容，多样化的劳动方式符合自然的多样化倾向，在劳动中竞赛将取代竞争，劳动将成为乐事。欧文甚至变卖自己富裕的家产，带着信徒们到美洲大陆区实践他的社会主义社区"新协和村"（图 15.8）。戈定力图在盖斯这个地方通过"千家村"将傅立叶的理想变成现实。美国人 J. H. Noyes 于 1848 年在纽约州建立了类似的"奥乃达社区"。

然而，在资本主义社会中是不可能存在理想社会主义城市的。恩格斯在《反杜林论》中对 18 世纪末、19 世纪初的空想社会主义者是这样评价的："在这个时候，资本主义生产方式以及资产阶级和无产阶级间的对立还很不发达……这种历史情况也决定了社会主义创始人的观点。不成熟的理论，是和不成熟的资本主义生产状况、不成熟的阶级状况相适应的。解决社会问题的办法还隐藏在不发达的经济关系中，所以只有从头脑中产生出来。""这种新的社会制度一开始注定要成为空想的，他越是制定得详尽周密，就越是要陷入纯粹的幻想。"但是，"使我们感到高兴的，倒是处处突破幻想的外壳而显露出来的天才的思

图 15.8　空想社会主义城市——新协和村

想萌芽和天才思想，而这些确实那班庸人所不能看见的"，它被近代西方人本主义规划思想的先驱们注意到了。空想社会主义的理论、实践虽然在当时的西方世界中没有产生实际的影响，但是其进步思想对后来的城市规划思想、理论（包括霍华德的田园城市）发展都产生了重要的作用。

4. 近代人本主义规划思想

霍华德、盖迪斯与芒福德被并称为西方近代三大"人本主义"规划思想家。盖迪斯曾经热情支持霍华德的思想，芒福德更是一直尊称盖迪斯是他的导师。毫无疑问，他们是近现代人类规划史中三颗最璀璨耀眼的巨星，在人文主义规划思想方面达到了后人难以企及的高峰。

人本主义的城市规划思想家，他们从一开始就敏锐地觉察到了工业社会和机器化大生产对人性的摧残和毁灭，因而他们把城市规划、建设和社会改革联系起来，把关心人和陶冶人作为城市规划与建设的指导思想。这比千百年来将城市规划、建设仅仅看做是用工程技术手段来满足统治者需要的旧观念显然要进步得多。人本主义思想家普遍认为：城市尤其是大城市，是一切罪恶问题的根源，是反人性的和不人道的，因此必须加以控制和消灭。因此，他们的思想与所有理论的基本出发点是"出自人性对大自然的热爱"，目标是实现"公平""城市协调和均衡增长"，其基本空间策略一般是"分散主义"。

1）田园城市思想

19 世纪末，英国政府以"城市改革"和"解决居住问题"为名，攫取政治资本，授权英国社会活动家霍华德进行城市调查和提出整治方案。霍华德受当时英国社会改革思潮的影响，对社会上出现的种种问题，如土地所有制、税收问题、城市的贫困问题、农民流入城市造成城市膨胀和生活条件恶化等问题进行了研究，于 1898 年著述《明天—— 一条引向改革的和平道路》。1902 年再版时，书名改为《明日的田园城市》。

首先，他提出了一个有关建设田园城市的论证，即著名的三种磁力的图解。这是一个关于规划目标的简练阐述，即现在的城市和乡村都具有相互交织着的有利因素和不利因素。城市的有利因素在于有获得职业岗位和享用各种市政服务设施的机会。不利条件为自然环境的恶化。乡村有极好的自然环境。他感赞乡村是一切美好事物和财富的源泉，也是智慧的源泉，是推动产业的巨轮，那里有明媚的阳光、新鲜的空气，也有自然美景，是艺术、音乐、诗歌的灵感之所由来。但是乡村中没有城市中的物质设施与就业机遇，生活简朴而单调。他提出"城乡磁体"，认为建设理想的城市，应兼有城与乡二者的优点，并使城市生活和乡村生活像磁体那样相互吸引、共同结合。这个城乡结合体称为田园城市，是一种新的城市形态，既可具有高效能与高度活跃的城市生活，又可兼有环境清静、美丽如画的乡村景色。他认为这种城乡结合体能产生人类新的希望、新的生活与新的文化。

为控制城市规模、实现城乡结合，霍华德主张任何城市达到一定规模时，应该停止增长，其过量的部分应由邻近的另一城市来接纳。因而居民点就像细胞增殖那样，在绿色田野的背景下，呈现为多中心的复杂的城镇聚集区。即若干田园城市围绕一中心城市，构成一个城市组群，用铁路和道路把城市群连接起来。他把这种多中心的组合称为"社会城市"。在他著作第一版的图解中表示的是一个 25 万人口的城市（图 15.9）。其中心城市可略大些，建议容纳 58000 人；其他围绕中心的田园城市容纳 32000 人。

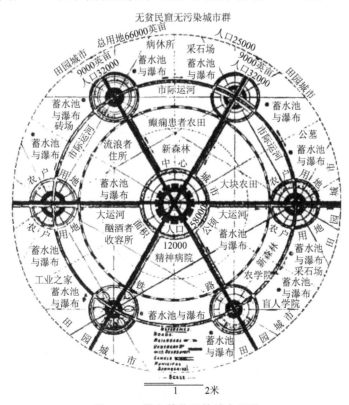

图 15.9　霍尔德构思的城市组群

他画了一个容纳 32000 人的城乡结合区域的简图（图 15.10）。建议总占地约 2400 公顷，其中农业用地约 2000 公顷。农业用地中，除耕地、牧场、菜园、森林以外，农业学院、疗养院等机构也设在其间。城市位于农业用地的中心位置，占地 400 公顷，四周的农业用地保留为绿化带，不得占为他用。其中 30000 人住在城市，2000 人散居在乡间。

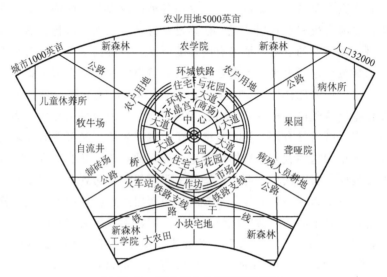

图 15.10　城乡结合的田园城市简图

对于容纳 3 万人口的城市，他也画了一个示意图（图 15.11）。城市平面为圆形，是由一系列同心圆组成的，可分为市中心区、居住区、工业仓库地带以及铁路地带。有 6 条各宽 36 米的放射大道从市中心的圆心放射出去，将城市划分为 6 个等分地块。

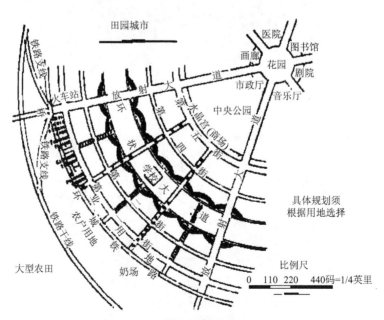

图 15.11　1/6 片段的田园城市示意

市中心中央为一圆形中心花园。四周建有市政厅、音乐厅、剧院、图书馆、博物馆、画廊以及医院等。其外绕有一圈占地 58 公顷的公园。公园四周又绕有一圈宽阔的向公园敞开的玻璃拱廊，成为"水晶宫"，作为商业、展览和冬季花园之用。从水晶宫往外，一环套一环共有 5 条环形道路。在这个范围内都是居住街区。5 条环路的中间一条是宽广的林荫大道，宽 130 米，广种树木。学校、教堂之类，都建在大道的绿化丛中。城市的最外围是各类工厂、仓库、市场、煤场、木材厂与奶场等，一面对着最外一层环境，另一面向着环状的铁路支线。

霍华德对如何实现田园城市，从土地问题、资金来源、城市的收支、经营管理等方面都给出了具体的建议。1903 年他着手组织"田园城市有限公司"，筹措资金，在离伦敦 56 千米的地方建立起第一座田园城市——莱奇华斯。1920 年又开始建设距伦敦西北 36 千米的第二座田园城市——韦林。英国田园城市的建立，引起各国的重视。欧洲各地纷纷仿效建设，但都只是袭取"田园"其名，实质上都不过是城郊的居住区。

霍华德针对现代工业社会出现的城市问题，把城市和乡村结合起来，作为一个体系来研究，设想了一种带有先驱性的城市模式，具有一种比较完整的城市规划思想体系。它对现代城市规划思想起到了重要的启蒙作用。对其后出现的一些城市规划理论，如有机疏散理论、卫星城镇理论等有相当大的影响。20 世纪 40 年代以后，在某些规划方案的实践中也反映出霍华德田园城市理论的思想。

2）综合规划思想

盖迪斯是一位具有崇高人格魅力的科学家和具有世界级影响力的近代城市规划奠基人。他把生物学、社会学、教育学和城市规划学融为一体，创造了"城市学"的概念，并通过积极参与城市社会活动和广泛进行实践，来传播、普及他关于城市规划的种种思想。盖迪斯强调城市规划不仅要注意研究物质环境，更要重视研究城市社会学以及更为广义的城市学，既要重视物质环境，更要重视文化传统与社会问题，要把城市的规划和发展落实到社会进步的目标上来，这是他认识城市问题的理论思想精髓。盖迪斯强调把自然地区作为规划的基本构架，首创了区域规划的综合研究，指出城市从来就不是孤立的、封闭的，而是和外部环境（包括和其他城市）相互依存的。

他非常赞赏挪威按照水资源分布建立起来的人与自然环境有机平衡的城镇分布方式，指出"人类社会必须和周围的自然环境在供求关系上相互取得平衡，才能持续地保持活力。荒野也是人类社区的组成部分，是文明生活的靠山，要平等地对待大地的每一个角落"。进而，盖迪斯提出了城镇集聚区的概念，具体论及了英国的 8 个城镇集聚区，并有远见地指出这并非英国所独有的，而是将成为世界各国的普遍现象。

盖迪斯用亲身实践表明了观察、调查对城市规划的极端重要性，提出了"先诊断、后治疗"的规划路线，强调要"按事物本来的面貌去认识它……按事物的应有面貌去创造它"，并制定了"调查—分析—规划"的"标准"程序。盖迪斯还在塞浦路斯等地进行了区域规划的实践，在丹弗姆林进行城市规划的实践，为印度 50 多个城镇编制了城市规划报告。

盖迪斯的所有思想、学说、实践中都闪烁着深刻的人文主义精神光辉。他深切关怀城市中广大居民的生活条件，主张规划要在经济上和社会上促进各系统之间协调统一；尊重社区传统，对巴黎改建那样简单粗暴的"城市清理"持怀疑态度；强调规划是一种教育居民为自己创造未来环境的宣传工具，他很早就有了通过展览会促进公众参与的意识，直接向广大群众宣传它的区域和城市规划观点，并向他们揭示当地的优势、潜力和问题。盖迪斯坚信，区域和城市规划的主要意义在于教育群众，调动群众建设自己家园的积极性。

5. 现代机械理性思想的起源

与霍尔德、盖迪斯等人文主义者对城市发展、城市规划所持的基本观念不同，一些崇尚现代工业社会技术的工程师、建筑师则对城市的未来充满了希望。他们基于现代技术提出了种种改造、建设城市的规划主张，因而被称为"机器主义城市"思想。这一时期内最具代表性的是带形城市模式和工业城市模式。

1）带形城市模式

1882 年，西班牙工程师马塔提出了带形城市的概念，希望寻找到一个城市与自然始终可以保持亲密的接触而又不受其规模影响的新型模式。在这个城市中，各种空间要素紧靠着一条高速度、高运量的交通轴线聚集并无限地向两端延展，城市的发展必须尊重结构对称和留有发展余地这两条基本原则。按照马塔的理解，带形城市的规模增长将因此而不受限制，甚至可以横跨欧洲（图 15.12 和图 15.13）。

图 15.12 马塔的带形城市示意

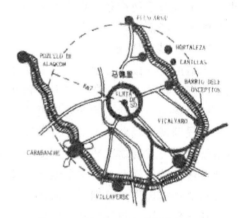

图 15.13 马德里郊外的带形城市

带形城市对以后西方的城市分散主义思想有一定的影响，最典型的如苏联规划师米留申在 20 世纪 30 年代主持规划设计的斯大林格勒和马格尼托格尔斯克两座城市中，采用了多条平行功能带来组织城市。第二次世界大战后哥本哈根、华盛顿、大巴黎地区、斯德哥尔摩等地的规划中，也都显露出带形城市的痕迹。甚至到了 20 世纪 90 年代，马来西亚吉隆坡的外围区仍然在规划建设带形城市。虽然带形城市有其明显的优点，但是却忽视了商业经济和市场利益这两个基本规律，使得城市空间增长的集聚效益无从体现。因此，真正造成带形城市发展障碍的并不是技术要素，而是缺乏对商业经济的考虑。

2）工业城市模式

法国建筑师戈涅在 1901 年提出了他的工业城市思想。戈涅认为，工业已经成为主宰城市的力量而无法抗拒，现实的规划行动就是使城市结构适应这种机器大生产社会的需要。城市的集聚本身是没有错的，但是必须遵守一定的秩序。如果将城市中的各个要素依据城市本质要求而严格地按一定的规律组织起来，那么城市就会像一座运转良好的"机器"那样高效、顺利地运行（图 15.14），城市中所有的问题也可以迎刃而解。因此，在他的工业城市模式中，将城市的各个功能部分像机器零件一样，按照其使用的需要和不同的环境需求进行分区，并严格地按照某种秩序运行（图 15.15）。戈涅的工业城市模式对后来 L. 柯布西耶的集中主义城市、《雅典宪章》中的城市功能分区的思想等，都有重要的影响。

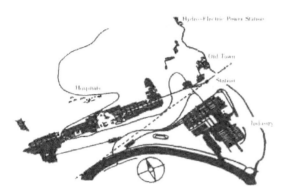

图 15.14　戈涅的工业城市规划

图 15.15　戈涅的工业城市景观

6. 城市美化运动与自然主义的探索

1）城市美化运动

城市美化的实践实际上早在文艺复兴时期的欧洲城市中便已开始，后来法国 Haussmann 进行的巴黎改建也属于美化城市的行动，并随后影响了柏林、巴塞罗那等许多欧洲城市。但是作为一项普遍的城市美化运动，则主要是指 19 世纪末、20 世纪初欧美许多城市中针对日益加速的郊区化趋向，为恢复市中心的良好环境和吸引力而进行的景观改造活动。特别是在美国形成的城市美化运动，催生了后来景观建筑学、园林规划和城市绿地规划的兴起与发展。

在美国，城市美化运动的前奏是 19 世纪 50 年代末开始公园运动。1862 年，美国自然主义者 G. P. Perkson 等人在《人与自然》一书中就提出了自然环境的重要性；1893 年芝加哥举办的世界博览会的一个最大的目的，是通过城市美化建设以建立一个"梦幻城市"，并试图以此来拯救沉沦的城市。作为一种明确的思潮和运动，城市美化运动首先是以伯恩海姆所做的"芝加哥规划"（1909）为开始，当时这个规划也被认为是第一份具有城市规模的总体规划（图 15.16）。

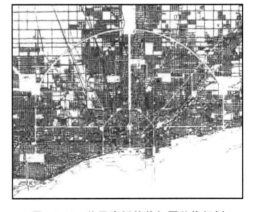

图 15.16　伯恩海姆的芝加哥总体规划

1901 年，哥伦比亚会议成立了三人专家小组来研究芝加哥的"美化问题"，这三人小组就包括伯恩海姆和景观建筑大师 F. L. Olmsterd。伯恩海姆本人非常沉迷于欧洲古典城市，他认为：恢复城市中失去的视觉秩序及和谐之美，是创造一个和睦社会的先决条件。在芝加哥规划中他采用了古典、巴洛克的手法，以纪念性的建筑及广场为核心，通过放射形道路形成多条气势恢宏的城市轴线，但是却严重脱离了经济可行性的基本要求，因此这个规划并没有得到实施。不过，伯恩海姆所倡导的城市美化运动以及他所推崇的古典主义模式，却迅速影响了世界各地，如澳大利亚的堪培拉、印度的新德里，甚至后来的纳粹德国。正如希特勒所言："我要通过这个（柏林）规划，来唤醒每一个日耳曼人的自尊。"在城市美化运动实践中作出最重要贡献的是 F. L. Olmsterd，他也是现代西方景观规划的先驱。在 Olmsterd 的率领下，1859年首先在纽约建设了第一个现代意义的城市开敞空间——纽约中央公园（图 15.17），这种方式改善了城市机能的运行，开创了促进城市中人与自然相融合的新纪元（图 15.18）。Olmsterd 还主持设计了旧金山、布法罗、底特律、芝加哥、波士顿等诸多城市公园的规划，将城市美化运动的思想在欧洲大陆广泛传播。

图 15.17　纽约的中央公园

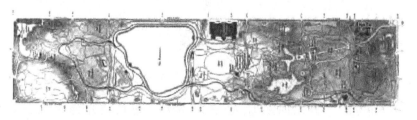

图 15.18　中央公园的总平面

城市美化运动大概盛行了 40 年，在第二次世界大战以后基本退去。城市美化运动的目的是期望通过创造一种新的物质空间形象和秩序，以恢复城市中由于工业化的破坏性发展而失去的视觉美与和谐生活，来创造或改进社会的生存环境。然而从实践效果来看，这个运动的局限性是很明显的，它被认为是"特权阶层为自己在真空中做的规划"，"这项工作对解决城市的要害问题帮助很小，装饰性的规划大都是为了满足城市的虚荣心，而很少从居民的福利出发，考虑在根本上改善布局的性质。它并未给予城市整体以良好的居住和工作环境"。

2）西谛的城市形态研究

19 世纪末，西方城市空间的组织一方面基本上还在延续着由文艺复兴后形成的，经巴黎美术学院经典化并由 Haussmann 巴黎改建所发扬光大和定型化了的"古典主义＋巴洛克"风格；另一方面，由于资本主义市场经济的发展，对土地经济利益的过分追逐，在许多城市规划中也出现了死板僵硬的方格城市道路网、笔直漫长的街道、呆板乏味的建筑轮廓线以及开敞空间的严重缺乏，因此引起了人们对城市空间组织的批评与探索。

1889 年奥地利建筑师、历史文化教授西谛出版了著名的《建设艺术》一书。他针对当时工业大发展时代中城市建设出现的忽视空间艺术性的状况——城市景观单调而极端规则化、空间关系缺乏相互联系、为达到对称而不惜代价等，提出了以"确定的艺术方式"形成城市建设的艺术原则，主张通过研究过去、古代的作品以寻求"美"的因素，来弥补当今艺术传统方面的损失。西谛强调人的尺度、环境的尺度与人的活动及他们的感受之间的协调，从而建立起丰富多彩的城市空间，并实现与人的活动空间的有机互动。西谛强调与"环境合作"，强调向自然学习，强调空间之间的视觉关系，强调多姿多彩的透视感。在当时西方城市规划界普遍强调机械理性而全面否定中世纪城市艺术成就的主体社会思潮中，西谛用大量的实例证明、肯定了中世纪城市在空间组织上的人文与艺术杰出成就，并认为当时的建设"是自然而然、一点一点生长起来的"，而不是在图版上设计完成之后再到现实中去实施的，因此这样的城市空间更能符合人的视觉与生理感受。西谛关于城市形态的研究，为近现代城市设计思想的发展奠定了重要的基础。

3）自然主义的探索

19 世纪下半叶，当一些规划先驱们在探索利用现代技术、现代景观来改造城市的种种可能性与方式时，另外一些先驱们则开始注意到技术给城市发展、城市生活带来的巨大灾难，思考着如何保护大自然和充分利用土地资源的问题。西谛在《建设艺术》一书中，反对工业社会中以超人的尺度来设计城市，主张城市环境应容纳人的个性，要以树木为基本尺度。应该说他的思想在欧美规划界中产生了广泛的影响。在英国，A. Smith 特别关注人与景观的"伙伴关系"的潜力，Bruncl 与 Paxton 则更关注新发现的工程技术与景观的相互关系，Robinson 研究了海岛上的生息问题。对自然主义探索的最具代表性的工作还是在美国，规划师 G. P. March 通过认真的观察和研究，探索了人与自然、动物与植物之间相互依存的关系，主张人与自然要亲密合作。March 的思想、实践与城市美化运动相结合，进一步导致了 19 世纪末美国许多城市开展的保护自然、建设绿地与公园系统的运动。1909 年美国通过了《荒野保护条例》，开始建设国家荒野保护系统和国家公园体系，随后欧洲国家也纷纷开始效仿。美国建筑师莱特也是一位自然主义者，在他所有的设计理念中都表达了对人工环境与自然环境亲密、有机融合的极度关注，明确表达了他倾向于返璞那种前工业社会的生活形态。莱特基于自然主义的设计思想，在他于 1932 年提出的"广亩城市"中充分彰显了出来。在这个模式中，他以一种极端分散的方式解体了千百年来城市"集聚景观"的传统概念，表达了城市—自然彻底融为一体的理念。

15.2 近代西方重要城市的产生和发展

工业革命从英国开始，在为英国带来巨大成就的同时，也给整个世界的未来带来了许多难以解决的城市问题。此后，欧洲的其他国家——法国、德国、意大利、西班牙等毅然踏进工业革命的行列，进入工业大生产带来的变革中。一些城市借助自身的资源优势、传统工业优势或特殊地理区位优势迅速发展起来（图 15.19）。

图 15.19　19 世纪欧洲重要城市的分布

15.2.1　英国的城市

19 世纪英国城市的分布如图 15.20 所示。

18 世纪后半叶的工业革命，标志着英国从一个工场手工业占统治地位的国家转变成了以机器大工业占统治地位的国家，一跃成为当时最先进的资本主义国家，在世界工业和世界贸易中取得了垄断地位，时称"世界工厂"。这种影响至少反映在两个方面：第一，由于工业开发需要建造大量的厂房和工人住房，城市开发成为一项资本积累的必需过程；第二，建筑业成为英国主要的经济支柱，其中住宅生产业历年都高于其他工业的平均产值和质量。

工业城市一开始是自然形成的，其格局是：富有的统治阶层或工厂主居住在城市边缘地区，工人住宅和工厂交织在一起占据城市中心区。这种布局形式虽然不是经过规划而形成的，但英国的很多城市在相当长的时期内都效仿了这种方式，其背景是不合理的社会阶层分化与高强度的经济开发。

1．伦敦

伦敦作为英国的政治、经济和文化中心，交通枢纽，全国最大的港口以及对外贸易集散地，一直是英国最大的城市。伦敦集中了庞大的国家行政机构，大批的工厂、金融和保险机构，宗教团体，俱乐部，博物馆，艺术馆，还有先进发达的服务业设施。

图 15.20　19 世纪英国城市的分布

1）伦敦人口的迅速增长

16 世纪初，伦敦的人口不过 5 万人，到 1600 年人口增至 20 万人；1700 年伦敦已是拥有 70 万人口的大城市了；1800 年伦敦的人口达到 85 万人；到 1900 年伦敦的人口进一步增加到 200 万人。人口的增长推动了城市空间的迅速扩张。

作为大英帝国的首都，伦敦吸引了众多殖民地和欧洲贫穷地区的移民。维多利亚时代大量的爱尔兰移民和爱尔兰大饥荒（1845—1849 年）造成的难民纷纷来到伦敦，人口增加的同时也改变了原先比较单一的市民结构，伦敦形成有一定规模的不同人种的社区，如犹太人、中国人和南亚人定居的较大的社区，爱尔兰移民约占了伦敦人口的 20%。

同时，1888 年成立了新的伦敦县，由伦敦群议会掌管。这是第一次成立大伦敦范围的行政机构，取代了先前的大都会工程局。当时伦敦县的范围广泛，曾涵盖了周边的城镇群，形成了伦敦大都市区，但后来伦敦市的增长超出了伦敦县的边界。1900 年，伦敦县分成 28 个都会区，形成了更多的地方级行政区（图 15.21）。

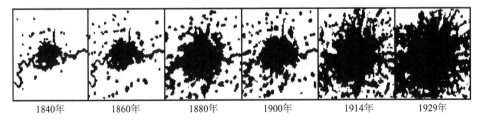

| 1840年 | 1860年 | 1880年 | 1900年 | 1914年 | 1929年 |

图 15.21　1840—1929 年伦敦规模的扩展变化

2）伦敦的铁路发展与城市扩张

铁路的发展与建设给伦敦带来了巨大的变化。伦敦的第一条铁路线建立于 1836 年，运行范围为从伦敦桥到格林乔治。紧接着，一个开放的铁路体系将伦敦与英国的每个角落都联系在一起。许多重要的铁路站点都是在这个时期内建成的，包括休斯顿车站（1837 年）、帕丁顿车站（1838 年）、滑铁卢站（1848 年）、国王十字站（1850 年）和圣潘克拉斯车站（1836 年）等，极大地便利了市民出行。1863 年，世界上第一条地铁在伦敦建成并投入使用（图 15.22）。

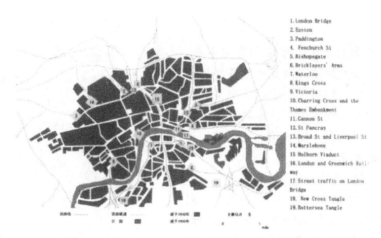

图 15.22　19 世纪中叶伦敦的铁路线及主要站点

1. London Bridge
2. Euston
3. Paddington
4. Fenchurch St
5. Bishopsgate
6. Bricklayers' Arms
7. Waterloo
8. Kings Cross
9. Victoria
10. Charring Cross and the Thames Embankment
11. Cannon St
12. St Pancras
13. Broad St and Liverpool St
14. Marylebone
15. Holborn Viaduct
16. London and Greenwich Railway
17. Street traffic on London Bridge
18. New Cross Tangle
19. Battersea Tangle

　　铁路网路的建成，缩短了中产阶级和富人从周边郊区到城市中心的通勤时间；但同时，这种大规模的外向带动增长模式进一步加深了阶级之间的鸿沟。富裕阶层移居到空气新鲜、环境优美的郊区，穷人和劳动者居住在空气污浊、污染严重、环境脏乱的市中心地区。

　　铁路的发展也加速了伦敦领域不断向外扩张，从中心区一直扩展到伊斯林顿、帕丁顿、贝尔格拉维亚、霍尔本、芬斯伯里、萧地奇、南华和兰贝斯等地区。急剧的扩张造成城市基础设施不足、城市管理混乱、城市景观被破坏等一系列问题，所以在 19 世纪中叶，伦敦市衰老的政府系统，包括古老的教区都在苦苦地挣扎，为应付迅速增长的人口和建筑而疲于奔命，但城市却日益显得拥挤、无序、肮脏和嘈杂（图 15.23）。

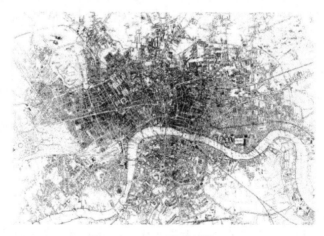

图 15.23　1843 年的伦敦平面

　　3）伦敦的基础设施建设

　　1855 年的大都会工程（市政）局开始为伦敦建设必要的基础设施，以应付未来的经济增长。其首要的任务就是解决伦敦的卫生问题。当时，未经处理的污水直接排入泰晤士河，最终导致了 1858 年的大恶臭：被污染的饮用水（同样来自泰晤士河）带来了疾病和传染病的流行。为此，议会终于统一建设一个大规模的污水渠系统，这也是 19 世纪最大的土木工程项目之一，由工程师约瑟夫·巴查尔格特负责设计。他主持建造了长达 2100 千米的隧道和管道，以便排污和提供干净的饮用水。伦敦的污水处理系统完成之后，因不干净饮用水造成的死亡人数急剧下降，流行的霍乱和其他疾病也得到了控制。巴查尔格特建造的积水排水系统取得了巨大的成功，而且直到今天仍在使用。

4）伦敦的城市建设与建筑

1813—1827 年，由约翰·纳什实施建设了摄政街，长约 2 千米，这是第一条能在欧洲拥挤的城市中心成功穿行的主干道的实例，也是在英国很少见的使用皇家特权来推行城市改造的一个特例。摄政街是为了将摄政公园的新的公共区和位于威斯敏斯特的行政部联系起来而规划的，北到摄政公园，南到圣詹姆斯公园。纳什为了降低成本，也为了不触动当时一些强权人物的财产利益，新规划的街道弯折迂回，造成了交通路线复杂多样。设计中纳什以精湛的手法将新旧街道系统组织到一起，形成了一种丰富生动的不对称性景观效果（图 15.24）。

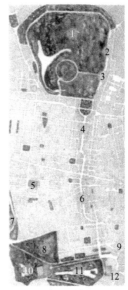

1. 摄政公园
2. 坎伯兰街
3. 切斯特街
4. 波特兰广场
5. 格罗夫纳广场
6. 摄政街
7. 海德公园
8. 格林公园
9. 国家美术馆
10. 白金汉宫
11. 圣詹姆斯公园
12. 白厅

在道路交叉口建有广场，沿街有住宅、商店及银行等建筑物。由另一家保险公司出资兴建的郡火灾办公大楼是沿街标志性建筑之一，建于 1819 年。而街道南端，则坐落着联合服务夜总会和雅典娜夜总会，这两栋金碧辉煌的建筑隔着滑铁卢广场相望。

图 15.24　摄政大街平面

伦敦许多著名的标志性建筑都诞生于 19 世纪，其中包括特拉法加广场、大本钟和国会大厦、皇家阿尔伯特音乐厅、维多利亚和阿尔伯特博物馆、塔桥等。

尽管 19 世纪伦敦增加了许多大尺度的建筑，但实际上当时的伦敦并没有留下什么震撼人心的感觉。在规划首都时中央政府没有过多插手，整个首都被划分成独立的几小块自留地，分别由伦敦、威斯敏斯特和其他 60 多个自治区商讨经营，所以首都没有全盘接受任何一种综合的规划。直到 1855 年才成立了一个由中央授权的机构——大都市工程董事会，然而这个机构的职能非常有限，致使伦敦整体规划的成效较弱。相对于城区，伦敦市郊的乡间别墅得到了较大发展。

5）伦敦的公园建设与发展

自 18 世纪后，中产阶级对城市中四周由街道和连续的联列式住宅所围成的居住街坊中只有点缀性的绿化表示出极端的不满。在此情形下兴起的"英国公园运动"，试图将农村的风景引入城市之中。这一运动的进一步发展出现了围绕城市公园布置联排式住宅的布局方式，并将住宅坐落在不规则的自然景色中的手法运用到实现如画景观的城镇布局中。

1809 年约翰·怀特提出了圣玛丽波恩公园的开发议案，公园作为住宅的附属品和福利设施被引入。公园设计成圆环形，内有湖水、小岛和丰富的植被，周边被一排别墅和联排式住宅包围。1811 年建筑师约翰·纳什设计的摄政公园中，住宅完全包围了公园，其内星罗棋布的小岛分散在蜿蜒曲折的湖面上，郁郁葱葱的树木掩映着长长的步道（图 15.25）。由于这样的别墅公园地处时尚繁华的大都市边缘的同时，却表现出乡村别墅的形制，被认为拥有城镇和乡村的全部优势。所以从 1820 年起，这种别墅和城市花园普遍开花，种类丰富，遍布全国。1938 年，摄政公园开始对外开放。这一时期的园林设计追求自然、变化、新奇、隐藏和田园的情调，强调蛇形的曲线美，有意识地保存自然起伏的地形。

图 15.25　摄政公园景观

6）1851 年伦敦的世界工商业博览会

1851 年在水晶宫中举行的伦敦世界工商业博览会是 19 世纪一个最著名的事件。来自世界各地的游客蜂拥而至，显示了大英帝国当时在世界上的显赫地位。水晶宫通过利用标准化和预制化方法，采用在工厂中生产的铁构件和玻璃，于 9 个月内完成了 92000 平方米的展览馆，创造了建筑史上的奇迹，也成为现代建筑利用标准化和预制化方法的开端。人们赞美这座通体透明、庞大雄伟的建筑，为英国人能开创世界建筑奇迹感到无比荣耀和自豪。水晶宫，这座原本是为世博会展品提供展示的场馆，却成为第一届世博会中最成功的展品。水晶宫成就了世博会的举办成为世博会的标志。而世博会的成功又为世界上第一次聚集众多国家，为了和平的目的进行不同文化的交流，展示最新的科技成果开创了先例（图 15.26）。

图 15.26　水晶宫的建造过程及水晶宫内景

2. 曼彻斯特

1）曼彻斯特城市发展背景

曼彻斯特市位于一块盆地中，北面和东面毗邻荒野，南面是柴郡平原，靠近利物浦港口和煤矿。市中心位于艾威尔河东岸，靠近麦诺克河和埃瑞克河的汇流处，加上流经市区南部的默西河，河道发达，水运优势非常突出。

14 世纪时，曼彻斯特地区以纺织业为主，生产羊毛布和亚麻布，兼营棉织品贸易，逐渐成为一个市集；19 世纪，曼彻斯特在工业革命和现代大工业生产方式的带动下，城市迅速扩张，一个小乡镇几乎一夜之间就成为英国的工业中心和世界闻名的工业大都市。19 世纪中期，曼彻斯特发展成英格兰人口最稠密的地区之一（图 15.27）。

2）曼彻斯特的运输体系

与城市增长相匹配的是运输体系的扩展。不断需求的蒸汽动力意味着煤炭生产量的猛增，为了满足这种需求，工业时代的第一条运河——杜克运河（布里奇沃特运河）于 1761 年通航，连接了曼彻斯特和沃斯利的煤矿。运河迅速开挖到默西河口，并形成广泛的运河网络，把曼彻斯特和其他英格兰地区连接在一起。

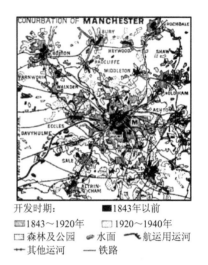

开发时期：　■1843 年以前
▨1843~1920 年　□1920~1940 年
□ 森林及公园　⚓ 水面　✎ 航运用运河
╼╼ 其他运河　— 铁路

图 15.27　曼彻斯特 18—19 世纪的城市发展

1830 年曼彻斯特再次站到了英国运输业的前列，建造了通往利物浦的铁路——世界上第一条蒸汽机驱动的铁路，它为利物浦港口和曼彻斯特厂家之间原材料和成品的运输提供了一种更快捷的运输方式。1938 年，铁路连通到伯明翰和伦敦，1841 年连通到赫尔。当时曼彻斯特是比伦敦更大的铁路中心，随后又被伦敦快速地赶上。

曼彻斯特周围的很多地方都随着曼彻斯特的迅速发展及铁路的建成而崛起。离曼彻斯特不算太远，大致上与之连续的是一些卫星城市：艾希顿、欧德汉姆、斯坦利布瑞吉、斯托克波特、波顿、罗克戴尔和其他一些城市。一些铁路线横穿城市中心，对城市形成了较大的干扰，围绕铁路站点的地区往往形成一些公共设施。

3）曼彻斯特的城市布局

在曼彻斯特的中心有一个很大的商业区，大约为一个 0.8 千米长的正方形。这个区域内基本上为办公区和仓库区，也是一个没有永久居民的城区，一到晚上就变得冷清空旷。它位于曼彻斯特中世纪老城的中心附近，被一些主要的街道分隔，这些街道往往承载繁重的交通，特别是在深夜更加繁忙。这块区域呈现出工业化时代城市中心区的通病：恶劣的环境与贫穷的阶级。商业区的周围是工人阶级的带状住宅区，有 2.4 千米宽。工人住宅区之外是中产阶级和上流阶层的住宅区。但从 1840 年之后中产阶级开始意识到城市生活环境的变化，并率先向各个郊区移居，老城区逐渐变成了贫民区并且不断从老城向外蔓延：到处都是贫民的房子。沿着埃瑞克河、麦诺克和艾威尔河峡谷分布着工业区——到处都是污秽、噪声、烟雾和恶臭（图 15.28）。

曼彻斯特的贸易与工业特别是棉纺织业，主要集中在三个地区：中心地带的交易所、中部的商业区和城郊的工厂区。仓库往往占据着市中心的重要位置，它们想被人们关注，被顾客造访，所以建造得越来越豪华，给人留下深刻的印象。有的仓库甚至建成宫殿的风格，这对海外的购物者来说增加了很多的信赖感，所以一时间宫殿风格的仓库风靡全国。

4）曼彻斯特的城市建设

1833 年成立的曼彻斯特统计机构，仔细地搜集了数据作为实施改革的依据。1844 年

图 15.28　1886 年曼彻斯特城市地图

城镇区的安全警卫改革和 1845 年卫生措施改革建立了一个卫生健康的标准，这一标准在后来 20 年中不断得到加强，在此基础上，住房条件缓慢地得到了改善。曼彻斯特从 1847 年开始供水设施的建设，为浴室及洗衣店提供了非常舒适干净的条件；1870 年又成立了一个联合股份公司区，建造"像样的、合理安排的住所，并以很低的租金出租"。

　　同时，城市当局还建造了一系列公共设施，如公共图书馆、艺术画廊、大学学院、旅馆、教堂、小礼拜堂以及宏伟的立法局及警察局，规模宏大的自由贸易大厦，可以满足哈勒管弦乐队演奏的剧场，越来越多的仓库等，以一种盛大宽松的方式塑造了城市的多样化形象。这些建筑物奢侈、艳丽、浮华中还带有一点古怪，虽然都会因曼彻斯特的煤烟而很快变成黑色，但曼彻斯特的黄金时代仍然被视为是 19 世纪的最后几十年，许多伟大的公共建筑（包括大会堂）都是在那个时期建设的。1868—1877 年，新市政厅的尖塔在新的广场的边缘建立起来（图 15.29）。曼彻斯特还被看作是美丽的或至少是浪漫的城市。

图 15.29　曼彻斯特新市政厅

5）曼彻斯特的衰退

19 世纪末期，曼彻斯特开始遭受经济衰退的打击，码头设施的过度消耗以及曼彻斯特对利物浦港口的过度依赖加剧了这一衰退状况。于是，市当局建造了曼彻斯特运河以扭转这一局面，它成为城市的直接入海通道。这意味着曼彻斯特可以不再依赖铁路和利物浦港口。这条运河于 1894 年建成，尽管要航行 64 千米才能深入内陆，但曼彻斯特仍然成为英国第三大繁忙的海港，码头运作直到 20 世纪 70 年代才停止。

3. 伯明翰

1）伯明翰城市的发展背景

伯明翰是英国工业革命的中心，是英格兰西米德兰兹郡的大型工业城市。16 世纪的伯明翰只是一个很不起眼的小村镇，人口不满 500 人。17 世纪由于制铁工业的兴起，伯明翰成为一个大的生产中心，这里制造的枪支和金属纽扣闻名于全英格兰，产品畅销国外市场（图 15.30）。17 世纪末伯明翰的人口仅 1.5 万人，18 世纪末增至 7 万人。工业革命前伯明翰呈现出一种有机生长的城市形态，工业革命后，由于附近发现煤矿，城市迅速发展起来，人口由 1800 年的 7.5 万人猛增至 1900 年的 65 万人，城市空间迅速扩张（图 15.31）。

图 15.30　工业革命前 1731 年伯明翰平面

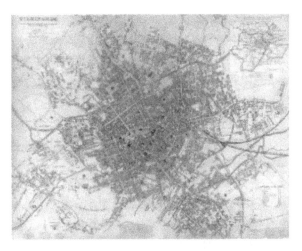

图 15.31　1839 年伯明翰城市平面

2）城市交通发展及基础设施建设

1837 年，伯明翰修建了连接曼彻斯特和利物浦的铁路，一年后铁路连通到首都伦敦。不久后，又建立了伯明翰—格洛斯特铁路。19 世纪 40 年代，这些早期的铁路公司分别合并为两家公司，并联合建造了开放于 1854 年的伯明翰新街火车站，使伯明翰成为英国铁路系统中的一个枢纽。1852 年，西部大铁路抵达伯明翰，从此又连通了牛津大学和伦敦的帕丁顿。

19 世纪上半叶，城市建造了成千上万的密集住宅来容纳快速增长的人口，其中大部分都是劣质的建筑物，所以很快沦为贫民窟。至 19 世纪中叶，随着城市人口的进一步扩张以及无序发展，更多的居民生活在拥挤低劣的环境下。虽然 1826 年伯明翰组建了供水公司并建造了许多水库，但水费依然昂贵，许多底层市民得不到干净的饮用水。直到 1904 年 116.8 千米长的输水管道建成，才彻底解决了这个问题；污水管网于 1851 年建立，但只限于新建的房屋，许多老房屋需要等待几十年后才能连上污水管道，所以长期以来城市面貌得不到根本改善。伯明翰的许多其他基础设施也建于19世纪，如1818年有了天然气照明，1882年开始发电，1873年有了马拉轨道车，1890年有了电力驱动的城市有轨电车。

3）城市的建设与改进

1873—1876年，约瑟夫·张伯伦担任市长，在他的领导下，伯明翰发生了较大转变，成立了专门负责城市建设的理事会，制订了一个雄心勃勃的城市改善计划：理事会购买了城市煤气和水工程，为城市改善照明，并提供干净饮用水，这些公用事业的收入又返回给安理会，并再一次运用到城市的其他基础设施建设上。城市中心建设了一条新的街道——公司街，很快成为一个时髦的购物街，理事会大楼和维多利亚法院也建在这条街上；许多公园陆续建设开放，同时伯明翰的一些最肮脏的贫民窟被清除。一些优良、美观的建筑，其中包括著名的伯明翰市政厅（1879年）、伯明翰植物园、理事会大楼、博物馆和美术馆等也是在这一时期建成的。伯明翰的这些城市改进措施很快被其他城市所引用（图15.32）。

图15.32　1886年的伯明翰，前景是理事会大楼、大会堂及张伯伦纪念馆等优秀建筑，背景是浓烟缭绕的郊区

15.2.2　法国的城市

19世纪法国的主要城市分布如图15.33所示。

法国的工业革命开始于18世纪初。从1715—1720年起，以实物产量表现的工业份额开始稳定增加，但由于与英国在农业结构上的不同，加上战争和大革命的影响，工业发展的速度明显慢于英国。18世纪法国人口仅次于俄国，为1800万人；而到了19世纪中叶，就猛增到3800万人，但只有巴黎、里昂、马赛3个城市人口超过10万人。虽然以后增加了波尔多和鲁昂，但真正实现工业化的城市只有里昂一个。巴黎是首都，是政治中心，其他城市均为商业中心，远远比不上英国城市的发展速度和水平。由于法国农村的基数过大，许多工业生产只能采用"家庭加工系统"的方式，19世纪中后期才完全由机器取代人工的纺织工业。

法国的运输业发展也比较滞后。直到1820年被大革命中断的运河才逐渐得到大规模的恢复，将各大城市沟通起来；铁路建设始于1827年，到1848年法国的铁路总长度是

1800 千米，而同期的英、德、比等国都超过了1 万千米。19 世纪中叶以后，法国在铁路的推动下促进了商品的流通，形成了国内统一市场。

图 15.33 19 世纪法国主要城市分布

1. 巴黎

1）巴黎的城市背景

巴黎位于法国北部，是世界上最古老的城市之一，古城的核心是塞纳河上的西提岛。巴黎自 17 世纪以来一直沿着古典主义的道路发展，着眼于一些富丽堂皇的建筑和帝国首都的市容建设。工业革命后，大工业在巴黎边远地区发展起来，但实际上这种工业化的发展趋势在大革命前就已开始了。大革命时期英国的经济封锁与军火生产的需要，直接促进了法国工业的发展。

到 1848 年，巴黎已成为世界上最大的从事制造业的城市，有超过 40 万的工人在各种工厂里工作。这些工厂多是由一些小型的、旧式的车间构成的，沿比耶夫尔小河一带成长起来，其历史可以追溯到中世纪，所以这条小河被称作一条工业河流。除了制造业，巴黎还拥有纺织业、重工业和化学工业。从 19 世纪 20 年代开始，巴黎拥有了重要的制铁工业。工业的发展促进了金融业的发展，巴黎很快发展成为一个大的金融中心。

2）巴黎市的交通发展

为了发展工业，当时的巴黎市政府采取了一些相应的措施，如开辟运河、建造市场、铺设沥青路面，还出现了有定期路线的市区公共马车。

19 世纪，巴黎公共马车运输获得了大发展，拥有了好几家公共马车运输公司。1855年又成立了联合的公共马车运输公司，共有 1900 余辆车辆，每年运送 1915 万人次。与此同时，巴黎市区修建了第一条有轨电车线路。到了 1873 年，巴黎才形成有轨电车运输网。这些有轨电车主要是为了沟通巴黎市区与郊区的联系而修建的，其客运量超过了公共马车运输公司的客运量。19 世纪下半叶，巴黎市区出现了机动运输车辆，其增长速度很快，到了 19 世纪末已达到 7200 多辆。

19 世纪上半叶，巴黎开始修建铁路，第一条铁路通向凡尔赛，1845—1849 年共建起了五个火车站。至 9 世纪末，法国铁路系统已经相当发达，因此带来了巴黎制造业的繁荣。为了更好地加强巴黎与郊区的联系，又修建了巴黎郊区铁路运输系统（图 15.34）。

3）奥斯曼计划

到 19 世纪中叶拿破仑三世执政时期，法国的闭关自守政策造成了日益尖锐的社会矛盾。因为当时欧洲的铁路网已形成，而巴黎又是最大的铁路枢纽之一，城市现状与工业化之间产生了不可调和的矛盾，法国政府决定对巴黎进行大规模的改建。

依靠强大的拿破仑三世的政权、奥斯曼的才干、熟练的技术人员，再加上两套进步的法律（1840 年的《财产没收法》及 1850 年的《健康法》），这些条件使得巴黎在相当短的时间内富有成效地进行了广泛而深入的城市规划工作，并实施了规模宏伟的城市改建方案。1853 年，拿破仑三世委任奥斯曼为塞纳省省长，在皇帝授意下制订巴黎扩建工程计

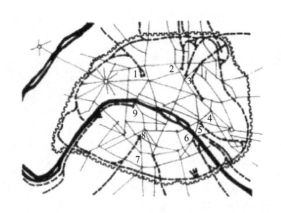

图 15.34　巴黎第一次世界大战前夕主要道路和铁路枢纽

车站：1—圣拉扎站；2—北站；3—东站；4—文先站；5—里昂站；6—奥尔良站；

7—丹费尔站；8—蒙帕纳斯站；9—残障者站

划，史称"奥斯曼计划"，其蓝图由皇帝亲自绘制。这项扩建工程历时 17 年之久，耗资 25亿法郎，巴黎面积因此扩大了一倍。

巴黎的城市改革主要包括下列内容（图 15.35）

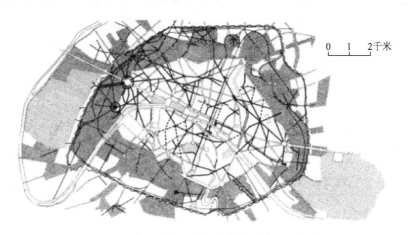

图 15.35　奥斯曼在巴黎所做最重要的工作的图示

（黑线表示街道。城边的两大公园：左为布洛尼森林公园，右为文赛娜森林公园）

（1）重新形成了中心区和确定街道的走向。奥斯曼在原先总长为 50 千米的道路基础上又新建了 40 多千米，并将巴洛克式的林荫道与其他街道连成统一的道路体系，使这些林荫道成为延伸到郊区的现代化道路网的一部分。他还在郊区铺设了 70 千米长的道路，增设连接市内塞纳河两岸的桥梁 8 座。

（2）发展城市的基础设施，包括自来水管网、排水沟渠网、煤气和公共马车交通网。

（3）增建公共设施。新建中小学校、医院、大学教学楼、兵营、监狱等附属的非生产性建筑；以及新建火车站、剧院、中心百货商场、住宅区、教堂等，丰富市民生活。

（4）新建城市公园，改善城市环境。奥斯曼新建街心公园 21 个、大公园 5 个。巴黎西部的布洛尼森林公园和城市东部的文塞纳森林公园经扩建后，使得周围的环境更加迷人。

（5）拆除贫民窟，建设新楼房。全巴黎共拆除旧房 117000 所，新建楼房 215000 幢，城内 5 层以上的成片新楼房拔地而起。

（6）采用新的城市行政结构。撤销了 18 世纪形成的关税区边界，合并城界外的一些区域，使巴黎延伸到防御设施之外，所包括的面积达 8750 公顷；巴黎被划分成 20 个自治的城区，即所谓的小行政区。

为了使新的城市面貌显得雄伟壮观，奥斯曼沿用了传统的城市规划手法：力求规律和统一。他把古老的或较新的纪念性建筑物作为街道在视觉上的联系点，使街道规律性地通向重要的广场，沿主要街道的所有建筑立面都有统一的造型（如放射形广场上的建筑）。改建后的巴黎城市形态结构基本是由市中心环状向外发散，整个城市呈放射状结构；城内 5 层以上的成片新楼拔地而起，40 米宽的十字形主干道贯通全市，宽阔的街道四通八达；新建的火车站、中心百货商场、住宅区、教堂都别具一格；塞纳河由市中心穿过巴黎，带来了秀美和灵气。从塞纳河延伸出来的一系列轴向开发，使巴黎的布局变成了一个轴线交织的网络，轴向延伸的概念成为巴黎城市发展的一项重要支配因素。市内巍峨的喷泉，高耸的纪念碑引人驻足；市东、西两侧的万森、布洛尼森林区扩建后更加迷人。巴黎这座历经沧桑的千年古城陡然变成一个雄伟、庄重、整洁而美丽的世界名城（图 15.36 和图 15.37）。

图 15.36　奥斯曼规划以前的巴黎

图 15.37　1873 年巴黎的规划

巴黎的改建使城市景观得到了较大的改善，但同时也存在很大的局限性，这与其最初的设想有着直接的关联。巴黎改建的目的是要对外炫耀帝国的实力，为向外扩张作准备；对内则主要加强首都的交通联系，便于调动军队，阻止市民的街垒巷战等起义行为。至于基本的城市功能，包括一般平民百姓居住区的城市改造计划则被搁置，这些都无疑加重了帝国的负担，同时也激化了社会矛盾。此外，快速的城市空间建设造成特色景观的模糊化。由于新建城区的急剧扩张，原来的道路视线受到阻碍，不可能使每个段落的城市景观形成透视上的统一体，所以各要素都失去了固有的特性，建筑立面成了没有区别的背景，看起来个个相似和雷同。新改建的巴黎变成了几十万个相互隔绝的私人空间，在这些小天地中生活着对周围环境麻木不仁的数百万巴黎市民。以前公共活动区和私人生活区总是联系在一起的；现在则相反，住宅、作坊、办公处、事务所和工作室等彼此间尽量远离，"老死不相往来"，人们只能想象它们是什么样子，或是借助于"魔术师"的手段，把屋顶揭开后才能看到它们独立的生活。一些文化活动都是在剧院或沙龙的封闭空间中进行的，只供少数人享乐，造成了新的社会隔离与对立。这些文化设施的容量与城市人口规模十分不成比例。例如，新歌剧院只有 2000 多个座位，而全城却有 200 万居民（与古代的希腊相比较，雅典狄奥尼索广场上的剧场几乎能容纳全体市民）。

巴黎的改建未能解决城市工业化提出的新的要求，如城市的贫民窟问题、因铁路网的形成而造成的城市交通障碍问题等。但奥斯曼对巴黎改建所采取的种种大胆改革措施和城市美化运动仍具有重要的历史意义，所以 19 世纪的巴黎被誉为世界上最能体现近代化的城市。

2. 里昂

里昂位于法国巴黎和马赛之间。这个地区恰好坐落在西欧的十字路口，被地中海、大西洋以及东欧国家围绕。罗讷河和索恩河分别从城市的东、西两侧流过，于城市的南端汇合。索恩河西岸靠山，老城依山而建，四周曾有城墙环绕。借着索恩河的天然屏障和运输渠道功能，历史上里昂一直是皇权和教会争夺的目标。随着文艺复兴的诞生，意大利商人的影响力传到法国，里昂经济在 15 世纪后期开始有明显的增长，特别是与意大利的贸易往来非常密切。

17 世纪后期，由于经济的迅速发展，渐趋拥挤的城市开始向罗讷河东岸扩张，部分教会、商家及躲避西岸拥挤地况的贵族陆续迁移到罗讷河东岸的"半岛区"，这标志着另一个时代的开始。由于丝绸贸易的繁荣，里昂在 19 世纪成为法国重要的工业城市。里昂的发展离不开法国皇帝的推动，拿破仑一世曾命令所有的欧洲法院都必须使用里昂的丝绸，因此里昂的丝绸产业得到蓬勃发展。从 18 世纪开始，随着欧洲工业革命的发展，位于南岛的里昂汇流区成为里昂市新兴的工业区。在 1800—1848 年，里昂织机的数量从6000 台增至 6 万台，有 9 万多雇工在丝绸工厂工作。

19 世纪中叶，在工业区（汇流区）与里昂市区（北岛）之间，规划了里昂市区（北岛）与南岛工业区和仓储业，建设了大量的工业产房和仓库建筑。里昂的富有和全球性商业贸易鼓励了银行事业的发展，并吸引了远东地区的银行进入。这一时期里昂城市形态及城市景观有较大的发展变化（图 15.38）。罗讷河西岸的老城由于长期以缓慢的速度自然生长，街区分割零碎，道路弯曲而狭窄；而罗讷河东岸街道划分呈规则的方格网，街区及道路也较为宽大，显示了经济快速发展下简单的功用性城市形态（图 15.39）。这一时期代表性的建筑是建于 19 世纪末的富维耶圣母院，它融合并运用了角楼、枪眼、大理石和镶嵌细工等建筑元素，成为里昂的象征。

图 15.38　1860 年里昂沿河景观

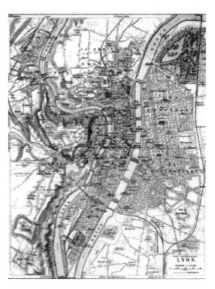

图 15.39　1890 年里昂城市平面

15.2.3　德国的城市

19 世纪德国城市分布如图 15.40 所示。

德国工业革命开始的时间比英国、法国和美国都晚，直到 1850 年左右，德国的工业才开始起步。但德国的城市化速度较快，城市改革也比较彻底，只用了约 60 年的时间就完成了城市化过程。到 1900 年，德国城市人口在全国人口中的比例高达 54.4%，远远超过法国、美国和俄国。19 世纪初期，德国只有汉堡、柏林等 5 座人口超过 6 万的城市，而工业化迅速将鲁尔地区、莱茵流域及中部高地的中小城镇变成了大城市，如杜塞尔多夫、法兰克福和德累斯顿等；这些增长与铁路的建设有密切的关系。铁路的延伸、煤炭运输的加快，促进了机械化工厂的建设，特别是在鲁尔和柏林周围形成新的

图 15.40　19 世纪德国城市分布

工业中心。航运事业也有了长足发展，同期关税同盟的实现有力地推动了公路建设，数年间就有近 5 万千米的道路用碎石铺成。

德国的中小城市数量多且分布比较均匀，人口过于集中的大城市较少。从功能的角度

看，有功能综合型城市，如慕尼黑、明斯特等；有工业城市，如埃森、波鸿、杜塞尔多夫、纽伦堡等；有海港城市，如汉堡、不来梅、基尔等；有文化城市，如柏林、波恩、威斯巴登等。从地域分布看，德国西南部和中部城市相对偏多，北部和东部较少，但未出现城市布局明显失衡状况，而且为数不多的大城市，如柏林、汉堡、慕尼黑等，也没有看到明显的畸形发展。19世纪中叶开始的德国城市化一直影响到今天，并形成了今日德国城市布局的基本框架。

1. 柏林

1）柏林的发展背景

从19世纪初开始，柏林进行了大规模扩建，成为德国最大的城市（图15.41）。随着19世纪中叶大规模的工业化，柏林的经济迅速发展，人口急剧增长，市区也不断扩大。到20世纪初，柏林已经在工业、经济和城市规模方面达到和伦敦、纽约、巴黎同样的水准，成为又一个世界性的政治、经济和文化中心。这一期间，柏林建造了大量的道路、桥梁、地铁以及车站建筑，兴建了豪华的办公大楼、商业区和住宅区。到1900年，柏林人口已经达到270万人。

图15.41　1802年柏林城区及郊区平面

2）詹姆斯·霍布雷希特的柏林计划

1858—1861年，詹姆斯·霍布雷希特进行了整个柏林市的规划，并于1862年获得审批（图15.42）。城市中心为历史核心区，核心区旁边为17—18世纪的网格状扩建区——多罗西施塔特和腓特烈施塔特。穿过网格的宽阔的东西大道是林登大街，它将宫城同巨大的蒂尔加藤公园联系起来。规划交通主干道、非主干道和广场围绕着旧的市中心，并对柏林城墙外的面积进行了调整：在调整的过程中，规定那些较差的地段用来修建道路和广场，较好的地段则可根据1853年制定的建筑条例，在划定的建筑线内建造房屋。

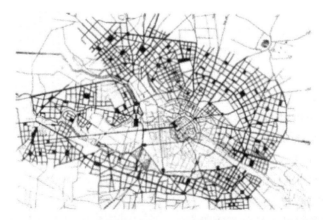

图15.42　詹姆斯·霍布雷希特在1862年设计的柏林市的建设规划

19 世纪 20 年代，弗里德里希·威廉三世的皇家园林主任彼得·约瑟夫·伦内曾做过一个城市扩建方案，但未曾实现，后来便成为霍布雷希特规划的参照对象。伦内关注的是如何服务于贵族阶层，所以在他的规划中街道数量很少，而这些街道围合起来的巨型街块之内则是优雅豪华的住宅，日后这些巨型街块可以按照业主的愿望做进一步划分。然而到了霍布雷希特时代，柏林已经成为一个重要的工业中心，城市的首要任务是建造工人阶级的住宅。所以在霍布雷希特的设计中，那些大致为 250 米×150 米的巨型街块里填满了 5 层高的出租公寓排楼——这使得网络被新一代的城市学家视为贫民窟或者由过度拥挤的结构形成的混合体。因此这一规划在 1870 年遭到一些官员的激烈反对，他们认为该规划僵化、不适用、过度集中，在社会政治方面有着诸多缺陷等。

3）赖因哈德·鲍迈斯特——"城市扩展的基本特点"

1874 年，在柏林举办的首届"德国建筑师及工程师联合总会"的全体大会上，一致通过了由建筑工程师赖因哈德·鲍迈斯特事先提出的"城市扩展的基本特点"的主张。大会认为，在城市扩展中，发掘所有交通设施及其他基础设施是本质内容，并探讨了道路网的规划步骤及方法。大会对城区进行了分类，并就业主、非业主及政府的利益及权责关系进行了划分；制定了城市扩展计划决议的财产关系，以及需要征用土地的补偿方式方法等。在此基础上，1875 年颁布了普鲁士建筑线条例，该条例直到 1960 年才被联邦建筑法取代。至此，人们开始按照建筑在地皮上的利用方式和测量手段对建筑用地进行有计划的划分，而关于建筑等级的规定和建筑区域的规定等方面的内容，最终形成了建筑业可采用的规章。

4）柏林的城市绿化建设

普鲁士皇家园林总监林奈也为柏林的城市绿化做出了很大的贡献，他主持规划和建设了以柏林动物园为中心的大规模城市绿化带，修建了由椴树下大街和夏洛滕堡大街组成的柏林"东西轴线"，连接起柏林东部政府区与西部商业和园林区。柏林老城区以施普雷为中心，东到亚历山大广场，西到勃兰登堡门，这个范围也是城市的中心区；波茨坦广场、勃兰登堡大门、亚历山大广场等成为重要的城市节点。

5）新古典主义建筑

这一时期为柏林的发展做出贡献的还有建筑师朗汉斯和申克尔，他们修建了众多新古典主义纪念建筑，如国家剧院、远古博物馆、国立美术馆、勃兰登堡门、椴树下大街；特别是博物馆岛上的一系列博物馆建筑：新老博物馆、国家美术馆、帕加蒙博物馆、腓特烈皇帝博物馆等。为此，柏林赢得了"施普雷河畔的雅典"的称号。

2. 慕尼黑

慕尼黑位于德国南部巴伐利亚州的上巴伐利亚高原，距离阿尔卑斯山北麓只有约 45 千米，海拔高度约为 520 米。多瑙河的支流伊萨尔河从城中西南至东北方向穿过，是慕尼黑的主要河流，绵延 13.7 千米，给城内留下一系列的湖泊，后来就形成了无数美丽的大小公园。1506 年巴伐利亚重新统一，慕尼黑开始成为整个巴伐利亚的首都，艺术与政治日益受到宫廷的影响。16 世纪的慕尼黑是德国反宗教改革的中心，也是德国文艺复兴艺术的中心。1700 年时慕尼黑的人口还只有 2.4 万人，此后大约每 30 年增加一倍，到 1852 年超过 10 万人，1883 年超过 25 万人，1901 年人口又增加了一倍达到了 50 万人。这时慕尼黑已成为德国主要的大城市之一。

　　1806 年巴伐利亚由公国升为王国，慕尼黑也升格为王都，设有国会以及新成立的慕尼黑—弗赖辛总教区。整个 19 世纪是慕尼黑蓬勃发展的黄金时代，慕尼黑的防御工事被拆除，为城市的大规模扩展扫清了障碍。紧接着郊区以格网状道路形态进行了快速开发和建设，为不断扩张的人群创造和提供了新的城市空间（图 15.43）。此期间，慕尼黑的道路交通事业也得到了较大发展，1839 年铁路修筑到慕尼黑，1876 年慕尼黑开通了城市有轨电车。此外，由于历代王公都大兴土木，建造宫殿、修建街道，城市面貌大为改观（图 15.44）。其中最有名的是路德维希一世（1825—1848 年在位），他把一所大学迁到慕尼黑，修建了许多精美的建筑，包括数座博物馆和具有古典式风格的路德维希大街，使慕尼黑成为全欧洲闻名的艺术城市。开放于 1850 年的巴伐利亚光荣纪念堂是一座新古典主义风格的建筑。1871 年德国统一后，慕尼黑仍然作为王都直到 1918 年。

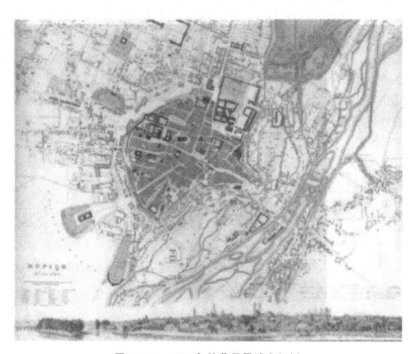

图 15.43　1832 年的慕尼黑城市规划

图 15.44　工业化以后的德国慕尼黑城市形态

15.2.4　意大利的城市

19 世纪意大利城市分布如图 15.45 所示。

图 15.45　19 世纪意大利城市分布

米兰

米兰位于意大利的西北部，伦巴第平原上，是欧洲南方的重要交通要点。18 世纪，奥地利取代西班牙成为米兰的统治者。1800 年初期，拿破仑曾短暂地在北意大利成立了一个共和国，并以米兰为首都；在他加冕后该共和国变成了意大利王国。此后，米兰又沦为奥地利统治下的伦巴第一威尼斯王国的一部分。

1859 年，米兰被纳入萨丁尼亚王国版图，奥地利的统治结束。1861 年，萨丁尼亚王国改为意大利王国，在获得了政治统一后，米兰成为主宰意大利北部的商业中心。随着一系列的铁路建设，米兰同时也成为意大利北部的交通枢纽中心。19 世纪 90 年代，巴瓦一贝卡里斯大屠杀和高通货膨胀率引起的骚乱使米兰受到一定影响，但其始终是意大利快速工业化时代的工业中心；同时由于米兰银行统治着意大利的金融领域，又是国家不可动摇的金融中心。19 世纪末 20 世纪初，米兰的经济增长带来了城市空间和人口的迅速扩张。从 1832 年米兰城市规划平面图（图 15.46）可以看出，米兰城市空间呈明显的圈层发展结构。中心核心区为米兰的老城，曾是罗马人的社区。老城墙在罗马共和国和公元后 1200 年间曾向外移动过两次，最外围的城墙建于 17 世纪。随着城市的不断扩张，围绕着老城区沿着城墙及其防御工事的空间逐渐形成了环状道路。城市的对外交通干线呈放射状，加强了与外部区域的联系。一些建筑沿着这些放射性道路进行建设，一直延伸到郊区。

对比 1913 年的米兰城市地图（图 15.47）可以发现，19 世纪的米兰跨越最后一道城墙并向外迅速扩张，外围的城市空间肌理及尺度逐渐放大，并尽量以格网状道路进行建设，整体上基本延续了 19 世纪圈层加放射状的城市形态。

图 15.46　1832 年的米兰城市规划

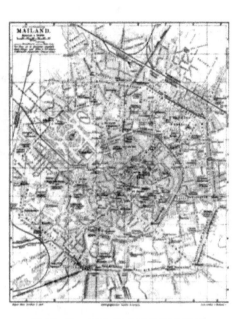

图 15.47　1913 年的米兰城市地图

15.2.5　西班牙的城市

19 世纪西班牙的城市分布如图 15.48 所示。

图 15.48　19 世纪西班牙的城市分布

巴塞罗那

巴塞罗那位于地中海西端，伊利比亚半岛东北部，西班牙东部，背山面海，气候宜人，冬暖夏凉。城市主体建于科尔塞罗拉山的一块高地上，高地面积约 160 平方千米，城市占据了其中的 101 平方千米。洛布里加特河流经城市西南，巴索斯河流经城市北边，距离法西边境的比利牛斯山脉约 160 千米。科尔赛罗拉山是沿海山脉的一部分，紧邻城市东北部，其最高点第比达博峰海拔 512 米，从其上可以鸟瞰全城。

巴塞罗那周边是欧洲大陆最早工业化的地区之一。18 世纪末，纺织业逐渐兴起；到 19 世纪中期，巴塞罗那成为纺织品和纺织机器的重要产地，从此机械工业在巴塞罗那的经济中扮演着越来越重要的角色。从 18 世纪末开始，巴塞罗那作为地中海的重要港口且临近褐煤矿，在工业革命时期具有先天发展优势，巴塞罗那的港口也随着蒸汽船舶时代的到来而日益繁荣。

自 18 世纪中叶以来的一个多世纪，巴塞罗那古城墙内的城市人口翻了一番，迫于公众的压力，西班牙政府终于决定拆除了古城墙。西班牙建筑师和工程师伊尔德方索·赛尔达主张，必须对城市的扩展进行规划，使新的扩展区域成为一个有效率和适宜居住的地方，而不能容忍流行病横行，居住环境拥挤、肮脏的老城区继续衰败下去。

赛尔达为巴塞罗那做的规划经历了两次重大修改，1859 年第二个版本被西班牙政府所接受，其中集中体现了赛尔达规划的扩建区概念（图 15.49）。他首先完整保留了巴塞罗那老城区，用巨型林荫道网格（可惜未能实现）将其切开。18 世纪建造的巴塞罗尼塔的网格位于一个三角形的半岛上，规划的网格铺满了中世纪城墙以外整个海滨平原——方圆约 26 平方千米的平地。街道的宽度全部相同，约为 20 米，方形街块的四角被切除，切角处斜边的长度等于街道的宽度。建筑同样也被锁定在这种比例关系当中，它们的高度必须与街道宽度相同。赛尔达认为，这种方形街块"是数学平等性的最清晰、最真实的表达，这种平等是权利和利益的平等，是公正本身"。看起来相同的格网显得单调且麻木，但单调只是一种表面现象，绝大部分街块只允许在两边建造房屋，而且这两边的位置并不总是相同；每个街块中除了建筑物之外必须有景观绿化；街道的交叉口、街区拐角处被规划为会议场所或社区广场；在这样的前提下，新建的方院楼可以是现代主义的条形板楼。规划将街道的布局和方格网进行了优化，以适应行人、马车、马拉轨道车、城市铁路线、天然气的供应和大容量的污水渠，以防止频繁的洪水等。最新的技术创新也被纳入到规划设计中。一些区块结合了产业布置，使工作和生活不再分离；城市街区公寓密集，重点被放在一些关键需求上，如住宅需要的阳光、自然采光和通风；此外，规划还重视公共和私人

图 15.49　1859 年由伊尔德方索·赛尔达作的巴塞那改建规划（城市的形成）

花园及开放空间的布置，几个街区结合形成了街区花园及开放广场，美化了城市环境。城市整体空间被统一在两条长的、交叉的对角轴线中。

但赛尔达并没有认真考虑私人所有制和投机市场的力量。他为街块上的建筑设定了4层的限高和28%的覆盖率，但在随后的一个世纪左右，这一花园城市式的建筑密度被翻了4倍，每个街块的四边都建起了房屋，而且高度也相应增加，街块的中央成为结构批次相同的内院。今天，有些街块上的建筑高度达到11层，覆盖率高达90%。原本计划体现赛尔达社会平等主义愿望的理想图形被扭曲了：中产阶级占据了宽大的网格区，工人阶级则被排挤到城市边缘的工业区或者老城破败的房屋中。最后，由于政治家屈服于土地投机者，规划中的低层建筑和街区花园很快消失，只有规划中两条对角线中的一条得到了实现。

1888年巴塞罗那举办了世界博览会，这导致了城市空间的大规模扩张：到1897年，巴塞罗那又吸收了周边六个城镇，城市人口在1900年时达到53万人。

15.2.6 奥地利的城市

维也纳

17世纪欧洲城市的防御系统在耗资及复杂性上达到了一个新的高峰。除了城市自身的城墙占用了大量的土地之外，城市还有独立的堡垒，这些堡垒要么是单独的，要么与城墙相连；出于安全及防火的考虑，城墙四周往往会留有大片空地——后来被称为斜坡和游憩地，分别指的是城堡前的斜坡及其外的空地。在和平年代，随着军队数量的减少，城市宣布不再需要防御工程，于是外围出现大片可以再开发的土地。维也纳就是这样一个典型案例。

图15.50 维也纳城墙上的散步道

1804年，维也纳成为奥地利帝国的首都，并在欧洲和世界政治中继续发挥着重要作用。直到1857年，城市还由一圈宽大的堡垒式城墙紧密地包裹着，堡垒前形成一条环形空地。空地或多或少是敞开式的，所以城市总是越过这一空地发展，从而形成环状郊区。城墙上种植着树木、花草，设计了散步道以供上流社会的绅士淑女们散步游憩（图15.50）。城墙外是郊区，宫殿、教堂一直向外延伸到乡村。

1857年12月20日，皇帝弗朗茨·约瑟夫颁布命令：拆毁堡垒式城墙及其防御工事，在中世纪的市中心与巴洛克时期的郊区之间进行规划建设。原先的郊区也被纳入维也纳市的发展计划。1859年确定了最后的方案，环城街长廊于1865年开放，但是建设一直持续到19世纪80年代，维也纳的城市空间得到显著扩张。重建地带沿着原城墙的方向形成了两条环路——内部大的环城街长廊和郊外的拉斯腾长廊。以两条环路为基础，通过市中心的路网与郊区路网的衔接而形成规则的方格网，沿着原城墙位置的外围形成了一条宽阔的环路。环路两旁种植着树木，散布着公园绿地，并排列着风格多样的、雄伟的、大尺度的公共建筑和住宅建筑，如双尖顶的沃提夫教堂、新哥特式风格的市政厅、新文艺复兴风格的博物馆双楼和歌剧院等（图 15.51）。市中心的景象是圣史蒂芬大教堂的尖顶，统领着高密度的中世纪城市组团，形成了一幅壮丽的城市景观（图 15.52）。

图 15.51　19 世纪中叶环路建成前后维也纳的市中心平面图对比

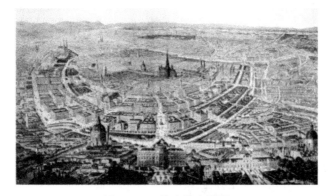

图 15.52　维也纳鸟瞰图

　　虽然维也纳的重新开发包括的范围很大，但发展过程中没有发生任何像巴黎改建时的财政困难，大部分的资金可以通过出售建筑场地获得。因此，维也纳顺利地完成了一系列新的大型公共建筑、大型居住区和公园、广场、开放空间等的建设。

　　在环城长廊的设计里，充分考虑了老城的特征，公共建筑的不同部分被赋予不同的特征；每一部分都有相应的公共建筑，可以容纳人们在里面生活和工作。例如，环城街长廊从多瑙河上的纺织品仓库和办公室开始，经过商业金融地区，围绕着新的交易中心，再经过大学、新城镇礼堂和市政厅，到达博物馆区域；博物馆广场的两边建有维也纳艺术史博物馆和自然历史博物馆。从大学到博物馆是公共建筑物最集中的一条轴线，也是离霍夫堡皇宫最近的地方。随后环城街长廊穿过了城市中富人居住的巴洛克府邸，并随之改变了自己的特征：漂亮的室外建筑物是歌剧院，库尔沙龙相当于维也纳集会的场所，用来举办花卉展览和举行维也纳一年一度球赛的是费劳尔大厅。在这中间还有大型的旅馆，最大的公寓区和环城街长廊的延伸——靠近黑山广场的科索，那里是维也纳市民休闲散步的地方。

　　在围绕环城街长廊的公共建筑物之间的缝隙中，在新街道及外环路上还建造了密集的新公寓，有时商店和办公室占了其中一层，有时整栋大楼都是公寓。仅有少数的大型独户住宅。他们的那些所谓的富豪宅邸或称公寓宫，层高很高，装修奢侈讲究，还有豪华的楼底装点着一些高档地段。而环城街长廊里的居民们随着自己社会地位的提升，也相应改变着自己的居住环境。例如，当居民的财政情况变得足够富裕时，他们会搬到较为高档的地段。而一些老贵族们则继续生活在环内，由花园包围着已呈颓废的住宅；一部分则搬到了环路比较开放的地方，因为在那里可以赢得他们期望的社会声誉。

通过对老城墙及空间地带的重新开发，维也纳迅速地赶上了巴黎的步伐，成为一个大型的现代城市。

本 章 小 结

1. 本章介绍了近代资本主义社会的城市，重点描述了近代城市的形态、布局与产生的问题，近代城市规划的理论与实践，以及近代西方重要城市的产生和发展。

2. 近代城市规划形态呈现单中心、高密度、集中式、"摊大饼"的特点。

思 考 题

1. 近代城市规划形态的特点是什么？
2. 简述近代城市产生的问题。
3. 简述近代城市建设的发展与贡献。
4. 简述近代城市规划的理论与实践。
5. 简述近代人本主义规划思想的内容。
6. 简述霍华德田园城市思想的内容。

第 16 章

西方现代城市规划与建设

教学目标

本章讲述了现代西方社会的城市，重点描述了西方现代城市的形态、布局与产生的问题，现代城市规划的理论与实践。通过学习本章，应达到以下教学目标：

(1) 掌握现代城市规划的理论与实践；

(2) 了解 20 世纪初至第二次世界大战前的西方城市规划；

(3) 了解第二次世界大战后至 20 世纪 60 年代的西方城市规划；

(4) 理解 20 世纪 70—80 年代的西方城市规划思潮；

(5) 熟悉 20 世纪 90 年代以来的西方城市规划概况。

教学要求

知识要点	能力要求	相关知识
20 世纪初至第二次世界大战前的西方城市规划	(1) 掌握现代城市规划的产生 (2) 了解英国、德国、法国、荷兰等地区的城市建设	(1) 现代主义建筑运动 (2) 卫星城理论
第二次世界大战后至 20 世纪 60 年代的西方城市规划	(1) 理解城市规划的系统规划思想 (2) 了解英国、法国、德国、瑞典等地区的城市第二次世界大战后的重建和新城建设情况	(1) 功能理性主义 (2) 系统规划思想
20 世纪 70—80 年代的西方城市规划思潮	(1) 了解城市旧城更新和历史保护 (2) 理解后现代城市规划和城市的可持续发展概念	(1) 马丘比丘宪章 (2) 后现代城市规划 (3) 城市的可持续发展概念
20 世纪初以来的西方城市规划	(1) 了解 20 世纪末的全球化和世界城市体系 (2) 掌握大都市区的发展和规划	(1) 世界城市 (2) 法国巴黎大区、英国大伦敦地区

 基本概念

近代城市；规划形态；功用型形态；公共卫生活动；环境保护运动；城市美化运动；人本主义规划思想；现代机械理性思想；城市的规划布局

引例

外国现代城市发展从20世纪初开始直到现在。从1871年的普法战争到1914年第一次世界大战爆发，欧洲进入了一个长达半世纪的和平阶段。长期和平的环境、经济的持续增长、技术的革命性突破使欧洲进入了一个极其繁荣的高速发展阶段。与此相适应，西方国家的城市规划与建设也都达到了史无前例的高度。

20世纪初，新技术不断问世，铁路、汽车等交通工具的出现对城市发展产生了很大的影响。第一次世界大战后，出现了新建筑运动的思潮，西方国家开始大规模建设住宅；20世纪20年代是相对稳定的时期，各国经济复苏，建设活动受到干扰；1939年，第二次世界大战爆发，各交战国的城市建设趋于停顿。第二次世界大战结束后，西方进行了大规模的城市建设活动。由于战后的西方国家普遍进入了快速发展时期，以伦敦、巴黎为代表的大城市经济和人口急剧增长，导致市区用地不断向外蔓延，形成了单中心、高度聚集的城市形态，在住房、交通、环境以及管理等方面造成一系列严重的城市问题。

20世纪60年代，西方国家在大城市地区和重要的工矿地区开展了区域规划工作。20世纪70年代初，西方经历了石油危机和环境危机，促使人们对当时的发展进行反思，旧城和历史建筑的价值被重新认识，同时新的居住区模式也遭到越来越多的质疑。20世纪80年代继续加强了城市的内部发展。通过对城市中心区的改造，建立步行街区，保护传统建筑文化，精心塑造城市公共空间等一系列行之有效的方法，不断提高城市的空间及居住品质，增强城市中心的吸引力。

可持续性发展成为20世纪90年代的城市发展主题。1992年在里约热内卢召开的全球环境会议对世界产生了巨大的影响。20世纪末，西方城市发展出现城市全球化和城市区域化的基本趋势。随着新国际劳动分工的逐步形成、跨国公司的不断渗透和信息通信技术的革命性进展，经济全球化进程大大加快，并涌现出若干在空间权力上跨越国家范围、在全球经济中发挥指挥和控制作用的世界性城市。同时，随着城市由生产向服务的经济转型，以及相应的空间结构调整，出现了城市区域化的态势。

16.1 20世纪西方城市发展总述

20世纪初，新技术不断问世，铁路、汽车等交通工具的出现对城市发展产生了很大的影响。第一次世界大战后，出现了新建筑运动的思潮，西方国家开始大规模建设住宅；20世纪20年代是相对稳定的时期，各国经济复苏，建设活动受到干扰；1939年，第二次世界大战爆发，各交战国的城市建设趋于停顿。

第二次世界大战结束后，西方国家面临的任务有两个：一是进行战后重建，恢复生产和生活，解决战后住房短缺的问题；二是有步骤、有计划地发展大城市，建设新城，整治区域与城市环境。由于战后的西方国家普遍进入了快速发展时期，以伦敦、巴黎为代表的大城市经济和人口急剧增长，导致市区用地不断向外蔓延，形成了单中心、高度聚集的城市形态，在住房、交通、环境以及管理等方面造成一系列严重的城市问题。以英国为代表，西方各国开始尝试通过开发城市远郊地区的新城，为分散大城市人口和产业发展提供必要的空间以及相应的设施，促使多中心规划结构的形成（表16-1）。

表 16-1　第二次世界大战后西方国家的新城开发

时期	1946—1980	1965—1994	1950—1976	1955—1976
国家	英国	法国	瑞典	荷兰
新城数量/个	32	9	11	15
城市	伦敦	巴黎	斯德哥尔摩	兰斯塔德地区
新城数量/个	11	5	6	133

20 世纪 60 年代，西方国家在大城市地区和重要的工矿地区开展了区域规划工作，英国、法国和荷兰还实现了有计划的国土整治。20 世纪 70 年代初，西方经历了石油危机和环境危机，促使人们对当时的发展进行反思，旧城和历史建筑的价值被重新认识，同时新的居住区模式也遭到越来越多的质疑。城市发展的中心逐渐由新区建设转向旧城更新，并出台了新的特别法规及措施。20 世纪 80 年代继续加强了城市的内部发展。通过对城市中心区的改造，建立步行街区，保护传统建筑文化，精心塑造城市公共空间等一系列行之有效的方法，不断提高城市的空间及居住品质，增强城市中心的吸引力。大规模居住区和高层住宅的建设已经成为历史，住宅建筑更强调个性化和人性化，注重环境品质。同时，工业遗产的保护和再利用也成为热点。

可持续性发展成为 20 世纪 90 年代的城市发展主题。1992 年在里约热内卢召开的全球环境会议对世界产生了巨大的影响。以可持续性为目标的城市发展，要求充分考虑自然资源的保护，注重可再生型能源的开发利用，大力推动城市公共交通系统，提倡自行车交通和步行交通等。另外，在交通、通信手段现代化的基础上，西方国家出现了以中心城市为核心，结合周边城镇的大都市区，这是城市化发展的新阶段。

20 世纪末，西方城市发展的两个基本趋势更加明确：城市全球化和城市区域化。随着新国际劳动分工的逐步形成，跨国公司的不断渗透和信息通信技术的革命性进展，经济全球化进程大大加快，并涌现出若干在空间权力上跨越国家范围、在全球经济中发挥指挥和控制作用的世界性城市。同时，随着城市由生产向服务的经济转型，以及相应的空间结构调整，出现了城市区域化的态势。都市区成为现代城市发展的一个新的空间单元，也是全球化分工、合作以及竞争过程中的基本单位。事实上，都市区都已成为西方城市发展的主要模式和经济发展的主体。

16.2　20 世纪初至第二次世界大战前的西方城市规划

16.2.1　20 世纪初至第二次世界大战前西方世界的基本情况

从西方历史学发展的角度看，1871 年的普法战争是欧洲历史上一个重要的转折：在此之前，欧洲各国征战不断，经济的发展常常被持续不断的战争所消耗、牵制。从普法战争以后直到 1914 年第一次世界大战爆发，欧洲进入了一个长达半世纪的和平阶段。如此长时期的全面和平环境在欧洲历史上是很少经历的，它直接造就了欧洲工业革命进入顶峰状态。长期和平的环境、经济的持续增长、技术的革命性突破，所有这一切使得欧洲进入了一个极其繁荣的高速发展阶段。与此相适应，西方国家的城市规划与建设也都达到了史无前例的高度。

19 世纪末 20 世纪初，由于经济的飞速发展和资产阶级在政权上的进一步巩固，西方各国基本上都进入了普遍繁荣时代。与此同时，为了满足本国资本主义对原料及市场持续扩张的迫切需要，以德国首相俾斯麦为代表的新一代强势领导人，纷纷扩军备战，试图通过战争的方式来改变原先资本主义世界的自由竞争环境和政治势力格局。在北美，美国实现南北统一后，在政治、经济上挑战传统"西欧中心"的垄断地位。上述环境的变化，都使得这一时期西方国家在政治、经济、社会领域的干预性全面增强，即"国家强权主义"普遍出现，因此这个时期在西方历史上也被称为"大国时代"。各个大国在欧洲和世界体系中不断争夺对全球事务的控制权，特别是德国集中了当时各种政治、精神的派系，成为西方最骚动不安的中心，并最终在第二次世界大战后建立起了相对稳定、制衡的国际新秩序。以英、法、德等西欧强国为中心的传统全球政治与经济格局被彻底改变，美国成为全球政治、经济中最强大的新的一极，其城市规划理论与思想的发展也开始繁荣起来。

16.2.2 现代主义、现代建筑运动与现代城市规划的产生

现代主义其实是一个非常难以定义的复杂词汇，它既是一个时间上的概念（一般认为是从 20 世纪初开始至第二次世界大战后或 20 世纪 60 年代末结束），同时也是一个意识形态的定义（这涉及它的革命性、民主性、个人主观性、形式主义性等）。总之，现代主义是相对于传统艺术形态的一场革命，它包含了哲学、美学、艺术、文学、音乐、舞蹈、诗歌等几乎所有文化与意识形态的范畴，甚至即使在每个不同的专业领域，它也都有自己特定的内容和定义，现代主义建筑是现代主义整体文化构成体系中的一个重要组成部分。

现代主义建筑运动是对长期以来由"权贵主义"垄断建筑设计的一次重大反叛，它明确地提出了"为大众服务"的概念。现代主义建筑师中的不少人希望能够改变传统的建筑设计主要为"精英"服务的思想，而主张应该通过建筑设计来帮助广大的劳苦大众改变基本的生活状况，他们中的很多人更希望通过建筑设计、城市规划来建立良好的社会，促进社会的正义，以避免流血的社会革命（最著名的是 L. 柯布西耶的论断："要么建设，要么革命"）。这种设想虽然带有非常强烈的乌托邦和小资产阶级知识分子的理想主义色彩，但事实上却使得现代主义建筑运动发展成为以"拯救众生"为己任的一种新"精英主义"——不是为精英服务的，但却是由精英所领导的新"精英主义"。德国的包豪斯学院堪称现代建筑运动精英们的摇篮与堡垒，W. 格罗庇乌斯、M. 凡德罗、L. 柯布西耶以及 F.L. 莱特则被并称为现代建筑运动的四大巨匠。这些 20 世纪初的现代建筑精英们自认为是"救世主"式的人物，自恃只有他们拥有独特的技能才能为未来提供新的生活方式，而广大群众在设计思想上是没有权力参与讨论的。这一点正如柯布西耶（1923）所表述的："艺术不是一种大众的东西……艺术不是一种基本的精神食粮……艺术最具有其傲慢的本质"。这一思想论断直接反映到 1933 年《雅典宪章》中对城市规划性质的"精英主义"的认识，并必然导致了 20 世纪 60 年代后的后现代规划思潮对其貌似高尚、理性，实则垄断、单调、冷酷的风格与精神内涵的全面批判。

从总体上看，现代主义的建筑设计呈现出如下一些思想特征（我们不难看出，这些特征也在相当程度上影响了现代城市规划的基本思想）。

一是功能主义特征。强调功能是全部设计的中心和目的，而不应该以形式作为设计的出发点，这就是现代主义建筑大师们通常所宣扬的"形式服从于功能"。

二是在形式上提倡简单的几何造型与非装饰原则。他们认为装饰是一种浪费，必然违背为大众服务的原则。因此，反装饰是一个意识形态的原则立场问题，也就是现代建筑运动所提倡的"少就是多"的经典原则。这几乎被所有现代主义建筑大师们所共同遵守。

三是奉行标准化、模块化的设计原则。现代主义建筑师们认为，只有标准化才能提高生产速度并降低成本，才能为广大人民大众提供现实和有效的服务，当然现代技术的发展也支撑了建筑标准化的可能。

四是在具体设计上重视空间使用方面的考虑，特别是强调对建筑整体空间的考虑，提倡室内空间尽量使用可灵活分隔的墙面，以提供自由布局的可能。

五是重视节约建设的费用和开支。现代主义建筑师把经济成本问题作为设计中必须考虑的一个重要因素，力图达到实用、经济的目的。

随着工业化社会的快速发展，到了 20 世纪初，世界人口以及城市人口都呈现出了几何增长的态势：历史上全球人口从 5 亿人（1715 年）增加到 10 亿人（1825 年）用了 100 年的时间，而仅仅又用了 100 年的时间（1930 年）全球人口就已经达到了 30 亿人。这一时期也正是西方国家高速集聚城市化的主要阶段，庞大的人口集聚在城市，导致居住、工作、交通等都需要以全新的形式、快速的建设来满足急剧膨胀的空间需求。于是，现代建筑与城市规划不得不寻求一种新的体系与方式，来满足这种由巨大的人口需求所造成的并不断增长的广泛压力。因此我们说，这种巨大的居住、工作、交通、运输需求或压力，是促使现代建筑和城市规划产生、发展的基础与直接动力。

1909 年对大西洋两侧的英、美两国来说，都是非常具有纪念意义的一年。在这一年中，英国通过了《城市规划法》，并且在利物浦大学成立了世界上第一个城市规划系，随后欧美许多大学均相继设立了城市规划院系，各种城市规划协会、组织也随后纷纷成立；而在美国则举行了第一次全国城市规划会议，发表了 D. Burnham 的芝加哥规划，成立了芝加哥城市规划委员会。1916 年纽约制定了第一个区域法规，其目的在于保护快速城市化过程中现有地产的价值和保证空气与阳光，后来又制定了基地管理法。1928 年世界主要的现代建筑大师会聚在瑞士的日内瓦，成立了世界上第一个现代建筑家的协会组织——国际现代建筑大会（CIAM）。1930 年这个机构将讨论的中心议题集中到城市规划理论上，对现代城市规划进行了系统的、理论的探索。到第二次世界大战前，CIAM 一共召开了五次"国际现代建筑大会"。柯布西耶是这个组织成立的主要发起人与促成人，也是法国组的负责人，在 1933 年的第四次大会上通过了由他起草的现代主义城市宣言《雅典宪章》。

总体而言，这个时期的城市规划思潮是积极的、乐观的、向上的，带有精英主义者们明显的社会责任感与使命感。现代建筑的精英们已经不再停留于早期社会主义者、近代霍尔德等人的空想或有限的实践，而是希冀通过积极、务实、现代技术的手段来解决城市发展中无法回避的种种问题，特别是有关物质空间领域的匮乏与混乱问题。

16.2.3　英国的城市建设

1. 城市建设概况

第一次世界大战结束后，英国人口的增长速度明显减缓。但是，城市人口高度集中仍然是这一时期城市发展的基本特征。英国有 2/5 的人口居住在 7 个主要地区，即伦敦、曼彻斯特、伯明翰、约克、格拉斯哥、利物浦和泰纳塞德，其中仅伦敦地区就集聚了近 900 万人口，约占当时英格兰和威尔士人口总数的 24%。各城市继续向外蔓延，城市与城市之间的界限变得模糊不清，甚至合并。人口开始向城市边缘区迁移，而城市中心的人口密度逐渐下降。

第一次世界大战结束后，英国的工业结构开始发生变化。纺织业、农业和个人消费品制造业开始减少，电子工业、文化娱乐设施、服务业、汽车制造业和建筑业的生产规模不断扩大，而采掘工业、重型机械工业和造船业市场不景气，一些地区出现了明显的失业现象。经济发展成为战后政府的头等重要任务，城市规划则一度被搁置。直到 1940 年前后，英国的城市规划理论和实践才有了新的发展。

在两次世界大战期间，住宅建设突飞猛进，尤其是受政府资助的住宅大量出现。1919—1930 年，地方政府资助建造的住宅总数为全部住宅的 40%。在伦敦地区和其他大城市开发了一批由政府资助建造的公共居住区，但是城区内仍有大量需要修缮的旧住宅区和需要清除的贫民窟，城市的过分拥挤现象并没有完全解决。

大量的私人小汽车在第一次世界大战后开始出现。1927 年英国首先使用交通信号灯管理交叉口的过往车辆，同时还进行了大量的道路改造工程，包括开挖隧道、修建桥梁、规划干道网和铺设步行道。由于政府投资有限，交通问题逐渐成为大城市的主要问题之一。

2. 城市规划的立法

1909 年，英国颁布了《住宅、城镇规划法》，第一次提出控制城市居住区的土地开发方式，并要求地方当局编制控制规划。该立法规定，城市居住区（大部分位于城市郊区或城市边缘地区）的规划内容，必须包括住宅规划、街道道路网规划、建筑设计（结构设计和建筑立面设计）、室外场地布置、城区古建筑规划保护、给水排水规划、水电供应以及辅助工程建造。此外，还规定了土地开发的补偿和赔偿政策。

1990 年的《住宅、城镇规划法》颁布的前后时间，是英国城市规划运动的繁荣时期。1910 年 10 月，英国皇家建筑师协会（成立于 1837 年）召开了第一次全体代表大会。1910 年，利物浦大学成立了英国第一所规划教育机构，开创了城市规划的高等教育。

1914—1918 年的世界大战期间，英国的城市规划工作因为战争而全面停止，包括很多已经开始但还没有完成的城市规划。因此，战后的城市规划在很长的一段时间仍被战争的阴影笼罩。直到 20 世纪 20 年代才开始逐渐开展有关区域规划方面的理论和研究。

在英国，1919 年颁布的新《住宅和城镇规划法》，改变了 1909 年规划法只关注住宅区开发的状况，将城市规划的调控内涵扩展到大城市及区域发展。此后，1925 年的规划法律授权郡县政府来制定促进本区域发展的城市规划方案；而1932年的规划法律则把以前的立法规定综合在一起，明确了对所有建设用地的规划控制制度，但是规划制度中仍然有许多内容是非强制性的。在欧洲的其他国家，城市规划的立法都晚于英国。如在瑞典和芬兰，规划法律的通过是在1931年，丹麦是1939年，意大利是1942年，而法国则是在第二次世界大战以后才通过规划法。

3. 田园城市理论的传播

英国在第一次世界大战前后，除了1903年兴建的第一个田园城市林契沃斯和1920年兴建的第二个田园城市韦林，按田园城市的基本概念规划的住宅区几乎遍布全国各地，特别是南部的伦敦地区及伦敦附近的地区。

1909年，建筑学家、城市规划专家雷蒙德·恩温发表了《城市规划实践》一书，推动了田园城市理论在全世界的广泛传播。在欧洲大陆，田园城市、花园郊区及花园村庄的概念被普遍应用。1913年，成立了国际田园城市和城市规划协会，有18个国家参加了这个协会。

4. 卫星城理论与实践

"卫星城"模式是霍尔德当年的两位助手恩温和帕克对田园城市中分散主义思想的进一步发展。1912年恩温和帕克在合作出版的《拥挤无益》一书中，进一步阐述、发展了霍尔德田园城市的思想，并在曼彻斯特南部的维腾夏沃进行了以城郊居住为主要功能的新城建设实践，进而总结归纳为"卫星城"的理论。1922年恩温出版了《卫星城镇的建设》，在书中正式提出了"卫星城"的概念，主要是指在大城市附近，并在生产、经济、文化生活等方面受中心城市吸引而发展起来的城镇（图16.1）。恩温在20世纪20年代参与大伦敦规划期间，提出采用"绿带"加卫星城镇的办法控制中心城的扩展，疏散人口和就业岗位。从此，"卫星城"便成为一个国际上通用的概念。

卫星城理论虽然在20世纪20年代就已经提出，但其实践主要在第二次世界大战以后，特别是被广泛应用于伦敦等大城市战后空间与功能疏解以及新城建设之中。卫星城的思想广泛影响了欧洲、美国乃至全世界诸多国家。

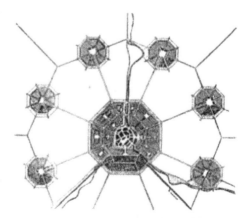

图 16.1 恩温的"卫星城"模式

5. 区域规划的兴起

根据1919年颁布的新《住宅和城镇规划法》，英国成立了卫生部，全面负责全国城市规划工作。卫生部委托联合规划委员会组专门调查委员会，对南威尔士产煤区的人口分布情况和政府资助建造住宅的情况进行了详细调查，这实质上是关于区域发展问题的调查。

这次调查之后，联合规划委员会根据区域城市规划当局的指令，开始在曼彻斯特及附近地区编制区域性开发规划。区域规划解决的首要问题是如何进行和控制区域范围内的综合性土地开发，进而控制城市蔓延和保留有限的土地用于农业生产；其次是如何解决交通规划的问题。交通规划包括地面交通和航空运输，其中对航空运输的机场选址布点是区域规划工作的主要内容之一。1926年，曼彻斯特的区域规划的覆盖面达1000平方英里（约合2590平方千米）。规划内容主要涉及区域范围内的道路网和交通规划、居住区、工业区和商业区布点，以及成片开放空间和绿地的布局。1932年之后，为了具体实施区域规划和管理区域内的土地开发，成立了区域规划办公室。

与曼彻斯特区域规划同时进行的还有伦敦区域规划。1928年12月，卫生部建立了负责伦敦区域规划的区域委员会，由恩温担任技术顾问。1929年，恩温提交了第一份关于伦敦地区区域开发的研究报告。研究报告涉及三项伦敦区域开发的主要难点：①伦敦城区内如何保护开发空间的问题；②伦敦地区内的绿化带布置和控制问题；③伦敦地区沿主干道两侧的开发控制问题。随后，恩温又提交了两份补充报告：关于室外活动场地的现状使用报告和关于人口疏散的进展情况报告。在后一份报告中，他建议在离伦敦中心区12英里（约19千米）左右的距离范围内，设立自我平衡的卫星社区，在12～25英里的范围内，建设工业田园城。

由于1931—1932年，英国正在经历的经济危机，恩温的设想在当时无法实现。直到20世纪30年代中后期经济情况略有好转之后，才开始大规模地进行区域规划方面的工作。到1944年，英国各地相继成立了179个联合规划委员会。英格兰地区和威尔士地区70%以上的地方规划当局以联合规划委员会的形式开展了区域规划的研究。在苏格兰，组建了三个区域委员会，负责三个主要经济区的土地开发规划和土地管理。

6. 住宅建设的发展

第一次世界大战后，住宅建设成了英国政府工作的重要议题。1920年，卫生部组建了专门负责贫民区改造的机构（前身为贫民区委员会），工作重点在伦敦地区。1921年，该机构提交了伦敦地区住宅开发状况的研究报告，建议将伦敦地区现有的传统工业迁至附近的新城镇，重新开发新型的科技工业，并提出在伦敦地区大力建造住宅区。

尽管当时政府面临着战后的经济恢复、资金短缺等问题，但对住宅的开发给予了积极的扶持。中央政府每年向地方政府提供部分资助，以进行新的住宅区开发和旧居住区的改造。由政府资助建造的大型住宅区，以其低密度、自然分布的特征遍布全国，尤其集中在南部和中部地区。

16.2.4 德国的城市建设

1. 德国的田园城市运动

田园城市的思想经英国传入德国，在1902年成立了德国田园城市协会。德国的田园城市运动以英国为榜样，在第一次世界大战前致力于住宅区建设，希望以其住房和社会改革计划实现一种新的城市模式。1925年，德国田园城市协会在战后重新组织和恢复运作，1937年被纳粹取缔。

德国田园城市运动取得第一个巨大成功的例子，是1906年德国手工业艺术事务所业主卡尔·施密特在德累斯顿郊外的海勒瑙建造的一座田园城市。该田园城市距离市中心约6.5千米，面积约140公顷。住宅除了乡村别墅外，也有行列式住宅和小房型住宅。道路根据功能分为交通路、住宅路和加宽的广场，道路宽度不同；基础设施包括一个发电厂、污水生物处理设备以及燃气和水供应设施；公共设施有作为文化中心的"住户之家"，此外还有单身汉之家、食宿旅店以及培训基地（图16.2）。

图 16.2　海勒瑙田园城市平面（1994 年）

从1910年至1914年第一次世界大战爆发，几乎所有规划的田园城市都变为现实，其中既包括德国田园城市协会创建的田园城市，也包括由私人运动、社会导向以及合作社组织建设的田园城市，还包括具有田园城市特征的住宅区。

2. 第二次世界大战前大型住宅区的建设

1925—1935年是德国城市规划的繁荣期，主要集中于住房建设。当时人们普遍认为，大城市过于严重地危害了居民的健康条件，城市必须分散发展，既可以减轻市中心的交通负荷，而且把房子建到地价便宜的郊外，又可以使建筑方式更多样化。基于这种观点，完成了"新法兰克福"的城市及住房建设方案，其基本思想为：①在美茵河沿岸及铁路沿线布局工业区；②划分内城区的文化中心及行政管理中心；③减少内城区居民人口；④将城市周边地区的居民迁移到市郊住宅区或卫星城；⑤由林荫道、公园、体育场地与园林、农林工厂构成城市绿带；⑥构建包括有轨电车及无轨快速列车的分级交通道路网。法兰克福的住宅建设计划原定10年内完成1万套住房，实际上在5年内已完工约1.2万套。总共建成近20个住宅区。

3. 纳粹时期的城市规划和建设

1939年第二次世界大战爆发后，德国纳粹头目希特勒希望用城市规划来表达其政治思想，他宣布将在五个"元首的城市"——柏林、慕尼黑、纽伦堡、汉堡和林茨建设大型广场、宽阔街道及雄伟的公共建筑，而一条宏伟的"城市轴线"则是展示国家权力的重要因素。1937年4月颁布了《德国城市改造法》，按照此法其他城市也应该重新改造。

按照纳粹的观点，建筑的任务在于传达视觉形象，并超越历史表现永恒的权力形式。希特勒打算在征服世界后将柏林建设成为"日耳曼世界之都"。城市南北主轴线被称为"光辉大街"，由帝国首都改造计划的建筑总监阿尔伯特·施佩尔在 1937—1941 年设计（图 16.3）。这条大街长 8 千米、宽 120 米，规模上超过巴黎的香榭丽舍大道。大街两旁将建有剧院、商店以及纳粹德国所有各部的办公大楼。大街中央将建造一座新的德国"凯旋门"，高度是法国凯旋门的 2 倍，高 117 米，宽 170 米；并在"光辉大街"的中部修建一个能容纳 100 多万观众的阿道夫·希特勒广场。此外，希特勒和施佩尔还设计了一座庞大的铜质圆顶大厦作为大会堂。该建筑以罗马万神殿为模型，高达 200 米，能容纳 15 万人，建成后将成为世界上最大的会堂。为了实现这些规划，施佩尔制定了一项为期 10 年的建造方案。然而，随着希特勒自杀、施佩尔被捕、纳粹德国正式投降，"日耳曼世界之都"计划也随之化为泡影。

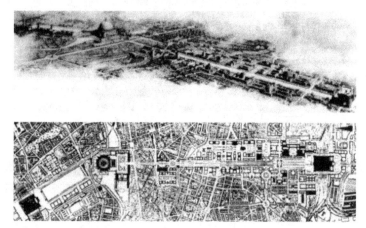

图 16.3　阿尔伯特·施佩尔领导下的首都柏林"光辉大街"规划
（轴线的左端为"大会堂"，右端为"凯旋门"）

16.2.5　法国的城市建设

1. 社会住宅的建设

法国的社会住宅建设始于 19 世纪中叶。1850 年，政府颁布法令，规定国家或地方政府可以为地方社会住宅的建设进行融资，社会住宅的建设必须达到卫生和安全的要求，政府鼓励开发公司建设卫生、安全、低租金的住宅。随着 19 世纪末、20 世纪初工业化的快速发展，农村人口大量流入城市，对低租金的社会住宅需求日益增加。法国于 1912 年颁布法令，创建了城镇低租金办公室，法国公共住宅服务体系由此开始形成。政府于 1918 年出台政策，鼓励非营利组织的私人资金投入社会住宅的建设中。1925—1928 年，巴黎市建成了 20 万套低价格的社会住宅和 6 万套中等价格的住宅，但此时全国对住宅的总需求约为 100 万套，远远满足不了居民对住宅的要求。20 世纪 30 年代至第二次世界大战期间，是巴黎城市建设的又一高潮，在巴黎市区内外围环线修建了大量的社会住宅，以应付巴黎住宅的紧缺和大量的移民对住宅的需求。

2. 巴黎地区空间规划

从 19 世纪末开始，巴黎的城市发展进入扩张阶段，由此引发了交通拥挤、郊区扩散、公共设施严重不足等城市问题。有关部门意识到必须建立起以巴黎为中心的区域概念，从区域的高度协调城市的空间布局。因而，于 1919 年和 1924 年相继颁布了两条法令，以法律形式确立了城市规划的地位。1932 年，法国第一次通过法律提出打破行政区域壁垒，根据规划的需要划定非行政意义的巴黎地区，提出编制《巴黎地区国土开发计划》，并规定各城镇的土地开发、城市美化和建设用地扩展计划必须与此保持一致，以形成区域和城镇两级规划体系。在 1934 年 5 月，巴黎地区空间规划（PROST）正式出台（图 16.4）。

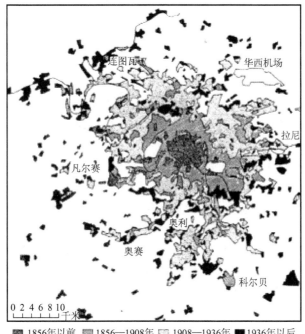

0 2 4 6 8 10 千米

▨ 1856年以前　▧ 1856—1908年　▢ 1908—1936年　■ 1936年以后

图 16.4　1934 年的 PROST 规划示意

PROST 规划旨在抑制巴黎地区郊区日趋严重的扩散现象，从大巴黎地区范围对城市建成区进行调整和完善。该规划将巴黎地区划定在以巴黎圣母院为中心，方圆 35 千米的范围之内，对区域道路结构、绿色空间保护和城市建设范围三方面做出了详细规定。

（1）为了满足当时盛行的汽车交通需求，规划提出放射路和环路相结合的道路结构形态。五条主要干道以巴黎为中心，从不同方向向法国腹地辐射，联系首都和其他国内及欧洲重要城市。位于巴黎地区边缘的环形公路将五条放射状道路联系在一起，成为郊区各城镇相互联系的依托。

（2）严格保护现有森林公园等空地和重要历史景观地段，并在城市建设区内规划形成新的休闲游乐场所，作为将来建设公共设施的用地储备。

（3）为了抑制郊区蔓延，规划限定了城市建设用地范围，将各城镇的土地利用划分为城市化地区和非建设地区两种类型，将非建设区视为未来城市发展的用地储备，严禁各种与城市直接相关的建设活动。

由于限定了可建设用地的范围，PROST 规划在遏止郊区蔓延的同时，也限制了巴黎地区的合理扩展，而城市发展面临的巨大压力使得城市的建设范围很难控制。作为法国有史以来的第一次区域规划，PROST 规划富有远见地以绿色空间和非建设用地的形式保留了大面积的空地，作为未来城市发展的用地储备，其中包括了 30 年后确定的马恩河谷新城的一部分。

16.2.6　荷兰阿姆斯特丹的扩建

1901 年，荷兰第一部城市规划法生效，该法规定 1 万人以上的城市必须制订建设规划，每 10 年要达到一个新水平；国家向团体、组织提供财政帮助，用于购买土地并实施公共工程，支持团体、组织建造社会公共住宅。1902 年，著名的建筑学家贝尔拉格接受委托，进行阿姆斯特丹城向南扩建的规划，后来的 30 年中即按此规划进行建设。1928 年阿姆斯特丹市政当局成立了独立的规划办公室，以落实贝尔拉格的设想。阿姆斯特丹的建设规划有三个新特征。

（1）请有关专家对人口进行科学调查与分析，预测 2000 年的人口状况及由此产生的问题。根据预测，规划开始人口为 65 万人，今后将增加到 96 万人，相应地在此期间要建造 84300 套新住房；用 13460 套新住房取代年久失修的危房；建 12000 套新住房提供作为因市中心扩建办公、商业而搬迁的住房。

（2）在城市周围设置绿化带来隔离居住区，每个居住区约各有 10000 套住房（约居住 35000 人），住宅区配建城市生活必须设施。每一个居住区都按照规划逐一建设，每一个居住区的详细规划都是在开工前才确定，以便依据最新的经验和认识水平进行规划。

（3）每个项目的实施都受到经常性的监督。这样可以避免因不同的建筑师所设计的建筑而破坏整体的统一性。每一个新规划区域再分成若干小的整体，由上级派来的总建筑师负责审查每一幢建筑的设计，这些总建筑师和市政当局的规划办公室保持经常的联系。

受英国城市规划的影响，1929 年，阿姆斯特丹城市政府在 10 千米半径内规划了 11 个容纳 5 万人左右的"田园城市"。然而，由于 20 世纪 30 年代的经济大萧条，这些疏散城市人口的措施被放弃了，城市规划重新采用集中布置方式，只在其周围建造了若干"田园村"。

1935 年通过的阿姆斯特丹总体建设规划是当时规划观念的代表作（图 16.5 和图 16.6），城市形态为集中叶片式并在以后 30 年中得以实现。大部分新建区都在城市的西部，很容易与老城中心、港口连接起来，同时与城市北部沿着通往公海运河两岸的工业区联系起来也很方便。这些新区围绕一个人工湖布置。早期建设的居住小区，大多由传统的 4 层楼房组成，形成封闭的、半开敞的和开敞的居住街坊。第二次世界大战后建设的居住小区，形式多样，有独立住宅、连排式住宅、四五层的公寓住宅，也有 12 层的高层住宅。每个区都有绿化设施作为青少年和老年人的休息娱乐场所。此外，还有一个约 900 公顷的城市公园，公园内设有齐全的体育、休闲设施。老城仍是由中世纪的城市中心及 17 世纪集中开凿的三条运河组成，尽力保持传统的城市风貌，重要的商业街禁止汽车通行并改为 1.5 千米长的步行街区。

图 16.5　1935 年的阿姆斯特丹的总体建设规划简图

图 16.6　1935 年的阿姆斯特丹的总体规划

16.3 第二次世界大战后至 20 世纪 60 年代的西方城市规划

16.3.1　城市规划的系统分析时代：功能理性主义的顶峰

1. 从分解到综合的系统规划思想

系统论、信息论、控制论三门学科是在 1948 年左右诞生的，20 世纪 60 年代后得到了重大发展，不仅对现代科学的发展起了巨大的推动作用，而且也对人类社会领域的发展产生了巨大的影响。城市规划领域的发展也不例外，并尤以系统论之影响最为显著。

从分解到综合是理性主义通过系统论、控制论和信息论等办法，将相互之间的"关节打通"，从而逐步走向综合。从系统论的视角看，倾向于将城市视作为一个复杂的整体——是不同土地使用活动通过运输或其他交流中介连接起来的系统，城市内的不同部分是相互连接和相互依存的，而城市规划的实质就是进行系统的分析和系统的控制。系统分析方法的建立是理性主义的高峰，也标志着功能理性主义规划思想的顶峰：系统规划思想将城市视为一个多种流动、相互关联、由经济和社会活动所组成的大系统，运用系统方法研究各要素的现状、发展变化与构成关系，相对于过去单纯的物质形态规划思想，无疑是一个极大的提高。

其实，作为一种对事物整体及整体中各部分进行全面考察的思想，古已有之。近代霍尔德的"田园城市"理论中就贯穿了系统思维的精神，建立了"一个比较完整的现代城市规划体系"（李德华，1988）；盖迪斯的"调查—分析—规划"理论也体现了比较明确的系统化思想。但是毫无疑问，现代系统理论的建立、发展和应用，使得城市规划的系统思想由原先感性的、不自觉的认识观，实现了向理性的、自觉的认识观的"飞跃"。最早运用系统思想和方法进行的规划研究当推始于美国 20 世纪 50 年代末的运输—土地运用规划，这些研究突破了物质空间规划对建筑空间形态的过分关注，而将重点转移至发展的过程和不同要素间的关系以及要素的调整与整体发展的相互作用之上。受到系统论的影响，原先的纯粹注重物质形态规划的功能理性思想在 20 世纪 60 年代发生了重大改变，城市被当作包含一系列特殊空间子集的复杂系统，因而城市规划成为一项系统性的规划。20 世纪 60 年代中后期至 20 世纪 70 年代，麦克劳林、恰得威克等人在理论上的努力和广大规划师在实践中的自觉运用，促成了系统方法在西方城市规划领域中运用的高潮，主要体现在以下一些方面。

1）对城市复杂性的认识和系统把握

克里斯托弗·亚历山大否定了一般地看待城市的各组织元素，即把各层次的等级看成"树形结构"的传统认识观，而提出实际的城市生活要远比这种"树形模型"复杂得多，很多方面是交织在一起、互相重叠的"半网状结构"（图 16.7），这就是城市的内在规律。亚历山大的"半网状结构"思想，是以系统的观念来研究城市复杂性的一个重要起点。20世纪 70 年代英国第三代新城 Milton Keynes 在规划中就体现了这样一种新的布局思想，以寻求构筑"半网状"的结构，尤其是在城市公共中心的设置上体现出了多选择性的意图。《马丘比丘宪章》（1977 年）也从系统化的思想角度批判了《雅典宪章》的功能分区思想，认为"不应当把城市当作一系列的组成部分拼在一起来考虑，而必须努力去创造一个综合的、多功能的环境"，强调城市发展的动态性和各组成要素之间相互作用的重要性、复杂性。

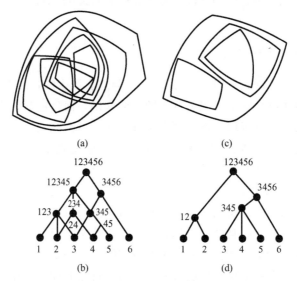

图 16.7　亚历山大对城市复杂性的表述

2）运用系统论思想对城市规划工作本身的再认识与改进

系统规划思想强调将城市规划看成一个动态的适应性调整过程，因此应该由过去终极式的蓝图编制转变为过程型的规划，例如，B. Mcloughlin、G. Chadwick、A. Wilson 等人都认为，城市规划是一个系统的过程，而不是描绘终极状态，他们具体分析了城市规划过程的组成，用系统思想处理城市规划问题的方法，并分别提出了关于规划过程的种种图解。C. Lindblon 在 1959 年出版了《紊乱的科学》，针对战后西方各国编制的越来越烦琐的城市综合规划，他尖锐地指出：这类城市总体规划（综合规划）要求太多的数据和过高的综合分析水平，这些都远远超出了一名规划师的领悟能力，规划师不得不忙于细部处理，却往往放弃了做最重要的"城市发展战略"。1969 年 B. Mcloughlin 出版了《城市与区域规划：系统探索》，这本书中提到的系统规划理论已经完全超出了物质形态的设计，强调的是理性分析、结构控制和系统的战略。在实践方面运用系统理论的典型运动史：1968 年英国的《城乡规划法》对原先的城市规划体系进行了重大调整，以结构规划和地方规划取代原来的发展规划、总体规划和详细规划，以使得城市规划能更具弹性、适应性和预测性；英国的 Coventry - Solihull - Warwick - shile 次区域规划（1971 年）被认为是系统方法在城市规划运用中的典范。系统规划思想还强调要以多种可能的发展方案来适应城市未来发展的种种要求，从而使城市规划在整体上成为城市社会系统协同作用的基础和依据，在微观层次上又能揭示出该系统各组成要素间相互作用的途径和结果。

3）运用系统方法、数学方法来分析、模拟城市

在系统论思潮的影响下，城市规划师也由过去的设计师向"科学系统分析者"的角色转变，许多人热衷于采用综合预测方法、建立数学模型，运用计算机来模拟城市某一系统或多个系统的变化规律，以解决城市规划的科学"量化"问题。比利时的 Allen 等人就运用自组织理论建立了有关城市发展的动力学模型，他们提出了影响城市发展的若干变量，然后将城市分成若干小区，分别列出相应的非线性运动方程，最后用计算机进行模拟预测。这一系统方法的思潮，导致了 20 世纪 70 年代计量方法在城市规划分析、预测中的运用达到了高潮。计量革命试图将城市规划、城市的发展纳入一个可以精确计算、预测的轨道中（因此也就是可以理性认知并调控的），但是由于城市并不是一个完全客观的、可以通过计算模拟来认知的自然取值，它本身的复杂性特别是不断变化的社会性，使得任何定量科学都不可能准确地掌握城市发展的规律。

2. 系统论思想在城市规划领域面临的挑战

系统论的应用，标志着功能理性主义的城市规划思想已经发展到了其顶峰时代。但是，用纯自然科学的方法来加强规划的企图，并不能解决城市中大量实实在在的社会问题。20 世纪 60 年代前后在西方形成并迅速发展的理性系统规划思想，到了 20 世纪 70 年代便受到了严峻的挑战。一些美国学者从理论和经验的角度断定：城市规划的决策过程要由多元的政治性组织来完成，其他任何个人、团体都没有那种综合认知因而无法胜任，而且这一决策过程被描述为"分离渐进主义"；另外一些学者针对 20 世纪 60 年代末西方社会出现的激烈冲突和动荡，也不支持系统规划，认为系统规划不仅没有改善城市居住条件，反而割裂了城市内部，因而系统规划被认为具有空想性质而忽视了政治现实。

其实，早在 1969 年 J. Friedmann 就对当时理性主义的系统规划理论和方法进行了批判。1977 年 A. J. Scott 与 S. T. Roweis 发表了《理论与实践中的城市规划》一文，针对当时城市规划中由大量计算机辅助的数理模型支持理性分析的现象，指出理性系统规划的理论和方法"内容虚无、空洞"。1979 年 M. Camhis 的《规划理论与哲学》以及 M. J. Thomas 的《A. Faludi 的城市规划程序理论》，都对理性系统的规划理论和方法提出了责难。到了 20 世纪 80 年代，随着批判的日益增多，系统理想规划思想逐渐失去了主导地位。

16.3.2 英国城市战后重建和新城建设

1. 巴罗报告

1937 年，英国政府为解决大城市工业和包括伦敦地区在内的大城市人口过于密集的问题，任命了一个由巴罗爵士任主席的皇家委员会（即"巴罗委员会"）负责调查工业与人口分布状况中的问题并给出解决办法。该委员会于 1940 年发表《皇家委员会关于工业人口分布的报告》（简称"巴罗报告"），报告将区域经济与城市空间问题综合考虑，得出高度集中型的大城市弊大于利的结论，指出伦敦地区工业和人口不断聚集，是由于工业所引起的吸引作用，因而提出了疏散伦敦中心区工业和人口的建议。巴罗报告的结论、工作方法以及按照其建议所开展的后续工作，直接影响到包括大伦敦规划在内的英国第二次世界大战后城市规划编制与规划体系的建立，在英国城市规划史上占有重要地位。

2. 大伦敦规划

按照巴罗报告所提出的应控制工业布局并防止人口向大城市过度集聚的结论，作为皇家委员会成员之一的艾伯克隆比于 1942—1944 年主持编制了大伦敦规划，并于 1945 年由政府正式发表，其后又陆续制订了伦敦市和伦敦郡的规划。

田园城市林契沃斯和韦林
规划中建议设置的"卫星城"

图 16.8　1944 年大伦敦规划

大伦敦规划总面积 6731 平方千米，规划居住人口 1250 万人。大伦敦规划为单中心的同心圆圈层结构，在距伦敦中心半径约为 48 千米的范围内，由内到外划分了四个圈层：即城区、近郊区、绿带与远郊区（图 16.8）。

城区：伦敦城区包括伦敦建成区及边缘地区，面积为 55000 公顷，居住约 500 万人。该区控制工业，改造旧街区，计划将人口减少 40 万人。

近郊区：面积为 58000 公顷，居住约 300 万人。计划建设环境良好的居住区，尽量利用空地进行绿化。

绿带：宽约 5 千米的绿化带，由森林、大型公共绿地、各种游憩和运动场地、蔬菜种植地构成。

远郊区：距市中心 60～80 千米，用于疏散工业和人口。其中规划设置 8 个卫星城（新城），并扩建 20 多个已有的城镇。

大伦敦交通组织采取放射路与同心环路相交的道路网（图 16.9）。中心区改造重点在西区与河南岸，并进行了详细规划。其基本观点是：在英国全国人口增长不大、伦敦地区半径 30 千米范围内人口规模基本保持稳定的前提下，如果要改善城市的居住环境就必须

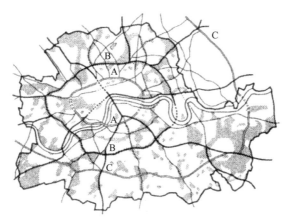

图 16.9　1944 年大伦敦规划中伦敦市中心区道路网

疏散其中的工业和 60 多万人口,加上其他地区的疏散人口,要疏散到伦敦外围的人口总数将达 100 余万人。为解决这一问题,艾伯克隆比大胆地提出,在当时伦敦建成区之外设置一条宽约 5 千米的"绿带",用来阻止城市用地的进一步无序扩张。需要疏散的 100 万人口由设在"绿带"外的 8 个新城和 20 多个已有的城镇接纳。在当时的交通条件下,这些大部分距离伦敦 20～50 千米远的城镇尚不足以完全依托伦敦,因此必须考虑每个城镇中的就业平衡问题(图 16.10)。

大伦敦规划充分吸取了当时西方规划思想的精髓。例如,以小城镇群代替大城市以及每个城镇保护就业平衡,相互独立的理想城市目标。在规划编制过程中采用了盖迪斯所倡导的"调查—分析—制订解决方案"的科学城市规划方法;在较大范围内将产业布局和区域经济发展问题与城市空间规划紧密结合。在当时对所要解决的问题在调查分析的基础上,提出了切合时宜的对策和方案,对控制伦敦市区的自发性蔓延、改善混乱的城市环境起了一定的作用。大伦敦规划对 20 世纪四五十年代各国大城市的规划有着深远的影响,成为现代城市规划里程碑式的规划案例。

大伦敦规划所采取的抑制大城市发展的策略集中体现了自霍华德以来的"城市分散主义"思想,但是对大城市在新兴产业条件下(如第三产业的发展)的优势估计不足,甚至对巴罗报告中明显过时并带有倾向性的结论全盘接纳。此外,带有主观理想性质的规划目标与土地私有制下的城市开发机制之间也存在根本性矛盾。因此,大

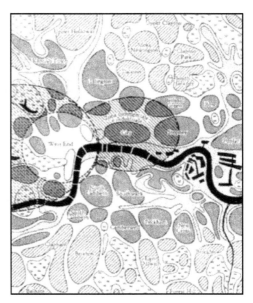

市中心,围绕"西端"——West End的区域
倒塌的房屋地区及空地
郊区
重要的工厂、港口、仓库及铁路线
绿地
水道

图 16.10　1944 年大伦敦规划中伦敦市中心区分析

伦敦规划在后来实施过程中出现了种种问题，例如外围新城的建设非但没有疏散中心城区的人口，反而吸引了伦敦地区以外的人口；伴随着远距离通勤现象的出现导致新城的"卧城"化；以及中心城交通压力增大；等等。

3. 英国的新城建设

英国是新城建设的代表性国家。在第二次世界大战尚未结束之时，英国政府就开始考虑伦敦和其他大城市的战后重建问题，并于1943年成立城乡规划部。1944年大伦敦提出在伦敦周围地区建立8个卫星城镇，以接纳从伦敦地区疏散出来的过剩人口和工业。战后新政府的一项重要工作就是成立新城委员会，起草新城发展的指导方针。新城委员会对新城的选址、设立、开发、组织和管理等各个环节都进行了研究，提出指导新城开发的一般原则：一是新城综合配套完善；二是新城能就地平衡就业和居住，保证新城居民的便利生活和工作。

英国政府对新城的建设予以高度重视，除将新城建设制定为优先发展的战略项目以外，1946年英国政府正式颁布《新城法》，在1946—1950年，确定了位于英格兰、苏格兰及威尔士的14个新城，其中的8个位于伦敦地区，与大伦敦规划中的新城数量恰好相同，但具体位置有所不同（图16.11）。

预计人口
● 20万人以上
● 10万～20万人
· 5万～10万
· 5万人以下
□ 47年以来城市化较快的地区

图16.11 英国新城分布（1975年）

1946年，英国政府连续发布了三份关于新城开发的研究报告，强调了新城开发的三个特点：①战后新城建设的作用是缓解大城市地区的住宅短缺压力；②战后的新城不是一般的郊区住宅区，而是"既能生活又能工作的、平衡和独立自主的新城"；③新城的开发由政府组建的开发公司来进行。报告同时还明确规定新城开发中居住区开发的原则和新城的人口规模。各新城的人口规模一般控制在3万～5万人。

1952年英国政府进一步通过《新城开发法》，确定了在大伦敦周围对20座旧城加以改建、扩建。在这两个法案的推动下，至1974年，英国先后设立了32个新城。这些新城建设的目的各有不同：在伦敦地区新城建设的目的是疏解人口，创造良好的居住环境；在英国中部地区主要是解决工业衰败问题；其他地区则是为了解决当地的特殊问题，如增加就业等。同时，新城的建设也经历了从第一代到第三代的理论更新和目标转移。

英国新城与一般城市相比，其不同之处在于：①新城由政府为主的新城开发公司统一规划和实施开发的。②新城必须与中心城市保持一定距离，且选用地价较低的农业用地，而不允许选用建成区边缘地带的土地。③新城开发不以盈利为目的，但以市场化方式来运作。新城开发公司拥有土地出售、转让、租用等权力。④新城强调配套和自给自足，力求居住与工作岗位的平衡。

1）第一代新城（1946—1950 年）

第一代新城，主要指建于 1946—1950 年战后恢复时期的 14 座新城。这一代新城建设的最根本的目的是解决住房问题：一方面为无房户提供住房；另一方面是使一些大城市的居民改变居住质量低劣的状况。其中，伦敦周围的 8 个新城的主要目标都是从拥挤和堵塞的伦敦地区疏解人口。6 个其他新城的建立是为了促进区域发展（表 16 - 2）。

表 16 - 2　第一代新城的开发建设目的、名称及基本数据

新城开发建设目的	新 城 名 称	开发建设时间/年	规划人口/万人	距伦敦/km
疏解伦敦过分拥挤人口	斯蒂文乃奇（Stevenage）	1946	6	51.49
	克劳利（Crawley）	1947	5	49.88
	赫默尔汉普斯特德（Hemel Hempstead）	1947	8	40.23
	哈罗（Harlow）	1947	6	33.79
	哈特菲尔德（Hatfield）	1948	2.9	37
	韦林（扩建）（Welwyn）	1948	5	37
	巴希尔顿（Basildon）	1949	2	46.66
	巴拉克内尔（Bracknell）	1949	1	48.27
促进区域经济发展	纽敦艾克里夫（Newton Aycliffe）	1947	1.5	—
	东基尔布莱德	1947	5	—
	格伦罗西斯	1948	3.2	—
	彼得利（Peterlee）	1948	2.5	—
	昆布兰（Cwmbran）	1949	4.5	—
	科比（corby）	1950	5.5	—

第一代新城有以下特点：①规划规模较小，规模一般不大于 3.5 万人；②人口和建筑密度较低，大部分是带花园的独立住宅；③住宅按"邻里单位"进行建设，每个邻里有各自的中心，有小学及其公共设施（幼儿园、商店等），各邻里之间有大片绿地相隔；④居住区和工业区等功能分区较为明显；⑤道路一般由环路和放射状道路结合组成，放射状道路主要连接新城中心和各邻里中心，环路则连接各邻里中心，力求不造成新城中心的交通压力；⑥快速车道两旁都有较宽的绿化带，一些重要的公共设施（如中学）设在绿化带中。

第一代的 14 座新城在功能和空间布局上基本相似，较多考虑社会需求，强调独立自足和平衡的目标，对经济发展问题和地区不平衡等问题考虑较少。随着英国战后经济的恢复，人口不断增长，人们对生活的要求也逐渐提高。新一代新城的一些缺点也逐渐显露，主要表现为：①建筑密度太低，不但增加了市政投资，而且缺乏城市的生活氛围；②人口规模偏小，医院、学校、影院等公共设施的配置不足，或运营困难；③一些新城的中心区缺乏生气和活力。下面举几个新城的实例。

（1）斯蒂文乃奇新城。

斯蒂文乃奇新城是 1946 年《新城法》正式颁布后建设的第一个新城，是英国第一代

新城的典型代表（图 16.12）。斯蒂文乃奇位于伦敦以北，靠近 M25 轨道和高速公路，并在 3 个主要机场的近距离范围内，是为了配合伦敦中心城市的疏解政策，接纳从伦敦疏解出来的产业和人口而设置的。其规划目标是建成一个面积 25 平方千米，人口 6 万人，有 6 个邻里居住区的新城。1977 年 4 月，政府决定把规划的人口规模调整为 8 万人。

| 1949 | 1955 | 1966 |

图 16.12　斯蒂文乃奇新城规划（1949—1966 年）

斯蒂文乃奇新城按规划分为 6 个邻里居住区，每个邻里单位的规划人口为 1 万～1.2 万人。每个邻里有一处商业中心，有小学 2～3 所，还有健身设施、商店、社区中心和教堂等公共设施。各个邻里都有主要道路联系，并间隔有大片绿地。新城的工业区主要布置在西部，与生活区之间隔有铁路，在新城的东北角也有小部分工业。工业门类较多，主要有电子、照明工程、航空航天、信息技术和财政服务等。

斯蒂文乃奇新城的布局有以下特点：①在住宅布局上采用了人车分流的雷得朋原则。住宅布局避免较长的行列式住宅和长而笔直的道路，而是采取弯曲的道路，尤其是尽端路，住宅布置在尽端路周围。住宅的前院通常与步行小道相接，而机动车道和车库通常设在住宅的背面。在新城的商店、学校和其他室外游戏空地等人流集中区，一般都设有步行道，人们通过步行天桥或地下步行通道来穿越主要的机动车辆道路。②设立新城中心及英国的第一条步行街区，营造良好的公共活动氛围。斯蒂文乃奇新城中心区是英国现代城镇中第一个禁止机动车辆进入的步行街区。中心区呈长方形，由交通干道围合，南部主要是政府办公大楼、图书馆、医疗中心、警察局等，自 1961 年以来陆续建成了歌舞厅、青年中心、艺术与体育中心、超级市场电影院等设施。中心区内最主要的步行街为皇后街，南北向的皇后街分为两条东西向的步行街，步行街的两边多是两三层的商店（图 16.13）。

作为英国第一个建设的新城，斯蒂文乃奇新城的建设基本上实现了最初的规划目标，通过价格相对较低的住宅、较为齐备的公共设施以及良好的自然环境等吸引了从伦敦疏解出来

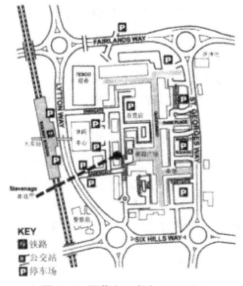

图 16.13 斯蒂文乃奇中心区平面

的一部分人口。经过几十年的发展，斯蒂文乃奇新城也逐渐暴露出一些问题：①开发密度较低，使其缺少城市氛围，而低密度导致新城过度依赖私人小汽车，限制了公共交通的发展。②高租金、与新城就业相应的住宅分配政策、住房私有化的不足严重等限制了新城的居住者，没能有效地缓解伦敦所面临的巨大的住宅需求压力。③中心区的各类设施的标准偏低，各使用功能之间缺少平衡，使得中心区的整体效能不能得到充分的发挥。④交通组织方面的问题。首先，中心区周边环形道路对步行者和骑自行车的人是一道不友好的屏障，所有步行者进入城市中心区都要过桥或穿过地下通道。其次，现有汽车站、火车站无法满足日益增长的新居民的需求。此外，中心区现有 6200 个停车位，多为地面停车，造成了土地资源的低效使用，同时也模糊了市中心的场所感。

（2）哈罗新城。

哈罗新城坐落在伦敦东北，由英国著名建筑师、城市规划师吉伯德于 1947 年设计，占地 25.6 平方千米，最初规划人口 6 万人，后修改为 8 万人。哈罗新城的规划按照田园城市和邻里单位的思想采取了明确的功能分区，将各项城市用地及设施布置在围绕火车站所形成的半圆形地区内（图 16.14）。新城中心布置在火车站南侧；工业用地沿铁路分设新城东、西两端；居住用地被分成了 4 个片区，并进一步分为 13 个 4000～7500 人组成的邻里单位，各居住片区之间设有公园绿地及农田；城市干道在各居住区之间穿过，城市次干道将各个片区联系在一起；在各个邻里单位中设有一所小学以及由商店、会堂、酒吧等组成的社区中心；每个邻里单位中又被分成数个 150～400 户组成的居住单元，其中设有集会场地和儿童游乐园。每个片区都面向绿化带，而多条绿化带走廊贯穿了整个新城，两所中学就设在这些绿化带中间。此外，铁路附近还有两个广场区（图 16.15）。但哈罗新城因就业困难、缺少城市生活而人口增长缓慢，直到 20 世纪 70 年代中期才达到了规划中的人口规模。

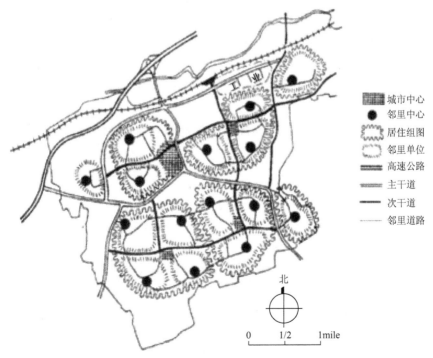

图 16.14　哈罗新城规划结构示意

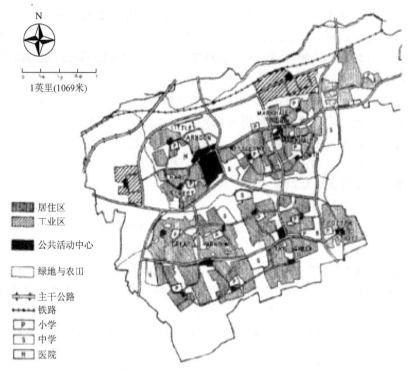

图 16.15　哈罗新城土地利用规划

2）第二代新城（1955—1966 年）

第二代新城一般指 1955—1966 年始建的新城。1952 年《城镇开发法》正式颁布，疏解大城市人口的方针开始向已有城镇的改造与扩建倾斜。在整个 20 世纪 50 年代，只确定了苏格兰的坎伯诺尔德新城。但进入 20 世纪 60 年代之后，新城建设活动重新变得活跃起来，1961—1966 年确定了利文斯通（1962 年）、朗科恩（1964 年）、欧文（1966 年）等 7 座新城（表 16-3）。第二代新城主要关注于改善公共交通，并针对第一代新城日益暴露的弊端，在规划上注意集中紧凑，加大开发密度，淡化了邻里的概念。在布局中，尽量使居住区与新城的中心区联系便捷化。

表 16-3　第二代新城的开发建设目的、名称及基本数据

新城开发建设目的	新城名称	开发建设时间/年	规划人口/万人	距伦敦/千米
疏解格拉斯哥过分拥挤人口	坎伯诺尔德（Cumbemauld）	1956	5	
	利文斯通（Livingtone）	1962		
疏解伯明翰/中西部地区过分拥挤人口	泰尔福特（Telford）	1963	9	54.70
	雷迪奇（Redditch）	1964	9	22.53
疏解利物浦过分拥挤人口	斯凯尔莫斯戴尔（Skelmersdale）	1961	10	22.53
	朗科恩（Runcorn）	1964	80	12.87
疏解英格兰东北部过分拥挤人口	华盛顿（Washington）	1964	8	20.92

与第一代新城相比，第二代新城有以下特点：①城市规模增加，通常规划人口在10万人左右，因而又被称为"新城市"；②开发密度提高；③更多地注重城市景观设计；④城市用地功能分区不如第一代新城分明；⑤淡化了邻里的概念；⑥在建设目标上，不再是单纯地为了吸引大城市的过剩人口，而是综合考虑地区经济发展问题，把新城作为地区经济的增长点；⑦应对私人小汽车的增长，道路交通的处理较为复杂。以下为第二代新城的实例。

坎伯诺尔德，最初规划人口规模为5万人，但设施的容量可扩大到7万人。坎伯诺尔德新城在规划设计上有较全面的突破，在规划上不用邻里单位的布局形式，而是在道路系统中将干道引入人流密集的中心地区，利用不同的标高实行人车分离（图16.16和图16.17）；居住密度加大，全城平均人口密度为每公顷214人，中心地区为每公顷300人。住宅采用2层、4~5层乃至8~12层等多种类型，以容纳较多的人口。

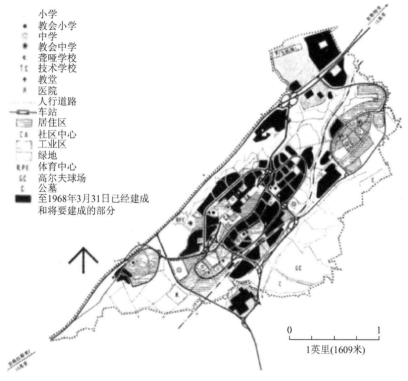

小学
教会小学
中学
教会中学
聋哑学校
技术学校
教堂
医院
人行道路
车站
居住区
社区中心
工业区
绿地
体育中心
高尔夫球场
公墓
至1968年3月31日已经建成和将要建成的部分

0   1
1英里(1609米)

图16.16 坎伯诺尔德土地利用规划

坎伯诺尔德规划特色有：①新城中心区的主要建筑在形式上统一，使城市有一种整体感；②人行道与机动车道完全分离，设置了与住宅区相隔的停车库区，通过道路的层次性和独立的步行系统来解决交通问题，较好地适应机动车交通的要求；③开敞绿地设置于市区的外围。这样，尽管住宅区未建高层建筑，但人口密度仍相对较高，结果1/3的人口居于距市中心区500米的范围内，3/4的人口在800米的范围内，而且任何住宅与附近公交车站的距离不超过300米。工业设在该城南北部，商业则基本集中在中心区，小学布置于住宅区，中学、运动场、公园布置在城市边缘。但是，坎伯诺尔德新城在空间联系上过分依赖新城中心区，不利于未来的空间拓展。

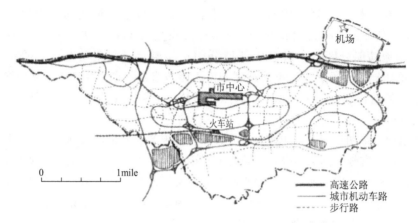

图 16.17　坎伯诺尔德的机动车道路网和人行道路网

3）第三代新城（1967 年—20 世纪 80 年代初）

第三代新城一般是指从 1967 年起建设的新城，大致止于 20 世纪 80 年代。1964 年，英国政府认为已建的新城作用不大，主张建设一些规模较大的、有吸引力的"反磁力"城市。为此决定在伦敦周围扩建三个旧镇，每处至少增加 15 万～25 万人口，密尔顿·凯恩斯（1967 年）、彼得伯勒（1967 年）、北安普顿（1968 年）等第三代新城开始出现，包含已有城镇在内，其人口规模增至 20 万～25 万人（表 16-4）。进入 20 世纪 70 年代后，随着英国总人口数量趋于稳定以及既有城市内部问题的凸显，采用建设新城的方法来解决大城市问题的规划方针受到质疑，至 1978 年《内城法》颁布实施起，新城建设的政策被正式停止。

表 16-4　第三代新城的开发建设目的、名称及基本数据

新城开发 建设目的	新 城 名 称	开发建设 时间/年	规划人口 /万人	距伦敦 /千米
疏解伦敦过分 拥挤人口	密尔顿·凯恩斯	1967	25	78.84
	彼得伯勒	1967	19	130.33
	北安普顿	1968	30	106.19
疏解伯明翰/西中部 地区过分拥挤人口	泰尔福特	1963	22	54.70
	雷迪奇	1964	9	22.53
疏解利物浦过分 拥挤人口	斯凯尔莫斯戴尔	1961	8	20.92
	朗科恩	1964	10	22.53
疏解曼彻斯特过分 拥挤人口	沃灵顿	1968	20	28.96
	中兰开夏	1970	43	48.27
疏解英格兰东北部 地区过分拥挤人口	华盛顿	1964	8	12.87

较之 20 世纪 70 年代以前的新城，第三代新城首先在功能上有了明显的扩大，设施配套进一步完善，独立性更强。其次是规划人口的增加，其原因一方面是第二次世界大战后全国人口的大幅增长，另一方面是中心城市内的大规模旧区改造。因此新城不仅需要应对新增人口的压力，也需要安置因内城改造而迁出的大量人口。大规模的新城在经济上更有能力建设较大型的商业、文化等公共服务设施，既便利居民生活、丰富新城文化，也可创造新的就业岗位。同时，新城规模的不断扩大也创造了良好的投资环境，吸引了科研、办公等行业，使得第三代新城的功能更趋向综合平衡。再者，第三代新城预留了大量土地，为今后的城市产业结构转型和可持续发展提供了空间上的保障。

密尔顿·凯恩斯是 20 世纪英国建设的规模最大、最成功的新城之一，是第三代新城的代表。密尔顿·凯恩斯坐落在伦敦与伯明翰之间，1967 年开始规划设计，是在三个小镇的基础上发展起来的。地区原有人口 4 万人，1970 年开始建设，规划人口 25 万人，面积 88.7 平方千米，2005 年实际人口达到 21.7 万人。

密尔顿·凯恩斯的规划较为集中地体现了 20 世纪以来的英国田园城市及新城运动的成果，主要在城市规模、城市形态以及追求城市居民的阶层多样化和提供生活多样化方面有显著变化。

首先，规划城市人口达到前所未有的 25 万人（含现状中的 4 万人），将"新城"的概念进一步拓展为"新城市"，试图改变第一代新城规模较小、功能单一、独立性差、本地就业不充分等缺陷。

其次，城市形态发生了本质性的变化，一改哈罗新城中通常采用的围绕小学形成邻里单位，再由数个邻里单位组成片区，最终形成整个城市的层级式空间组织方式，而改为方格道路网下的均衡布局，在这一格局下，新城的布局呈以下特点。

（1）略带弯曲的方格道路网构成均质城市的基本框架；并将城市用地划分成 1 平方千米左右的大街区，每个街区在城市中的地位相对均衡。

（2）人行交通在街区中部与上述方格道路网立体交叉，形成另一个间距约 1 千米的方格格网，两个系统互相嵌套但不交叉。

（3）功能分区不再以片区或组团来划分。虽然城市中心依然位于整个城市的几何中心，工业用地、大学用地等分布在城市周边，但都仅占用某个划定的大街区或大街区的一部分（图 16.18）。

（4）学校、商店等组成社区中心的设施不再被安排在大街区的中央，而是结合公共汽车站，人行、车行系统，立交等布置在城市干道两侧，使大街区内的居民利用这些设施时的可选择性大大增加。

（5）绿化与开敞空间系统也不再是向心的层级式布局，而是结合道路网与现状地形和村落，形成穿越并联系各个大街区的带状系统（图 16.19）。

密尔顿·凯恩斯的规划除在物质空间形态方面做出较大的改变外，还以建立接纳不同阶层共同居住生活的均衡社会为主要目标，并以提供就业、住房和公共服务设施的多样性和可选择性作为实现这一目标的具体措施。

此外，连接密尔顿·凯恩斯与伦敦的高速铁路和高速公路在城市中心附近穿过，使其在保持较高独立性的同时，具有便捷的通向中心城市的可达性。因此，密尔顿·凯恩斯更像是伦敦与伯明翰之间高速通道上的一个城市。

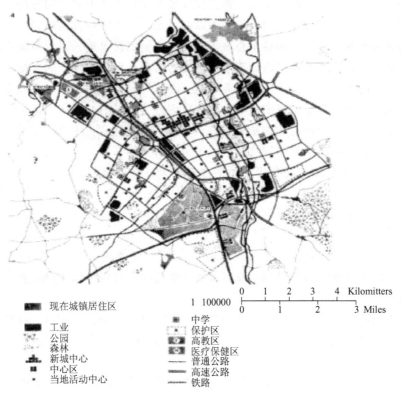

现在城镇居住区
工业
公园
森林
新城中心
中心区
当地活动中心

中学
保护区
高教区
医疗保健区
普通公路
高速公路
铁路

0 1 2 3 4 Kilomitters
1 100000
0 1 2 3 Miles

图 16.18　密尔顿·凯恩斯土地利用规划

干道、公交站点
商店
地区级就业中心
幼托
小学
中学
社会资料中心
步行线路
人行立交

图 16.19　密尔顿·凯恩斯道路网及公共服务设施布局

16.3.3　法国区域规划和新城建设

　　20 世纪 30 年代的世界经济危机以及随后而至的第二次世界大战给法国经济造成沉重打击，巴黎地区的社会经济发展基本处于停滞状态。第二次世界大战结束后，法国政府立刻着手开始战后重建，通过颁布经济计划和区域规划刺激经济复苏。巴黎地区曾先后进行了三次区域规划，提出了区域均衡发展、多中心空间布局、城市优先发展轴等新观点，加上巴黎大区行政建制的正式成立，使区域规划的现实性和操作性更强。20 世纪 60 年代，

348

法国政府颁布新城政策，并于 20 世纪 60 年代末 70 年代初开始在巴黎地区建设新城。作为从区域层面协调城市发展、重构区域空间布局的重要手段，新城建设对促进巴黎地区的均衡发展，增强巴黎以及巴黎地区的竞争力发挥了重要作用。

1. 巴黎地区区域规划

1) 巴黎地区国土开发计划（PARP）

1939 年 PROST 规划经法定程序批准，被命名为《巴黎地区国土开发计划》（简称 PARP 规划）。由于第二次世界大战的影响，规划只得到了部分实施，1944 年战争接近尾声时，又经过多次改动，直至 1956 年才开始新一轮的审批程序（图 16.20）。

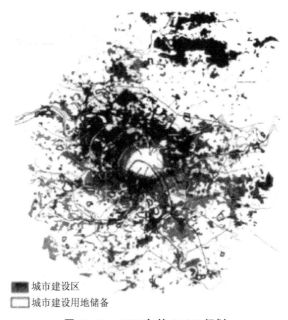

■ 城市建设区
□ 城市建设用地储备

图 16.20　1956 年的 PARP 规划

PARP 规划沿承了 PROST 限制城市扩张的思想，继续主张通过划定城市建设区范围来限制巴黎地区城市空间的扩展，同时提出降低巴黎中心区密度、提高郊区密度、促进区域均衡发展的新观点。规划建议：①贯彻落实工业疏散政策，积极疏散中心区人口和不适宜在中心区发展的工业企业，促进中心区的更新改造；②借中心区人口和企业向郊区迁移之机，加强对现有郊区建设的改造，提高郊区的人口密度和建设密度；③在郊区新建若干相对独立的大型住宅区，并向当地居民提供必要的服务设施和就业岗位；④在城市建设区边缘建设配备良好的公共服务设施和一定经济生产能力的卫星城，与中心区之间利用大片农业用地相互分隔，又通过公路和铁路交通相互联系，保持相对的完整性和独立性；⑤在原有环路加放射路的区域道路结构基础上，将以巴黎为中心的环路从 1 条增加到 4 条，并建议建设区域快速轨道交通网，以改善巴黎市区与边缘地带的城市化地区之间的相互联系。

PARP 规划的重点是城市建设布局、区域交通结构、社会住宅开发等具体的物质环境建设规划。规划的城市建设区范围比 PROST 规划更为紧凑，并且将新的城市建设见缝插针地布置在城市建成区的空地上，以确保郊区人口增长不会导致城市用地的蔓延，从而达到提高郊区密度的目的。但是，PARP 规划回避区域社会经济加速发展的现实，提出限制城市空间的规模增长，违背了城市化发展的客观规律，因此在实施中难以取得预期效果。

2）巴黎地区国土开发与空间组织总体计划（PADOG）

20 世纪 50 年代末 60 年代初是法国城市化进程的一个重要转折时期，1962 年法国城市人口比例达到 62%。1958 年法国通过颁布法令开辟"优先城市化地区"，极大地促进了大型住宅区在巴黎郊区的建设，致使巴黎城市聚集区的蔓延发展没有出现丝毫减缓的趋势。发展形势的迅速变化使政府不得不放弃 1956 年才通过的 PARP 规划，于 1960 年公布了新的《巴黎地区国土开发与空间组织总体计划》（简称 PADOG 规划），为未来巴黎地区的城市发展提出战略指导（图 16.21）。

现状城市建成区
规划建设区边界

图 16.21　1960 年的 PADOG 规划示意

与前两次区域规划不同，PADOG 规划没有否认地区人口的增长，但对人口增长的速度和规模持谨慎态度，并认为未来巴黎地区城市发展的重点不是继续扩展而是对现有建成区的调整。规划提出：①利用企业扩大或转产的机会向郊区转移，以疏散巴黎中心区；②通过改造和建立新的城市发展极核，对已基本实现城市化的郊区进行空间结构调整，形成多中心的城市空间格局；③在巴黎以外地区，通过鼓励周边城市的适度发展或新建卫星城镇，提高农村地区的活力，保护农业区。

PADOG 规划是 PARP 规划思想的延续，主旨仍是通过限定城市建设区范围来遏止郊区蔓延，追求地区整体的均衡发展。其创新之处在于：①将建设新的发展极核作为调整城市空间结构、促进区域均衡发展的重要手段。为了避免城市极核建设刺激巴黎地区的人口增长和空间蔓延，规划放弃了新建城镇或扩建原有城镇的做法，根据交通联系的便利程度，在巴黎东、南、西、北四个方向分别规划了四个集就业、居住和服务等功能于一体的郊区城市发展极核，西边的极核就是德方斯。②将形成多中心的城市空间格局作为城市发展战略的重要内容。利用区域道路系统，把巴黎和郊区城市发展极核联系在一起，共同组成多中心的城市聚集区。③提高郊区服务设施的配置水平。建议在巴黎近郊的城市化优先地区和大型住宅区内，利用所剩无几的空地建设十多个城市次中心，通过提高服务设施的配置水平加强郊区的空间凝聚力，实现郊区的空间结构调整。但由于实际的人口增长速度远比预测要高，给巴黎地区造成了巨大的压力，规划的城市建设区很快就被突破了。

3）巴黎大区国土开发与城市规划指导纲要（SDAURP）

1964 年巴黎大区政府成立，辖区面积扩大到约 1.2 万平方千米。1965 年出台了《巴黎大区国土开发与城市规划指导纲要（1965—2000）》（简称 SDAURP 规划）。SDAURP 规划放弃了以前历次区域规划关于地区发展速度的保守估计，认为在未来相当长时期内地区城市发展的步伐不会变缓，人口规模和城市用地规模将继续扩大；区域规划应引导新的建设在规划的地域内有序进行，而不是通过见缝插针的建设继续增加现有建成区的密度，或者在现有建成区基础上继续无序蔓延，因而规划的重点是开辟新的城市发展空间和调整现有城市化地区的空间结构。

针对现状地区城市发展在多个层面上存在不平衡现象，SDAURP 规划指出未来城市发展必须有利于促进区域整体的均衡发展：一方面要大力开辟新的城市建设区，容纳新增城市人口和就业岗位，特别是快速增长的服务行业；另一方面要把城市建设设置于自然环境保护的框架内，将河流谷地、森林绿地作为生态、景观、休闲地带加以严格保护，不允许进行任何形式的城市开发，同时尽可能使绿色空间沿放射状交通线渗透建成区内部，缓解高强度的城市建设带来的压抑感。

基于人口规模从 900 万人增长至 1400 万人和建成面积从 1200 平方千米扩大到 2300 平方千米的预测，SDAURP 规划对可能的区域空间布局模式进行了探讨，反对当时盛行的中心放射、"第二个巴黎"、英国新城和单中心聚集等设想。根据城市发展的经验，规划认为主要交通线路的走向决定了城市空间形态的演变和发展。因此建议：①将新的城市建设沿公路、铁路、区域快速轨道等区域主要交通干线布局，形成若干城市发展轴线，重点建设，优先发展；②结合新城建设和巴黎城市功能疏散，在郊区和新城市化地区内新建多功能城市中心，打破现有的单中心城市布局模式；③通过建设覆盖整个地区的区域交通网络（包括公路交通和轨道交通），联系现有的城市化地区以及规划建设的新城市化地区，统筹安排巴黎地区的空间布局，加强区域整体性。

综合考虑巴黎地区的自然环境、地理条件、历史发展以及实施的可行性，SDAURP 规划在塞纳、马恩和卢瓦兹河谷划定两条平行的城市发展轴线，从现状城市建成区的南北两侧相切而过，并在这两条城市发展轴线上设立了 8 座新城作为新的地区城市中心，与巴黎近郊城市发展极核相联系，构筑了多中心、整体化的区域空间格局，并且预见了未来新的城市发展沿两条轴线向东西两侧延伸的可能性（图 16.22 和图 16.23）。

图 16.22　1965 年的 SDAURP 规划示意

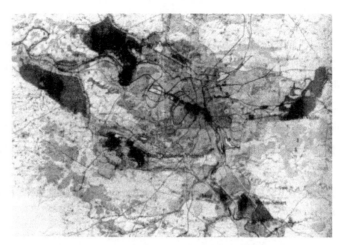

图 16.23　1965 年的巴黎地区整治规划管理纲要

4）法兰西之岛地区（巴黎大区）国土开发与城市规划指导纲要（SDAURIF，1976 年）

根据相关法律规定及 20 世纪 60 年代后期人口和经济增长放缓的事实，巴黎地区政府于 1969 年调整了 SDAURP 规划，将新城数量减少到 5 个，每个新城的人口从 30 万～100 万人降为 20 万～30 万人。经过 1975 年再次修编，于 1976 年颁布了《法兰西之岛地区国土开发与城市规划指导纲要（1975—2000）》（简称 SDAURIF 规划）。

作为 1965 年 SDAURP 规划的继续，SDAURIF 规划强调无论是原有城市化地区还是建设中的新城，都应遵循综合性和多样化的原则，以创造未来良好的生活环境。针对区域空间布局，规划重申了以下几条基本原则：①主要城市建设沿南北两条城市优先发展轴线布局，通过建设多功能的城市中心，在巴黎地区形成多中心的空间格局（图 16.24）；②通过划定"乡村边界"界定区域开敞空间的位置和范围，严格保护重要生态效益的自然空间，限制城市化地区的自由蔓延，同时将农田、河谷、森林、公园等不同类型的绿色空间联系起来，形成贯穿整个地区的绿色脉络（图 16.25）；③以现状环路加放射路的区域交通系统为基础，积极推进公共交通网络向更大的地域范围拓展，为多中心的区域空间布局提供便利的交通联系。

城市聚集区
控制区
新城
重要城市极核
服务于巴黎的新城中心

图 16.24　巴黎大区的多中心结构

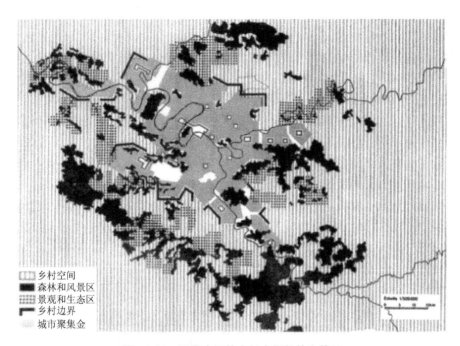

乡村空间
森林和风景区
景观和生态区
乡村边界
城市聚集金

图 16.25 巴黎大区的乡村空间保护和管理

针对不同区域的城市发展，规划规定：①巴黎作为区域城市中心，应保持多样化的居住功能，稳定就业水平，减缓人口递减趋势；②巴黎近郊作为中心区的延续，应保持和完善现有城市结构，整治和改善当地环境，建设以德方斯为代表的郊区发展极核；③作为新城市化的主要空间载体，巴黎远郊应大力发展新城，并通过建设环形轨道交通系统加强与巴黎及近郊发展极核的联系（图 16.26）。

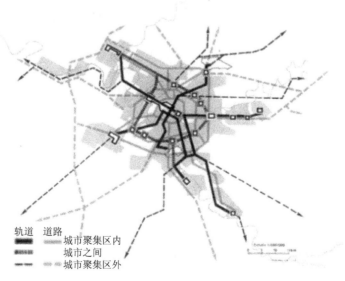

轨道 道路
城市聚集区内
城市之间
城市聚集区外

图 16.26 巴黎大区的交通网络

与 SDAURP 规划略有不同的是，尽管 SDAURIF 规划仍强调城市扩展和空间重组是巴黎地区发展战略的两个重点，但更侧重于对现状建成区的改造与完善，主张城市要体现社会公平、加强保护自然空间，在城市化地区内部开辟更多的公共绿色空间。这些变化与20 世纪 70 年代中期法国经济趋于萧条和自然环境问题引起全球关注等都有着直接关系。

5）巴黎德方斯副中心

德方斯区位于巴黎市的西北部，巴黎城市主轴线的西端，距凯旋门 5 千米。在 1958 年，成立了"德方斯公共规划机构"，提出要把德方斯建设成为工作、居住和游乐等设施齐全的现代化的商业和商务区。1965 年制定的《巴黎地区整治规划管理纲要》（SDAURP规划）中，德方斯被定为巴黎市中心周围的九个副中心之一。

当时的德方斯是一块面积 750 公顷的大部分未开发的地区，规划先期开发 250 公顷，其中商务区 160 公顷，公园区（以住宅区为主）90 公顷。规划建设写字楼 250 万平方米，提供 12 万就业岗位，并首先在德方斯兴建国家工业及技术中心，将办公楼、商店，以及各种博物馆、陈列馆、公共建筑及 3 万人的住宅群集中在一起，并配以发达完备的基础设施，最终建成巴黎市新的商务中心区（图 16.27）。

图 16.27　德方斯总平面

德方斯的建设经历了起步、危机、复苏直至最终的成功，历时 30 余年。它的特点如下。

（1）商务活动高度密集。德方斯前就业人数约为 10 余万人，其中 50％以上从事行政、管理工作，其商务高度集中程度在世界各国中名列前茅。目前已建成写字楼 247 万平方米，其中商务区 215 万平方米、公园区 32 万平方米，法国最大的企业约一半都在这里。

（2）重视居住区的开发。德方斯居住区的发展与商务的发展紧密相关。早在 1964 年的第一期建设项目中就建立了一系列花园居住区，居住人口达 2.5 万人。随后，又根据需要，建成住宅区 1.56 万套，可容纳 3.93 万人。居住区周围绿化环境优美，有绿地、公园及各种娱乐、游憩场所，吸引了大量的巴黎市民。

（3）基础设施先进完备。德方斯通过开辟多方面的交通系统，严格实行人车分流系统：车辆全部在地下三层的交通道行驶，地面全作步行交通之用。区域快速铁路、地铁 1 号线、14 号高速公路、2 号地铁等在此交会，是欧洲最大的公交换乘中心。中心部位建造了一个巨大的人工平台，长 600 米，宽 70 米，有步行道、花园和人工湖等，不仅满足了步行交通的需要，而且提供了游憩、娱乐的空间。

（4）配套设施完善。商业服务设施采取分散与集中相结合的布置方式。九个邻里商业中心分设在办公楼和住宅底层，居民可以就近购买生活用品。集中的商业中心规模巨大，如欧洲最大的"四季"商业娱乐中心，设有百货商店、超级市场、电影院、饭店和舞蹈学校等，总面积 105000 平方米。

（5）重视美学因素。虽历经 30 余年的发展、变化，但德方斯不同阶段的建筑风格均经统筹设计和安排，构成了极为协调的格局（图 16.28）。其中最为突出的标志性建筑物是丹麦建筑师奥托·冯·斯普里格森设计的大拱门，位于德方斯的主轴线西段，是一个巨大的中空立方体，被誉为"新凯旋门"，也是十大"总统工程"之一。其总建筑面积达 12 万平方米，主要是办公用空间，顶部为国际会议中心，历时 6 年的建设期，于 1986 年落成。此外，在 67 公顷的步行区内布置了多尊雕像及各式各样的建筑小品，居住区与办公区均有绿地及花园，共同构成了宜人的环境。

图 16.28　德方斯建筑分布

6）巴黎新城建设

法国的新城开发相对较晚，开始于 20 世纪 60 年代后期。《巴黎地区国土开发与空间组织总体计划》（PSDOG 规划）首次提出将新城作为平衡巴黎中心区人口和就业的主要方式，确定规划一个新的多中心布局的区域，提出在市区南北两边 20 千米范围内建设 5 座新城（当时规划全国建 9 座新城，另外 4 座将建在经济落后的地区），沿塞纳河两岸形成两条轴线，并在近郊发展 9 个副中心，以防止工业与人口继续向巴黎集中。

巴黎新城集中在巴黎周边 40～50 千米范围内，一般选择原有城镇较为密集的地区率先发展，规划和建设较为完备的新城主要为 5 个，分别是塞尔日-彭图瓦兹、埃夫利、默伦塞纳、圣康旦-伊夫林和马恩河谷，它们分别位于巴黎市的四个角，各自具有独特的区位和地形，在新城的规划建设中也逐渐形成了自身独特的新城格局（表 16-5）。

表 16-5　巴黎新城的开发规模和开发时序

新 城 名 称	始建年代/年	规划面积/平方千米	规划人口/万人	距离巴黎/千米
塞尔日-彭图瓦兹（Cergy - Pontoise）	1965	80	33	25
埃夫利（Evry）	1965	41	50	25
圣康旦-伊夫林（ST Quentine - Yuelines）	1968	75	30	30
马恩河谷（Mame La Vallee）	1969	150	30	10
默伦塞纳（Melun Senart）	1969	118	30	35

　　5 个新城规划总人口为 150 万人，新城距离城市中心平均均为 25 千米，通过良好的公共交通换乘系统与巴黎连接。每个新城均有自己的娱乐中心、大学城、产业基地等，就近满足居民工作和生活需求，保证了居住与就业的平衡。其规划特色是：①城市性质均是综合性的，规模 25 万～50 万人。②新城充分利用原有城镇基础，建设周期较短，而不像英国的多在空地上建设；新城的内部结构比较松散，原有各村镇之间有大片的生态平衡带。③新城占地广，乡村气息浓厚，如距市中心最近的马恩河谷，规划建设用地 150 平方千米，比巴黎全市 20 个区 10 平方千米的面积还大。为促进新城发展，法国还通过新城法案，实施优惠政策吸引市区的第二、三产业到新城落户，使新城 60%～80% 的居民能就地工作。④为吸引巴黎居民，各新城都建立与老城同等水平的市中心，使新城能享受与旧城居民同等水平的文化娱乐与生活服务。巴黎新城的建设较好地疏散了中心城区的人口，到 1990 年，已建成的 5 座新城共吸引了超过 20 万人从巴黎迁出。

　　与英国新城建设相比，法国的新城建设有以下特点。

　　（1）所有的规划与建设均由政府机构统一控制。政府部门设立 EPA 机构负责新城的规划与开发建设，其中包括以规划人员为核心的各个方面的专家，如建筑师、景观设计师、经济学家、社区代表等。一座新城的初期开发建设可能需要 10～20 年时间，这些专家一起工作到新城中心区的开发建设基本成形。

　　（2）制定强有力的土地政策和工程准备政策。法国自 1966 年开始，即由政府对巴黎区域规划范围内的土地加以收购，并控制地价，同时政府承担了所有的公共设施的建设，按照规划发展程序以贷款方式修建道路、交通、沟渠等公共工程，以利于开发新城镇。新城的开发操作首先通过政府出售土地给开发商，由开发商来负责土地的开发操作，但建设必须按照政府提供的土地指标和城市设计内容进行。

　　（3）实行"新城镇综合开发公司"制。法国新城镇规模在 10 万～80 万人不等，占地面积为 30～500 平方千米不等，并且大多是依托旧的城镇而联合发展起来的（图 16.29）。法国于 1970 年通过新城镇内各村镇重新组合法。这个法令规定，一个新城镇内各村镇的所有税收和各种设施的开支均由新城镇综合开发公司统一管理、统一重新组合、统一建设。新城镇综合开发公司是一个权威性组织，开发公司将规划发展范围内所有土地都征购下来，进行主要公共设施的建设，对新城镇开发实行统一规划设计、财政计划、工程准备和建设。

　　（4）注意生态环境保护和自然生态平衡。20 世纪 60 年代兴起的生态环境学在新城镇

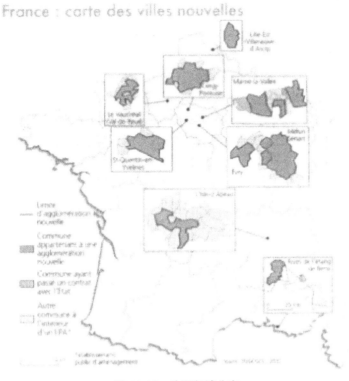

图 16.29　法国新城分布

规划中得以实践。巴黎新城镇中，采用村镇组合而不是整片发展的策略。每 3 万～10 万人形成一个相对独立的居民村镇。各村镇之间用广阔的绿化带加以分隔，以改变大城市过度集中的现象，使新城镇的生态环境具有更大的魅力，把大都市的吸引力转向新城镇。

2. 塞尔日-彭图瓦兹新城

塞尔日-彭图瓦兹新城位于巴黎市区的西北部，卢浮宫至德方斯的轴线延伸线上。新城建立的主要目的是创建一个巴黎近郊的公共艺术文化中心，同时又能与巴黎的近郊区有所区别。新城规划人口规模为 30 万～40 万居民，用地约 100 平方千米，目前已有 18 万居民。（图 16.30）。

塞尔日-彭图瓦兹新城是一个以公共艺术与文化为主题的新城，新城的产业也

图 16.30　塞尔日-彭图瓦兹新城规划

以文化创新和旅游度假产业为主。如创建大学城、国际新城规划研究中心等，强化新城的文化和研究性机构特点。新城政府在新城的管理中始终贯彻环境保护的理念，强调环境是新城的生命线。由于在新城中心可与巴黎德方斯遥遥相望，也是塞尔日-彭图瓦兹新城居民最为骄傲的资本，优美独特的环境为新城每年带来众多的旅客，旅游产业正成长为新城的主导产业。

3. 埃夫利新城

埃夫利新城位于巴黎市区的东南角，位于巴黎通往里昂的高速城际铁路线上，与巴黎中心区通过城际快速铁路（RER）和快速巴士实现便捷的交通联系。依托城际快速铁路、塞纳河以及埃夫利省政府所在地的基础，新城在塞纳河两侧较为平整的地块上呈组团布局。

在 1960 年最初规划了 14 个社区，预测城市人口规模为 25 万人。1971 年新城政府建立，开始建设住宅和工厂。1975 年在市政府旁边规划和建设了大型的公共中心，吸引了周边城镇的人口向中心区集聚，同时公共中心的功能开始综合化和多元化。同年在中心区开始规划建设火车站和长途汽车站，强化与巴黎中心区的交通联系。1978 年，在火车站和公共中心之间建设大型居住社区，随后逐年规划一定量的住宅，每年以 1000 套左右的住宅数量递增，其中主要以独立住宅为主，在中心区也建有少量的集合住宅和廉租住宅。住宅的规划建设一直持续到 20 世纪 90 年代。当新城的人口逐步形成规模以后，政府部门开始着手考虑新城的产业配套，寻求新城自给平衡的产业系统，于是在 1991 年，将原政府搬迁至火车站，在中心区配套建设教堂、大学城。其中仅大学城就容纳了 14000 名学生。1998 年，法国基因遗传研究中心在新城中心区落户，新城政府开始通过选择大型国家工程来带动新城的中心区建设。

在新城持续 30 多年的规划建设过程中，共新建了 3 万套住宅，其中 1/3 是独立式住宅，还包括市中心区的集合住宅和廉租住宅。新城还提供了 5 万就业岗位，其中一半为工业，其余主要为旅游业、服务业等，但工业均为规模很小的都市型工业，没有大规模的集中用地，仅仅分散于市中心区周边的办公楼群中。

4. 圣康旦-伊夫林新城

圣康旦-伊夫林新城位于巴黎市区西南部高地上，与凡尔赛宫相距仅 7 千米左右，与巴黎市区通过区域快速铁路实现便捷交通。圣康旦-伊夫林新城由原来共 2 万人的 7 个村庄发展起来，规划人口为 25 万。目前圣康旦新城人口规模为 15 万人。主要以高品质的独立住宅为主，主导产业为休闲旅游业。

为了吸引居民，圣康旦-伊夫林新城从公共设施的配套入手，同时在公共服务设施周边开始建设集合住宅和廉租住宅，吸引中心区的人口集聚。由于圣康旦-伊夫林新城环境优越，且具有良好的文化底蕴，因此大量的富人在此购地建房，绝大多数建设的是独立住宅，分散布局在新城的绿化之中。由于新城内部主要以私家汽车交通为主。新城政府开始考虑限制汽车的使用，采用公交专用道，推行太阳能等新能源为动力的公交车，减少环境污染和私人汽车量的增长。

新城一方面接纳巴黎的办公机构外迁，另一方面也吸引大型跨国公司研发中心落户于此，著名的雷诺汽车研发中心就是新城最主要的一个产业引擎；同时结合凡尔赛宫开展休闲旅游业，培育现代服务业，目前服务业就业人数占到总就业岗位的 70% 以上。

5. 马恩河谷新城

马恩河谷新城位于巴黎市区东部的马恩河谷地带，依托马恩河谷和城际快速铁路为轴线带状发展，在原有的 26 个分散的小镇基础上建设而成。新城用地规模为 150 平方千米，最初规划人口规模为 35 万人，目前已达到 26 万居民。由于用地规模大，城市发展的空间相对充裕，城市按照原有的行政体制分为四个片区，均沿城际快速铁路和马恩河南岸布局，每个片区之间采用大片的森林和绿化带隔离开来，新城的南面以自然森林为界。大片的独立住宅散落在绿化之中，每个片区设置一个公共服务中心。

马恩河谷新城是 20 世纪 60 年代以来法国新城建设的缩影。新城的规划建设大致分为三个主要阶段：第一阶段为 1970—1980 年，主要是政府主导的规划建设行为。巴黎市政府负责安排新城的人口规模和项目设置，新城镇综合开发公司配合政府部门对新城进行干预新城开发建设。第二阶段为 1980—1990 年，新城的建设初具规模，政府开始逐步放权，协助规划建筑机构进行新城的建设工作，不再强制干预。第三阶段为 1990—2000 年，政府完全放手，由新城居民代表和地方政府完成新城的开发建设，重点研究环保、历史保护等内容。从 2000 年以来，新城的开发建设进入了一个新的阶段，重点考虑可持续发展，研究节能建筑，改造 1960 年以来建设的老住宅。

马恩河谷新城在 1990 年人口已经达到 20 万人以上，由于初期未能考虑充分的产业平衡，导致新城就业岗位严重不足，于是政府开始严格控制住宅的建设，同时加大力度引入新的产业项目，迪斯尼就是一个成功的例子。自 2000 年进驻马恩河谷新城后，迪斯尼不仅带动了新城开发建设的进程，同时提供了近 2 万个就业岗位。马恩河谷新城也逐渐形成以休闲娱乐、科技研发为主体的产业特征。

从以上几个新城可以看出，巴黎新城的规划具有以下几个特点。

（1）新城中心距离城市中心较近，平均距离仅为 25 千米左右，且与巴黎中心区有一定的空间轴线关系，如主要依托塞纳河、瓦兹河、马恩河发展而成。

（2）新城都有良好的公共换乘系统，与巴黎市区均有区域快速铁路实现便捷的交通。但新城内部结构较为松散，以公共服务中心作为片区中心，内部交通主要依赖机动车交通。

（3）强调新城的就业与居住的平衡，新城集聚了众多的大学。服务业、研发和轻工业等产业活动。为保证居住与平衡，增强新城吸引力，就近满足郊区居民工作需求和生活需求，新城功能较为综合，如每个新城均建有自己的休闲娱乐中心、大学城、大型产业基地等。

（4）新规划的社区均以低层、低密度为特点，禁止建设高层，在规划建设中非常注重与自然环境的融合，将天然水系或人工湖泊巧妙地组织进来，外围有绿化带环绕，并与原有的城市化区域隔离开。

16.3.4　德国城市战后重建

在第二次世界大战中，德国的许多城市都遭受重创。战后重建的方式有三种：一是按照战前的格局和面貌的基本恢复；二是完全抛弃原有的格局，按照新的建筑理念来进行建设，如法兰克福；三是恢复部分战前的格局，其他的部分按新的理念进行建设。以下为德国柏林、汉堡、纽伦堡、法兰克福、德累斯顿五个城市的战后重建过程（图 16.31）。

图 16.31　德国城市分布

1. 柏林

柏林位于德国东部的中央，人口为 340 万人，面积为 700 平方千米。第二次世界大战结束后，柏林被美、英、法、苏联四国分区占领。美、英、法三国占领的西柏林成为联邦德国的一个城市，苏联占领的东柏林则成为民主德国的首都。民主德国与联邦德国统一后，德国议会于 1991 年重新确立柏林为德国首都（图 16.32）。

图 16.32　柏林市中心影像

柏林在第二次世界大战之后大规模重建的是福利住宅，主要原因是在 1961 年柏林墙建成前，有大量东柏林市民越过分界限，涌入西部生活和就业。因此，20 世纪 60 年代的西柏林面临着非常严重的住房短缺问题。到 20 世纪 60 年代末，西柏林计划拆除其中心区，包括那些被战争破坏了的危旧建筑，因为这些旧街区已成为街头暴力的集中地。20

世纪 80 年代，又提出了"精心的城市更新"，以减少城市犯罪。其内容是重建西柏林市中心一片老居住区，以塑造新的城市形象。

波茨坦广场在第二次世界大战前是柏林最繁荣的商业和流行文化的中心，但在战争中严重被毁。1990 年德国统一后开始重建，是当时欧洲最大的建设项目之一。经过国际竞标，波茨坦广场周围全是由知名建筑师设计的宏伟建筑，是按确立的城市规划和建筑原则修建起来的，现在成为集中体现柏林作为欧洲及世界大都会风貌的交通、商业及娱乐中心的所在（图 16.33）。

图 16.33　柏林市波茨坦广场影像

柏林文化广场的规划与建设自第二次世界大战后一直持续至今，是在柏林影响最大、也是最具争议性的项目之一。第二次世界大战后，建筑师汉斯·夏隆负责柏林城的重建规划，提出要在蒂尔加滕这片柏林最大绿地的东南建设重要的文化机构，并与柏林原来的历史中心共同构成未来柏林的文化中心。在当时既是作为西柏林城市发展的重要部分，也是为了表现与在历史老城大兴土木的东柏林的城市建设的抗衡。

2. 汉堡

汉堡是德国北部一座美丽的港口城市，位于易北河的支流阿尔斯特河下游。9—11 世纪，汉堡屡毁屡建，但通过沟通德国诸地区同北欧与斯拉夫地区城市之间的贸易而逐渐兴盛起来。1189 年，汉堡从巴巴罗萨皇帝那里得到特许权，可以在易北河下游至北海之间自由征税。中世纪时期，作为"汉萨同盟"的主要发起者之一，汉堡享受了三个世纪的"自由贸易"特权，成为同盟最重要的北海港口。1510 年，汉堡成为"帝国自由市"。而在欧洲发现美洲新大陆和开通亚洲航道之后，汉堡又跃升为欧洲最重要的输入港之一。

近代以来，汉堡多次遭受天灾人祸袭击：1806—1814 年被拿破仑占领；1842 年的大火灾烧毁了 1/3 的城市；1943 年盟军的轰炸使汉堡大半个市区和港口设施、船只设备、造船工业，均毁于炮火之中，使战后的汉堡面临艰巨的重建工作。为推动战后的重建工作，1947 年汉堡制定了"总体修建规划"，后又在 1950 年及 1960 年制定了"建设规划"。

1947年的修建规划只安排了在第二次世界大战中被毁的住宅与工作场所的重建，而1950年的建设规划已考虑到以后十年内城市及工业生产经济的发展，其目标是：①在被毁地区的建设过程中，要疏散过去建筑密集的居住区，预留的居住用地安排在外围；②重建战争中被毁的港区和工作场所；③发展一个统一的交通网。规划城市人口为180万人，比1937年多10万人。城市发展采取分区与疏散的布局，人口密度每公顷不超过500人。

在编制1960年的建设规划时，汉堡的重建已进入后期。因此，在1960年的建设规划中考虑了居住面积、一系列公共设施的增长（如停车场用地）以及道路交通增长的需求。当时预计1970年人口将达到190万人，人均住宅建筑面积将由22平方米增加到25平方米。另外，由于缺少住房，需调整临时住房及增加居住区内居住用地。

由于公众对城市规划不断增长的兴趣和对规划中许多方案的批评，市政府组成了一个独立的规划委员会（它的成员包括城市规划工作者、社会学家、经济和财政专业人员、交通专家、律师以及卫生工作者），并委托这个委员会审查1960年的建设规划。1967年委员会发表了对1960年建设规划的审定意见书，并提出了进一步发展汉堡的指导思想。委员会认为，轴线的构思是解决汉堡城市发展的一个很重要的方法，应重视与强调轴线构思的实现。此外，必须加强汉堡地区与其相邻州的规划工作的联系，并提出了整个地区用地规划的构思。1968年，市政府采纳了其建议。1969年7月，建设局发表了汉堡"城市土地使用规划"（图16.34）。

图16.34　汉堡及周边地区发展轴规划草图

汉堡"城市土地使用规划"的重要主导思想反映在城市发展模型中，共有四点：轴线规划、中心体系、交通网、交通密度分配体系。其主要特点如下。

（1）汉堡和它周围地区发展的主要设想是轴线规划，即汉堡的发展通过八条对外区域轴线向外疏散。另外，还有两条城市主轴线和四条副轴线。为了实现其目的，建设均沿着轴线加密，并使开敞的自然空间接近市中心。每条轴线的用地以高速公路或主要交通干道联系，轴线上各区中心用快速电气火车联系。轴线之间的土地用于农业生产，不允许再修建其他建筑物。

（2）根据历史上的管理和供应模式及未来发展需要，确定市区及外围的中心点体系，各级中心服务均布置于相适应的范围内。全市中心（A1）作为生活和经济中心，不仅要为汉堡及周围地区 260 万人服务，还要为整个德国区域北部服务。估计到经济管理用地的增长，又设置了城市辅助中心（A2），以及 16 处地区中心（B）等（表 16-6）。

表 16-6　中心分区、功能及服务范围

中心分级		类　型	功　能	服务范围及居民数
A	1	市中心	经济管理、服务、行政管理	区域
	2	市辅助中心	经济管理	区域
B	1	区中心	经济管理、服务、行政管理	约 20 万人
	2	区辅助中心	服务	约 15 万人
C	1	地段中心＋地方机关	服务、行政管理	2 万～7 万人
	2	地段中心	服务	2 万～7 万人

（3）把解决好客运近程公共交通、货运交通问题作为城市交通的指导思想，并重视个人小汽车的最大流动性。在汉堡市区，近程公共交通有特别重要的作用，而在外围地区，个人汽车交通较为重要。有轨快速交通只限于在较密居住的轴线地区使用，其附近还要由公共汽车交通作为补充。高速道路网也是汉堡及其外围地区轴线规划的重要组成部分。为了减少放射方向的交通，还增加了环线和切线道路的联系。从汉堡市区向外辐射的快速有轨交通网由市区快速火车与区域火车组成，所有线路从市区出发到外围重点站的乘车时间不超过 45 分钟。另外，在外围地区与市区之间的过渡地区以及外围的有轨交通车站安排了停车—换乘设施。

（4）全市居住的建筑密度从市区外围向市中心区方向逐渐增大。根据汉堡及其周围地区的密度分配模型，在快速铁路客运轴线上的居住区，居住密度较高。根据建设用地距快速铁路车站距离的不同，建设用地也分为核心区、中心区与边缘区，各制定不同的建筑密度（表 16-7）。

表 16-7　快速铁路客运轴线上的居住密度模型

用地类型	至快速铁路车站距离/米	用地面积/公顷	建筑面积系数	每人建筑面积为 33 平方米时居民建筑容量/人
核心区	300	28	1.3	3500
中间区	300～600	85	0.9	14000
边缘区	＞600	不限		不限

3. 纽伦堡

在中世纪后期和文艺复兴时期，纽伦堡是欧洲北部、巴伐利亚和阿尔卑斯山通向整个陆路贸易的中间站。因此，它成了德国最富有的城市之一。纽伦堡在第二次世界大战开始时扩展成为有 42 万人的中心枢纽。法西斯统治时期，德国纳粹党每年在纽伦堡组织一次大规模的集会，还专门建造了用平台和台阶围成的广场。

在第二次世界大战的空袭中，全城 125000 幢建筑中有 57000 幢全部被毁坏，55000 幢建筑部分被毁坏，仅有 13000 幢完好地幸存下来。古城中心也完全被毁，这座被毁的城市成了举世闻名的在 1945—1946 年对战争罪犯进行审判的地方。

在重建城市的过程中，纽伦堡制定了古城中心的重建规划，尽可能修复古城中心和恢复中世纪的城市面貌（图 16.35 和图 16.36）。对于最重要的历史性建筑，则根据当时的描绘，完全忠实于原有形式进行重建，如今的城市已是历史建筑与现代建筑的完美结合。

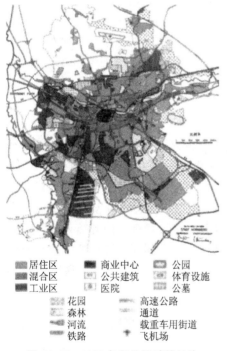

居住区　商业中心　公园
混合区　公共建筑　体育设施
工业区　医院　公墓
花园　　高速公路
森林　　通道
河流　　载重车用街道
铁路　　飞机场

图 16.35　1958 年纽伦堡城的结构

纽伦堡市的基本平面

图 16.36　纽伦堡城古城中心的重建规划

16.3.5　瑞典新城建设

瑞典也是第二次世界大战后较早规划建设新城的国家，斯德哥尔摩于 20 世纪 40 年代末就开始建设新城，但规模都较小，其居住人口规模往往不超过 5 万人，吸纳的就业人口规模也就在 2 万人左右；同时每个新城又由多个居住点组成，每个居住点的规模都控制在 1 万人左右。若干新城组成一个区，并在区内的某个新城中建设一定规模的商业中心为邻近的新城服务。与英国新城强调自我的独立完备不同，瑞典有意偏离了英国模式，而在城市邻近地区建设卫星城，居民可借助于新的公交系统进行通勤。

1. 斯德哥尔摩

斯德哥尔摩是城市与轨道交通协调发展的典范。作为瑞典首都，同时也是瑞典最大的城市，约 72 万人口中大约一半都居住在市中心，其余的居民中又有大约一半居住在规划的新城中，这些新城环绕在斯德哥尔摩市中心周围，通过放射状的区域轨道系统与市中心相连。

第二次世界大战后，为了扭转城市无序扩张的趋势，把斯德哥尔摩建成一个以公共交通为主导的大城市，瑞典政府于 1952 年制定了城市总体规划。整个区域呈放射状多中心布局，市中心向周围 6 个方向延伸，沿地铁、郊区铁路和快速路发展，每一方向形成一条发展带，沿发展带布置若干个组群（图 16.37）。城市总体规划的思路是通过轨道交通来连接斯德哥尔摩城区和新城，每个新城都设计成一个邻里单位，中间是社区和商业中心，靠近车站的是高密度的住宅，外围是低密度住宅以及自建的独栋住宅。在邻里单位之间建设由绿地和公园组成的、作为分隔的绿色空间。

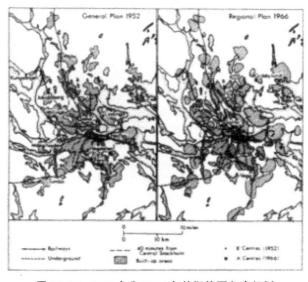

图 16.37　1952 年和 1966 年的斯德哥尔摩规划

上述原则适应了 20 世纪五六十年代城市的迅速发展，到 20 世纪 60 年代中期，地铁系统延伸达 65 千米，从新建的近郊地区乘车，在 40 分钟内即可到达市中心。近郊组群的规模平均为 8000 户，2 万人左右；各组群并不都是供居住的卧城，在靠近市中心的一些近郊新城，大约有 50% 的居民到市区工作。为了解决其他人的工作岗位，各组群采用组团布置方式，3～4 个组群为一组，形成一个地区中心，中间安排工业和行政办公用房，并选择一个组群中心作为地区的中心，拥有较大的服务设施，以便为各地区的居民服务。

目前斯德哥尔摩的 72 万城市人口中仅有一半住在中心城区，其余的居民则散居于各大新城，通过快捷、放射状的区域轨道系统与市中心相连，人均公交搭乘次数已高达 325 人次/年。区域公交交通体系与周边城镇土地开发的互相结合、彼此支撑，已成为瑞典近半个世纪来贯穿整个新城建设的一条基本思路和根本原则。这种规划思想实质上正是 TOD（Transit - oriented Development）开发模式的核心内涵所在，旨在创造支持交通的土地使用模式和多种可行的出行模式,进而有效控制和引导小汽车的发展。战后斯德哥尔摩的新城建设根据开发的时序及规划思想、建设理念的演化,大致可分为两个阶段,并先后建成了第一代和第二代新城(图16.38)。

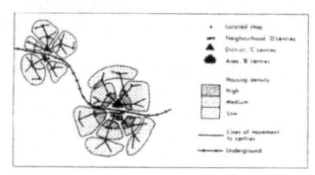

图 16.38　斯德哥尔摩郊区卫星城组群图示

2. 第一代新城

1945—1957 年,随着区域轨道系统前三条线路的建设,第一批新城也开始同步建设(表 16 - 8)。斯德哥尔摩的第一批新城被称为 ABC 城镇(A=住房,B=就业,C=服务),即居住、就业、服务三位一体的新型城镇。用地性质的复合也避免了纯粹"卧城"的建设。

表 16 - 8　斯德哥尔摩第一批新城的建设概况

新城	建设时间	特　征	备　注
魏林比	1950—1954 年	斯德哥尔摩战后建设的首都新城,占地 170 公顷,依山而建	Sven Markeliu 主持建设,在现代城市的规划和建设史上占据重要的一席之地
法斯塔	1953—1961 年	工业化的建筑手段,预制混凝土模板的广泛运用,5000～7000 居住单元	Vallingby 中心区在南部的翻版
斯科尔赫蒙	1961—1968 年	瑞典新城最大的商业中心,密集的步行商业街和各种商业设施,多层住宅	拥有斯堪的纳维亚半岛最大的多层停车楼

新一代新城所遵循的一些共同原则如下。

(1)建立一个居住人口和就业数相对平衡的新城,人口总规模控制在 8 万～10 万人,住房中多层公寓的比例大于 60%。"一半一半"的人口原则是第一代新城规划的一项核心内容:新城的一半居民在新城外工作,而新城一半的就业人口来自别处。

(2)建立多层次的新城中心,新城的商业和市民中心设在轨道交通车站附近,居住区中心布设在距离市中心 600 米范围内,并设有学校和社区公共设施。

(3)建筑密度由新城中心向外递减,轨道车站周围的住宅密度最高,然后是中密度的建筑,距离市中心较远的地区住宅密度最小;这种布局使大部分的居民可以步行或骑自行车方便地到达地铁车站。

1）魏林比

斯德哥尔摩第一座卫星城魏林比于 1954 年落成，拥有 2.5 万人口，位于市中心以西 13 千米处。在魏林比的地铁车站周围是高层公寓，远离车站的有包括别墅区在内的各种用地。地铁的中心车站建在一个大型的、开放的鹅卵石广场和市民综合建筑下面，此外，车站还与一个大型超市结合在一起，人们在晚上下班回家时可以购买一些日常用品。车站附近还建有儿童保育中心，便利的条件使得每天早上父母可以带孩子步行至市中心，将他们放在保育中心，然后自己乘地铁去上班（图 16.39）。

图 16.39　魏林比混合的土地使用

魏林比的路网包括连接各个社区的环路，以及与机动车流隔离的人行道与自行车道网络。所有的道路与市中心呈放射状连接。因为魏林比在机动车普及之前就已建成，因此在城镇中心预留的停车位很少。在大部分住宅小区仅有规模很小的、集中的停车场。

2）法斯塔

第二座卫星城法斯塔拥有 4.2 万人口，位于地铁线南端终点站处，距离斯德哥尔摩市中心 22 千米。1912 年，法斯塔的农田被市政府购买，并于 1956 年用于新城发展。由于法斯塔由个体开发商承建，因而工业化的建筑手段和预测混凝土模板被广泛用于公寓的修建。在法斯塔，高楼大厦分布在开阔的步行街周围，步行街一带提供的停车位是魏林比中心区的三倍，该城住宅小区的规模为 5000～7000 居住单元。与其他新城相比，法斯塔拥有大量的轻工业，它们多数分布在城市的外围。

3）斯科尔赫蒙

在 20 世纪 60 年代，第三个新城斯科尔赫蒙落成于斯德哥尔蒙市中心以西 14 千米处，现有人口 2.9 万人。斯科尔赫蒙被规划为郊区的中心，是瑞典所有新城镇中最大的商业中心，拥有密集的步行商业街和各种商业设施。全斯堪的纳维亚半岛最大的多层停车楼（可容纳 4100 辆车）也已在这里落成。与前述两个城镇不同的是，斯科尔赫蒙没有高层住宅楼，大部分住宅楼仅有 2～4 层。在这里，居民住宅楼沿东西方向面山而建。地铁车站对面是市民广场，广场中设有两个大型水池和树林，可以在天气炎热时为市民提供荫凉。

4）第二代新城

斯德哥尔摩市以轨道交通服务为主的第二代新城，是在第一代新城建设实践的经验教训之上兴建起来的，并在规划与建设方面呈现出不同的特征（表 16-9）。

表 16-9　斯德哥尔摩第二代新城的建设情况

新城	建设时间	特　征	备　注
斯潘戛	—	以低收入产业工人和外来移民为安置主体，双中心结构，以居住功能为主的"卧城"	斯德哥尔摩平均收入最低的新城
古斯塔	1973—1980	IT 产业园区＋多层住宅区，高科技园区为启动的科技新城，斯德哥尔摩最具高科技产业特征和国际影响力的新城	被誉为欧洲的"移动谷"和移动通信的"动力之源"
斯卡尔普纳克	1982—1985	以街区为单位的院落围合，方格网的街道布局，紧凑的用地，以低多层为主的建筑，多见街边零售店及沿主要街道设在人行道上的咖啡店	摒弃传统的功能主义规划原则，对新城市主义理念作出反应，并延续欧洲的传统街区结构

第二代新城的建设虽然也是以 TOD 的规划思想为基础和依托，但是在功能定位、规划风格、空间结构、上下班通勤等方面，不但同第一代新城相差甚远，彼此之间也存在明显的区别：①新城规划建设思想的转变。第一代新城规划建设的基础——在独立的新城内部实现居住和就业的自平衡——开始让位于新城之间的总体平衡。新城内部的出行也不再被过多地强调，而是鼓励新城之间由快捷交通带来的平衡交通流，公共交通流的平衡已经取代居住和就业的自平衡，成为新一代新城规划的新标准。②新城规划建设思想的个体性差异（尤其是第二代新城）。每一个第二代新城的设计都有独特之处。如斯潘戛镇是一个不同民族混居的"卧城"，古斯塔镇是一个高新技术新城，斯卡尔普纳克镇是瑞典对新城市主义理念的一种响应等，在整体上呈现出特色各异的多元性和差异性。

斯潘戛是在过去军事基地上开发起来的，有两个主要的中心。20 世纪 60 年代末期，大量非洲、欧洲移民的涌入使得斯潘戛的开发相当紧迫，政府希望它能吸引低收入产业工人居住，因此两个中心地区中多数的公寓为 3～6 层，并集中在一起建设。在斯潘戛设计了瑞典一流的住宅区的停车库，减少了停车对土地的占用，使得即便在高密度的建筑区内也能保证开放式的绿地。斯潘戛还打破了居住—就业的平衡模式，被规划成了一个居住型社区（1990 年，就业与居住比仅为 0.31），同时，该城也是新城中平均收入最低的城市。斯潘戛设有两个地铁车站，车站对面是农贸市场，居民可以在晚上下班时在车站附近的市场购物。

距斯德哥尔摩市中心西北方向 16 千米的古斯塔是瑞典首批高新科技新城之一。20 世纪 80 年代早期，由于吉斯塔毗邻阿尔兰大国际机场，并处于通往乌普萨拉大学城的主要干道上，一批跨国电子公司落户于此。如今，这里已有大约 240 家公司和超过 2.4 万名职员。古斯塔的住房种类更多，有高层公寓、平顶花园别墅、复式公寓和分离式单元房。

最近兴建的城镇是斯卡尔普纳克,位于斯德哥尔摩市中心以南 10 千米处。斯卡尔普纳克作为新一代的新城,与以前的那些新城完全不同。规划师们反思了早期新城建设中的过大的建设尺度和制度化的建设风格,在斯卡尔普纳克新城规划时试图创造一个更人性化的区域环境:两层或三层建筑、方格网状的街道布局、紧凑的土地使用、街边零售店,以及设在主要街道边人行道上的咖啡店。这里没有立交桥,所有街道交叉口都是平面的;中、高密度的公寓位于城中心,而低密度住宅区则远离城中心;大部分住宅区和办公区的停车场设在住宅楼和办公楼后面的场地上。尽管斯卡尔普纳克的路网布局是方格网形的,但新城中其他街道均设置为断头路,这样可以让城区边缘的低密度住宅区免受外来交通的打扰。

5)新城规划特点

斯德哥尔摩新城具有以下特点。

(1)新城选址一般都在距离斯德哥尔摩市中心城区 10 千米以上的范围内,围绕着母城呈放射状、组团式分布,新城的空间布点和辐射区域相对均衡,放射式布局可以在各组团之间保留大片的生态绿地和景观廊道,并为城市日后的建设预留宝贵的发展空间。

(2)新城都位于由市中心向郊区呈放射式延伸的地铁沿线上,不但沿袭了当初以公共交通为导向的郊区发展策略和基于 TOD 思想的新城建设方针,还可以极大地提升新城的交通可达性和居住/就业吸引力。

(3)新城土地利用采取 TOD 的开发模式,每个 TOD 单元都是一个空间紧凑、组织严密的社区,一个由商店、办公、住宅等功能复合而成,围绕公交站点布置的步行可达区块;交通枢纽与新城中心有机结合——地铁、公共汽车、小汽车以及步行区,均要结合中心区的规划设计完成立体换乘和多向转接;充分利用交通与土地之间的互动关联,高密度的住宅区分布在轨道交通车站的周围,低密度的住宅区则通过人行道和自行车道与轨道交通车站相连,以确保更多的人能够利用公交系统。

但实际上,无论是第一代还是第二代新城均难以达到规划的居住人口规模,同预期目标存在一定的现实反差。由于就业与居住的平衡难以在新城内部独立完成,依此建成的新城也会具有更多的半独立特征(表 16-10)。

表 16-10 斯德哥尔摩两代新城的建设情况

新 城		建设时间	居住人口规模	就业人口规模	距市中心距离
第一代新城	魏林比	1950—1954 年	2.5 万	5.1 万	位于市中心以西 13 千米处
	法斯塔	1953—1961 年	4.2 万		位于市中心以南 22 千米处
	斯科尔赫蒙	1961—1968 年	2.9 万		位于市中心西南 14 千米处
第二代新城	斯潘嘉	—	4.4 万	2.1 万	位于市中心西北 12 千米处
	古斯塔	1973—1980 年	3.6 万	1.9 万	位于市中心西北 16 千米处
	斯卡尔普纳克	1982—1985 年	2.6 万	1.4 万	位于市中心以南 10 千米处

16.3.6 著名西方城市的城市总体规划

1. 阿姆斯特丹

在第二次世界大战后，阿姆斯特丹城市的人口增长超出了 1939 年规划的预测，1958 年总人口已有 87 万人。为了不破坏阿姆斯特丹西部与哈勒姆之间的绿化用地，城市管理部门决定城市本身不再扩大，而发展扩大城市南北的小城镇。为此目的又制定了一个新的建设规划，这个规划涉及阿姆斯特丹的大部分郊区。1968 年决定建设市内轨道交通系统，老城中心区的轨道建在地下，而郊区轨道建在地上（图 16.40 和图 16.41）。

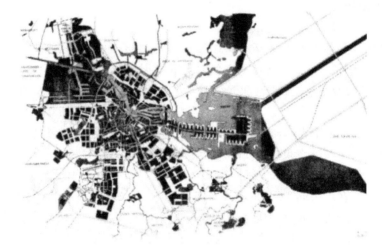

图 16.40　阿姆斯特丹 20 世纪 60 年代新的建设规划

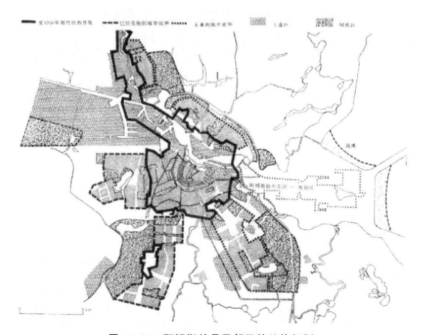

图 16.41　阿姆斯特丹及郊区的总体规划

1965 年建筑师巴马克和范·登·布罗克提出了一份阿姆斯特丹东部扩建计划图，计划在城市与须德海围海田之间的人工岛屿上建造一座容纳 35 万人口的长条形城市，城市地铁网和快速电车系统贯穿其间。按这个计划，新城有 35 个能居住 1 万人的居住小区，分布在距交通干线 1.5 千米的范围内。每一个居住小区都有高密度、中密度和低密度的建筑物。中心部分有地铁和快速电车通过，建筑密度最大，不仅有办公楼也有住宅；中心区的两侧是多层住宅部分，这些住宅因高差、平面及高度各异，相互之间有宅间小路连接。每一幢住宅或公寓都面朝小区内的组合扩建（如学校和商店）和两个居住小区之间的绿化用地。绿地内有水面、花园、游乐场和其他设施，绿地宽度至少有 300 米。这种以单位重复为基础的新住宅体系和阿姆斯特丹的旧体系之间，形成了鲜明的对比。

2. 哥本哈根

丹麦首都哥本哈根于 1948 年编制了著名的"指状规划"，城市沿着选定的几条轴线，建设新型高速交通线，并通过延长手指建设新城，几条轴线之间的地区保留着楔形绿地。

1）"指状规划"

在第二次世界大战期间，哥本哈根地区就已经拥有了 100 多万人口。受到战后英国城镇规划原则的影响，1947 年的"指状规划"提出沿狭窄"手指"走廊集中发展，这些手指分别指向西兰岛北部地区的五个老城镇。"指状规划"引导大哥本哈根地区延长由轨道交通线路支撑的走廊，连续地开发建设城镇，并在发展中的"手指"间保留开放的绿楔用地（图 16.42）。在大哥本哈根地区城市规划产生后，当局又颁布了严格的城市乡村区划规定以确保该规划的有效实施。

与斯德哥尔摩相似，"指状规划"的核心是通过延伸已确定的交通走廊轴线发展，以保证区域内相当比例的就业人口能够使用轨道公共交通上下班。轨道线路就像在绿楔中的"手指"，既可以实现有效的、放射状的向心通勤，也有助于维持中心城区的适当规模。这种居住模式有利于保持原有的居住习惯并有效控制基础设施的发展成本。

在"指状规划"及其以后演变修正方案里所列出的目标中，有许多是以实现区域的可达性和可持续性为目标原则来构建的，其中包括：①减少日出行距离和次数；②尽量减少中心城区的交通拥堵；③根据劳动力供给的状况合理安排工业和商业区位置；④保持建成区和开放空间的平衡。这些原则如今已被广泛地接受，城市的发展大多集中在"五根手指"沿线，直到今天，"手指"间的绿楔还没有受到严重侵占。

2）新城发展

在"指状规划"的引导下，轨道交通的投资与新城的发展成功地结合在一起，使得哥本哈根成为一个以公共交通为主导的城市。新建城镇沿着区域的五条形似"手指"的走廊分布，这五条走廊分别指向南面、西南面、西面、西北面以及北面。其中大多数的新城集中在南面和西南面，它们由丹麦政府负责城镇设计、提供资金和实施。

大哥本哈根区域内新城并没有过多地去强调居住人口和工作岗位的平衡。郊区环线内（主要沿西南走廊）的新城，如格洛斯楚普和阿尔伯特斯兰德存在大量的就业岗位，并在轨道交通车站周围集聚了大型的零售中心和多种产业。大多数郊区环线以外的新城已经发展成城郊住宅区，居住人口和工业岗位的不平衡使这些新城产生了许多的外部通勤出行。

在新城，人们可以通过步行和公交交通到达轨道交通车站。往哥本哈根中心城区时，

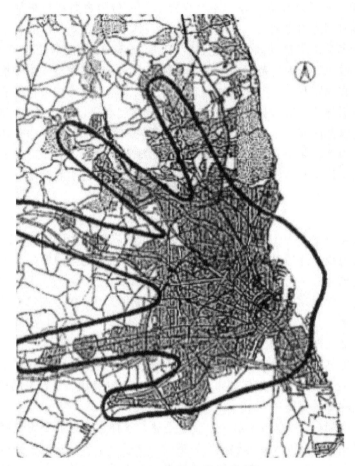

图 16.42　哥本哈根手指形态规划

高效的轨道交通，以及对机动车出行和停车的限制使得乘坐公共交通成为一种明智的选择。此外，哥本哈根并不只是沿"手指"建设轨道交通支撑的新城，当地政府通过改善传统城市中心活力和城市艺术，加强了公共交通系统与城市发展的整合。街道和路边空间已经被划为行人和自行车专用空间。大多数的公共交通使用者是通过自行车和步行到达中心城区的轨道交通车站。

3. 华沙

波兰的首都华沙建立于公元 13 世纪，位于欧洲北部平原心脏地带，横跨维斯瓦河两岸。城市面积约为 500 平方千米，市区居民 160 余万人。自 1596 年成为首都以来，华沙一直都是波兰的政治、行政中心，也是驰名世界的波兰作曲家、钢琴家肖邦的故乡。华沙古城是城市中最古老的地方，初建于 13、14 世纪之交，扩建于 15 世纪，改建于 17 世纪，建筑风格为哥特式。古城的中心有个宽广的方形市场，当时的市政机关、商店和手工业作坊都集中在这里。为了防御，在古城周围筑有城墙和护城河。第二次世界大战末期，华沙举行反纳粹占领者起义，起义总指挥部设在古城内。起义失败后，希特勒曾下令"把华沙从地球上永远抹掉"，华沙遭受到空前的破坏。在第二次世界大战中，华沙有 86 万居民丧生，85％的建筑物被摧毁，包括极具历史价值的旧城区及皇家城堡，90％的工业遭到彻底破坏，城市基础设施也多被毁于战火。

1）华沙重建规划

1945年2月，波兰政府为了尽快重建首都，成立了首都重建办公室，负责制定《华沙重建规划》，目标是把华沙建成一座满城绿荫的现代化城市。华沙在第二次世界大战前的城市发展主要是采用集中布局的形式，城市建设集中在较小的范围内。第二次世界大战后，为了引导城市在更大范围内发展，把城市改变为多带发展的模式，即城市用地将主要沿维斯瓦河发展。1954年制定的"华沙重建规划"中，规划新辟一条自北向南穿城而过的绿化走廊地带，扩展维斯瓦河沿岸的绿色走廊，城市扩建出现沿河发展的态势。具体措施如下。

（1）调整土地使用功能，将城市分为居住区和工作区。

（2）重建华沙古城，并把它有机地组织到城市布局之中。

（3）市内原有的森林和绿地尽可能地得到保护和利用。新辟一条自北向南穿城而过的绿化走廊地带，以及扩展维斯瓦河沿岸的绿色走廊，形成楔形绿地，从郊外深入城市中心，与街道、广场、房屋综合考虑，使自然与建筑密切配合，形成整体。

（4）降低建筑密度，扩大开敞空间的面积，改善居住环境。

（5）在城市南北主干道元帅大街与热河乌列斯基大街的交叉处建设城市中心区和中央火车站。

（6）发展维斯瓦河东岸布拉格新区，形成城市的副中心区。

2）修复历史古城

在第二次世界大战后的波兰，存在关于如何重建首都华沙的激烈争论，一种主张是完全建一座新城；另一种主张是按历史面貌恢复古城。绝大多数居民赞成后一种观点，当恢复华沙古城的消息传开后，流浪在外的华沙人一下子归来了30万人，整个国家都掀起了爱国的热潮。华沙人民进行了长期的艰苦努力，严格按照保存下来的原设计图纸修复了最古老的中世纪部分，包括古城、新城和16—18世纪的一些建筑物；扩建了19世纪的贸易—住宅中心、19—20世纪建造的住宅区和工业—住宅区；修建了科学文化宫、国家经委大厦等现代化建筑；修筑了瓦津卡等新的交通干线。到1966年，所有古城的纪念建筑都依照14—18世纪的原样重新修建。被战火摧毁的王宫、大教堂、桥头堡、箭楼等700余座具有历史意义的古代建筑重新闪现出灿烂的光辉。

华沙重建工作并非一味地复原、复旧，在修复工程中，煤气管线等公共设施都得到更新完善。城市面貌是古老的，但是内部设施和生活条件却已大为改善。这种方式已成为日后历史保护中设施更新、环境整治的主要模式。1980年，第二次世界大战后重建的华沙历史中心区被联合国教科文组织作为文化遗产的特例列入了《世界遗产名录》，对欧洲的古城保护产生了重要影响。

3）华沙发展规划

1972年，华沙重新制定了城市发展规划（图16.43）。通过分析城市基础设施的投资门槛、经营管理费用，居民上下班花费的时间等问题，对不同功能结构和布局的方案进行比较，最终确定了城市沿维斯瓦河并向辐射形成四条发展带，每条城市发展带划分为四级单元的城市结构。一级结构单元为5000～10000人，主要布置日常生活所需的基本服务设施；二级结构单元为 2 万～5 万人，作为居住区级，设有定期使用的公共设施；三级中心彼此间有公共交通相连，集中专业性产品。华沙则是整个地区的主中心。

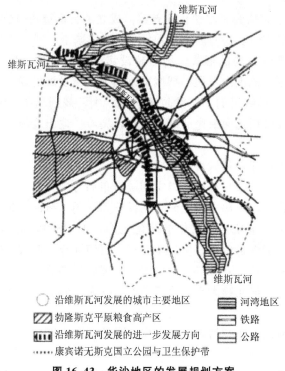

沿维斯瓦河发展的城市主要地区

勃隆斯克平原粮食高产区

沿维斯瓦河发展的进一步发展方向

康宾诺无斯克国立公园与卫生保护带

河湾地区

铁路

公路

图 16.43　华沙地区的发展规划方案

今天的华沙市依然保持着古城和新城的布局。各种历史纪念物、名胜古迹大都集中在古城，每年都吸引着大批游客。在新城区，现代化的高楼林立，布局合理，居民住宅区环境幽雅，生活便利。为了减少城市的工业污染，工厂都避开市中心地带，建在远离住宅的地方。

16.4　20 世纪 70—80 年代的西方城市规划思潮

16.4.1　马丘比丘宪章

由于在理论和实践中均出现一些脱离社会现实和矫枉过正的情况，现代建筑运动在 20 世纪 50 年代中期前后开始受到质疑和指责。在这种背景下，一批城市规划学者于 1977 年 12 月在秘鲁的利马进行学术讨论，并在古文化遗址的马丘比丘签署了《马丘比丘宪章》，根据 1930 年之后近半个世纪以来的城市规划与建设实践和社会实践变化，对《雅典宪章》进行了补充和修正。

《马丘比丘宪章》共分为 11 个部分，对当代城市规划理论与实践中的主要问题做了论述，对《雅典宪章》中所提出的概念和关注领域逐一重新进行了分析，并提出具体的修正观点。这 11 个部分分别为：城市与区域、城市增长、分区概念、住房问题、城市运输、城市土地使用、自然资源与环境污染、文物和历史遗产的保存与保护、工业技术、设计与实践、城市与建筑设计。首先，《马丘比丘宪章》声明所进行的是对《雅典宪章》的提高和改进，而不是放弃，承认后者的许多原理依然有效。在此基础上，主要就以下几个方面阐述了需要修正和改进的观点。

（1）不应因机械的分区而牺牲了城市的有机机构，城市规划应努力创造综合的、多功能的环境。

（2）人的相互作用与交往是城市存在的基本依据，在安排城市居住功能时应注重各社会阶层的融合，而不是隔离。

（3）改变以私人汽车交通为前提的城市交通系统规划，优先考虑公共交通。

（4）注意节制对自然资源的滥开发、减少环境污染、保护包括文化传统在内的历史遗产。

（5）技术是手段而不是目的，应认识到其双刃剑的特点。

（6）区域与城市规划是一个动态的过程，同时包含规划的制定与实施。

（7）建筑设计的任务是创造连续的城市框架，建筑、城市与绿化景观是不可分割的整体。

此外，《马丘比丘宪章》还针对世界范围内的城市化问题，将非西方文化以及发展中国家所面临的城市规划问题纳入考虑问题的视野之中。宪章强调了"规划必须在不断发展的城市化过程中反映出城市与其周围区域之间的基本动态的统一性""规划过程应包括经济计划、城市规划、城市设计和建筑设计，它必须对人类的各种要求做出解释和反映""规划、建筑和设计，在今天，不应当把城市当作一系列的组成部分拼在一起来考虑，而必须努力去创造一个综合的、多功能的环境""在建筑领域中，用户的参与更为重要，更为具体"等观点。该宪章是继 1933 年《雅典宪章》以后对世界城市规划与设计有深远影响的又一文件。

16.4.2　城市旧城更新和历史保护

1960 年以后，随着战后大规模的住宅重建和新建，城市中大量历史环境迅速消失，导致了人们怀旧情绪的加重和历史保护意识的增强。20 世纪 70 年代是欧洲城市保护中最有意义的时期。这与当时的经济背景有关。1973 年爆发的石油危机以及由此引发的经济问题，使新开发建设项目出现了滑坡现象，也促使人们开始思考如何充分利用旧城区的原有设施和现有资源。1975 年欧洲议会为振兴处于萧条和衰退中的欧洲历史城市，为保护文物古迹而发起了"欧洲建筑遗产年"的活动。

欧洲议会通过的《建筑遗产的欧洲宪章》，明确了历史保护的现实意义。特别强调建筑遗产是"人类记忆"的重要部分，它提供了一个均衡和完美生活所不可或缺的环境条件。城镇历史地区的保护必须作为整个规划政策中的一部分；这些地区具有的历史的、艺术的、使用的价值，应受到特殊对待，不能将其从原有环境中分离出来，而要把它看作是整体价值的一部分，尽量尊重其文化价值。1975 年，作为"欧洲建筑遗产年"重要事件的欧洲遗产大会在阿姆斯特丹举行，这次会议通过的《阿姆斯特丹宣言》中指出：在城市的规划中，文物建筑和历史地区的保护至少要放在与交通问题同等重要的地位。从此，历史保护的概念和实践在欧洲开始走向成熟。

在实践方面，20 世纪 60 年代是欧洲城市保护的起步时期。第二次世界大战以后，欧洲许多被战争摧毁城市的重建活动，引发了人们对历史文化遗产保护问题的进一步思考。20 世纪 60 年代后，欧洲的建筑和城市遗产保护经历了一个快速发展的阶段。波恩、慕尼黑、布达佩斯等被战争破坏的古城，都按照"修旧如旧"的原则进行了很好的维修。这些城市都把恢复历史建筑和保护古城，视为重振民族精神的重要手段，并取得了显著的效果。

经历了战后几十年的发展，遗产保护已成为欧洲国家的主流思潮。由保护可供人们欣赏的艺术品，发展到保护各种作为社会、文化见证的历史环境与建筑，进而保护与人们当前生活息息相关的历史街区乃至整个历史城镇。由保护物质实体发展到非物质形态的城镇传统文化等更加广泛的保护领域。这种现象反映出人类现代文明发展的必然趋势，保护与发展已成为各国的共同目标，历史保护取代了战后的城市更新，成为社区建设的主要方式。

1978 年联合国教科文组织开始确定自然风光、文物古迹为世界自然和文化遗产，欧洲的一些历史城镇作为"世界遗产城市"列入世界遗产名录。恢复历史城市风貌的华沙古城作为特例被列入《世界历史文化遗产名录》（《名录》一般拒绝重建的事物列入），对欧洲城市历史保护产生了很大影响。

16.4.3　城市环境保护运动

世界性环境保护浪潮是从 20 世纪六七十年代的发达国家开始的；环境保护意识的推动则是通过一些环境保护论著推动发展的。

1962 年美国学者雷切尔·卡逊在波士顿出版了《寂静的春天》，分析了自第二次世界大战以来一直被广泛使用的高效杀虫剂——DDT 的聚积过程；1968 年美国学者奥尔多·利奥波德发表《沙乡思考》一书，大声疾呼环境危机；1968 年美国斯坦福大学教授普尔·埃利希写了《人口爆炸》一书，强调人口过剩不仅是环境危机的加速剂，也是更大环境危机的前兆；1972 年英国经济学家 B. 沃德和美国微生物学家 R. 杜博斯组织 58 国的 152 名专家，发表了《只有一个地球》报告，指出："人类生活的两和世界——它所继承的生物圈和它所创造的技术圈——业已失去了平衡，正处于深刻矛盾之中。"同时，一系列环境污染造成对居民生活的严重影响，并推动环境保护运动的开展。

1972 年 6 月，联合国在斯德哥尔摩召开了人类环境会议，通过了《人类环境宣言》。宣言："保护和改善人类环境已经成为人类的一个迫切任务。"这次会议强调要协调发展与环境的关系，制定健全发展战略，提出两类不同的环境和污染问题：贫穷污染是由发展不足引起的；发达国家的环境污染如大气、水质、辐射、噪声、化学、热源等方面的污染，则是经济高度畸形发展和生活方式的奢侈浪费造成的。

1970 年以来，环境保护意识已开始引起人们的普遍关注。许多国家成立了环境管理机构，1972 年联合国大会确定每年 6 月 5 日为世界环境日。1973 年 1 月。联合国成立了环境规划署，几十项有关环境问题的国际协议或地区性协议开始生效。

20 世纪 80 年代以来，伴随环境污染和大范围的生态破坏，出现了第二次世界大战以后的第二次环境保护运动高潮。全球行动重视保护环境已成为大趋势，并且逐渐成为各国政府首脑关注的问题。与此同时，出现了许多群众组织以至政党。1971 年以"拯救地球"为己任的绿色和平组织宣告成立，并很快发展为一个国际性组织。

1.《寂静的春天》

从 20 世纪 40 年代起，人们开始大量生产和使用六六六、DDT 等剧毒杀虫剂以提高粮食产量。到了 20 世纪 50 年代，这些有机氯化物被广泛使用于生产和生活中。1962 年，美国生物学家蕾切尔·卡逊在经过 4 年时间调查了使用化学杀虫剂对环境造成的危害后，出版了《寂静的春天》一书。在这本书中，卡逊描写了因过度使用化学药品和肥料而导致的环境污染、生态破坏，以及最终给人类带来的不堪重负的灾难。她特别阐述了农药对环境的污染，用生态学的原理分析了这些化学杀虫剂对人类赖以生存的生态系统带来的危害，指出人类用自己制造的毒药来提高农业产量，无异于饮鸩止渴，人类应该走"另外的路"。

《寂静的春天》是一部划时代的绿色经典著作。当时美国的一些城市已经出现了比较严重的环境污染，但政府的公共政策中还没有关于"环境保护"的条款。因此，《寂静的春天》受到与之利害攸关的生产与经济部门的猛烈抨击。这本书也是一部警示录，强烈震撼了社会广大民众，引发了公众对环境问题的注意。由于它的广泛影响，美国政府开始对书中提出的警告进行了调查，最终改变了对农药政策的取向，并于 1970 年成立了环境保护局。美国各州也相继通过立法来限制杀虫剂的使用，最终使剧毒杀虫剂停止了生产和使用。

《寂静的春天》在阐述了杀虫剂对生态环境的危害的同时，还告诫人们：关注环境不仅是工业界和政府的事情，也是民众的分内之事。围绕《寂静的春天》引起的广泛争论为民间环保运动的蓬勃兴起奠定了坚实的基础。

2. 罗马俱乐部和《增长的极限》

1968 年，正当工业国家陶醉于战后经济的快速增长和随之而来的"黄金时代"时，来自西方不同国家的约 30 位企业家和学者聚集在罗马。共同探讨了关系全人类前途的人口、资源、粮食、环境等一系列带根本性的问题，并对原有经济发展模式提出了质疑。这批人士的聚会后来被称为罗马俱乐部。罗马俱乐部是一个非正式的国际协会，其宗旨是要促进人们对全球系统各部分——经济的、自然的、政治的、社会的组成部分的认识，促进制定新政策和行动。

1972 年 3 月，美国麻省理工学院的丹尼斯·米都斯教授领导一个 17 人小组向罗马俱乐部提交了一篇研究报告，题为《增长的极限》。他们选择了 5 个对人类命运具有决定意义的参数：人口、工业发展、粮食、不可再生的自然资源和污染。全书分为"指数增长的本质""指数增长的极限""世界系统中的增长""技术和增长的极限""全球均衡状态"五章，从人口、农业生产、自然资源、工业生产和环境污染几个方面阐述了人类发展过程中，尤其是产业革命以来，经济增长模式给地球和人类自身带来的毁灭性的灾难。书中以各种数据和图表，有力地证明了传统的经济发展模式不但使人类与自然处于尖锐的矛盾之中，并将会继续不断受到自然的报复。

这项研究最后得出地球资源是有限的，人类必须自觉地抑制增长，否则随之而来的将是人类社会的崩溃这一结论。该书向当时的人们敲响了一个从未有过的警钟，因此报告发表后，立刻引起了爆炸性的反响。这一理论又被称为"零增长"理论。尽管理论界对此仍有争议，有人甚至写过一本《没有极限的增长》来进行反驳，但这本书仍可以说是人类对今天的高生产、高消耗、高排放的经济发展模式的首次认真反思，它的论证为后来的环境保护与可持续发展的理论奠定了基础。

16.4.4　后现代城市规划

第二次世界大战以后，因为经济、社会和政治转型以及传播媒介、电子技术、信息技术等的发展，西方国家进入了一种不同于工业化社会的新时代，人们通常把 20 世纪 60 年代末以后的社会称为"后现代社会"。西方国家社会经济深刻的变化引发了西方思想家对人、对社会、对未来的深切关注和思考。正是在这一背景下，西方世界中形成和发展了丰富多元的后现代社会思潮。在城市规划领域，在对现代主义的反思和批判中，强调功能理性的现代城市规划逐步转变为注重社会文化的"后现代城市规划"，开始从社会、文化、环境、生态等各种视角，对城市规划进行新的解析和研究。

1. 对规划中社会公正问题的关注

与原来只重视物质空间建设的做法不同，20 世纪 70 年代后人们日益关心规划的社会目标，人本主义成为后现代城市规划思想的核心。规划师的成员队伍构成也日益多元化，除了传统的建筑师、规划工程师以外，社会、法律、经济、地理等领域的工作者也越来越多、越来越积极地参与到这个行列中来。规划思想中对社会公正关注的另一个重要表现是对妇女在规划中的地位的日益重视。

2. 对社会多元性的重视

后现代城市规划思想中的一个重要方面是充分认知到社会构成的复杂、多元、承认规划的背景环境是一个多元世界，其中存在许多目标各异的利益团体并导致了空间过程的复杂化、个性化。20 世纪 60 年代末后发展起来的分离—渐进理论、混合审视理论、非正式的协调性规划、概率规划、自下而上的倡导性规划等，都是力图体现城市规划对多元社会现实的尊重。在这方面最重要的著作是戴维多夫与瑞纳合著的《规划选择理论》。戴维多夫发表的《规划的倡导与多元主义》，对规划决策过程和文化模式进行了理论探讨，强调通过规划过程机制来保证不同社会集团，尤其是弱势集体的利益。

3. 人性化的城市设计

后现代城市规划思想对传统的物质空间规划手法和城市设计观产生怀疑，尤其是对大规模的城市改建持严厉的批评态度。简·雅各布斯在《美国大城市的生与死》一书中，从社会分析的视角对城市规划界一直奉行的一些最高原则进行了无情的批判。她指责这些浩大的改建工程并没有给城市带来想象的生机和活力，反而破坏了城市原有的结构和生活秩序；她认为柯布西耶所推崇的现代城市规划模式是对城市传统文化多样性的彻底破坏。雅各布斯对现代城市规划的批判引发了规划师对社会公正、人性化等全方位价值判断的深刻思考，一部分人开始转向对现代城市设计思想的探索。1987 年，雅各布斯与 D. 阿普里亚德出版了《走向城市设计的宣言》，提出城市设计的新目标：良好的都市生活，创造和保持城市肌理，再现城市的生命力。

4. 对城市空间现象背后的制度性思考

20 世纪 70 年代中后期，新马克思主义理论的兴起为西方学者深刻认识城市问题提供了新的工具。新马克思主义者认为：资本主义的城市结构和城市规划本质上是源自对资本利益的追求，他们强调从资本主义制度的本质矛盾层面来认识、理解城市的空间现象，并且通过对制度的更新来获得新的、健康的城市环境。按照新马克思主义的视角，城市规划的本质被认为更接近于政治，而不是技术或科学，城市规划被视为以实现特定价值观为导引的政治活动；对城市规划的评估也不再被认为是单纯的技术问题，而与价值判断密切相关。基于对城市规划本质是政治过程这样的一种认知，西方理论研究中开始更多地关注城市规划的政治问题，进一步引发了对城市规划理论实质的探讨。

16.4.5 城市可持续发展

1. 可持续发展和可持续发展战略

1987 年，由挪威前首相布伦特兰夫人领导的联合国世界环境与发展委员会在《我们共同的未来》报告中第一次阐述了可持续发展的概念："既满足当代人的需要，又不损坏后代人满足需要的能力的发展。"这个定义实际上包含了三个重要的概念：其一是"需求"，尤其是指世界上贫苦人口的基本需求，应将这类需求放在特别优先的地位来考虑；其二是"限制"，这是指技术状况和社会组织对环境满足眼下和将来需要的能力所施加的限制；其三是"平等"，即各代之间的平等以及当代不同地区、不同人群之间的平等。目前，这一概念已被世界各国广泛接受和运用。

可持续发展战略，是指实现可持续发展的行动计划和纲领，是多个领域实现可持续发展的总称，它要使各方面的发展目标，尤其是社会、经济与生态、环境的目标相协调。1992 年 6 月，联合国环境与发展大会在巴西里约热内卢召开，会议提出并通过了全球的可持续发展战略——《21 世纪议程》，并且要求各国根据本国的情况，制定各自的可持续发展战略、计划和对策。

2. 城市可持续发展的研究内容

围绕城市可持续发展问题，各国专家学者分别从不同的角度进行了深入的研究。

(1) 资源和环境的角度。从资源角度研究城市可持续发展问题，主要集中于城市的自然资源禀赋与城市经济发展之间的矛盾。城市要想可持续发展，必须合理地利用其本身的资源，并注重其中的使用效率，不仅为当代人着想，同时也为后代人着想。从环境角度研究城市可持续发展问题，主要集中于城市经济活动中的污染排放与自然环境的自净能力之间的矛盾。这类研究着重于城市环境污染治理和减排的技术、经济和法律手段。

(2) 城市生态的角度。从生态学的角度看，城市是一个独特的生态系统。"生态城市"

最早是在联合国教科文组织发起的"人与生物圈"计划中提出的一个概念。随后，这个概念得到非常迅速的传播，成为城市发展的一种新理论。生态城市是可持续的、符合生态规律的适合自身生态特色发展的城市。目前，生态城市的理论研究已经从最初的应用生态学原理阶段，发展到包括自然、经济、社会和复合生态观等的综合城市生态理论。

（3）经济发展的角度。城市作为一个生产实体，其经济活动通过劳动力、原材料、资金等的输入，生产出物质性产品。而由于城市的不断膨胀，生产、生产环节的规模越来越大，所以在这些环节上出现局部的混乱和不协调，必将对城市的发展，特别是对城市的可持续发展产生极为严重的影响。世界卫生组织提出，城市可持续发展应在资源最小利用的前提下，使城市经济朝更富效率、稳定和创新的方向演进。

（4）城市空间结构的角度。随着可持续发展思想的提出，许多学者认为，作为城市经济载体的城市空间结构及城市形态对城市可持续发展起到至关重要的作用。可持续城市应该是"适宜步行、有效的公共交通和鼓励人们相互交往的紧凑形态和规模"，具体包括：①通过社会可持续的混合土地利用，促使人口和经济的集中，减少人们对出行的需求，有效地减少交通排放；②提倡使用公共交通，减少小汽车使用，鼓励步行和自行车使用，以解决城市交通问题；③通过有效的土地规划，统一集中供电和供热系统，充分节约能源；④形成高密度的簇团状社区，有助于生活设施系统充满活力，可以增强社会的可持续性。

（5）城市社会学角度。有许多学者从社会学角度研究城市可持续发展问题。随着全球经济的发展，进入20世纪中后叶，收入、分配、就业、隔离等社会问题和生态环境问题同样摆在了人们的面前，并且与贫困化共同作用，严重地影响着城市的进一步发展。可以说，城市的社会问题也是制约城市可持续发展的重要因素。

16.5 20世纪90年代以来的西方城市规划

16.5.1 20世纪末的全球化和世界城市体系

在全球化过程中，世界经济活动出现了新的分工：一方面生产和制造业出现了"分散"的趋势，制造业从北美、西欧和日本等向一些发展中国家，特别是亚洲各城市移动，一些城市成为新的制造业中心。制造业产品主要供出口，因此对外贸易越来越成为国家经济的支柱，更加依附于全球市场。另一方面，全球资本、高新技术和销售网络（现代服务业）的控制和管理出现了"集中"的趋势，若干发达的大城市成为全球性的经济控制和管理中心，成为全球经济体系中的重要节点，这些城市就是"世界城市"或"全球城市"。

英国城市和区域规划师帕特里克·盖迪斯在其所著的《进化中的城市》（1915年）一书中，最早提出"世界城市"这一术语，他指的是"世界最重要的商务活动绝大部分都需在其中进行的那些城市"。但真正最早从事现代世界城市研究的西方学者是英国地理学家、规划师彼得·霍尔。1966年，霍尔将那些对全世界或大多数国家发生经济、政治、文化影响的国际第一流大都市定名为世界城市，并作出了较全面的解释，即专指那些已具体包括以下几个方面的城市，同时指出它们有几个特征：①主要的政治权力中心；②国家的贸易中心；③主要银行所在地和国家金融中心；④各类专业人才集聚的中心；⑤信息汇集和传播的地方；⑥大的人口中心，而且集中了相当比例的富裕阶层人口；⑦娱乐业已成为重要的产业部门。他从政治、贸易、通信设施、金融、文化、技术和高等教育等多个方面对伦敦、巴黎、兰斯塔德、莱茵—鲁尔、莫斯科、纽约、东京 7 个世界城市进行了综合研究，认为它们居于世界城市体系的最顶端。

1986 年，约翰·弗里德曼在"世界城市假说"这篇论文中，详细阐述了有关世界城市的几个基本观点：①一个城市与世界经济的融合形式和程度以及它在新国际劳动地域分工中所担当的职能，将决定该城市的任何结构转型；②世界范围内的主要城市均是全球资本用来组织和协调其生产和市场的基点，由此导致的各种联系使世界城市成为一个复杂的空间等级体系；③世界城市的全球控制功能直接反映在其生产和就业结构及活力上；④世界城市是国际资本汇集的主要地点；⑤世界城市是大量国内和国际移民的目的地；⑥世界城市集中体现产业资本主义的主要矛盾，即空间与阶级的两极分化；⑦世界城市的增长所产生的社会成本可能超越政府财政负担能力。弗里德曼指出，现代意义上的世界城市是全球经济系统的中枢或组织节点，它集中了控制和指挥世界经济的各种战略性的功能。他提出了世界体系假说：城市的凝聚力、辐射力以及城市体系的空间尺度已由国家范围扩展到全球范围，世界上一批具有重要国际化功能和全球影响力的枢纽城市（即世界城市）正在发展，而每一个世界城市的国际性功能决定于该城市与世界经济一体化的方式和程度（表 16-11）。

表 16-11　世界城市体系的等级网络

等级	主 要 城 市
1	伦敦、巴黎、莫斯科、约翰内斯堡、纽约、芝加哥、东京、悉尼
2	阿姆斯特丹、布鲁塞尔、法兰克福、维也纳、米兰、马德里、多伦多、旧金山、休斯顿、迈阿密、墨西哥城
3	新加坡、里约热内卢
4	曼谷、马尼拉、加尔各答、孟买、布宜诺斯艾利斯

1995 年，研究世界城市的另一著名学者萨斯基娅·萨森提出了"全球城市""次全球城市"的概念。她认为，全球城市就是那些能为跨国公司全球经济运作和管理提供良好服务和通信设施的地点，是跨国公司总部的聚集地。全球城市应具有以下 4 个基本特征：①高度集中化的世界经济控制中心；②金融和特殊服务业的主要所在地；③包括创新生产在内的主导产业的生产场所；④作为产品和创新的市场。

上述这些学者都认为，由于各种跨国经济实体正在逐步取代国家的作用，使得国家权力渐次空心化，全球出现了新的等级体系结构，分化为世界级城市、国家级城市、区域级城市、地方级城市，即形成"世界城市体系"。

目前，世界城市体系正由传统的严格等级中心型向网络型演化，但在网络型城市体系中仍然存在垂直性的等级关系，这种垂直性的等级关系越来越成为跨国公司纵向生产的组织分工；而网格状联系则表现为由此形成的社会经济联系及交通、信息等基础设施的运作。各城市按照它们参与经济全球化的程度以及控制、协调和管理这个过程的程度，在国际城市体系中寻找自己的位置。各个城市在网络中形成多方位的动态交叉等级关系，其在网络中的节点地位取决于自己拥有的创新环境以及对发展机遇的把握，而与规模及生产的综合化程度等传统区位因素不再有必然的关联。在这个网络中，空间极化和城市职能的专门化、特色化趋势将进一步加强。

1999 年，全球化与世界级城市研究小组与网络（简称 GaWC）以英格兰莱斯特郡拉夫堡的拉夫堡大学为基地，尝试为世界级城市定义和分类。GaWC 的名册以特定的准则为主，以国际公司的"生产性服务业"供应，如会计、广告、金融和法律，为城市排名，确认了世界级城市的 4 个级别及数个副排名。

16.5.2 大都市区的发展和规划

1. 法国巴黎大区

巴黎大区（即法兰西之岛）是法国 22 个行政大区之一，由巴黎市和周边 7 省组成。巴黎大区没有设立独行的行政层级或区划，只是一个经济区域（或都市圈）的概念，但它是法国的政治、经济、文化中心，是政府、立法机构、重要行政机关和一些国家组织的所在地。从 1964 年开始明确了 12000 平方千米的都市区界限，占全国面积的比例为 2.2%，全区人口 1100 万人，占全国的 18.8%。从历史与区位看，巴黎都市圈具有欧洲乃至全球大都市的众多优势，在欧洲乃至整个世界都占有重要地位。

1）法兰西之岛地区发展指导纲要（SDRIF）

1994 年公布的《法兰西之岛地区发展指导纲要（1990—2015）》（简称 SDRIF 规划）是在 1965 年和 1976 年的"巴黎地区整治规划"的基础上制定的，也是目前巴黎大区建设发展的指导性法律文件，其中包含着"巴黎大区整治计划"这个有关大区建设的指导性内容。

《巴黎大区总体规划》（1994 年）旨在制定巴黎大都市圈发展的框架结构和目标，在经济全球化的国际宏观背景下，针对巴黎地区在世界、欧洲、法国、巴黎盆地等不同区域层次的城市功能定位，重新审视巴黎地区的地位和功能，阐述区域发展的总体目标和基本战略，并且从自然环境保护、城市空间整合和运输系统建设三个方面，对规划总体目标和基本原则进行详细说明。

1994 年批准的《巴黎大区总体规划》（以下简称《规划》）中最突出的特点是：首先强调巴黎都市圈整治的基本原则是强化均衡发展，城市之间应合理竞争，大区内各中心城市之间、各大区之间应保持协调发展；其次将大区内部划分为建设空间、农业空间和自然空间，三者兼顾，相互协调，均衡发展；再者是明确了政府不干预规划的具体内容，但是要对重大项目的决策负责，如大型基础设施建设、建筑产业政策、城市开发组织、环境保护与巴黎盆地地区的协调等。

为了加强巴黎都市圈与其他世界城市的联系，巴黎将重点发展航空与高速铁路，在具体项目中注意航空港的建设如何积极适应对外开放的需求，并且留有足够的发展用地。发达的高速铁路网，既可以增进法国城市与欧洲其他大城市之间的联系，又可以促进巴黎都市圈内的流动，推动区域的社会功能高效运转，并且为人们的工作、娱乐、休憩等各种活动提供最为方便的服务。

《规划》的土地利用原则是：①保护自然环境和文化遗产，取得大区内自然环境和人文环境的平衡；②优先发展住房，能够提供就业以及有利于地区协调发展的服务设施项目；③预留交通设施用地，预留能够促进居民参与社会活动、享受商业服务与娱乐休憩等项目的建设用地。

通过分析现有的欧洲发展轴线就可以发现，由伦敦到米兰的发展轴线恰好从巴黎大区旁边绕道而过（图 16.44）；此外，随着欧盟的东扩，欧洲的发展中心进一步向东偏移，巴黎大区面临着从中心退为边缘的挑战。要应对这个挑战，需要全法国领域内的总协调，同时也要与欧盟的总体发展目标相协调。

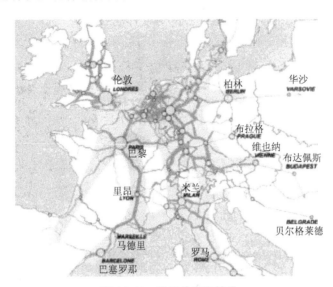

图 16.44　欧洲的发展轴线

巴黎大区位于西欧经济区与地中海盆地经济区之间，区域的平衡发展极为重要。为此，要严格遵循协调发展与均衡受益的原则。《规划》中提出，巴黎大区的发展应与全法国其他各大区的发展取得协调，在其发展的同时也应积极促进巴黎盆地的发展；强调了巴黎大区的龙头作用，同时要求在整个巴黎盆地范围内通过设立多级中心，形成均衡的城乡聚居网络（图 16.45）。《规划》还提出了全法国人口适度发展、就业平衡的目标。

巴黎大区的整治也是《规划》的主要目标之一。针对巴黎大区范围，《规划》提出了以下整治内容：①积极保护自然环境。规划指出，尊重保护与发展改善是相辅相成的，不应该被看做是对立的行为。已建成的城市，应将自然风光引入城市空间，同时，改善城市生活质量、减少环境破坏也是积极保护自然环境的有效措施。②加强相互联系。规划针对目前住区存在的问题，提出了加强相互联系的住区改善目标，其中包括提供更多的住宅、减少就业与居住之间的不平衡、解决居住质量分化问题等具体措施。③建设便捷的交通。快速高效的交通是城市健康发展的基础。规划提出的方法有：促进巴黎大区与外界的交流；促进巴黎大区内部的交通联系；增加交通选择的可能性；改善交通繁荣流量分配。

2）巴黎大区整治计划

《巴黎大区总体规划》中包括《巴黎大区整治计划》。整治计划的基本原则是强化均衡发展，认为巴黎大区内的任何建设都应以社会、经济、文化、环境持续均衡发展为前提；重视三种空间的协调发展，即巴黎大区的发展要充分体现城市空间、农业空间和自然空间三者相互协调和共同发展的理念。

图 16.45 巴黎盆地城市网络

《巴黎大区整治计划》具体实施措施包括以下几点：①在城乡居住区保留自然环境，在远郊区保留农业生产空间，为都市圈提供丰富的土地与自然景观（图 16.46）；②在近郊区保留和加强"绿带"建设，历史上形成的巴黎近郊的环状森林绿化带不仅仅是城市空间结构的重要组成部分，而且为市民提供了广阔的休憩场所，所以在《巴黎大区整治计划》中进一步强化了它的地位；③在城市高密度聚集区内修建绿地，通过绿地和水面建设等来提高城市环境质量。

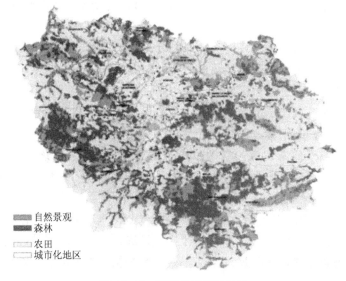

图 16.46 区域自然保护地区

《巴黎大区整治计划》中提出，在大区内通过多中心的组织来承担城市的职能和完善城市设施。在巴黎市区的周围，建立多个规模不等的副中心（图 16.47），这些副中心的尺度、功能以及位置应该多样化；整治计划提出了具体的有利于大区整治计划实施的交通网构思，要求维持和改善现有公共交通网络，并提供多种交通选择，加强公路网建设并优先完善路网的环形联系。

欧洲中心
再开发地区
新城
区域中心
近郊城市极核
边缘纽带城市
区域空间关系示意

图 16.47 多中心的区域空间布局模式

《巴黎大区总体规划》与《巴黎大区整治计划》实际上是巴黎大区在第二次世界大战以后区域规划思想的延续与完善。1965 年和 1976 年的管理纲要强调的是工业分散和新城建设，1994 年的总体规划则更加强调区域协调和均衡发展。

当前巴黎大区的发展状况与趋势是：对边缘地区和农村区域的城市化控制不力，远超过了 1994 年的规划预期；新的人口和就业分布强化了新的区域交通组织，越来越多的人在郊区生活和工作，刺激了郊区通勤的增长；由于其他一些城市区域的兴起，巴黎大区目前增长速度有所减缓。

2. 英国大伦敦地区

大伦敦地区包括伦敦城、内伦敦和外伦敦，共 1580 平方千米，人口为 750 万人左右，共有 33 个区，其中伦敦城市核心区面积只有 1.6 平方千米。泰晤士河基本上从西向东横穿大伦敦。

大伦敦的发展在近代经历了一个集中、疏散、再集中的过程。其人口在 1939 年达到最高峰，为 860 万人。1944 年，设立了伦敦外围的绿化带，从此大伦敦的空间扩张被约束在绿化带内。从 1945 年起，英国政府开始开发新城，以疏散大城市尤其是大伦敦的人口。由于这一疏散战略的实施以及工业转移和居住郊区化的发展，大伦敦人口开始持续下降，1983 年达到最低点，约为 680 万人；从 1985 年前后开始，随着经济全球化趋势的加剧，伦敦作为世界级城市的地位逐步得到强化，其吸引力不断提高，大伦敦的人口又开始逐年增加，目前已达到约 750 万人。预计人口增长趋势在未来 20 年还将延续，但主要是由于海外移民而不是国内人口的迁入造成的。

1986 年，积极奉行市场化和分散放权的撒切尔政府取消了大伦敦市政府，而改由大伦敦的各区政府分别制定其各自的城区发展规划。由于缺乏统一的规划，缺少与之配套的足够的基础设施投资，大伦敦的基础设施已跟不上城市发展的需求，交通不畅、房价急速上涨，城市贫富分化日益严重，一系列问题已影响到大伦敦在 21 世纪的竞争力。为改变城市中存在的社会空间分布不合理以及严重的阶层差异所带来的城市空间蔓延现象，解决都市市区内大小行政单位和开发公司在发展和管理上的矛盾，英国在 1999 年通过了《大伦敦市政府法》，并根据该法在 2000 年选举成立了大伦敦市政府，同时要求市长组织编制大伦敦发展战略规划及对整个都市区进行战略性管理。编制完成后，各城区的规划应与该战略规划协调一致。从 2000 年开始，伦敦市长开始组织编制《大伦敦战略规划》，简称《伦敦规划》。2004 年 2 月发表了《伦敦规划》的终稿。

1)《伦敦规划》的原则

《伦敦规划》的原则包括发展、公平和可持续性三个方面，并按照以下四项内容实施：①在现状的开发中采用高密度和高容积率的开发模式，伦敦必须变成一个更紧凑的城市。②未来开发用地与规模的选择必须充分利用现有的公共交通，以加强其可达性。③为了保证增长，必须具备适当的配套设施供给。这些配套供给包括商业空间、住宅、相应水平的劳动力、交通和高质量的环境。④要有明确的空间优先发展权。近几年发展较慢的伦敦地区（特别是伦敦东区）应该在未来的发展中获得优先发展权，其他地区包括伦敦中心区和郊区城镇中心，也应该提出相应的增长极。

英国国家《区域规划导则》（RPG）在发展原则上与此一致：即为了国家以及伦敦自身的利益，伦敦必须发挥其作为一个世界城市的潜能。在过去的重建过程中，伦敦面临的最大问题是社会分异与种族隔离。因此，《伦敦规划》提出需要提供更多的经济适用住宅，为教育、健康、安全、就业、社区服务等多方面的发展提供更多的政策支持；同时需要解决歧视问题，为发展提供平等的机会。

2)《伦敦规划》的发展定位及目标

《伦敦规划》确定在未来，伦敦应该维持其在英国的世界城市地位，在欧洲的主导城市地位，以及首都城市和大都会区域的中心城市地位，因此明确了六个发展目标：①不侵占开放空间，在行政边界范围内实现增长；②把伦敦建设成为一个更适宜居住的城市；③使伦敦成为一个更繁荣的城市，有较强劲的经济增长和多样化的经济发展；④改善社会分异，防止贫困和歧视；⑤改善伦敦的交通可达性；⑥使伦敦成为更具吸引力、经过良好设计的绿色城市。

上述目标是基于市长肯·利文斯顿提出的"大伦敦的发展目标展望"制定的，他说："我的目标展望是，通过以下三个互相交织的战略措施，将伦敦发展成为一个备受推崇的、可持续发展的、世界级的城市：①强劲、多元、持久的经济增长；②富于兼容性的社会，使所有的伦敦人都能分享伦敦未来的成功；③大大改进伦敦的环境及其对资源的利用。"

3）挑战和机遇

伦敦在未来面对的主要影响因素如下。

（1）人口增长：从 2003 年的 730 万人增加到 2016 年的 810 万人；家庭构成（小型

化）、年龄构成（年轻化）、种族构成（多元化）发生显著变化，每年需要新建约 30000 套住宅。

（2）产业转型：在过去 30 年中，金融/商务产业的就业岗位增加 60 万个，其他服务业（包括创意/休闲/零售/旅游）增加 18 万个，制造业减少 60 万个。产业结构转型的趋势还将持续。

（3）环境制约：以可持续发展的方式来容纳城镇增长，鼓励公共交通而不是依赖私人小汽车，更多地利用废弃场地而不是占用农田。

（4）生活方式：年轻化和多元化的人口，工作和闲暇紧密融合的生活方式，紧凑集聚和混合使用的建成环境，价值观念的独立化，要求建成的环境提供更多的灵活性和选择性。

（5）信息技术：信息技术将使居住、闲暇和工作场所变得更为灵活，尽管面对面的交流仍然是无法取代的。

（6）社会公正：在平均收入水平和生活品质普遍有所提高的同时，贫富差别也在明显扩大。劳动力市场的极化带来贫民窟差别，住房价格高昂更加剧了收入水平极化。

4）空间发展框架

伦敦的空间发展框架可以概括为：1 个中央活动区、4 条发展走廊、5 个次区域、3 类发展策略地区（图 16.48）。

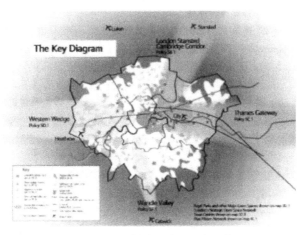

图 16.48　大伦敦地区的空间发展战略

（1）中央活动区是伦敦作为世界城市的核心功能区。与传统的中央商务区相比，中央活动区的地域范围更为扩大，产业功能更为综合。

（2）4 条发展走廊（图 16.49）：①往东的泰晤士河入口地区发展走廊。这是伦敦协调发展的战略要地，因此需要为整个泰晤士河入口地区制定实施战略以及战略性交通规划，并且包括伦敦东区的有机会发展地区。②往北的伦敦—斯坦斯特—剑桥发展走廊。在这条发展走廊上要规划许多发展区，包括伦敦里谷的发展区、哈罗和斯坦斯特发展区。③往西的三角区和泰晤士流域内。在此需要两个区域规划和经济发展相互协调，并力图实现可持续发展。④往南的围绕格特威机场发展走廊，这里需要提供更多的发展机会。其中，往东和往北是主要的发展轴线。

图 16.49　大伦敦地区的城镇体系

　　（3）5 个次区域：大伦敦分成中心区、东区、西区、南区和北区共 5 个次区域，分别讨论各次区域的空间发展战略，以容纳预测增加的人口的就业岗位（表 16-12），而减少对伦敦土地利用、交通和城市密度的影响。

表 16-12　2001—2016 年次区域人口、住房和就业增长参数

次区域	人　口			住房	就业岗位		
	2001 年 /万人	2016 年 /万人	年增长 /万人	年最少增加 /千套	2001 年 /万个	2016 年 /万个	年增长 /万个
中心区	152.5	173.8	1.42	7.1	164.4	188.3	1.59
东区	199.1	226.2	1.81	6.9	108.7	133.6	1.66
西区	142.1	156.0	9.30	3.0	78.0	86.6	0.57
北区	104.2	119.9	9.00	3.1	38.6	41.2	0.17
南区	132.9	138.0	3.40	2.8	58.7	62.3	0.24
伦敦	730.8	811.7	5.39	23.0	448.4	512.0	4.24

　　（4）3 类发展策略地区：①机遇地区：具有客观发展潜力的地区，至少能够容纳 5000 个就业岗位或 2500 套住房，已经或将会具有良好的公共交通条件；②强化地区：具有提高发展强度的潜力地区，能够获得良好的公共交通服务；③复兴地区：衰退严重、需要进行城市复兴的地区。

5)《伦敦规划》的主题

除了空间发展战略，大伦敦还在同期编制了《经济发展战略》《空间战略》《交通战略》《文化战略》《城市噪声战略》《空气质量战略》《市政废物管理战略》《生物多样化战略》八大战略。为保持各战略规划的一致性，伦敦市长确定了五个共同的主题：人人共享的城市，经济繁荣的城市，社会公平的城市，交通便捷的城市、绿色环保的城市。

3. 德国柏林和勃兰登堡州地区

柏林和勃兰登堡是德国的两个联邦州。柏林在政治上既是一个城市也是一个联邦州，位于勃兰登堡州的中心。柏林与环绕在四周的勃兰登堡州共有土地 3 万多平方千米，占德国国土面积的 9%，人口 600 万人。其中，柏林 891 平方千米，人口 350 万人；勃兰登堡州 2.81 万平方千米，人口 250 万人。

随着德国的统一，柏林成为德国的首都和欧洲重要的文化大都市，成为联系东、西欧政治、经济、文化的重要桥梁，为柏林和勃兰登堡州的发展提供了新的发展动力（图 16.50）。柏林与勃兰登堡州地区不间断的联系、经济和社会交流，使移民和通勤稳步增加。两个州也面对自然景观资源保护、投资、劳动力、住房、交通基础设施、通信网络、水电供应和废物处理等区域可持续发展的共同挑战。柏林与勃兰登堡州曾试图通过合并来共同面对地区发展的挑战，这一建议在 1996年的公民投票中因为未能获得勃兰登堡州居民的同意而搁浅。为了使柏林与勃兰登堡州的区域发展能够协调统一，1996 年，柏林和勃兰登堡州联合成立了一个在州层面上的永久区域规划机构。

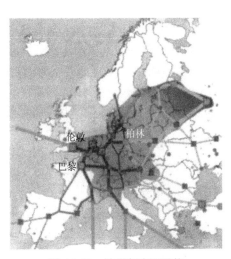

图 16.50　欧洲都市区网络

这个机构旨在协调和合作两个州的区域规划和空间规划，采取共同的发展策略和空间政策。

1）发展策略

柏林与勃兰登堡州区域发展的主要任务是寻求合适和必要的政策及法律支持，通过各种手段，促进整个区域的协调发展，实现不同规划层次和不同专业之间的利益共享与互动。区域规划部门为此制定了以下几条基本原则：①尽可能地促使聚落密集发展，在现有的科研、商业和工业能力基础上发展经济，并做到以人为本；②尽可能地保持地区中心之间的便捷联系，加强柏林都市中心与勃兰登堡州的休闲中心和自然保护区之间的交通联系，并在此基础上保护生物多样性和自然环境，做到以自然为本；③采取共同行动，在房地产开发、土地管理、交通与能源基础设施建设等方面实现相互协调；④坚持以可持续发展为主，采取切实可行的城镇发展策略，注意利用已有的基础，如密集的城镇聚落和多样的自然条件，保护农业、生态和自然资源。

2）空间发展模式

根据上述原则，无论柏林与勃兰登堡州能否合并，都需要加强区域合作，实现利益共享，为此提出了下列空间发展模式。

（1）执行多中心的城市体系发展策略。为了公平处理各个地区的空间和聚落发展要求，除了将柏林作为该区的大都市中心外，在勃兰登堡州距柏林市中心 60～100 千米的范围内还设立了 4 个地区中心，包括奥得河畔法兰克福、哥特布斯、波茨坦、勃兰登堡市以及 2 个含有部分地区中心职能的次中心；此外，在勃兰登堡州其他 14 个县和 4 个县级市中心设立 25 个次中心和 3 个具有补充职能的次中心。以此构成较为完整的多中心体系（图 16.51）。

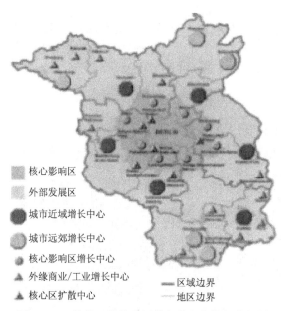

图 16.51　柏林—勃兰登堡州多中心空间概念规划

（2）采取分散集中的空间发展模式。在空间发展方向上采取疏散和集中并举的策略，将集中在柏林大都市的建设压力向外疏解，分散到城市地区的各个中心，以避免乡村聚落和农业用地受城市持续扩张的影响导致相互割裂，发挥各个部分的整体功能和竞争能力。为了照顾城市密集地区以及其他地区的发展要求，柏林市与勃兰登堡州同意在共同的空间发展目标下，采取具体措施，加强对区域发展薄弱点的财政支持。

（3）形成网络化的开敞空间体系。柏林拥有多种多样的城市公园、林荫大道、广场和花园别墅；勃兰登堡州也拥有丰富的河流体系、森林植被以及历史文化遗迹，所有这些构成了柏林和勃兰登堡州美丽而多样的开敞空间体系的基础，成为地区发展的重要自然资源。为此，柏林和勃兰登堡州特别重视保护这些绿色的自然空间，希望将占地区总面积 3% 的自然生态保护区（95 平方千米）和 18% 的景观保护区（550 平方千米）组成系统，形成围绕柏林的"绿色项链"；利用自然的开敞系统保护地区水源，防治环境污染，降低噪声。

（4）加强对建设用地增长的区域管制。随着经济的逐步改善，柏林和勃兰登堡州的建设用地呈现持续增长的趋势。建设用地的开发主要集中在城镇密集地区，特别是沿高速公路和国道两侧。在地价方面，无论是居住、工业还是商业用地，柏林与勃兰登堡地区有着很大的差距。开发的热点和地价的差异很容易导致城内和城外建设用地的无序发展。因此从可持续发展出发，柏林和勃兰登堡决定加强对城市核心地区住宅的修缮和改造，在外围地区控制工业区和住宅区的开发，以限制建设用地的无序增长（图 16.52）。

3）柏林的城市发展策略

首都柏林是柏林与勃兰登堡区域发展的重点。加强柏林的中心职能，满足首都发展的需要，保护健康的社会发展空间条件，是柏林和勃兰登堡州区域发展的共同目标。为此采取的发展策略是：进一步发挥大都市的职能，消除东、西柏林在经济、社会发展方面的差异，减少环境污染，发展合理、安全和多中心的城市结构。柏林的首都建设导致内城出现了大面积的建设用地需求，但受用地数量的限制和建设密集型城市的要求，这些用地只有

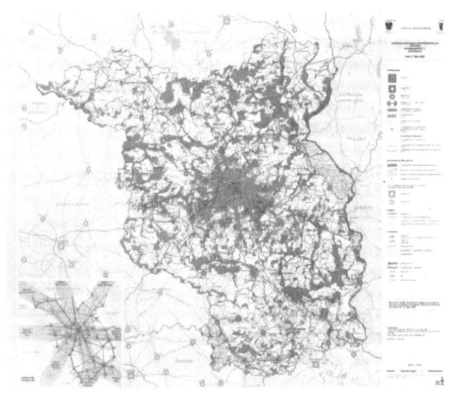

图 16.52　柏林—勃兰登堡州区域规划

通过功能的混合和综合处理，以及对废弃用地的重新利用才有可能加以解决。为此，柏林当局决定，10％的新增居住用地在新开发的用地中予以解决，其他部分则通过重新利用来进行平衡。大部分的新增商业被要求利用密度不高的现有商业用地进行建设，以进一步发展历史形成的多中心商业核心区。

在交通方面，柏林采取短路程、高密集的城市模式，公共交通将承担约80％的到达内城的交通量。在规划措施上，主张城市修补和城市改造，对现有的聚落结构进行谨慎的调整。对于东柏林强调传统街区的功能和作用，以此提升城市社区的中心功能。受历史条件的制约，柏林的首都功能和政府职能需要在比较小的地域内集中加以解决。为了符合短路程、高密集城市的特点，柏林的首都职能被安排在 1.5～2 千米的范围以内，并避免过境交通的穿越，体现出短路程、高密集城市的特点。总体来说，追求动态、密度、可持续发展、城市空间和特色是柏林和勃兰登堡州城市发展的主要特点。

4）勃兰登堡州邻近柏林地区的城市发展策略

勃兰登堡州邻近柏林地区约有 276 个社区，面积约 4479 平方千米，82 万人口。它与柏林市相加，相当于柏林和勃兰登堡州总面积的 18％，人口约占 70％。这个地区的城市发展目标是减轻柏林的发展压力，为疏散柏林服务，为勃兰登堡州的发展服务。为此采取的策略是，实行中心化的发展模式，保护自然生态环境，保护开敞空间，保护和开发原有的聚落结构，特别要保护波茨坦具有文化特色的乡村景观；对具有就业和基础设施发展条件的聚落空间要作为发展重点，加强财政支持。

为了在空间上保持这一地区的发展动力，采取了多中心的发展模式，并注意生产、服务、基础设施和文化设施的建设。在这一地区共选择了 26 个具有发展潜力的聚落作为发展重点，并提出"向内发展"优先于向外的开发，特别重视火车站附近地区的建设密度，以集中的扩展来取代沿道路的带状建设，以多功能的混合布局来取代单一功能（图 16.53）。另外，还强调保护生活休闲、农业生产等大面积的开敞空间，只有在特殊情况下，才会允许开发这类开敞空间。此外，特别加强了距离柏林 60 千米范围内的地区开发力度，建设一些特别的居住区和经济开发区，来减轻柏林的城市发展压力，进而达到改善包括柏林和勃兰登堡州在内的整个区域生活环境质量的目的

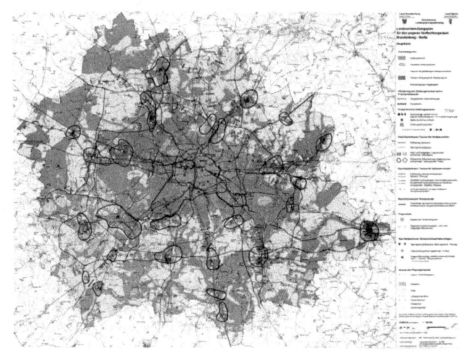

图 16.53　核心影响区发展规划

5）勃兰登堡州其他地区的城市发展策略

加强经济发展，特别是稳定地区人口的增长，改善区位条件，保护并改善自然空间的生态潜力，保护并发展农业经济，是勃兰登堡州其他地区的主要发展策略。从自然生态和经济发展的角度看，现有的城镇是这一地区可持续发展的主要基石。为此要重视城镇内部的聚落发展，加强对历史地区和核心地区的旧城改造，重新利用已有的工业用地和原有的军事基地，以确保工业用地的区位条件，改善居住区和城镇的城市景观，为当地居民创造一个可居住的生活家园。根据发展策略，作为城镇发展的重要推动力，勃兰登堡州这一地区将提供 3100 公顷的工业用地，为 15 万人提供就业岗位。另外，还将开发 4000 公顷居住用地，以满足相应的居住需要。从经济发展和人口增长导致的交通发展出发，勃兰登堡州还将轨道发展交通枢纽和车站建设作为城市发展的重点，选择 24 个火车站进行重点建设，将之开发成旅游点，促进经济发展。对于乡村地区的发展，除了重视农业生产技术的提高和改善外，还需要进一步发展村庄的手工业、服务业、工业，对村庄进行更新改造，以发挥原有的文化潜力，提高农村居民的生活条件（图 16.54）。

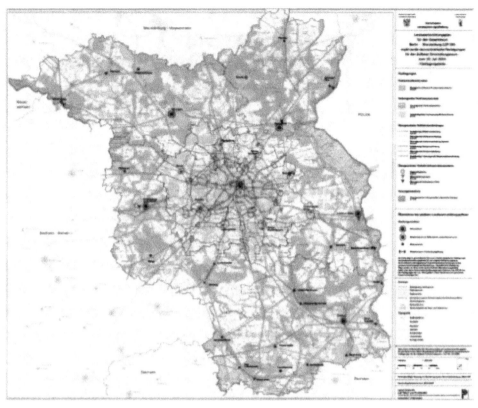

图 16.54 外部发展区发展规划

4. 荷兰兰斯塔德地区

荷兰西部的兰斯塔德城市群地跨南荷兰、北荷兰和乌德勒支三省，是一个由大、中、小型城镇集结而成的马蹄形环状城镇群（或城市区）（图 16.55）。其开口指向东南，长度超过 50 千米，周长为 170 千米，最宽地带约 50 千米，中间保留一大块称为"绿心"的农业地区，所以兰斯塔德城市群也被称为"绿心大都市"。

兰斯塔德是在 1850—1950 年的大约一个世纪内形成的。它的兴起与发展，主要得益于荷兰发达的海上运输、对外运输和农业生产。兰斯塔德位处北海航运要冲，是西欧内陆的进出口。这一优越的交通地理位置，促使沿海各城镇早在中世纪就开始兴起，在 19 世纪贸易和工业革命以后更加蓬勃发展，第二次世界大战后，遭到战火毁坏的鹿特丹等大城市迅速得到重建。伴随着现代化城市和现代农业的迅速成长，到 20 世纪 50 年代，各大城市与周围小城镇又互相靠拢、延伸，形成了环状城镇群——兰斯塔德。

兰斯塔德的人口和城镇分布比较集中。它所在的三省是西欧人口最稠密的地区之一。兰斯塔德地区面积约 6800 平方千米，人口约 700 万人，相当于在全国 26% 的土地上聚集着总人口的 45%。它包括 3 个 50 万～100 万人口的大城市（阿姆斯特丹、鹿特丹和海牙），3 个 10 万～30 万人口的中等城市（乌德勒支、哈勒姆、列登），以及许多小型城镇和滨海旅游胜地。这些城镇以阿姆斯特丹、鹿特丹、海牙和乌德勒支为中心，由西部沿海逐渐向东南延伸扩展，城镇之间距离一般只有 10～20 千米。

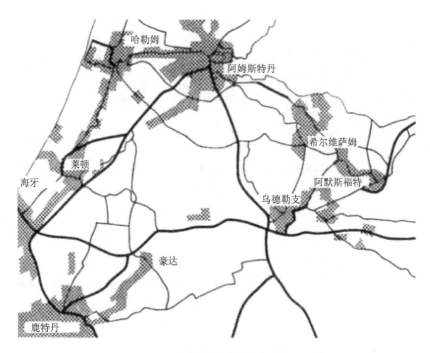

图 16.55 兰斯塔德城市群的主要城市分布

1) 空间发展

兰斯塔德与伦敦、巴黎等西欧或北美其他都市区的区别在于，这里城市专属的多种职能，包括政治、商业、金融、工业、文化教育、服务等，不是集中在某一个大城市，而是分散于几个相对较小的城市或周围若干城镇，这些城镇既互相分离而又密切联系。例如，首都阿姆斯特丹是全国的金融和航空运输中心，鹿特丹是世界上吞吐量最大的港口，海牙是中央政府和外事机构、国际组织及多国企业总部的所在地，乌德勒支是全国的铁路枢纽和服务中心。而这几个主要城市周围的城镇，如列登、哈勒姆、希尔维萨姆等，也都分担着各种城市职能，并与兰斯塔德这个群体保持密切联系。这种具有几个互相联系紧密、职能分工和专业化特点明显的中心的城镇群，称之为"多中心型都市区"（图 16.56）。

虽然兰斯塔德地区至今尚未成立相应的区域管理机构，但该地区长期以来的协调发展主要得益于两个方面：一是中央政府的有效干预。自第二次世界大战后荷兰进入快速增长阶段以来，国家先后进行了 5 次全国性的空间规划，旨在对荷兰的城市发展进行宏观调控，其中兰斯塔德地区成为历次规划的重点，与该地区发展密切相关的重要规划均由中央政府有关部门负责编制。二是 3 个相关省份的积极合作。长期以来，组成兰斯塔德地区的3 个省份的省政府对绿化带建设、区域公共交通网络以及政策等多项内容上提出观点、达到共识和形成规划，对确保城市地区和绿色网络、基础设施环绕经济节点之间的均衡发展发挥了积极作用。

2) 经验和问题

从兰斯塔德的发展过程来看，这类多中心型城镇群具有以下优点：①相比伦敦、巴黎等西欧其他综合性大城市，各种城市功能分散于几个大城市和周围许多中小城镇，因此兰斯塔德在人口就业困难、工作与居住地点相距过远、市中心地区土地利用高度集约、地价

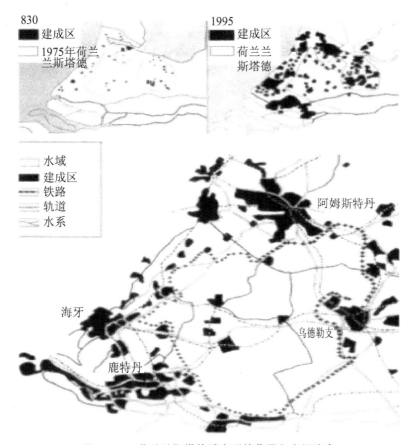

图 16.56　荷兰兰斯塔德城市群的范围和空间演变

高昂、交通拥挤等城市压力方面有所减轻。②城市群内各城镇之间规划有宽度不等的缓冲地带,整个城镇群又嵌入"绿心"农业带,有利于形成中小城镇,分散大城市的负担,从而控制大城市规模。

　　然而,兰斯塔德成为多中心城镇群以后,在进一步发展当中如何发扬上述优势,如何保持居民良好的生活条件,也是当前需要解决的问题(图 16.57 和图 16.58)。为此,政府将继续努力:①探讨兰斯塔德地区土地的可持续利用。目前城市用地分为四种:一是供应城市花果蔬菜的温室栽培和园艺用地,承担着荷兰 40％的园艺作物生产;二是重工业和港口设备用地;三是住宅用地;四是休闲游憩用地。随着工业和服务业的发展,各种用地之间的矛盾可能激化。特别是随着郊区的逐步扩大和城市人口的不断增长,对兰斯塔德的供水、环境、交通等产生越来越大的压力。②继续保持"多中心型都市区"的结构与形态。近年来兰斯塔德边缘地区,如鹿特丹西南、阿姆斯特丹以北、"绿心"农业带以及兰斯塔德以东的人口都有显著增加趋势,而且增长速度高于兰斯塔德的增长本身。如果不采取必要措施,一旦城镇之间的缓冲地带和"绿心"被城市郊区或新的城镇填满,就将使兰斯塔德丧失原有的"多中心"特征。③挑战气候变化,保护生态环境。除了上述的空间和经济因素之外,对于兰斯塔德地区来说还有一项重大任务,那就是在保护生态和景观的同时,要面对和避免气候变化所带来的洪涝灾害等,目前政府正在为此制定新的行动路线。

图 16.57　兰斯塔德 2040 远景规划：从西南三角洲到艾瑟尔湖地区的"蓝-绿三角洲"

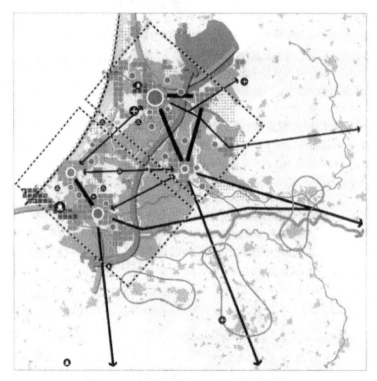

图 16.58　兰斯塔德 2040 远景规划结构

本 章 小 结

本章介绍了现代西方社会的城市，重点描述了西方现代城市的形态、布局与产生的问题，阐述了现代城市规划的理论与实践。

思 考 题

1. 简述雅典宪章的主要内容以及马丘比丘宪章对其的改进。
2. 简述现代主义建筑设计的思想特征。
3. 简述城市可持续发展的研究内容。
4. 系统方法在西方城市规划中体现在哪些方面？
5. 简述《伦敦规划》的原则。

参 考 文 献

[1] 任式楠. 中国史前城址考察 [J]. 考古，1998（1）.

[2] 西安半坡博物馆. 西安半坡 [M]. 北京：文物出版社，1982.

[3] 杜金鹏，许宏. 偃师二里头遗址研究 [M]. 北京：科学出版社，2005.

[4] 段鹏琦，杜玉生，肖淮雁. 偃师商城的初步勘探和发掘 [J]. 考古，1984（4）.

[5] 董鉴泓. 中国城市建设史 [M]. 北京：中国建筑工业出版社，2004.

[6] 汪德华. 中国城市规划史纲 [M]. 南京：东南大学出版社，2005.

[7] 沈玉麟. 外国城市建设史 [M]. 北京：中国建筑工业出版社，2008.

[8] 张京祥. 西方城市规划思想史纲 [M]. 南京：东南大学出版社，2005.

[9] 庄林德，张京祥. 中国城市发展与建设史 [M]. 南京：东南大学出版社，2002.

[10] 贺业钜. 中国古代城市规划史 [M]. 北京：中国建筑工业出版社，1996.

[11] 杨宽. 中国古代都城制度史 [M]. 上海：上海人民出版社，2006.

[12] 刘敦桢. 中国古代建筑史 [M]. 北京：中国建筑工业出版社，2008.

[13] 张冠增. 西方城市建设史纲 [M]. 北京：中国建筑工业出版社，2011.

[14] 施坚雅. 中华帝国晚期的城市 [M]. 北京：中华书局，2000.

[15] 虞和平. 中国近代城市史 [M]. 北京：三联书店，1995.

[16] 周维权. 中国古典园林史 [M]. 北京：清华大学出版社，2014.

[17] 阮仪三. 中国历史文化名城保护与规划 [M]. 上海：同济大学出版社，1995.

[18] 一丁. 中国古代风水与建筑选址 [M]. 河北：河北科技出版社，1996.

[19] 张冠增. 西方城市建设史纲 [M]. 北京：中国建筑工业出版社，2011.

[20] [意] 阿尔多·罗西. 市建筑学 [M]. 黄士钧，译. 北京：中国建筑工业出版社，2006.

[21] [美] 刘易斯·芒福德. 城市发展史—起源演变和前景 [M]. 宋俊岭、倪文彦，译. 北京：中国建筑工业出版社，2004.

[22] [英] 彼得·霍尔. 城市和区域规划 [M]. 邹德慈，金经元，译. 北京：中国建筑工业出版社，1985.

[23] [美] 迈克尔·索斯沃斯. 街道与城镇的形成 [M]. 李凌虹，译. 北京：中国建筑工业出版社，2006.

[24] [英] 彼得·伯克. 欧洲文艺复兴：中心与边缘 [M]. 刘耀春，译. 北京：东方出版社，2007.

[25] [瑞士] 雅各布·布克哈特. 意大利文艺复兴时期的文化 [M]. 何新，译. 北京：商务印书馆，1979.

[26] [法] 热斯塔兹. 文艺复兴的建筑艺术从勃鲁乃列斯基到帕拉第奥 [M]. 王海洲，译. 上海：汉语大词典出版社，2003.

[27] [美] 坚尼·布鲁克尔. 文艺复兴时期的佛罗伦萨 [M]. 朱龙华，译. 北京：三联书店，1985.

[28] [英] 埃比尼泽·霍华德. 明日的田园城市 [M]. 邹德慈，金经元，译. 北京：商务印书馆，2000.

[29] [英] 尼格尔·泰勒. 1945 年后西方城市规划理论的流变 [M]. 李白玉，陈贞，译. 北京：中国建筑工业出版社，2006.